新世纪普通高等教育
土木工程类课程规划教材

微课版

基础工程

（第二版）

总主编　李宏男
主　编　郭　莹
副主编　唐洪祥　许成顺　郝冬雪
　　　　赵少飞　曹志军
主　审　李广信

大连理工大学出版社

图书在版编目(CIP)数据

基础工程 / 郭莹主编. -- 2 版. -- 大连 ：大连理工大学出版社，2022.8
新世纪普通高等教育土木工程类课程规划教材
ISBN 978-7-5685-3913-5

Ⅰ. ①基… Ⅱ. ①郭… Ⅲ. ①基础(工程)—高等学校—教材 Ⅳ. ①TU47

中国版本图书馆 CIP 数据核字(2022)第 144598 号

基础工程

JICHU GONGCHENG

大连理工大学出版社出版

地址:大连市软件园路 80 号　邮政编码:116023
发行:0411-84708842　邮购:0411-84708943　传真:0411-84701466
E-mail:dutp@dutp.cn　URL:https://www.dutp.cn

大连图腾彩色印刷有限公司印刷　　大连理工大学出版社发行

幅面尺寸:185mm×260mm　印张:17.75　字数:432 千字
2016 年 11 月第 1 版　2022 年 8 月第 2 版
2022 年 8 月第 1 次印刷

责任编辑:王晓历　责任校对:常　皓
封面设计:对岸书影

ISBN 978-7-5685-3913-5　定　价:56.80 元

本书如有印装质量问题,请与我社发行部联系更换。

新世纪普通高等教育土木工程类课程规划教材编审委员会

李　哲　西安理工大学
李伙穆　闽南理工学院
李素贞　同济大学
李晓克　华北水利水电大学
李帼昌　沈阳建筑大学
何芝仙　安徽工程大学
张　鑫　山东建筑大学
张玉敏　济南大学
张金生　哈尔滨工业大学
陈长冰　合肥学院
陈善群　安徽工程大学
苗吉军　青岛理工大学
周广春　哈尔滨工业大学
周东明　青岛理工大学
赵少飞　华北科技学院
赵亚丁　哈尔滨工业大学
赵俭斌　沈阳建筑大学
郝冬雪　东北电力大学
胡晓军　合肥学院
秦　力　东北电力大学
贾开武　唐山学院
钱　江　同济大学
郭　莹　大连理工大学
唐克东　华北水利水电大学
黄丽华　大连理工大学
康洪震　唐山学院
彭小云　天津武警后勤学院
董仕君　河北建筑工程学院
蒋欢军　同济大学
蒋济同　中国海洋大学

前言

《基础工程》(第二版)是新世纪普通高等教育教材编审委员会组编的土木工程类课程规划教材之一。

本教材以高等学校土木工程专业指导委员会制定的土木工程专业培养目标、培养规定以及课程设置方案为指导原则，以土木工程专业指导委员会审定的《高等学校土木工程专业本科指导性专业规范》为依据，结合现阶段土木工程专业教学改革要求，参考现行国家标准和规范编写而成。

本教材力图反映国内外课程体系、教学内容、教学方法和教学手段等方面的改革研究成果和学科发展动态，将基础性、系统性、先进性、技能性和前沿性融于一体，注意强化专业基础、拓宽知识面、优化知识结构，满足厚基础、大专业的要求。本教材每章均设置"本章提要""学习目标""本章小结""思考题""习题"等栏目，并增加了例题的数量以帮助学生加深对各部分内容的理解，培养学生独立思考、发现问题、解决问题的能力。

本教材主要介绍土木工程中的地基与基础工程的勘察、设计与施工，既涵盖了大纲的基本内容又力求精练、简洁，删减了一些过于复杂的内容。本教材除绪论外共8章：岩土工程勘察；地基模型；天然地基上的浅基础；桩基础；地基处理；基坑支护；特殊土地基；地基基础抗震。

本教材随文提供视频微课供学生即时扫描二维码进行观看，实现了教材的数字化、信息化、立体化，增强了学生学习的自主性与自由性，将课堂教学与课下学习紧密结合，力图为广大读者提供更为全面并且多样化的教材配套服务。

为响应教育部全面推进高等学校课程思政建设工作的要求，本教材融入思政目标元素，逐步培养学生正确的思政意识，树立肩负建设国家的重任，从而实现全员、全过程、全方位育人。指引学生树立爱国主义情感，立志成为社会主义事业建设者和接班人。

本教材可作为土木工程专业的教学用书，也可作为土木工程等领域从事科研、设计、施工、管理及生产技术与应用人员的参考用书。

本教材由大连理工大学郭莹任主编，大连理工大学唐洪祥、北

京工业大学许成顺、东北电力大学郝冬雪、华北科技学院赵少飞、大连交通大学曹志军任副主编，天津武警后勤学院彭小云和崔鹏举、唐山学院刘明泉、合肥学院徐亚利参与了编写。具体编写分工如下：郭莹编写了绪论和第1章；唐洪祥编写了第2章；许成顺编写了第3章；郝冬雪编写了第4章；曹志军和刘明泉编写了第5章；彭小云和崔鹏举编写了第6章；赵少飞编写了第7章；郭莹和徐亚利编写了第8章。全书由郭莹统稿并定稿。清华大学李广信教授审定了编写大纲，提出了许多宝贵意见和建议，为教材的编写提供了非常有益的指导，在此谨致谢忱。

在编写本教材的过程中，编者参考、引用和改编了国内外出版物中的相关资料以及网络资源，在此表示深深的谢意！相关著作权人看到本教材后，请与出版社联系，出版社将按照相关法律的规定支付稿酬。

尽管在教材的编写过程中，我们尽可能地参考了现行规范、新工艺和新的研究成果，并进行认真编写与校对，但限于水平，书中仍有疏漏和不妥之处，敬请专家和读者批评指正，以使教材日臻完善。

编　者

2022年8月

所有意见和建议请发往：dutpbk@163.com
欢迎访问高教数字化服务平台：https://www.dutp.cn/hep/
联系电话：0411-84708445　84708462

第0章 绪论

本章提要

基础工程包括岩土工程的勘察、设计与施工。在开始学习这门课程前，需要了解为什么要学习这门课程，在建筑工程中的作用和地位如何，本课程包含哪些内容，这门课程有何特点，学科发展历程如何，如何学好本门课程等。

本章在介绍地基与基础的概念后，介绍了基础工程的发展概况，然后介绍了本课程的主要内容、特点和学习要求。

思政小课堂

学习目标

(1)掌握地基和基础的概念和类型。

(2)了解基础工程的发展概况。

(3)了解课程的内容、特点和学习要求。

0.1 地基与基础的概念

在地面或地面以下一定深度处修建建筑物，将使一定范围内的地层改变其原有的应力状态，这一范围的地层称为地基。与地基接触的建筑物最下部分的人造构筑物称为基础，如图0-1所示。基础将建筑物的上部结构与地基联结起来，承上启下，将建筑物自重及所承受的荷载传递给地基。

工程实践表明，建筑物的地基和基础因为埋在地表以下，如有缺陷较难发现，事故一旦发生，补救困难，且这些缺陷往往直接影响整个建筑物的正常使用甚至危及安全。建筑物事

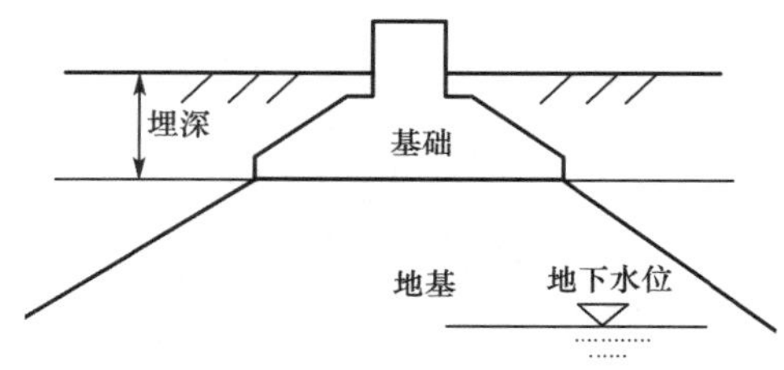

图 0-1　地基与基础

故的发生，很多与地基和基础问题有关，例如，2009 年发生在上海的 13 层楼房整体倒塌的事故，如图 0-2 所示，就是由于地基和桩基础发生了失稳破坏。地基与基础工程属于地下隐蔽工程，其勘察、设计和施工质量均直接影响整个建筑物的质量和安危。不仅如此，建筑物地基和基础部分的工期往往较长、造价也较高。因此，地基与基础的勘察、设计和施工在建筑工程中处于相当重要的地位。

图 0-2　上海 13 层楼房整体倾倒事故

地基按照地质情况可以分为土基和岩基，按照设计和施工情况可以分为天然地基与人工地基。建筑物基础可直接放置的天然地层称为天然地基。如天然地层过于软弱或有不良的工程地质问题，需要经过人工加固或处理后才能修筑基础，这种地基称为人工地基。

基础按照埋置深度与施工情况可以分为浅基础与深基础。通常把基础埋置深度不大（一般小于 5 m 或小于基础宽度），只需经过明挖基坑、排水等普通施工程序就可以完成的基础称为浅基础，浅基础的侧摩阻力不计。基础埋深较深且需要采用特殊的施工手段进行施工的基础称为深基础，深基础主要包括桩基、沉井基础和地下连续墙，此时需考虑基础的侧摩阻力。桩基础近年来在工业与民用建筑、港口与海岸工程、水利水电工程、道路与桥梁工程等领域得到了快速发展，是一种采用最广泛的古老深基础形式。

由于我国地域广阔，分布了很多特殊区域性土，这些土作为地基具有特殊的性质，在基础工程中应予以特别的关注。2008 年 5 月发生的汶川地震又一次向我们敲响了警钟，考虑地震条件下的地基与基础设计是一个必须要关注的问题。

地基和基础的设计是相互联系的整体，正确的基础工程设计应该在充分考虑具体的地基情况的基础上进行，在安全的前提下还要考虑施工可行性与经济合理性，因此地基基础设计不应生搬硬套，应该因地制宜，具体问题具体分析。

因此，基础工程涉及岩土工程勘察和各类建筑物的地基基础及挡土构筑物的设计与施工，以及为满足基础工程要求进行的地基处理方法。

0.2 基础工程的发展概况

基础工程既是一门具有上千年历史的古老工程技术，又是一门正在发展之中的新兴应用学科。仅以我国为例，都江堰水利工程、万里长城、南北大运河和赵州石拱桥均为扬名世界的著名古老工程，历经数千载，至今仍岿然屹立，离不开坚实的地基与基础。两千多年前四川采用泥浆钻探法开凿盐井，浙江河姆渡遗址采用木桩修建房屋，另外灰土垫层、石灰桩等也是我国古代处理地基的传统方法。这些充分说明古代人民已经积累了丰富的基础工程实践经验。但这一时期基本停留在经验积累阶段，没有形成完整的理论体系。

1925年太沙基(Terzaghi)出版了《土力学》专著，创立了土力学这门独立学科，成为基础工程的主要理论基础。1948年太沙基和佩克出版的《工程实用土力学》，推动了基础工程理论的发展。

近几十年来，随着岩土工程理论及其相关的计算机技术、实验测试技术、施工技术与机械设备制造技术等的不断发展，世界范围内超高土石坝、超高层建筑、核电站等巨型工程的兴建，各地区多次强烈地震的发生，基础工程在设计计算理论和方法、施工技术和机械设备等方面，都有了新的突破。我国在青藏铁路、三峡大坝、南水北调、高速铁路客运专线等重大工程建设的勘察、设计、施工等各个阶段，全面、系统地应用土力学及基础工程等方面的专业知识和相关施工技术与设备，取得了大量突破性的具有世界先进水平的研究与实践成果。在考虑地基、基础与上部结构共同作用的设计方法、桩基础设计方法与施工技术、深基坑支护技术、地基处理技术和抗震设计理论等方面都取得了很多有价值的成果并应用于实际工程。在2008年5月四川汶川8级大地震中(最大烈度达到12度)，震中的水利工程经受住了大地震的考验，坝体基本安全，未出现溃坝事件，有力地证明：我国岩土工程的科学研究与实践达到了国际先进水平。近年来我国陆续更新的相关基础工程的勘察、设计和施工等规范，反映了我国基础工程领域的发展水平。

0.3 课程内容、特点及学习要求

基础工程课程的主要内容包括：

(1)岩土工程勘察。

(2)天然地基上的浅基础。

(3)桩基础。

(4)地基处理。

(5)基坑支护。

(6)特殊土地基。

(7)地基基础抗震。

地基基础设计需要依据建筑物的用途与安全等级,建筑物的布局、上部结构类型,充分考虑场地和地基岩土体条件,并结合施工条件、工期、造价等各种要素,合理地选择地基基础方案,因地制宜,精心设计与施工,才能保证建筑物的安全与正常使用。

基础工程课程的特点如下:

(1)课程内容与规范联系紧密:不同专业采用的规范不同,在掌握基本原理的基础上应关注不同专业规范的设计方法的差异,应注意专业规范的更新。

(2)设计与施工方案的多变性和灵活性:当多种设计和施工方案均能达到相同的目标时,需要综合考虑使用安全性、施工可行性和经济合理性等因素。

(3)实践性很强:通过课程的学习能够具备与工程实际密切相关的勘察、设计和施工等方面的基础知识,并注意结合工程不断积累实践经验。

基础工程方面的知识是土木工程专业不可缺少的,本课程属于专业课程,学习本课程之前应具有工程地质、材料力学、结构力学、钢筋混凝土、土力学等方面的基础知识。本课程要求能够利用各科知识,结合结构计算方法和施工技术等知识,合理地解决基础工程勘察、设计与施工的相关问题。

具体学习要求如下:

(1)了解和掌握设计与施工的基本原理。

(2)熟悉相关规范,掌握基本设计方法和施工方法。

(3)建立勘察、设计与施工的有机联系。

第1章 岩土工程勘察

工程建设在设计与施工前，必须按基本建设程序进行岩土工程勘察。岩土工程勘察是根据建设工程的要求，查明、分析、评价建设场地的地质、环境特征和岩土工程条件，编制勘察文件的活动。

本章首先介绍岩土工程勘察等级和岩土分类，然后介绍勘察阶段和工作内容，再介绍岩土工程的勘察方法，最后介绍岩土工程勘察报告的编制。

学习目标

(1)了解勘察等级和岩土分类方法。

(2)了解勘察阶段划分及各阶段主要工作内容。

(3)熟练掌握勘探方法和原位测试方法。

(4)了解岩土工程勘察报告的编制。

1.1 概　述

岩土工程勘察是根据建设工程的要求，查明、分析、评价建设场地的地质、环境特征和岩土工程条件，编制勘察文件的活动。可见，岩土工程勘察是为了满足工程建设的要求，具有明确的工程针对性，不同于一般的工程勘察。"查明、分析、评价"需要一定的技术手段，主要包括工程地质测绘和调查、勘探和取样、原位测试、室内试验、检验和监测、分析计算、数据处理等，因此，不同的工程要求和地质条件，需要采用不同的技术方法。"地质、环境特征和岩土工程条件”是勘察工作的对象，主要包括岩土的分布和工程特征、地下水的赋存及其变化、不良地质作用和地质灾害。

岩土工程勘察是工程建设中的一个重要组成部分，工程建设包括勘察、设计、施工、检验、监测和监理等多个环节，彼此之间既有一定的分工，又有密切联系，不宜机械分割。

岩土工程勘察的任务是查明建筑物场地或地区的工程地质和水文地质条件，为建筑物场地选择、建筑平面布置、地基与基础设计和施工提供必要的地质资料，还应结合工程设计方案、施工条件，进行技术论证和分析评价，提出解决岩土工程问题的建议，并服务于工程建设的全过程。

1.2 岩土工程勘察等级

不同规模和特征的建筑物对岩土工程勘察的要求不同，所要解决的岩土工程问题也有差异：规模较大的工程项目，要求深入了解场地基本特征，需要进行大量的勘察工作，所需采用的勘察方法较多；相反，结构简单的建筑物或构筑物，所要求了解的场地条件简单，仅需进行少量的勘察工作或参考相邻建筑物的地质资料便可进行建设。因此，划分岩土工程勘察等级的目的是突出重点、区别对待、以利管理，对于确定勘察工作内容、选择勘察方法、确定勘察工作量，具有重要指导意义。

《岩土工程勘察规范》(GB 50021—2001)规定，按工程的重要程度、场地复杂程度等级及地基复杂程度等级进行岩土工程勘察等级划分。

(一)工程重要性等级

《工程结构可靠性设计统一标准》(GB 50153—2008)将工程结构安全等级分为三级，《建筑地基基础设计规范》(GB 50007—2011)将地基基础设计等级分为三级，都是从设计角度考虑工程重要性。从勘察角度划分工程重要性等级，主要根据工程规模大小和特点，以及由于岩土工程问题造成破坏或影响正常使用的后果，划分为三个工程重要性等级，见表1-1。

表 1-1　　工程重要性等级

重要性等级	工程类型	破坏后果
一级工程	重要工程	很严重
二级工程	一般工程	严重
三级工程	次要工程	不严重

(二)场地复杂程度等级

场地复杂程度等级根据建筑物抗震稳定性、不良地质作用发育情况、地质环境破坏程度、地形地貌复杂情况以及地下水等方面进行划分，一般分为复杂场地(一级)、中等复杂场地(二级)和简单场地(三级)等三个等级。见表1-2。从一级开始，向二级、三级推定，以最先的满足为准。对建筑物抗震有利、不利和危险地段的划分详见第7章。

表 1-2　场地复杂程度等级

场地复杂程度等级	建筑物抗震稳定性	不良地质作用	地质环境破坏程度	地形地貌复杂情况	地下水
一级场地（复杂场地）	对建筑抗震危险的地段	强烈发育	已经或可能受到强烈破坏	复杂	有影响工程的多层地下水、岩溶裂隙水或其他水文地质条件复杂，需专门研究的场地
二级场地（中等复杂场地）	对建筑抗震不利的地段	一般发育	已经或可能受到一般破坏	较复杂	基础位于地下水位以下的场地
三级场地（简单场地）	抗震设防烈度等于或小于 6 度，或对建筑物抗震有利的地段	不发育	基本未受破坏	简单	地下水对工程无影响

（三）地基复杂程度等级

地基复杂程度等级划分主要依据地基岩土的工程特性进行分类，一般分一级地基（复杂地基）、二级地基（中等复杂地基）、三级地基（简单地基）等三级。见表 1-3。推定顺序与场地复杂程度相同。

表 1-3　地基复杂程度等级

地基复杂程度等级	岩土种类与性质	有无特殊性岩土
一级地基（复杂地基）	种类多，很不均匀，性质变化大，需特殊处理	严重湿陷、膨胀、盐渍、污染的特殊性岩土，以及其他情况复杂，需作专门处理的岩土
二级工程（中等复杂地基）	种类较多，不均匀，性质变化较大	除上一级地基规定以外的特殊性岩土
三级工程（简单地基）	种类单一，均匀，性质变化不大	无特殊性岩土

（四）岩土工程勘察等级

根据上述的工程重要性等级、场地复杂程度和地基复杂程度等级，可将岩土工程勘察等级划分为甲级、乙级、丙级三个等级。

甲级——在工程重要性、场地复杂程度和地基复杂程度等级中，有一项或多项为一级。

乙级——除勘察等级为甲级、丙级以外的勘察项目。建筑在岩质地基上的一级工程，当场地复杂程度等级和地基复杂程度等级均为三级时，岩土工程勘察等级可定为乙级。

丙级——工程重要性、场地复杂程度和地基复杂程度等级均为三级。

勘察等级一般可在勘察工作开始前通过搜集已有资料确定，但随着勘察工作的开展，对自然认识的不断深入，勘察等级也可能发生变化。

1.3 岩土分类

在国内，设计规范、勘察规范和试验规程中有关岩土的分类方法有所不同，即使同样的设计规范，不同行业的岩土分类方法也存在差异，下面介绍《岩土工程勘察规范》(GB 50021—2001)中的岩土分类。

1.3.1 岩石的工程分类和鉴定

岩石的工程性质极为多样，差别很大，进行工程分类十分必要。岩石的分类可以分为地质分类和工程分类。地质分类主要根据其地质成因、矿物成分、结构构造和风化程度，可以以地质名称加风化程度表达，如强风化花岗岩、微风化砂岩等，地质分类对于工程的勘察设计也是十分必要的。地质分类方法参见《工程地质》相关教材。工程分类主要根据岩体的工程性状，如坚硬程度、完整程度和质量情况等，使工程师建立起明确的岩石工程特性概念。地质分类是一种基本分类，工程分类应在地质分类的基础上进行，目的是更好地概括其工程性质，便于进行工程评价。下面简要介绍岩石的工程分类。

在进行岩土工程勘察时，首先需要鉴定岩石的地质名称和风化程度，之后需要根据下列要求进行岩石坚硬程度、岩体完整程度和岩体基本质量等级的划分，即进行岩石的工程分类。

(一)岩石坚硬程度分类

按照岩石饱和单轴抗压强度 f_r 将岩石的坚硬程度由高到低划分为坚硬岩、较硬岩、较软岩、软岩和极软岩，见表 1-4。当无法取得饱和单轴抗压强度数据时，可用点荷载试验强度换算。当岩体完整程度为极破碎时，可不进行坚硬程度分类。

表 1-4 岩石坚硬程度分类

坚硬程度	坚硬岩	较硬岩	较软岩	软岩	极软岩
f_r/MPa	$f_r>60$	$60\geqslant f_r>30$	$30\geqslant f_r>15$	$15\geqslant f_r>5$	$f_r\leqslant 5$

(二)岩体完整程度分类

按照完整性指数将岩体的完整程度划分为完整、较完整、较破碎、破碎和极破碎，见表 1-5。完整性指数为岩体压缩波速度与岩块压缩波速度之比的平方。

表 1-5 岩体完整程度分类

完整程度	完整	较完整	较破碎	破碎	极破碎
完整性指数	>0.75	0.75～0.55	0.55～0.35	0.35～0.15	<0.15

(三)岩体基本质量等级分类

根据岩体的完整程度和岩石的坚硬程度可进行岩体基本质量等级的划分，分为Ⅰ～Ⅴ级。完整的坚硬岩为Ⅰ级，质量等级最高，极破碎的极软岩为Ⅴ级，质量等级最低。见表 1-6。

表 1-6 岩体基本质量等级分类

坚硬程度	完整程度				
	完整	较完整	较破碎	破碎	极破碎
坚硬岩	Ⅰ	Ⅱ	Ⅲ	Ⅳ	Ⅴ
较硬岩	Ⅱ	Ⅲ	Ⅳ	Ⅳ	Ⅴ
较软岩	Ⅲ	Ⅳ	Ⅳ	Ⅴ	Ⅴ
软岩	Ⅳ	Ⅳ	Ⅴ	Ⅴ	Ⅴ
极软岩	Ⅴ	Ⅴ	Ⅴ	Ⅴ	Ⅴ

岩石的坚硬程度直接与地基的承载力和变形性质有关，重要性不言而喻。岩体的完整

程度反映了岩体的裂隙性，而裂隙性是岩体十分重要的特性，破碎岩体的强度和稳定性较完整岩体大大削弱，尤其对边坡和基坑工程更为突出。岩石坚硬程度、岩体完整程度和岩石风化程度也可在野外通过定性鉴定进行分类。

(四)岩石的鉴定

岩石的鉴定依赖岩石野外描述，因此岩石和岩体的野外描述十分重要。

岩石的描述应包括地质年代、地质名称、风化程度、颜色、主要矿物、结构、构造和岩石质量指标 RQD。RQD 是岩芯中长度在 10 cm 以上的分段长度总和与该回次钻进深度之比，以百分数表示。对沉积岩应着重描述沉积物的颗粒大小、形状、胶结物成分和胶结程度。对岩浆岩和变质岩应着重描述矿物的结晶大小和结晶程度。

根据岩石质量指标 RQD，可分为好的(RQD＞90)、较好的(RQD＝75～90)、较差的(RQD＝50～75)、差的(RQD＝25～50)和极差的(RQD＜25)。

岩体的描述应包括结构面、结构体、岩层厚度和结构类型。结构面的描述包括类型、性质、产状、组合形式、发育程度、延展情况、闭合程度、粗糙程度、充填情况和充填物性质以及充水性质等；结构体的描述包括类型、形状、大小和结构体在围岩中的受力情况等。

1.3.2　土的分类和鉴定

根据地质成因可将土划分为残积土、坡积土、洪积土、冲积土、淤积土、冰积土和风积土等。根据有机质含量可将土划分为无机土、有机质土、泥炭质土和泥炭。根据颗粒组成和矿物成分可将土划分为碎石土、砂土、粉土和黏性土，这是土的工程分类方法，与《建筑地基基础设计规范》完全一致，已在“土力学”中讲述，这里不再赘述。

土的鉴定应在现场描述的基础上，结合室内土工试验的开土记录和试验结果综合确定。碎石土应描述颗粒级配、颗粒形状、颗粒排列、母岩成分、风化程度、充填物的性质和充填程度、密实度等。砂土应描述颜色、矿物组成、颗粒级配、颗粒形状、黏粒含量、湿度、密实度等。粉土应描述颜色、包含物、湿度、密实度、摇震反应、光泽反应、干强度、韧性等。黏性土应描述颜色、状态、包含物、摇震反应、光泽反应、干强度、韧性和土层结构等。特殊土除了描述上述相应土类的内容外，还应描述其特殊成分和特殊性质：如对淤泥需描述嗅觉，对人工填土应描述物质成分、堆积年代、密实度和厚度的均匀程度等，对具有互层、夹层、夹薄层特征的土，应描述各层的厚度和层理特征。

碎石土的密实度可根据圆锥动力触探锤击数分类，表 1-7 和表 1-8 分别按重型动力触探锤击数 $N_{63.5}$ 和 N_{120} 确定碎石土密实度，也可以根据现场鉴定定性划分。

表 1-7　碎石土密实度按 $N_{63.5}$ 分类

重型动力触探锤击数 $N_{63.5}$	密实度
$N_{63.5} \leqslant 5$	松散
$5 < N_{63.5} \leqslant 10$	稍密
$10 < N_{63.5} \leqslant 20$	中密
$N_{63.5} > 20$	密实

表 1-8　　碎石土密实度按 N_{120} 分类

重型动力触探锤击数 N_{120}	密实度
$N_{120} \leqslant 3$	松散
$3 < N_{120} \leqslant 6$	稍密
$6 < N_{120} \leqslant 11$	中密
$11 < N_{120} \leqslant 14$	密实
$N_{120} > 14$	很密

砂土的密实度按标准贯入锤击数划分,见表 1-9。粉土的密实度按孔隙比划分,见表 1-10,湿度按含水量划分,见表 1-11。黏性土的软硬状态按液性指数划分,划分标准同《建筑地基基础设计规范》。

表 1-9　　砂土密实度分类

标准贯入锤击数 N	密实度
$N \leqslant 10$	松散
$10 < N \leqslant 15$	稍密
$15 < N \leqslant 30$	中密
$N > 30$	密实

表 1-10　　粉土密实度分类

孔隙比 e	密实度
$e < 0.75$	密实
$0.75 \leqslant e \leqslant 0.9$	中密
$e > 0.9$	稍密

表 1-11　　粉土湿度分类

含水量 w/%	湿度
$w < 20$	稍湿
$20 \leqslant w \leqslant 30$	湿
$w > 30$	很湿

1.4 岩土工程勘察阶段及工作内容

根据我国工程建设的实际情况和数十年工程勘察工作的经验,勘察工作应分阶段进行。岩土工程勘察是一种探索性很强的工作,总有一个从不知到知,从知之不多到知之较多的过程,对自然的认识总是由粗而细、由浅而深的,不可能一步到位。况且,各设计阶段对勘察结果也有不同的要求。因此,有必要分阶段进行勘察。

但是,各行业设计阶段的划分不完全一致,工程的规模和要求也各不相同,场地和地基的复杂程度差别很大,要求每个工程都分阶段勘察,是不实际也是不必要的,需要根据各行业、各工程的特点选择勘察阶段。例如，在城市和工业区，一般已经积累了大量岩土工程勘察资料，当建筑物平面布置已经确定时，可以直接进行详细勘察。但对于高层建筑和其他重要工程，在短时间内不易查明复杂的岩土工程问题并做出明确的评价，这就需要分阶段进行勘察工作。

房屋建筑和构筑物勘察可划分为可行性研究勘察、初步勘察、详细勘察和施工勘察四个阶段。各勘察阶段应满足相应的要求：可行性研究勘察应对拟选场地的稳定性和适宜性做出评价，满足选择场址方案的要求；初步勘察应对场地内拟建建筑地段的稳定性做出评价，符合初步设计的要求；详细勘察应符合施工图设计的要求；场地条件复杂或有特殊要求的工程，宜进行施工勘察。不同勘察阶段是安排勘察工作量的一个重要依据。

下面具体介绍《岩土工程勘察规范》有关房屋建筑和构筑物进行岩土工程勘察的各阶段主要工作内容。

1.4.1 可行性研究勘察

可行性研究勘察应对拟选场地的稳定性和适宜性做出评价，满足选择场址方案的要求。可行性研究勘察的主要工作包括：

(1)提供工程所需的区域资料，搜集区域地质、地形地貌、地震、矿产，当地的工程地质、岩土工程和建筑经验等资料。

(2)在充分搜集和分析已有资料的基础上，通过踏勘了解场地的地层、构造、岩性、不良地质作用和地下水等工程地质条件，以便分析场地的稳定性与适宜性，明确选择场地范围与应避开的地段，进行选址方案比较。

(3)对倾向预选的场地，当工程地质条件复杂、已有资料不满足要求时，再进行工程地质测绘和必要的勘探工作，以便避开不良地段，选择有利的场地和经济合理的规划方案。

(4)当有两个或两个以上拟选场地时，应进行比选分析。

1.4.2 初步勘察

初步勘察是在可行性研究勘察的基础上，在建设场址确定后对场地内拟建建筑地段的稳定性做出岩土工程评价，进而选择最适合的地基基础工程方案，满足初步设计或扩大初步设计的要求。

初步勘察的主要工作包括：

(1)搜集拟建工程的有关文件、工程地质和岩土工程资料以及工程场地范围内的地形图。

(2)初步查明地质构造、地层结构、岩土工程特性、地下水埋藏条件。

(3)查明场地不良地质作用的成因、分布、规模、发展趋势，并对场地的稳定性做出初步评价。

(4)对于抗震设防烈度等于或大于 6 度的场地，应对场地和地基的地震效应做出初步评价。

(5)季节性冻土地区，应调查场地土的标准冻结深度。

(6)初步判定水和土对建筑材料的腐蚀性。

(7)高层建筑,应对可能采用的地基基础类型、基坑开挖与支护、工程降水方案进行初步分析评价。

初步勘察的勘探工作应符合以下要求:勘探线垂直地貌单元、地质构造和地层界线布置;每个地貌单元均应布置勘探点,在地貌单元交接部位和地层变化较大的地段,应加密勘探点,在地形平坦地区,可按网格布置勘探点。

初步勘察应调查含水层的埋藏条件、地下水类型、补给排泄条件、各层地下水位。地下水可能浸湿基础时,应取水样进行腐蚀评价。

1.4.3 详细勘察

详细勘察成果应满足地基承载力和允许变形量计算以及地下水对地基基础施工方案影响分析的要求,使场地和地基的稳定性与方案的合理性都得到充分的论证。本阶段应对岩土工程设计、岩土体治理与加固、不良地质作用的防治工程进行计算与评价,以满足施工图设计要求。因此,详细勘察应按单体建筑物或建筑群提出详细的岩土工程资料和设计、施工所需的岩土参数,对建筑地基做出岩土工程评价,并对地基类型、基础形式、地基处理、基坑支护、工程降水和不良地质作用的防治提出建议。

详细勘察的主要工作包括:

(1)收集附有坐标和地形的建筑总平面图,场区地面整平标高,建筑物性质、规模、荷载、结构特点、基础形式、埋置深度、地基允许变形等资料。

(2)查明不良地质作用类型、成因、分布范围、发展趋势和危害程度,提出治理建议。

(3)查明建筑范围内岩土层的类型、深度、分布、工程特性,分析与评价地基的稳定性、均匀性和承载力。

(4)对需进行沉降计算的建筑物,提供地基变形计算参数,预测建筑物的变形特征。

(5)查明埋藏的河道、沟浜、墓穴、防空洞、孤石等对工程不利的埋藏物。

(6)查明地下水的埋藏条件,提供地下水位及其变化规律。

(7)在季节性冻土地区,提供场地土的标准冻深。

(8)判定水和土对建筑材料的腐蚀性。

对抗震设防烈度等于或大于 6 度的场地,勘察时应划分场地类别,划分对抗震有利、不利或危险的地段。凡判别为可液化土层,应按现行《建筑抗震设计规范》(GB 50011—2010)的规定确定其液化指数和液化等级,详见第 7 章。

工程需要时,详细勘察应论证地基土和地下水在建筑施工和使用期间可能产生的变化及其对工程和环境的影响,提出防治方案、防水设计水位和抗浮设计水位建议。总之,需要为工程设计和施工方案的各方面提供更可靠的资料。

详细勘察的勘探点布置和勘探孔深度,应根据建筑物特性和岩土工程条件确定。

1.4.4 施工勘察

在施工勘察阶段,勘察成果要为一些复杂的工程地质条件和有特殊要求的地基问题的最终解决提供服务，并需要在施工过程中，根据监测或检验中发现的问题和需要，及时补充必要的勘察工作，为地基基础设计方案必要的调整、变更提供所需的岩土工程资料。

1.5 岩土工程勘察方法

岩土工程勘察方法主要包括工程地质测绘与调查、勘探与取样、原位测试和室内实验，三者关系密切，配合必须得当。

1.5.1 工程地质测绘与调查

测绘与调查着重于地表的地质工作，即在不钻探的情况下，根据野外调查和测绘结果查明场地及其附近的地貌、地质条件，对稳定性和适宜性做出评价。宜在可行性研究或初步勘察阶段进行，详细勘察时可在初步勘察测绘和调查的基础上，对某些专门的地质问题（如滑坡、断裂等）做必要的补充调查。测绘和调查工作主要包括下列内容：

（1）查明地形、地貌特征及其与地层、构造、不良地质作用的关系，划分地貌单元。

（2）查明岩土的年代、成因、性质、厚度和分布，对岩层应鉴定其风化程度，对土层应区分新旧沉积土、各种特殊土。

（3）查明岩体结构类型，各类结构面（尤其是软弱结构面）的产状、性质，岩、土接触面和软弱夹层的特性等，新构造活动的行迹及其与地震活动的关系。

（4）查明地下水类型、补给来源、排泄条件，井泉位置，含水层的岩性特征、埋藏深度、水位变化、污染情况及其与地表水体的关系。

（5）搜集气象、水文、植被、土的标准冻结深度等资料，调查最高洪水位及其发生时间、淹没范围。

（6）查明岩溶、土洞、滑坡、崩塌、泥石流、冲沟、地面沉降、断裂、地震震害、地裂缝、岸边冲刷等不良地质作用的形成、分布、形态、规模、发育程度及其对工程建设的影响。

（7）调查人类活动对场地稳定性的影响，包括人工洞穴、地下采空、大挖大填、抽水排水和水库诱发地震等。

（8）查明拟建场地附近已建建筑物的变形和地基处理工程经验。

工程地质测绘与调查的成果资料包括实际材料图、综合工程地质图、工程地质分区图、综合地质柱状图、工程地质剖面图以及各种素描图、照片和文字说明等。

1.5.2 勘探与取样

地质勘探与取样是揭示地表以下地质情况的一种重要手段。在地表地质调查与测绘工作获取定性资料的基础上进一步通过钻探、坑探、地球物理勘探、触探或它们相互配合取得地表以下地质情况的定量资料，揭露并划分地层，量测界限，采取岩土样，鉴定和描述岩土特性、成分和产状；揭露并了解地质构造，不良地质现象的分布、界限和形态；揭露并测量地下水的埋藏深度，采取水样，了解其物理化学性质及地下水类型。

勘探工作中具体的勘探手段的选择应符合勘探的目的、要求及岩土体的特点，力求以合理的工作量达到应有的技术效果。

(一)勘探

1. 钻探

钻探是岩土工程勘察中应用最广泛、最有效的方法之一。对于每个钻孔均可获取岩芯、土样、划分地层，了解不良地质作用与地质构造，在钻孔内还可进行岩土工程原位测试，水文地质试验，获得地下水资料等。

钻探即用钻机向地下钻孔进行地质勘探。钻探的基本程序为钻孔、固定孔壁、取样。钻孔方法可分为振动、回转、冲击、冲洗等方式。

钻探成果可用钻孔野外柱状图或分层记录表示，可将孔内岩土层情况做成柱状图，做出岩土性质描述，标明岩芯采取率、地下水位、代表性岩土物理力学参数，标明试验位置。

2. 坑探

坑探是查明地下地质情况的最直接、最有效的方法，包括井探、槽探和洞探。当钻探难以准确查明地下情况时，可采用井探、槽探进行勘探。在坝址、地下工程、大型边坡等勘察中，当需详细查明深部岩层性质、构造特征时，可采用竖井或平洞。坑探的优点是可直接观察地层地质构造，同时可以现场取样，并可配合进行大型原位测试。其缺点是开挖工程量大，受地下水限制开挖深度不能太大，需要回填。适用于岩土层埋藏不深，地下水位较深的地层。

3. 地球物理勘探

地球物理勘探简称物探，利用地球物理的方法来探测地层岩性与土性、地层构造。物探方法较多，如电法、磁法、声法、地震法、重力法或放射法，应用普遍的方法有电法和地震法。电法是依据地质体的电阻率差异，从而推断地质体性质。地震法是通过人工激发的弹性波在地下传播，来推断地质体的性质，可用单孔法、跨孔法、面波法。

物探能够及时解决工程地质测绘中难以推断而又亟待了解的工程地质情况，相对于其他勘探方法具有成本低、限制条件少、效率高等优点，近年来得到了快速发展。物探的成果具有多解性，工程实际中，不可仅依靠物探成果对岩土体性质进行评价，通常需要结合钻孔资料进行校核，因此，物探可作为钻探的补充。

4. 触探

触探既是一种勘探方法，也是一种现场原位测试方法，包括动力触探和静力触探，具体方法在 1.5.3 详细介绍。

需要注意的是触探法的试验结果非概念明确的物理量，需将触探结果与土的某些物理力学参数建立统计关系才能使用，且统计关系因土而异，具有很强的地域性。

（二）取样

工程地质钻探的任务之一是采取岩土的试样，用来对其观察、鉴别或进行各种室内物理力学性质的试验。钻孔取样过程中不可避免对土样产生扰动，扰动对土样的试验结果影响不容忽视。能满足所有室内试验要求，用以近似测定土的原位强度、固结、渗透以及其他物理性质指标的土样可以定义为不扰动土样，即原状土样。但是，绝对不扰动的土样从理论上说是无法取得的，原因如下：

(1)土样脱离母体后，原来所受到的周围压力突然解除，土样的应力状态与原来相比发生了变化，这在一定程度会影响到土样的结构。

(2)钻探及取样过程中，钻具在钻压过程中必然要对其周围土体（包括土样原来所在区域）产生一定程度上的扰动。

(3)取样时要使用取土器，无论何种取土器都有一定的壁厚、长度和面积，它在压入过程中，也会使土样受到一定的扰动。

实际中不可能要求一个试样做所有的试验，而不同试验项目对土样扰动的敏感程度是不同的。因此可以针对不同的试验目的来划分土样的质量等级，《岩土工程勘察规范》根据试验目的将土样质量分为Ⅰ～Ⅳ级，详见表 1-12。取土器和取土方法依据取样质量要求选取。

表 1-12　　土样等级划分及测试内容

等级	扰动程度	试验内容
Ⅰ	不扰动	土类定名、含水量、密度、强度试验、固结试验
Ⅱ	轻微扰动	土类定名、含水量、密度
Ⅲ	显著扰动	土类定名、含水量
Ⅳ	完全扰动	土类定名

注：1. 不扰动是指原位应力状态虽已改变，但土的结构、密度、含水量变化很小，能满足室内试验各项要求。

2. 除地基基础设计等级为甲级的工程外，在工程技术要求允许的情况下可用Ⅱ级土样进行强度与固结试验，但宜先对土样受扰动程度做抽样鉴定，判定用于试验的适宜性，并结合地区经验使用试验成果。

1.5.3 原位测试和室内试验

原位测试与室内试验是岩土工程勘察工作的重要内容，通过它们可以获得岩石和土的物理、力学、化学性质和地下水的水质指标，获得关于岩土体综合参数、承载能力、应力应变等方面的资料。

原位测试与室内试验这两种方法各有优缺点，互为补充。原位测试可在现场直接进行，对岩土样的扰动小，可基本保持岩土的原位应力状态，但试验条件简单，无法考虑复杂情况下的各种状态及变化；室内试验易于控制试验条件，试验快捷，但对岩土样扰动大，试样体积小，有时不能完全代表岩土体的宏观特性。

（一）原位测试

原位测试是在岩土体所处的位置，在基本保持原来的结构、含水量和应力状态下，对其进行直接测试。在探测地层分布、测定岩土特性、确定地基承载力等方面，具有突出的优点，应与钻探取样和室内试验配合使用。原位测试的方法主要包括载荷试验、静力触探试验、圆锥动力触探试验、标准贯入试验、十字板剪切试验、旁压试验、波速测试、扁铲侧胀试验、现场直接剪切试验、岩土原位应力测试、激震法测试等。下面仅介绍其中的常用方法。

1. 载荷试验

在重要的建筑物设计中，要求必须采用载荷试验确定地基承载力。载荷试验可用于测定承压板下应力主要影响范围内岩土的承载力和变形特性。浅层平板载荷试验适用于浅层地基土；深层平板载荷试验适用于埋深大于或等于 3 m 和地下水位以上的地基土；螺旋板载荷试验适用于深层地基土或地下水位以下的地基土。

浅层平板载荷试验，就是在拟建建筑物的场地上先挖一试坑，再在试坑的底部放上一块承压板，并在其上安装加荷及测量设备等，如图 1-1(a)所示，然后逐级施加荷载并测读承压板相应的沉降量，绘出如图 1-1(b)所示的荷载 p 与沉降量 s 的关系曲线。根据荷载与沉降关系曲线的形状确定该建筑物场地地基的临塑荷载 p_{cr} 和极限承载力 p_u，根据地基土类别按照荷载控制或按照沉降控制可获得地基的承载力，而且还能通过现场载荷试验确定地基土的变形模量 E。

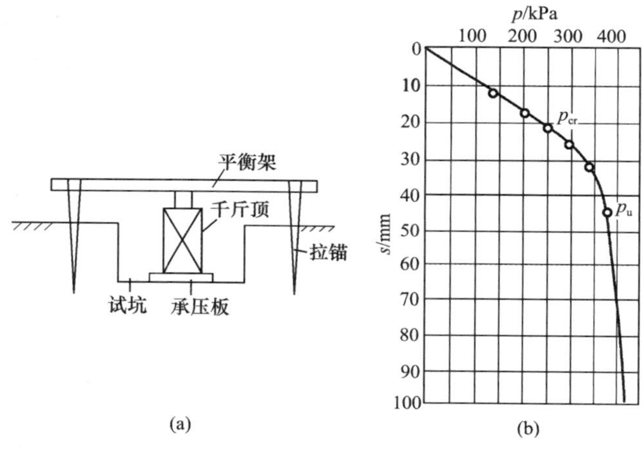

图 1-1　载荷试验及结果示意图

下面介绍《建筑地基基础设计规范》有关浅层平板载荷试验的有关规定。

承压板面积不应小于 0.25 m²，对于软土不应小于 0.5 m²。试坑宽度不应小于承压板宽度或直径的 3 倍。应保持试验土层的原状结构和天然湿度。宜在拟试压表面用粗砂或中砂层找平，其厚度不应超过 20 mm。

加荷分级不应少于 8 级。最大加载量不应小于设计要求的 2 倍。每级加载后，第一个小时内按间隔 10 min、10 min、10 min、15 min、15 min，以后为每隔 30 min 测读一次承压板沉降量，当在连续两小时内，每小时的沉降量小于 0.1 mm 时，则认为已趋于稳定，可加下一级荷载。当出现下列情况之一时，即可终止加载：

(1)承压板周围的土明显地侧向挤出。

(2)沉降 s 急骤增大，荷载-沉降(p-s)曲线出现陡降段。

(3)在某一级荷载下，24 小时 内沉降速率不能达到稳定。

(4)沉降量与承载板宽度或直径之比大于或等于 0.06。

承载力特征值的确定应符合下列规定：

(1)当 p-s 曲线上有比例界限时,取该比例界限所对应的荷载值。

(2)当极限荷载小于对应比例界限的荷载值的 2 倍时,取极限荷载值的一半。

(3)当不能按上述两款要求确定时,若承压板面积为 0.25～0.50 m^2,则可取 s/b = 0.010～0.015 所对应的荷载,但其值不应大于最大加载量的一半。

同一土层参加统计的试验点不应少于 3 点,当试验实测值的极差不超过其平均值的 30%时,取此平均值作为该土层的地基承载力特征值 f_{ak}。

可见,对于不同类型的地基土层,采用不同的控制标准确定地基承载力特征值。对于发生整体剪切破坏的土层,以强度控制,因为 p-s 曲线有明显的分界点,能够确定比例界限及极限荷载,此时采用比例界限作为地基承载力特征值,但是当比例界限值与极限荷载值很接近时,土体发生脆性破坏,为安全起见,采用极限荷载值的一半作为地基承载力特征值;对于发生局部剪切或冲剪破坏的土层,p-s 曲线没有明显的分界点,无法确定比例界限或极限荷载,此时以沉降控制,按照沉降量确定地基承载力特征值。

载荷试验的优点是能较好地反映天然土体的压缩性和强度。对于成分或结构很不均匀的土层,如杂填土、裂隙土、风化岩等,因为难以取得原状土样,载荷试验显示出其他方法难以替代的优越性。其缺点是试验工作量和费用较大,时间较长,由于压力的影响深度仅为承压板宽度的 1.5～2.0 倍,受试验条件所限,承压板宽度往往远小于设计基础宽度,当基础宽度较宽,下层又含有较厚的软弱土层时,可能载荷试验结果无法反映深层地基的影响,即得到偏危险的试验结果。

2. 静力触探试验

静力触探试验是用静力匀速将标准规格的探头压入土中,同时通过埋在探头端部的传感器量测探头阻力,间接获得土的力学特性,具有勘探和测试双重功能。静力触探可根据工程需要采用单桥探头、双桥探头、孔压静力探头。孔压静力触探试验除静力触探原有功能外,还能用于量测孔压的增长和消散。

根据静力触探试验资料,利用地区经验,可进行土层的分层,估算土的稠度状态或密实度、强度、压缩性、地基承载力、单桩承载力、沉桩能力,进行液化判别,并根据孔压消散曲线估算土的固结系数和渗透系数,但均依赖于经验统计关系。估算土的强度参数、浅基或桩基的承载力、砂土或粉土的液化时,只要经验关系经过检验已证实是可靠的,利用静探资料可以提供有关设计参数。但是,估算变形参数时,可靠性差一些,这是因为贯入阻力与变形参数之间不存在直接的机理关系。

利用孔压触探资料可以评价土的应力历史,但有待于积累经验。由于经验关系有其地区局限性,需不断积累经验并在地方规范中加以反映。

静力触探试验适用于软土、一般黏性土、粉土、砂土和含有少量碎石的土。

3. 圆锥动力触探试验

圆锥动力触探试验是利用固定落锤能量,将圆锥形探头打入土中,根据打入的难易程度(贯入度、锤击数)判定土层性质的一种原位测试方法,可分为轻型、重型和超重型三种。轻型动力触探设备如图 1-2 所示,重型与超重型动力触探探头如图 1-3 所示,可见,它们的探头形状存在差异。

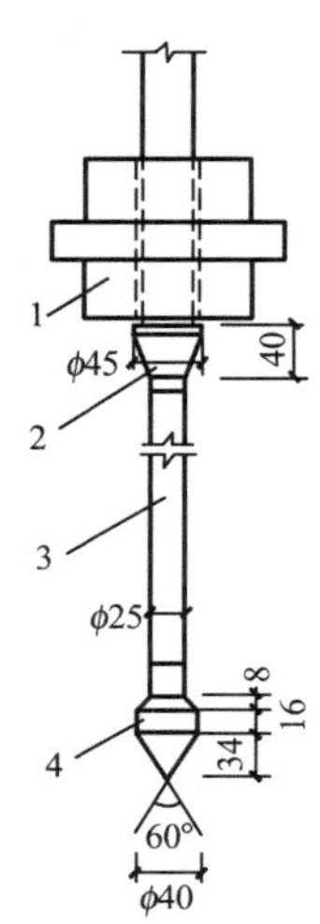

图 1-2　轻型动力触探设备

1—穿心锤；2—锤垫；3—触探杆；4—圆锥头

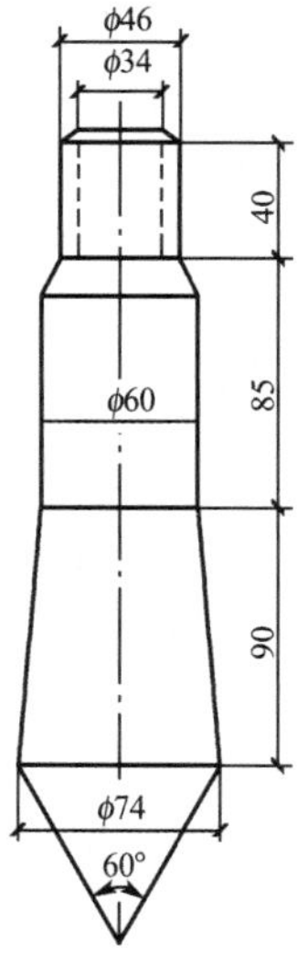

图 1-3　重型与超重型动力触探探头

根据圆锥动力触探试验指标和地区经验，可进行土层的分层，评定土的均匀性、物理性质和物理状态，获得土的强度、变形参数、地基承载力、单桩承载力，查明土洞、滑动面、软硬土层界面，检验地基处理效果等。这种评定同样建立在地区经验的基础上。

4. 标准贯入试验

标准贯入试验也是触探试验的一种，与圆锥动力触探试验的区别主要是探头为中空贯入器。采用质量为 63.5 kg 的穿心锤，以 76 cm 的落距，将标准规格的贯入器打入土中，先预打 15 cm，记录再打入 30 cm 的锤击数，用 N 表示，称为标准贯入锤击数。标准贯入试验装置如图 1-4 所示。

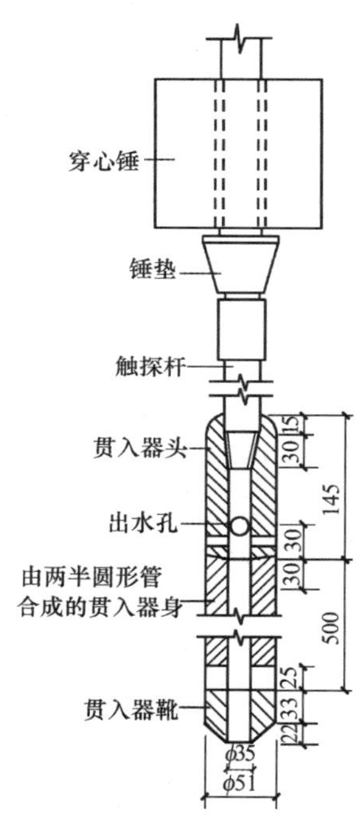

图 1-4　标准贯入试验装置

标准贯入试验简称 SPT 试验，是一种很早用于现场测试土的密实度的动力触探方法，此外还可用于判定黏性土的稠度状态，可间接确定土的强度和变形参数以及估算单桩极限承载力和地基承载力，还可用于饱和砂土和粉土等振动液化的评价。需依据国家规范或地区规范。

SPT 试验操作简便，由于贯入器中空，可取土样直接观察或取样进行各类室内试验，对不易取样的砂土和极易扰动的软黏土等，这种方法有其独到的长处。

标准贯入试验适用于砂土、粉土和一般黏性土，不适用于软塑（流塑）软土。

5. 十字板剪切试验

十字板剪切试验可用于测定饱和软黏土不排水剪切强度 $\tau_f = C_u(\varphi_u \approx 0)$ 和灵敏度。试验除了可以给出土的不排水峰值抗剪强度外，还可以给出残余强度、重塑土强度与灵敏度。

试验成果可按地区经验确定地基承载力、单桩承载力，计算边坡稳定，判定软黏土的排水固结程度。

6. 旁压试验

旁压试验是采用可侧向膨胀的旁压仪，对钻孔孔壁周围的土体施加径向压力，根据压力和体积变化的关系，计算土的模量和强度的一种原位测试方法。旁压仪包括预钻式、自钻式和压入式三种。旁压试验适用于黏性土、粉土、砂土、残积土、极软岩和软岩等。

7. 波速测试

波速测试是根据弹性波在岩土体内的传播速度，间接测定岩土体在小应变（1×10^{-4}～1×10^{-6}）条件下动弹性模量和动泊松比的一种原位测试方法。适用于测定各类岩土体的压缩波（P 波）、剪切波（S 波）或瑞利面波的波速，试验方法有单孔法、跨孔法和面波法。

单孔法只需要一个钻孔，在钻孔内安装检波器，激振器（触发器）位于地表，如图 1-5 所示。该法主要检测水平的剪切波速。

跨孔法需要在测试场地钻两个平行钻孔。在地下同样深度处，一个孔布置检波器，另一个孔布置激振器，检波器接受经过两孔间土层的水平剪切波，测定所耗时间，由此计算剪切波在土中的传播速度。如图 1-6 所示。

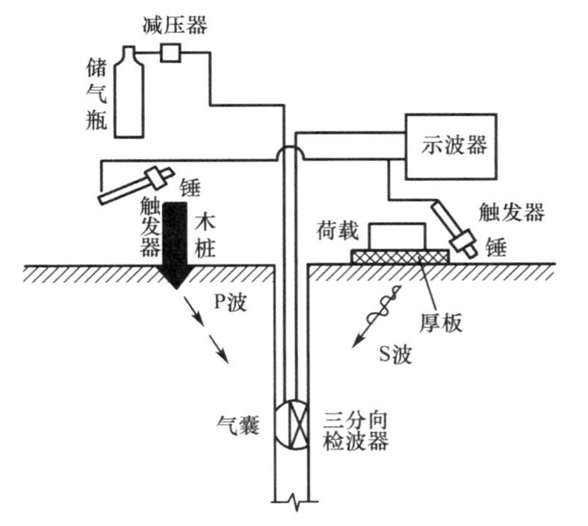

图 1-5　单孔法测试设备布置

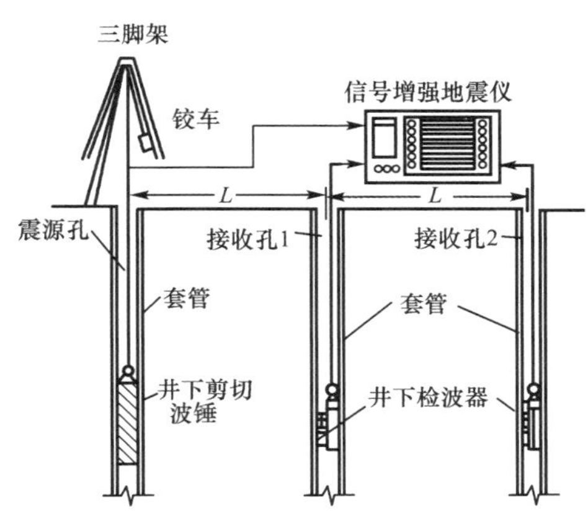

图 1-6　跨孔法测试设备布置

面波法可分为稳态法和瞬态法。在地表施加一个强迫振动，其能量以振动波的形式向地下半空间扩散，如图 1-7 所示。

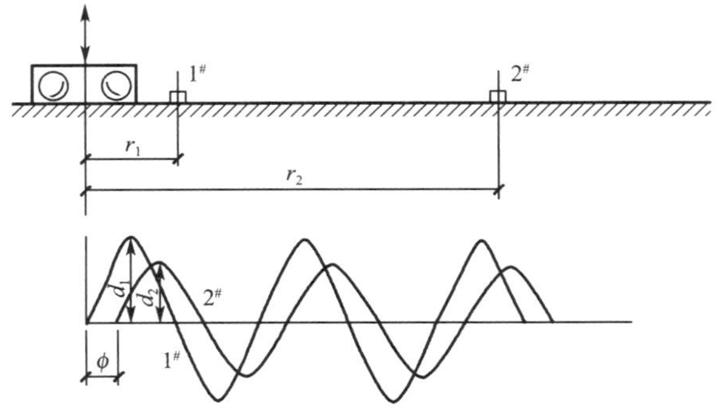

图 1-7　面波法测试设备布置

波速测试的直接结果就是获得各被测土层的弹性波速，可间接获得动剪切模量、动弹性模量和动泊松比，用于划分地震场地类型。

（二）室内试验

采用原位测试手段对岩土体工程性质进行评价，尽管可以获得岩土体原位的物理力学性质、应力状态，但一些物理力学指标无法由现场条件确定，为此需要进行相应的室内试验。室内试验执行《土工试验方法标准》(GB/T 50123—1999)和《工程岩体试验方法标准》(GB/T 50266—2013)等国家标准，主要进行土的物理力学性质试验，如土的压缩-固结试验、土的抗剪强度试验、土的动力性质试验和岩石单轴抗压强度试验等。这部分内容在土力学和岩石力学课程中已经学过，这里不再赘述。

1.6 腐蚀性评价与现场检测

1.6.1 水和土的腐蚀性评价

水和土对建筑材料的腐蚀性危害是非常大的，当工程场地的土和水对建筑材料具有腐蚀性时，应取水样或土样进行试验，评定其对建筑材料的腐蚀性。腐蚀性试验项目和试验方法按相关规定确定。

场地环境类型对水和土的腐蚀性影响很大，不同的环境类型主要表现在气候所形成的干湿交替、冻融交替、日气温变化、大气湿度变化等，可综合分为Ⅰ、Ⅱ、Ⅲ三个级别。分别按环境类型和地层渗透性的影响可将水和土对混凝土结构的腐蚀等级分成弱、中、强三个级别，当按照环境类型和地层渗透性影响评价的腐蚀性等级不同时，应按规定进行综合评定。水和土对混凝土结构中的钢筋以及对钢结构的腐蚀性评价也分为三个级别。当水和土对建筑材料有腐蚀性时，应采取防护措施。

1.6.2 现场检验与监测

现场检验与监测一般安排在施工期间进行。对有特殊要求的工程应根据工程特点，确定必要的项目，在使用期间继续进行。所谓有特殊要求的工程，是指有特殊意义的，一旦损坏将造成生命财产重大损失，或产生重大社会影响的工程；对变形有严格限制的工程；采用新的设计施工方法，而又缺乏经验的工程等。

监测对保证工程安全有重要作用。例如：建筑物变形监测，基坑工程的监测，边坡和洞室稳定的监测，滑坡稳定的监测，崩塌监测等。

现场检验与监测的记录数据和图件，需要保持完整，并按工程要求整理分析，及时向有关方面报送。当监测数据接近危及工程的临界值时，必须加密监测，并及时报告，以便及时采取措施，保证工程和人身安全。现场检验和监测完成后，应提交成果报告。报告中应附有相关曲线和图纸，并进行分析评价，提出建议。

现场检验与监测主要包括地基基础的检验和监测、不良地质作用和地质灾害的监测、地下水的监测等内容。

1.7 岩土工程勘察报告

勘察资料的整理包括岩土物理力学指标的整理、图件的编制、反演分析、岩土工程的分析评价及报告的编写等。各种勘察方法所取得的资料仅为原始数据、单项成果，缺乏相互印证与综合分析，只有通过图件的编制和报告的编写，对存在的岩土工程问题做出定性与定量评价，才能为工程的设计和施工提供资料和地质依据。

1.7.1 成果报告的内容

岩土工程勘察报告应根据任务要求、勘察阶段、工程特点和地质条件等具体情况编写，应包括如下内容：

(1)勘察目的、任务要求和依据的技术标准。

(2)拟建工程概况。

(3)勘察方法和勘察工作布置。

(4)场地地形、地貌、地层、地质构造、岩土性质及其均匀性。

(5)各项岩土性质指标，岩土的强度参数、变形参数、地基承载力的建议值。

(6)地下水埋藏情况、类型、水位及其变化。

(7)土和水对建筑材料的腐蚀性。

(8)可能影响工程稳定的不良地质作用的描述和对工程危害程度的评价。

(9)场地稳定性和适宜性的评价。

此外，岩土工程勘察报告应对岩土利用、整治和改造的方案进行分析论证，提出建议；对工程施工和使用期间可能发生的岩土工程问题进行预测，提出监控和预防措施的建议。

1.7.2 成果报告的图件

成果报告应附下列图件：

(1)勘探点平面布置图，图 1-8 所示为某工程钻孔平面布置和载荷试验点布置图。

(2)工程地质柱状图，图 1-9 所示为 Z_3 钻孔柱状图。

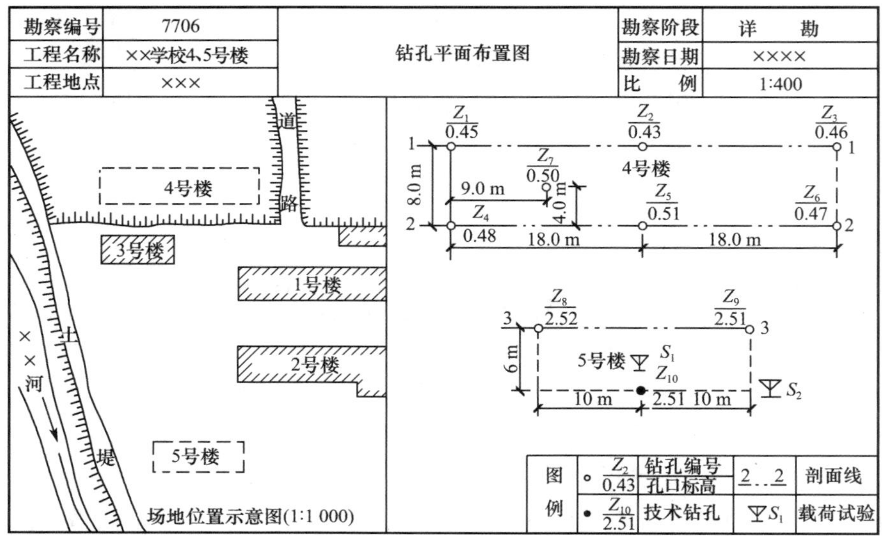

图 1-8 某工程钻孔平面布置和载荷试验点布置图

勘察编号	7706	钻孔柱状图	孔口高程	0.46 m
工程名称	××学校4、5号楼		坐 标	x_1 y_1
钻孔编号	Z_3		钻探日期	××××

地质编号	地质年代	地层描述	密度或稠度	湿度	柱状图 比例1:100	厚度/m	层底深度/m	层底高程/m	地下水位/m
②		粉土呈褐黄色，含氧化铁及植物根	硬塑至可塑	稍湿很湿		0.95	0.95	−0.49	
③	Q^{al}	淤泥，呈黑灰色，有臭味，含大量有机质，下部夹的粉砂或细砂薄层	软塑			6.51	7.46	−7.00	−0.69
⑤	Q^{al}	粉质黏土、呈棕红色的紫红条纹及白色斑点	硬塑			4.90	12.36	−11.90	
⑥	K	页岩，红色，上部2.20 m为强风化，以下为中等风化					孔底 13.98	−13.52	
附注						图号：7706－7			

图 1-9 Z_3 钻孔柱状图

(3)工程地质剖面图,如图 1-10 所示。

(4)原位测试成果图表,例如:载荷试验的 p-s 曲线,静力触探试验的触探阻力随深度变化图等。

(5)室内试验成果图表,例如:颗粒级配曲线、压缩曲线、抗剪强度包线等。

当需要时,可附综合工程地质图、综合地质柱状图、地下水等水位线图、素描、照片、综合分析图表以及岩土利用、整治和改造方案的有关图表、岩土工程计算简图及计算成果图表等。

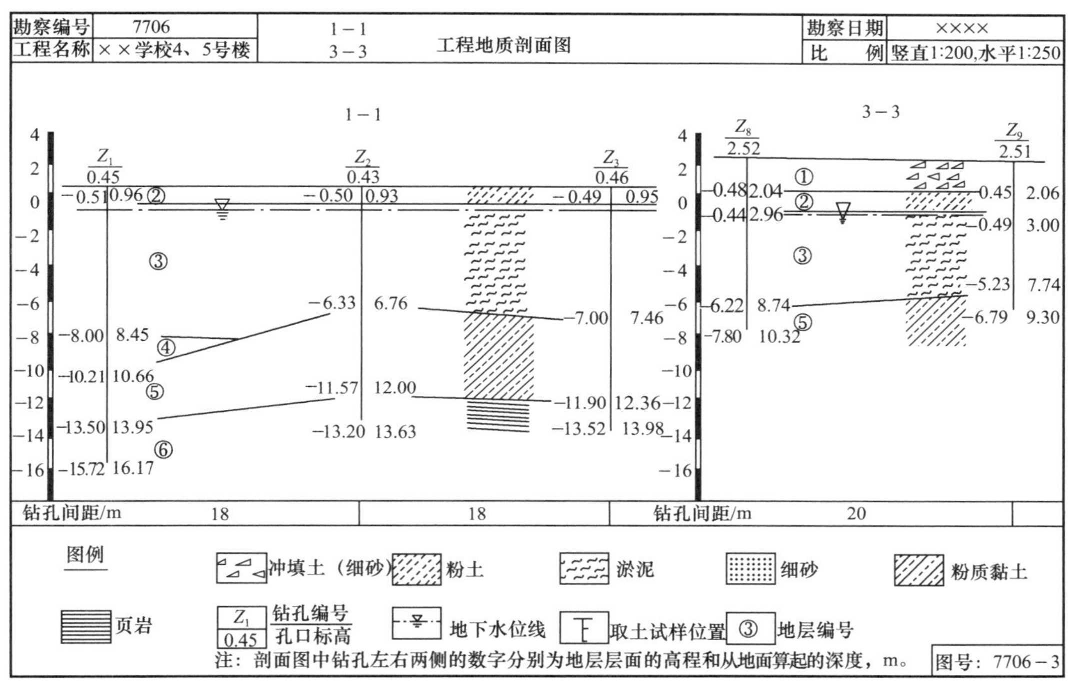

图 1-10　工程地质剖面图

本章小结

岩土工程勘察需要提供“建什么”“在哪里建”“如何建”等方面涉及的所有资料。勘察工作量与方法需要根据勘察工作的等级、勘察工作的阶段、勘察工作的工程对象,针对场地、地基在施工期、运营期的可能问题确定。勘察中应“分阶段、分等级、分工程”“有侧重、有详略、有先后”“范围由大到小、要求由粗到细、深度由浅到深、问题由一般到专门”。

为了确定勘察工作内容、选择勘察方法、确定勘察工作量,需要进行岩土工程勘察等级的划分。

按照岩土勘察需要进行岩土的分类,该分类体系与试验规程和设计规范的分类体系有所不同。由于各设计阶段对勘察成果有不同的要求,有必要分阶段进行勘察,因此岩土工程勘察分为可行性研究勘察、初步勘察、详细勘察和施工勘察四个阶段,各勘察阶段主要工作内容有所不同。工程测绘与调查、勘探方法、原位测试和室内试验是岩土工程勘察的重要手段，所获得的岩土工程勘察报告是指导设计和施工的重要依据。此外，必要时要进行水和土对建筑材料的腐蚀性评价，施工期间必须进行现场检验和检测，某些情况下使用期间也是必要的。

思考题

1-1　岩土工程勘察的任务。

1-2　岩土工程勘察等级如何划分？

1-3　岩土工程勘察中的岩土如何分类？

1-4　岩土工程勘察阶段主要有哪些？

1-5　岩土工程勘察方法有哪些？简述岩土工程勘探的主要方法及其特点。

1-6　原位测试与室内试验各有何特点？有哪些原位测试方法？

1-7　静力触探试验有何主要用途？

1-8　标准贯入试验可获得哪些参数？有何主要用途？

1-9　岩土工程勘察报告的内容和图件有哪些？

第2章 地基模型

本章提要

地基在外荷载下的承载力和变形计算是基础工程设计中的重要一环，其大小决定着基础方案的选择。地基模型是联系地基土体所受外荷载(通常是由其上的基础传递下来的)与变形关系的纽带，为合理分析地基基础之间的相互作用及描述地基土体的变形，选择合适的地基模型尤为重要。

本章重点介绍了文克勒地基模型、弹性半空间地基模型和分层地基模型这3种工程计算常用的线弹性地基模型，给出了各模型的表达式以及用于地基计算的柔度矩阵和刚度矩阵，分析了各种模型的特点和局限性，最后给出了选择地基模型的原则及针对工程实际的选择方法。

学习目标

(1)了解常用的线弹性地基模型类型。

(2)熟悉各种线弹性地基模型的特点和适用情形。

(3)掌握不同情形下地基模型的选择方法。

2.1 概 述

地基土体受到外荷载通过基础传递下来的压力会产生相应的变形，其变形特征和大小影响着地基承载力与基础方案的设计，描述地基土体在受力状态下应力与应变之间关系的数学表达式称为地基模型，有时也叫土的本构模型或本构方程。土体的应力应变关系较为复杂，与应力水平或受到的建筑物荷载的大小、地基土体的性质以及地基承载力的大小有关，因而，地基模型也有多种类型。常用的地基模型有线性弹性地基模型、非线性弹性地基模型、弹塑性地基模型以及刚塑性地基模型等。由于土体性状的复杂性，没有一个普遍适用的地基模型，各种地基模型都有其局限性，针对不同的场地条件及基础类型应选择不同的地基模型求解。20 世纪 60 年代以前，由于计算手段落后，使得考虑复杂的土的性质进行计算分析是不可能的，因而计算上主要选择线弹性地基模型；20 世纪 60 年代以后，由于高层建筑和重要建筑的建造对地基土体的变形控制提出了较高要求，同时随着计算机的发展，使得考虑非线性等复杂地基模型进行分析成为可能；在 20 世纪 80、90 年代地基模型进一步深化发展，提出了刚塑性模型、弹塑性模型、广义塑性模型等多种模型；此后，由于太复杂的地基模型不被工程界承认、接受，无法推广，因此开始逐渐减少或淘汰。现在仅有几个常用的弹塑性模型，被用于大型重要工程的分析。

本教材是针对土木工程类专业本科生的教材，主要强调有关的概念和基础，紧扣相关规范，便于进行理论分析和应用，因而本章主要介绍了一些比较简单、但工程界应用较广的线弹性地基模型。常用的线弹性地基模型有文克勒地基模型、弹性半空间地基模型以及分层地基模型。

2.2 线性弹性地基模型

线性弹性地基模型是指地基土在荷载作用下，应力应变关系为线性关系的地基模型，可以用广义虎克定律表示为

$$\{\sigma\}=[D_e]\{\varepsilon\} \tag{2-1}$$

式中 $\{\sigma\}$——应力列向量，有

$$\{\sigma\}=\{\sigma_x \quad \sigma_y \quad \sigma_z \quad \tau_{xy} \quad \tau_{yz} \quad \tau_{zx}\}^{\mathrm{T}}$$

$\{\varepsilon\}$——应变列向量，有

$$\{\varepsilon\}=\{\varepsilon_x \quad \varepsilon_y \quad \varepsilon_z \quad \gamma_{xy} \quad \gamma_{yz} \quad \gamma_{zx}\}^{\mathrm{T}}$$

$[D_e]$——弹性矩阵，有

$$[D_e]=\frac{E}{(1+v)(1-2v)}\begin{bmatrix} 1-v & & & & & \\ v & 1-v & & & \text{对称} & \\ v & v & 1-v & & & \\ 0 & 0 & 0 & \frac{1-2v}{2} & & \\ 0 & 0 & 0 & 0 & \frac{1-2v}{2} & \\ 0 & 0 & 0 & 0 & 0 & \frac{1-2v}{2} \end{bmatrix} \tag{2-2}$$

式中 E——材料的弹性模量或地基土的变形模量；

ν——泊松比。

下面将分别介绍 3 种工程计算常用的线弹性地基模型：文克勒地基模型、弹性半空间地

基模型和分层地基模型。

2.2.1　文克勒地基模型

文克勒地基模型是由捷克工程师文克勒(Winkler)在 1867 年提出的，该模型是最简单的线弹性模型，其假设地基是由许多独立的且互不影响的弹簧组成，即假定地基上任一点所受到的压力强度 p 只与该点的地基变形 s 成正比，如图 2-1 所示，即

$$p=ks \tag{2-3}$$

式中　p——地基上任一点所受的压强，kPa；

k——地基基床系数，表示产生单位变形所需要的压强，$\frac{\mathrm{kN}}{\mathrm{m}^3}$，通过现场载荷试验确定，参考值见表 2-1。在实际工程中，可以根据不同工况，选取对应的基床系数进行计算；

s——p 作用点位置上的地基变形，m。

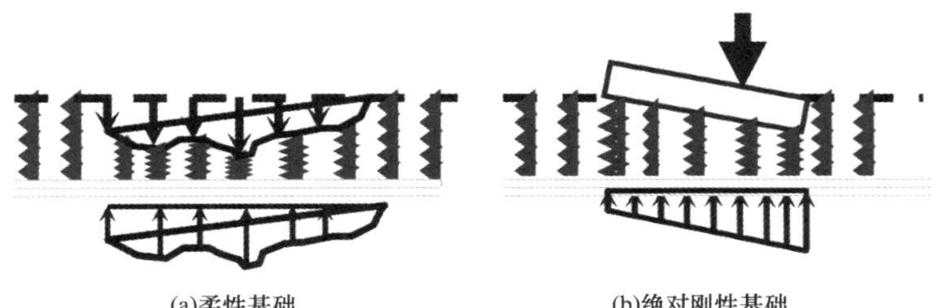

图 2-1　文克勒地基模型

表 2-1　基床系数 k 的参考值

土的名称	土的状态	$k/(\mathrm{kN\cdot m^{-3}})$
淤泥质土、有机质土		$0.5\times10^4\sim1.0\times10^4$
黏土、粉质黏土	软塑	$0.5\times10^4\sim2.0\times10^4$
	可塑	$2.0\times10^4\sim4.0\times10^4$
	硬塑	$4.0\times10^4\sim1.0\times10^5$
砂土	松散	$0.7\times10^4\sim1.5\times10^4$
	中密	$1.5\times10^4\sim2.5\times10^4$
	密实	$2.5\times10^4\sim4.0\times10^4$
砾石	中密	$2.5\times10^4\sim4.0\times10^4$
黄土、黄土类粉质黏土		$4.0\times10^4\sim5.0\times10^4$

文克勒地基模型假设地基表面某点的沉降与其他点的压力无关，实际上是把连续的地基土体划分成许多竖直的土柱，把每条土柱看作是一根独立的弹簧。如果在弹簧体系上施加荷载，则每根弹簧所受的压力与该根弹簧的变形成正比，这种模型的地基反力图形与基础底面的竖向位移形状是相似的。如果基础的刚度非常大，基础底面在受荷后保持为平面，则

地基反力按直线规律变化，这与常规设计中所采用的基底压力简化计算方法是完全一致的。文克勒地基模型计算简便，只要基床系数 k 选择得当，就可获得较满意的结果。一般而言，土越软弱，土的抗剪强度越低，结果越符合实际情况，在桥梁工程考虑水平荷载作用下的桩内力和变形计算，柱下条形、筏板基础内力计算均采用了该模型。

按照图 2-1 所示的弹簧体系，每根弹簧与相邻弹簧的压力和变形毫无关系，这样由弹簧所代表的土柱，在产生竖向变形的时候与相邻土柱之间没有摩擦阻力，也就是说地基中只有正应力而没有剪应力。因此，地基变形只限于基础底面范围之内。事实上，土柱之间（地基中）存在着剪应力，正是由于剪应力的存在，才使基底压力在地基中产生应力扩散，并使基底以外的地表发生沉降。文克勒地基模型忽略了地基中的剪应力，地基变形只能发生在基底范围内，之外没有地基变形，这与实际不符，使用不当会造成不良的后果。

2.2.2 弹性半空间地基模型

弹性半空间地基模型将地基视为均质的、各向同性的、线性变形半空间体，并用弹性力学公式求解地基中的附加应力或变形。在此情况下，地基上任意点的沉降与整个基底反力以及邻近荷载的分布有关。

(1)集中荷载 Q 作用下的解答

如图 2-2 所示，考虑一集中荷载 Q 作用在弹性半空间体表面上，根据布西奈斯克(Boussinesq)公式可求得位于距离荷载作用点 O 为 r 的点 i 的竖向位移为

$$s=\frac{Q(1-v^2)}{\pi E_0 r} \tag{2-4}$$

式中　E_0、v——地基土的变形模量和泊松比。

值得注意的是，此公式中，当 $r\to 0$ 时，$s\to\infty$，这与实际不符。

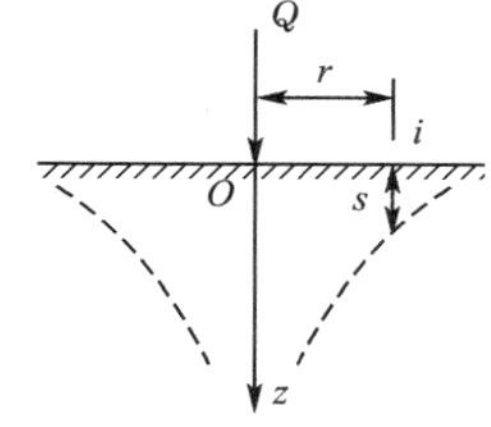

图 2-2　集中力作用下弹性半无限体表面沉降

(2)均布荷载作用下矩形面积的中点 O 的竖向位移

对于均布矩形荷载 $p=P/ab$ 作用于表面区域 $a\times b$ 时(图 2-3)，在表面中点处的沉降，可以通过对式(2-4)积分求得，即

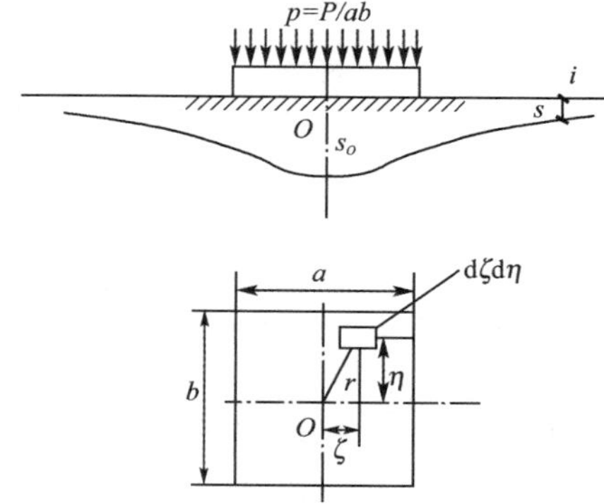

图 2-3　矩形均布荷载 p 作用下矩形面积中点的沉降

$$s_O = 2\int_0^{\frac{a}{2}} 2\int_0^{\frac{b}{2}} \frac{\frac{P}{ab}(1-v^2)}{\pi E_0 \sqrt{\zeta^2+\eta^2}} \mathrm{d}\zeta \mathrm{d}\eta \tag{2-5}$$

可得在均布荷载下矩形面积中心点的沉降为

$$s_O = \frac{P(1-v^2)}{\pi E_0 a} F_{ii} \tag{2-6}$$

式中　P——矩形面积 $a\times b$ 上均布荷载 p 的合力；

F_{ii}——积分后得到的系数，即

$$F_{ii} = 2\frac{a}{b}\left\{\ln\left(\frac{b}{a}\right) + \frac{b}{a}\ln\left[\frac{a}{b} + \sqrt{\left(\frac{a}{b}\right)^2 + 1}\right] + \ln\left[1 + \sqrt{\left(\frac{a}{b}\right)^2 + 1}\right]\right\} \tag{2-7}$$

与文克勒地基模型不同，弹性半空间地基模型能够考虑应力扩散和变形的优点，可以反映邻近荷载的影响。但同时，它的扩散能力往往超过地基的实际情况，所以计算所得的沉降量和地表的沉降范围通常较实测结果大；另外，该模型未能考虑地基的分层特性、非均质性、各向异性等重要因素。

2.2.3　分层地基模型

分层地基模型以分层总和法为基础，分层总和法的基本假定如下：

(1)压缩时地基土不能侧向膨胀。

(2)根据基础中心点下土体中的附加应力进行计算。

(3)基础最终沉降量等于基础底面下压缩层范围内各土层压缩量的总和。

有限压缩层地基土中应力用布辛奈斯克解求得，地基土根据性质划分为不同厚度的土层，每一土层内的土具有相同的压缩模量。分层总和法计算如图 2-4 所示。

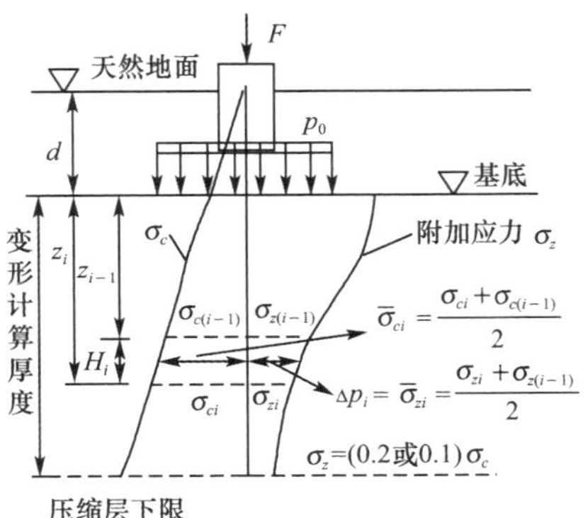

图 2-4　分层总和法计算

分层总和法计算基础沉降的一般表达式为

$$s = \sum_{i=1}^{n} \frac{\overline{\sigma}_{zi}}{E_{si}} H_i \tag{2-8}$$

式中　H_i——基底下第 i 分层土的厚度；

E_{si}——基底下第 i 分层土对应于 $p_{1i}\sim p_{2i}$ 段的压缩模量；

$\overline{\sigma}_{zi}$——基底下第 i 分层土的平均附加应力；

n——压缩层范围内地基土层的分层数。

分层地基模型是把计算沉降的分层总和法应用于地基沉降分析，地基沉降等于压缩层范围内各计算分层在完全侧限条件下的压缩量之和。这种模型能够较好地反映地基土的应力和变形扩散，可以考虑土层非均质性沿深度和水平方向的变化和土层的分层，以及反映邻近荷载的影响，比较符合实际，但仍是弹性模型，未能考虑土的非线性和过大的基底压力引起地基土的塑性变形。

2.3 地基的柔度矩阵和刚度矩阵

柔度矩阵和刚度矩阵是单元内部力与位移之间关系的一种矩阵表达形式。设地基表面作用着任意分布的荷载，把基底平面划分为 m 个矩形网格，如图 2-5 所示。

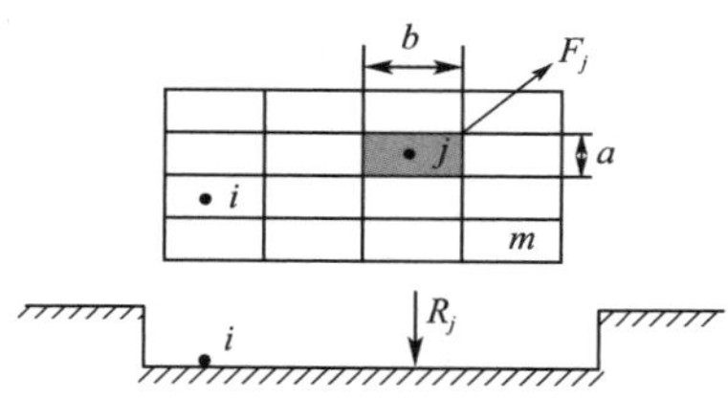

图 2-5　基底网格的划分

各网格面积分别为 $F_1, F_2, F_3, \cdots, F_i, F_j$，作用于各个网格面积上的基底压力可以近似的认为是均布的，合力分别为 $R_1, R_2, R_3, \cdots, R_i, R_j$。如果以柔度系数 δ_{ij} 表示作用于网格 j 上的均布压力 $P_j = R_j / F_j$ 引起的网格 i 的中点的沉降（此时面积 F_j 上的总压力 $R_j = P_j F_j$ 称为集中基底压力），则按叠加原理，网格 i 中点的沉降应为所有 m 个网格上的基底压力分别引起的沉降总和，即

$$s_i = \delta_{i1} P_1 F_1 + \delta_{i2} P_2 F_2 + \cdots + \delta_{im} P_m F_m = \sum_{j=1}^{m} \delta_{ij} R_j \tag{2-9}$$

对于整个基础而言，载荷向量列阵为

$$[R] = [R_1 \quad R_2 \quad \cdots \quad R_i \quad \cdots \quad R_j \quad R_m]^{\mathrm{T}} \tag{2-10}$$

各网格中点的竖向位移向量列阵为

$$[s] = [s_1 \quad s_2 \quad \cdots \quad s_i \quad \cdots \quad s_j \quad s_m]^{\mathrm{T}} \tag{2-11}$$

载荷向量列阵 $[R]$ 和竖向位移列阵存在如下关系，即

$$[s] = [\delta][R] \tag{2-12}$$

展开，得

$$[s] = \begin{bmatrix} \delta_{11} & \delta_{12} & \cdots & \delta_{1i} & \delta_{1j} & \cdots & \delta_{1m} \\ \delta_{21} & \delta_{22} & \cdots & \delta_{2i} & \delta_{2j} & \cdots & \delta_{2m} \\ \vdots & \vdots & \ddots & \vdots & \vdots & \ddots & \vdots \\ \delta_{i1} & \delta_{i2} & \cdots & \delta_{ii} & \delta_{ij} & \cdots & \delta_{im} \\ \delta_{j1} & \delta_{j2} & \cdots & \delta_{ji} & \delta_{jj} & \cdots & \delta_{jm} \\ \delta_{m1} & \delta_{m2} & \cdots & \delta_{mi} & \delta_{mj} & \cdots & \delta_{mm} \end{bmatrix} [R] \tag{2-13}$$

式中　$[\delta]$——地基的柔度矩阵。

或有

$$[R]=[k][s] \tag{2-14}$$

即

$$[R]=\begin{bmatrix} k_{11} & k_{12} & \cdots & k_{1i} & k_{1j} & \cdots & k_{1m} \\ k_{21} & k_{22} & \cdots & k_{2i} & k_{2j} & \cdots & k_{2m} \\ \vdots & \vdots & \ddots & \vdots & \vdots & \ddots & \vdots \\ k_{i1} & k_{i2} & \cdots & k_{ii} & k_{ij} & \cdots & k_{im} \\ k_{j1} & k_{j2} & \cdots & k_{ji} & k_{jj} & \cdots & k_{jm} \\ k_{m1} & k_{m2} & \cdots & k_{mi} & k_{mj} & \cdots & k_{mm} \end{bmatrix}[s] \tag{2-15}$$

式中　$[k]$——地基的刚度矩阵。

显然

$$[k]=[\delta]^{-1} \tag{2-16}$$

2.3.1 文克勒地基模型的柔度矩阵

文克勒地基模型表达式如式(2-3)所示，由于一点的地基变形 s 只与该点的压力强度有关，因而集中力只在作用点处产生变形，所以只有 $i=j$ 时，柔度系数才存在；$i\neq j$ 时，柔度系数为 0，即

$$p_{ii}=k_{ii}s_{ii} \tag{2-17}$$

或

$$s_{ii}=p_{ii}/\ k_{ii}=(R_i/ab)/\ k_{ii} \tag{2-18}$$

由此可以推得

$$[s]=\begin{bmatrix} \frac{1}{k_1ab} & 0 & \cdots & 0 & 0 & \cdots & 0 \\ 0 & \frac{1}{k_2ab} & \cdots & 0 & 0 & \cdots & 0 \\ \vdots & \vdots & \ddots & \vdots & \vdots & \ddots & \vdots \\ 0 & 0 & \cdots & \frac{1}{k_iab} & 0 & \cdots & 0 \\ 0 & 0 & \cdots & 0 & \frac{1}{k_jab} & \cdots & 0 \\ 0 & 0 & \cdots & 0 & 0 & \cdots & \frac{1}{k_mab} \end{bmatrix}[R] \tag{2-19}$$

2.3.2 弹性半空间地基模型的柔度矩阵

弹性半空间地基模型假定地基土为均匀、各向同性的弹性半空间体。由布西奈斯克(Boussinesq)解可得，当 $i=j$ 时，按均布荷载考虑柔度系数，即

$$\begin{aligned}\delta_{ii}&=\frac{2(1-v^2)}{\pi E_0 b}\left\{\ln\frac{b}{a}+\frac{b}{a}\ln\left[\frac{a}{b}+\sqrt{\left(\frac{a}{b}\right)^2+1}\right]+\ln\left[\sqrt{\left(\frac{a}{b}\right)^2+1}\right]\right\}\\&=\frac{1-v^2}{\pi E_0 a}F_{ii}\end{aligned} \tag{2-20}$$

当 $i \neq j$ 时，按集中荷载考虑柔度系数，即

$$\delta_{ij}=\frac{1-v^2}{\pi E_0 r_{ij}} \tag{2-21}$$

由此，可得

$$[s]=\begin{bmatrix} \frac{1-v^2}{\pi E_0 a}F_{ii} & \frac{1-v^2}{\pi E_0 r_{12}} & \cdots & \frac{1-v^2}{\pi E_0 r_{1i}} & \frac{1-v^2}{\pi E_0 r_{ij}} & \cdots & \frac{1-v^2}{\pi E_0 r_{1m}} \\ \frac{1-v^2}{\pi E_0 r_{21}} & \frac{1-v^2}{\pi E_0 a}F_{ii} & \cdots & \frac{1-v^2}{\pi E_0 r_{2i}} & \frac{1-v^2}{\pi E_0 r_{2j}} & \cdots & \frac{1-v^2}{\pi E_0 r_{2m}} \\ \vdots & \vdots & \ddots & \vdots & \vdots & \ddots & \vdots \\ \frac{1-v^2}{\pi E_0 r_{i1}} & \frac{1-v^2}{\pi E_0 r_{i2}} & \cdots & \frac{1-v^2}{\pi E_0 a}F_{ii} & \frac{1-v^2}{\pi E_0 r_{ij}} & \cdots & \frac{1-v^2}{\pi E_0 r_{im}} \\ \frac{1-v^2}{\pi E_0 r_{j1}} & \frac{1-v^2}{\pi E_0 r_{j2}} & \cdots & \frac{1-v^2}{\pi E_0 r_{ji}} & \frac{1-v^2}{\pi E_0 a}F_{ii} & \cdots & \frac{1-v^2}{\pi E_0 r_{jm}} \\ \frac{1-v^2}{\pi E_0 r_{m1}} & \frac{1-v^2}{\pi E_0 r_{m2}} & \cdots & \frac{1-v^2}{\pi E_0 r_{mi}} & \frac{1-v^2}{\pi E_0 r_{mj}} & \cdots & \frac{1-v^2}{\pi E_0 a}F_{ii} \end{bmatrix}[R] \tag{2-22}$$

2.3.3 分层地基模型的柔度矩阵

分层地基模型假定地基最终变形 s 等于压缩层范围内各计算分层在完全侧限的条件下的压缩量之和，即式(2-8)。由此，可以推得柔度系数的表达式为

$$\delta_{ij}=\sum_{t=1}^{n}\frac{\overline{\sigma_{ijt}}}{E_{sit}}H_{it} \tag{2-23}$$

式中 $\overline{\sigma_{ijt}}$——j 网格中点处的单位集中附加压力在 i 网格中点下第 t 层土所产生的平均附加应力；

H_{it}——i 网格中点下第 t 层土厚度；

E_{sit}——i 网格中点下第 t 层土层的压缩模量。

所以分层地基模型位移和力的矩阵关系为

$$[s]=\begin{bmatrix} \delta_{11} & \delta_{12} & \cdots & \delta_{1i} & \delta_{1j} & \cdots & \delta_{1m} \\ \delta_{21} & \delta_{22} & \cdots & \delta_{2i} & \delta_{2j} & \cdots & \delta_{2m} \\ \vdots & \vdots & \ddots & \vdots & \vdots & \ddots & \vdots \\ \delta_{i1} & \delta_{i2} & \cdots & \delta_{ii} & \delta_{ij} & \cdots & \delta_{im} \\ \delta_{j1} & \delta_{j2} & \cdots & \delta_{ji} & \delta_{jj} & \cdots & \delta_{jm} \\ \delta_{m1} & \delta_{m2} & \cdots & \delta_{mi} & \delta_{mj} & \cdots & \delta_{mm} \end{bmatrix}[R] \tag{2-24}$$

其中柔度系数的取值如式(2-23)所示。

2.4 地基模型的选择

岩土设计计算中选择恰当的地基模型是非常重要的，但由于岩土应力应变关系及地基

基础相互作用的复杂性，要用一个普遍适用的地基模型来全面描述是不可能的。因而只能根据具体问题选择符合工程实际的地基模型，这涉及考虑岩土材料性质、荷载施加过程、建筑物的整体平面特征和环境影响等诸多因素。

在选择地基模型时，应参考下列几条原则：

(1)实践的检验与试验验证。每种地基模型均有一定的假定，有关参数是通过试验得出来的，只有通过具体的工程计算应用和实际工程观测并经检验其两者具有良好的相关性，方可用于工程实践。

(2)简单实用。应遵循选择最有用、能解决实际问题、最简单的模型。

(3)针对性。不同的土类、不同地区、不同工程问题选择与其合适的地基模型。

(4)比较选用。对于大型、复杂的工程问题，应该采用不同的地基模型进行反复演算比较，每种地基模型计算得出的平均沉降值相近时才是可靠的。

具体的，从工程实际出发，在选择地基模型时主要考虑如下几点因素：土的变形特征和外荷载产生的应力水平；土体的层位产出特征；基础和上部结构刚度及其耦合过程；基础的埋置深度；荷载的种类及施加过程；荷载的时效。如何选择时可参照如下：

(1)地基土为无黏性土：采用文克勒地基模型较适当，特别当基础较柔软，受到局部集中力作用时；当基础埋深较深，砂土密实时，文克勒地基模型和分层地基模型都可用。

(2)地基土为黏性土：采用弹性半空间模型或分层地基模型较适当；当地基分层且差异较大时，采用分层地基模型。

(3)当基础埋深不大(天然地基浅基础)，而地基土的承载力水平又较高，基础和结构的刚度不是很大(柔性结构)时，除可采用文克勒地基模型外，也可采用分层地基模型；当地基土抗剪强度较低(淤泥、软弱土等)且厚度不超过基础宽度一半的薄压缩层地基，选用文克勒地基模型较为合适；当基础和上部结构刚度较大(例如剪力墙结构)，此时文克勒地基模型计算的沉降量对建筑物是不安全的，而弹性半空间模型或分层地基模型较为合适。

本章小结

本章主要介绍了地基模型的相关概念，并重点介绍了 3 种工程计算常用的线弹性地基模型：文克勒地基模型、弹性半空间地基模型和分层地基模型，分析了各种模型的特点和局限性。之后给出了各模型的表达式以及用于地基计算的柔度矩阵和刚度矩阵，最后介绍了选择地基模型的原则及针对工程实际的选择方法。通过本章的学习，应掌握各种线弹性地基模型的特点和适用情形。

思考题

2-1　地基模型有哪些？

2-2　常用的线弹性地基模型有哪些？

2-3　各种线弹性地基模型的特点有何不同？

2-4　各种线弹性地基模型的柔度矩阵如何表示？

2-5　如何选择合适的地基模型？

第3章 天然地基上的浅基础

浅基础的地基承载力的确定与修正

浅基础的地基软弱下卧层承载力验算

柱下独立基础设计

本章提要

地基基础设计必须根据上部结构和工程地质条件，结合施工条件、工期和造价等实际情况，合理选择地基基础方案。天然地基或人工地基上的浅基础便于施工、工期短、造价低，因此在满足地基强度和变形要求的情况下，宜优先选用。

本章主要介绍浅基础的类型、基础埋深的确定、地基计算、基础底面尺寸确定，并针对无筋扩展基础和扩展基础介绍具体的设计方法，简单介绍了地基、基础与上部结构相互作用以及柱下条形、筏形及箱形基础的设计概要，最后介绍了减轻不均匀沉降的措施。

学习目标

思政小课堂

(1)掌握浅基础类型、基础埋深的确定方法。

(2)熟练掌握无筋扩展基础和扩展基础的设计内容及设计方法。

(3)了解地基、基础和上部结构共同作用概念。

(4)了解减轻不均匀沉降的措施。

3.1 概 述

地基基础的设计必须根据建筑物的用途和安全等级、建筑布置和上部结构类型，并充分考虑工程地质条件，结合施工条件、工期和造价等实际情况，合理选择地基基础方案，以保证建筑物的安全和正常使用。

3.1.1 建筑物的安全等级

我国现行的《建筑地基基础设计规范》(GB 50007—2011)中，根据地基复杂程度、建筑物规模和功能特征以及由于地基问题可能造成建筑物破坏或影响正常使用的程度，将地基基础设计分为三个设计等级，分别为甲级、乙级和丙级，设计时应根据具体情况，按表 3-1 选用。

表 3-1　　地基基础设计等级

设计类型	建筑和地基类型
甲级	重要的工业与民用建筑物 30 层以上的高层建筑物 体型复杂，层数相差超过 10 层的高低层连成一体建筑物 大面积的多层地下建筑物(如地下车库、商场、运动场等) 对地基变形有特殊要求的建筑物 复杂地质条件下的坡上建筑物(包括高边坡) 对原有工程影响较大的新建建筑物 场地和地基条件复杂的一般建筑物 位于复杂地质条件及软土地区的二层及二层以上地下室的基坑工程 开挖深度大于 15 m 的基坑工程 周边环境条件复杂、环境保护要求高的基坑工程
乙级	除甲级、丙级以外的工业与民用建筑物 除甲级、丙级以外的基坑工程
丙级	场地和地基条件简单、荷载分布均匀的七层及七层以下民用建筑物及一般工业建筑物 次要的轻型建筑物 非软土地区且场地地质条件简单、基坑周边环境条件简单、环境保护要求不高且开挖深度小于 5 m 的基坑工程

3.1.2 地基基础设计的基本要求

为了保证建筑物的安全和正常使用，根据建筑物地基基础设计等级及长期荷载作用下地基变形对上部结构的影响程度，地基基础设计应满足下列基本规定：

(1)所有建筑物的地基计算均应满足承载力计算的有关规定。

(2)设计等级为甲级、乙级的建筑物，均应按地基变形设计。

(3)设计等级为丙级的建筑物有下列情况之一时应作变形验算：

①地基承载力特征值小于 130 kPa，且体型复杂的建筑物。

②在基础上及其附近有地面堆载或相邻基础荷载差异较大，可能引起地基产生过大的不均匀沉降时。

③软弱地基上的建筑物存在偏心荷载时。

④相邻建筑物距离近，可能发生倾斜时。

⑤地基内有厚度较大或厚薄不均的填土，其自重固结未完成时。

(4)对经常受水平荷载作用的高层建筑物、高耸结构和挡土墙等，以及建造在斜坡上或边坡附近的建筑物和构筑物，尚应验算其稳定性。

(5)基坑工程应进行稳定性验算。

(6)建筑地下室或地下构筑物存在上浮问题时，尚应进行抗浮验算。

设计等级为丙级的建筑物，根据地基主要受力层的地基承载力特征值和各土层坡度结合建筑类型，某些情况可不作地基变形验算，具体范围可查《建筑地基基础设计规范》。地基基础的设计使用年限不应小于建筑结构的设计使用年限。

3.1.3 作用组合

地基基础设计时，所采用的作用效应与相应的抗力限值应符合下列规定：

(1)按地基承载力确定基础底面积及埋深或按单桩承载力确定桩数时，传至基础或承台底面上的作用效应按正常使用极限状态下作用的标准组合。相应的抗力应采用地基承载力特征值或单桩承载力特征值。

(2)计算地基变形时，传至基础底面上的作用效应按正常使用极限状态下作用的准永久组合，不应计入风荷载和地震作用。相应的限值应为地基变形允许值。

(3)计算挡土墙、地基或滑坡稳定以及基础抗浮稳定时，作用效应按承载能力极限状态下作用的基本组合，但其分项系数均为1.0。

(4)在确定基础或桩基承台高度、支挡结构截面、计算基础或支挡结构内力、确定配筋和验算材料强度时，上部结构传来的作用效应和相应的基底反力、挡土墙土压力以及滑坡推力，应按承载能力极限状态下作用的基本组合，采用相应的分项系数。当需要验算基础裂缝宽度时，应按正常使用极限状态作用的标准组合。

(5)基础设计安全等级、结构设计使用年限、结构重要性系数应按有关规范的规定采用，但结构重要性系数 γ_0 不应小于1.0。

地基基础设计时，作用组合的效应设计值应符合下列规定：

(1)正常使用极限状态下，标准组合的效应设计值 S_k 为

$$S_k = S_{Gk} + S_{Q1k} + \psi_{c2} S_{Q2k} + \cdots + \psi_{cn} S_{Qnk} \tag{3-1}$$

式中 S_{Gk}——永久作用标准值 G_k 的效应；

S_{Qik}——第 i 个可变作用标准值 Q_{ik} 的效应；

ψ_{ci}——第 i 个可变作用 Q_i 的组合值系数，按《建筑结构荷载规范》(GB 50009—2012)的规定取值。

(2)准永久组合的效应设计值 S_k 为

$$S_k = S_{Gk} + \psi_{q1} S_{Q1k} + \psi_{q2} S_{Q2k} + \cdots + \psi_{qn} S_{Qnk} \tag{3-2}$$

式中 ψ_{qi}——第 i 个可变作用的准永久值系数，按《建筑结构荷载规范》的规定取值。

(3)承载能力极限状态下，由可变作用控制的基本组合的效应设计值 S_d 为

$$S_d = \gamma_G S_{Gk} + \gamma_{Q1} S_{Q1k} + \gamma_{Q2} \psi_{c2} S_{Q2k} + \cdots + \gamma_{Qn} \psi_{cn} S_{Qnk} \tag{3-3}$$

式中 γ_G——永久作用的分项系数，按《建筑结构荷载规范》的规定取值；

γ_{Qi}——第 i 个可变作用的分项系数，按《建筑结构荷载规范》的规定取值。

承载能力极限状态下，由永久作用控制的基本组合，也可采用简化规则，基本组合的效应设计值 S_d 为

$$S_d = 1.35 S_k \tag{3-4}$$

式中　S_k——标准组合的效应设计值。

3.1.4 地基设计的表达方法

(一)容许承载力法

容许承载力法指在地基基础设计中采用地基的容许承载力,即要求基底压力小于或等于地基容许承载力,$p_k \leqslant [R]$,地基容许承载力的确定方法可以采用载荷试验中获得的临塑荷载(比例界限荷载),也可以采用规范给的表格数据。容许承载力不仅意味着地基具有足够的安全度,同时引起的地基变形也不能超过建筑物的允许变形值。例如,《建筑地基基础设计规范》中地基承载力即采用承载力特征值 f_a,就是容许承载力。上部结构荷载采用荷载的标准组合计算基底压力。

(二)安全系数法

采用安全系数法进行设计时,地基承载力采用极限值 f_u。当能够通过试验确定极限荷载时,利用安全系数 F 进行控制,即 $p_k \leqslant f_u/F$。上部结构荷载采用荷载的标准组合。

(三)分项抗力系数法

分项抗力系数法采用分项抗力系数表达各影响因素对地基承载力的影响。由于地基土的复杂多变性,分别确定各影响因素的抗力系数较为困难,在实际设计中,采用综合分项抗力系数 γ 表达。上部结构荷载采用基本组合设计值,地基承载力采用极限值,$p_k \leqslant f_u/\gamma$。由于该种设计方法可与上部结构设计方法配套使用,处理得当时,可得到满意的设计效果,但考虑分项抗力系数确定较为困难,因此,应用上受到一定限制。

3.1.5 浅基础的设计步骤

天然地基上的浅基础设计的一般步骤如下:

(1)充分收集和掌握建筑场地岩土工程勘察资料,例如,有无影响建筑场地稳定性的不良地质作用;建筑物范围内的地层结构及其均匀性,各岩土层的物理力学性质指标以及对建筑材料的腐蚀性;地下水埋藏情况和水位变化幅度及规律等。

(2)在掌握岩土工程勘察资料的基础上,根据建筑物的用途、安全等级及上部结构类型、荷载的性质、大小和分布等,结合施工条件和工期、造价等实际情况,选择基础的类型、材料和构造形式。

(3)综合考虑建筑物的用途以及工程地质、水文地质等条件,确定地基持力层及基础的埋置深度。

(4)确定地基承载力特征值(包括持力层及软弱下卧层),根据地基承载力特征值确定和验算基础底面形状和尺寸。

(5)进行必要的地基变形及稳定性验算。

(6)基础剖面设计与配筋计算。

(7)绘制基础施工详图,提出必要的技术说明。

3.2 浅基础的类型

浅基础根据基础刚度可分为刚性基础(无筋扩展基础)和柔性基础(钢筋混凝土扩展基础)。按组成材料可分为砖基础、毛石基础、混凝土基础或毛石混凝土基础、三合土基础、灰土基础等圬工材料基础和钢筋混凝土基础等。根据结构形式可分为独立基础、墙下条形基础、柱下条形基础、十字交叉基础、筏形基础、箱形基础和壳体基础等。其中钢筋混凝土独立基础和墙下条形基础统称为扩展基础。

3.2.1 无筋扩展基础(刚性基础)

无筋扩展基础指由砖、毛石、混凝土或毛石混凝土、灰土和三合土等圬工材料组成的无须配置钢筋的墙下条形基础或柱下独立基础,也称为刚性基础。无筋扩展基础适用于多层民用建筑和轻型厂房。

无筋扩展基础的特点是基础材料的抗压性能较好,抗拉和抗剪性能很差。工作时,基础上面承受柱子或墙传来的荷载,下面承受地基的反力,像倒置的两边外伸的悬臂梁。结构受力后,在靠柱边、墙边或断面突然变化的台阶边缘处,容易产生弯曲裂缝而发生破坏,如图 3-1 所示。因此,设计时需要根据材料特性通过加大基础高度 H 并限制台阶宽高比来满足要求,需要“窄基深埋”,如图 3-2 所示。无筋扩展基础的材料应综合考虑基础埋深、工程水文地质条件和工程造价等因素选择,有时还可以由两种材料叠合而成,如上层用砖砌体,下层用混凝土、三合土或灰土等。

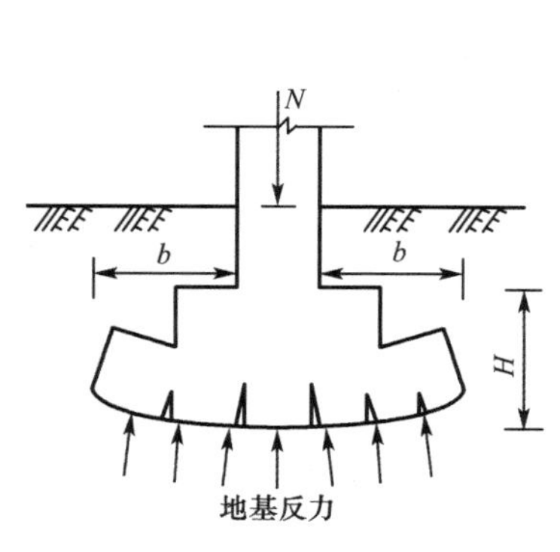

图 3-1　无筋扩展基础受力破坏

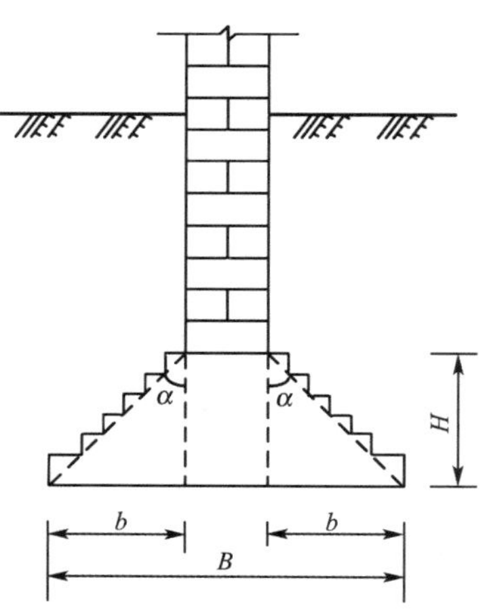

图 3-2　无筋扩展基础

3.2.2 钢筋混凝土扩展基础(柔性基础)

钢筋混凝土扩展基础指柱下钢筋混凝土独立基础和墙下钢筋混凝土条形基础，也称为柔性基础，如图 3-3 所示。这类基础的抗弯和抗剪性能良好，可在竖向荷载较大、地基承载力不高且承受的水平荷载和力矩较大的情况下采用。由于扩展基础是以钢筋受拉，混凝土受压和受剪，可以不受台阶宽高比的限制，因此可以“宽基浅埋”。

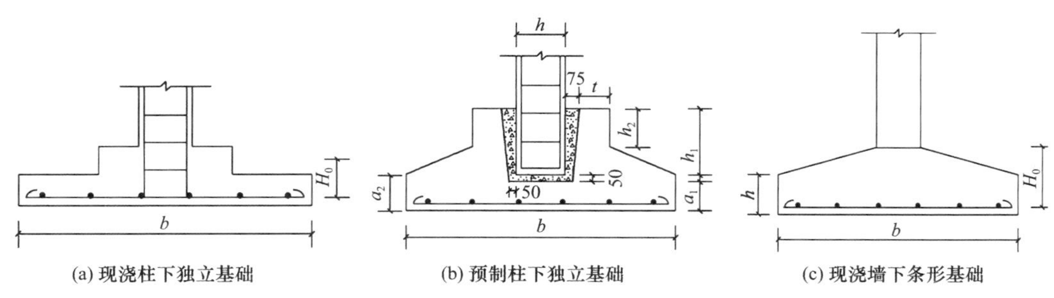

图 3-3　钢筋混凝土扩展基础

3.2.3 柱下条形基础和十字交叉基础

当柱荷载较大而地基较为软弱或土质不均匀时，若采用柱下独立基础，所需基础面积较大，可使相邻基础边缘互相接近甚至重叠或产生较大的不均匀沉降。为增加基础的整体性和适应不均匀沉降，可将同一方向的柱基础连成一体而形成柱下条形基础，如图 3-4(a)所示，或纵横两个方向均连成一体成为十字交叉基础，如图 3-4(b)所示。十字交叉基础在纵横两个方向均具有较大的刚度，因此当地基软弱且在两个方向的荷载和土质不均匀时，显示出良好的调整不均匀沉降的能力。

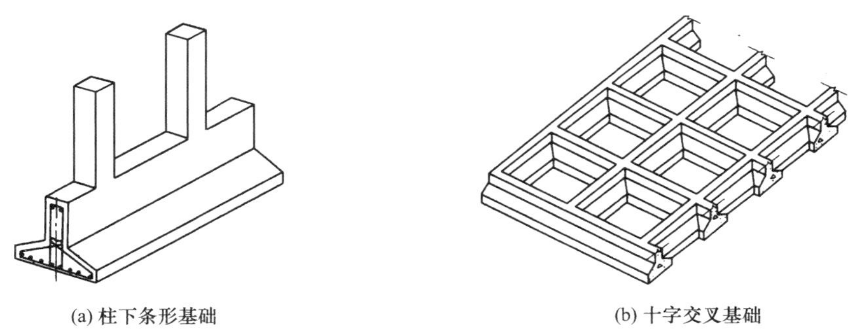

图 3-4　柱下条形基础和十字交叉基础

3.2.4 筏形基础

当荷载很大且地基软弱，采用十字交叉基础也不能满足承载力和变形要求，或者建筑物在功能上有特殊要求时，可采用筏形基础，即在建筑物的柱、墙下方做成连续整片的基础，俗称“满堂基础”。筏形基础由于其底面积大，可减小基底压力，提高地基承载力，并能有效提高基础的整体性，对调整不均匀沉降具有明显的优势。筏形基础能提供比较宽敞的地下使用空间，能跨越地下浅层小洞穴和局部软弱层，可作为地下室、水池或油库的防渗底板使用。但筏形基础的底板需要配置大量钢筋，因此经济指标较高。筏形基础分为平板式和梁板式两种类型，如图 3-5 所示，其选型应根据工程地质、上部结构体系、柱距、荷载大小以及施工条件等因素确定。

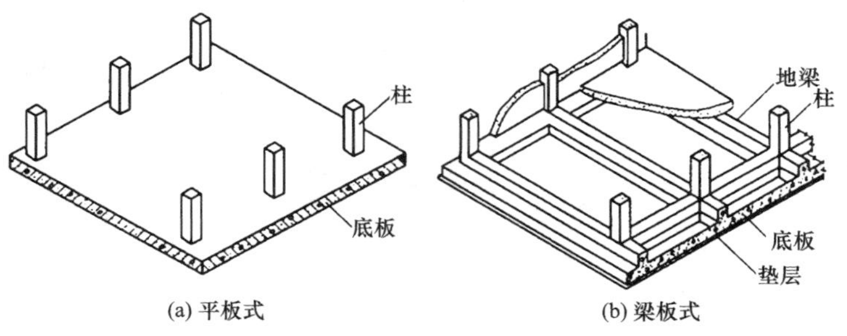

图 3-5　筏形基础

3.2.5　箱形基础

高层建筑综合考虑建筑物的使用功能与结构受力情况可选用箱形基础。箱形基础是由钢筋混凝土底板、顶板、外墙和纵横内隔墙组成的具有一定高度的整体空间结构，如图 3-6 所示。基础的中空部分可作为地下室使用。

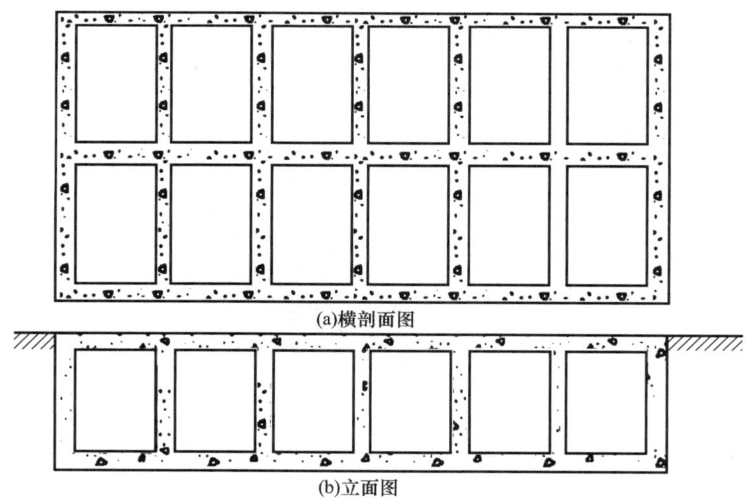

图 3-6　箱形基础

箱形基础整体空间刚度大，对抵抗不均匀沉降有利，与筏形基础相比具有更好的抗弯性能、整体性和调整不均匀沉降的能力，抗震能力较强，适用于软弱地基上的高层、重型或对不均匀沉降严格要求的建筑物，甚至可跨越不太大的地下洞穴。但是，箱形基础的底板、顶板和内外横纵墙的钢筋、水泥用量很大，造价高、工期长、施工技术比较复杂，尤其是进行深基坑开挖时，还需要考虑降水、坑壁支护等问题，因此选型时需综合考虑各种因素。

3.2.6　壳体基础

壳体基础是一类较新的基础形式，一般适用于烟囱、水塔、料仓、中小型高炉等构筑物。常见的壳体基础形式有正圆锥壳、M 形组合壳和内球外锥组合壳，如图 3-7 所示。这类基础的特点是将径向应力转变为压应力，能充分发挥混凝土抗压性能，因此能够节省材料，造价低，比一般的梁、板式基础节省混凝土用量 30%～50%、钢筋用量 30%以上。但壳体基础不易机械化施工，土胎修筑技术难度大，因此施工工期长、技术要求较高。

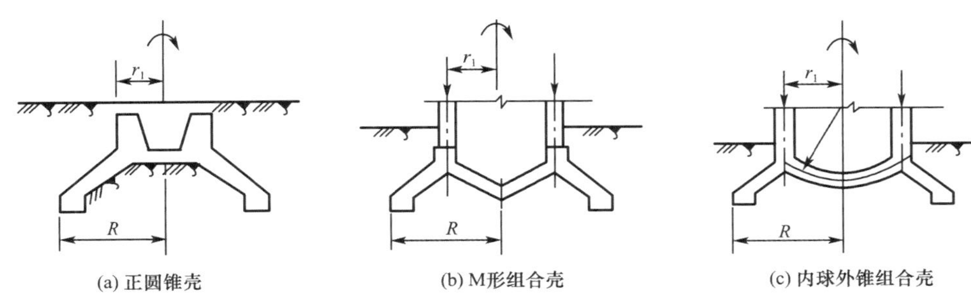

图 3-7　壳体基础的结构形式

3.3　基础埋置深度的确定

基础埋置深度一般是指从基础底面至室外设计地坪的垂直距离，简称基础埋深。通常，埋深大于等于 5 m 或埋深大于等于基础宽度的基础称为深基础；埋深在 0.5～5.0 m 或埋深小于基础宽度的基础称为浅基础。中小型建筑物一般都采用浅基础。

基础埋深的大小对地基的稳定性、施工的难易程度及造价等影响很大，设计时必须综合考虑建筑物的类型和用途、荷载条件和工程地质条件等周围环境因素。必要时，还应通过多方案综合比较来选定。

3.3.1　建筑物与荷载的因素

确定基础埋深时，首先要考虑建筑物的使用功能，例如，必须设置地下室或带有地下设施的建筑物往往需要建筑物基础局部加深或整体加深。

结构物荷载的大小和性质，也会对基础埋深的确定产生影响。高层建筑基础的埋深应满足地基承载力、变形和稳定性要求，位于岩石地基上的高层建筑，其基础埋深应满足抗滑稳定性要求。对于承受水平荷载或上拔力的基础，应有足够的埋深来获得抗倾覆力、抗滑力或抗拔阻力，以保证基础的稳定性。在抗震设防区，除岩石地基外，天然地基上的箱形和筏形基础的埋深不宜小于建筑物高度的 1/15；桩箱或桩筏基础的埋深（不计桩长）不宜小于建筑物高度的 1/18。

在满足地基稳定和变形要求的前提下，当上层土的承载力大于下层土时，宜利用上层土作持力层。为了保护基础不受人类和生物活动的影响，基础宜埋置在地表以下，其最小深度为 0.5 m（岩石地基除外），且基础顶面至少应低于设计地面 0.1 m。

当存在相邻建筑物时，新建建筑物的基础埋深不宜大于原有建筑物的基础埋深。当新建建筑物的基础埋深大于原有建筑物的基础埋深时，两基础间应保持一定的净距，其数值应根据建筑荷载大小、基础形式和土质情况确定。当上述要求不能满足时，应采取分段施工、设临时加固支撑、打板桩或地下连续墙等施工措施，或加固原有建筑物地基。

如果在基础影响范围内有管道或沟、坑等地下设施通过，基础底面一般应低于这些设施的底面，或采取有效措施，消除基础对地下设施的不利影响。

3.3.2 工程地质和水文地质条件

直接支承基础的土层称为持力层，其下各土层称为下卧层。为了保证建筑物的安全，必须根据建筑物所受荷载的大小和性质选择可靠的持力层。当上层土的承载力能满足要求时，一般宜选用上层土作为持力层，以减少工程造价，若受力层范围内存在软弱下卧层时，还应满足下卧层承载力和变形要求。当上层土的承载力低于下层土时，若选用下层土作为持力层，所需的基础底面积较小，但埋深较大；若取上层土为持力层，则情况相反。因此工程中应根据施工难度、材料用量等进行方案比较后再确定基础埋深。

当遇到地下水时，基础宜埋置在地下水位以上，避免施工排水的麻烦，当必须埋在地下水位以下时，应考虑施工期间的基坑降水、坑壁维护以及防止流砂或涌土等问题，应采取保证地基土在施工时不受扰动的措施。此外还应考虑地下水的侵蚀作用，对于轻型结构应考虑地下水的浮托力引起的基础底板内力的变化等问题。

对持力层下埋藏有承压含水层的地基，如图 3-8 所示，确定基础埋深时，必须控制基坑开挖深度，防止坑底土发生流土破坏，要求坑底土的总覆盖压力大于承压含水层顶部的静水压力，即

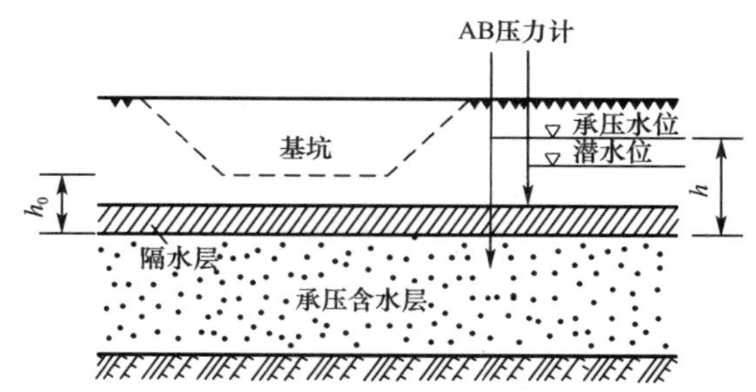

图 3-8 基坑下埋藏有承压含水层的情况

$$\gamma_m h_0 > \gamma_w h \tag{3-5}$$

式中 γ_m——承压含水层顶面到基坑底面土层的加权平均重度，对潜水位以下的土取饱和重度，kN/m^3；

γ_w——水的重度，kN/m^3；

h_0——承压含水层顶面到基坑底面的距离，m；

h——承压水位，m。

当基础埋置在易风化的岩层上，施工时应在基坑开挖后立即铺筑垫层。

3.3.3 地基土冻融的影响

冻土分为两大类：季节性冻土和多年冻土。季节性冻土是指每年都有一次冻融交替的土层，在我国东北、华北和西北地区分布面积很广，且有些地方其厚度可达 3 m。多年冻土是指连续三年以上保持冻结状态的土层。

土冻结后体积增大的现象称为冻胀，冻土融化后产生沉陷的现象称为融陷，季节性冻土在冻融过程中产生的冻胀或融陷，对建筑物基础产生被抬起或沉陷等不良影响，因此在设计时必须考虑冻融对基础埋深的影响。

季节性冻土的冻胀性与融陷性是相互关联的，通常以冻胀性加以概括。土的冻胀主要是由于土中弱结合水从未冻结区向冻结区迁移造成的，因此土的冻胀主要与当地的气温、土的粒径大小、含水量的多少及地下水位高低等条件有关。对于不含结合水或结合水含量极少的粗粒土，由于没有弱结合水的迁移，不存在冻胀问题。《建筑地基基础设计规范》根据土性、天然含水量及地下水位，将地基土的冻胀类别分为不冻胀、弱冻胀、冻胀、强冻胀和特强冻胀五个等级。

季节性冻土地区基础埋深宜大于场地冻结深度 z_d。对于深厚季节冻土地区，当建筑基础底面下土层为不冻胀、弱冻胀、冻胀土时，基础埋深可以小于场地冻结深度，此时，基础最小埋深 d_{min} 为

$$d_{min}=z_d-h_{max} \tag{3-6}$$

式中　z_d——场地冻结深度，m，可按《建筑地基基础设计规范》有关规定确定；

h_{max}——基础底面下允许冻土层最大厚度，m，应根据当地经验确定；没有地区经验时，可按《建筑地基基础设计规范》查取。

在冻胀、强冻胀和特强冻胀地基上尚应采用防冻害措施。

3.4 地基的计算

根据地基基础设计的基本原则，所有建筑物的地基计算首先要满足承载力要求，设计等级为甲级、乙级的建筑物以及部分丙级建筑物还应满足地基变形要求，部分建筑应满足稳定性要求。这些均属地基计算的范畴。

3.4.1 地基承载力的验算

一、地基承载力的确定与修正

地基承载力是指地基承受荷载的能力。在保证地基稳定的条件下，使建筑物基础沉降不超过允许值的地基承载力称为地基承载力特征值，常用 f_{ak} 表示。地基承载力不仅与土的物理、力学性质指标有关，还与荷载的性质、基础的形式、底面尺寸、埋深等因素相关。《建筑地基基础设计规范》规定，地基承载力特征值可由载荷试验或其他原位测试确定，根据土的抗剪强度指标以理论公式计算确定，结合工程实践经验等方法综合确定。

（一）按现场载荷试验确定地基承载力

对重要的建（构）筑物，为进一步了解地基土的变形性能和承载能力，必须做现场载荷试验，以确定地基承载力。

现场载荷试验一般采用尺寸较小的承压板，浅层平板载荷试验，适用于确定浅层地基土层的承载力，承压板的面积一般不小于 0.25 m^2，对于软土不应小于 0.5 m^2。载荷试验的结果一般比较可靠，但试验工作量和费用较大。详细试验方法参见第 1 章相关章节。

下面主要介绍通过载荷试验成果荷载 p 与沉降 s 曲线确定地基承载力特征值的方法以及修正方法。

对于“陡降型”p-s 曲线，呈现整体剪切破坏的特征，如密实砂土、硬塑黏土等低压缩性土，载荷试验的 p-s 曲线上有明确的比例界限，取该比例界限即临塑荷载 p_{cr} 为地基承载力特征值，如图 3-9(a)所示。当极限荷载能够确定，且 $p_u \leqslant 2p_{cr}$ 时，地基承载力特征值取 $\frac{p_u}{2}$，此时由于比例界限值与极限荷载值很接近，采用极限荷载数值的一半作为地基承载力特征值更安全。

对于“缓变型”p-s 曲线，呈现局部剪切破坏以及冲剪破坏的特征，如松砂、填土、可塑黏土等中、高压缩性土，其承载力特征值一般受允许变形量控制，因此当承压板面积为 0.25～0.5 m^2 时，可取变形 $s=(0.01 \sim 0.02)b$ 所对应的荷载作为承载力特征值，如图 3-9(b)所示，但其值应小于最大加载量的一半。

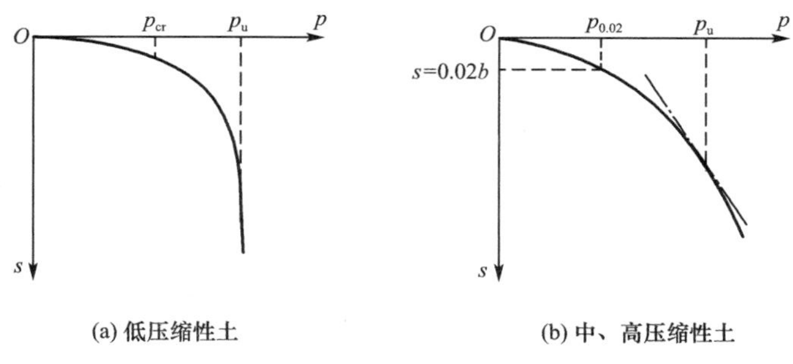

图 3-9 按载荷试验结果确定地基承载力特征值

对于同一土层，应选择三个以上的试验点，且按上述方法所确定的实测值的极差不超过平均值的 30%时，取平均值作为地基承载力特征值 f_{ak}。

由于承压板的尺寸一般都比较小，因此载荷试验的影响深度不大，不能充分反映较深土层的影响。因此，当基础宽度大于 3 m 或埋深大于 0.5 m 时，按载荷试验或其他原位测试、经验值等方法确定的地基承载力特征值，尚应进行基础埋深、宽度修正，即

$$f_a = f_{ak} + \eta_b \gamma (b-3) + \eta_d \gamma_m (d-0.5) \tag{3-7}$$

式中　f_a——修正后的地基承载力特征值，kPa；

f_{ak}——按载荷试验或其他原位测试、经验值等方法确定的地基承载力特征值，kPa；

η_b、η_d——基础宽度和埋深的地基承载力修正系数，见表 3-2；

γ——基础底面以下土的重度，kN/m^3，地下水位以下取有效重度；

b——基础底面短边宽度，m，当基础底面宽度小于 3 m 时按 3 m 取值，大于 6 m 时按 6 m 取值；

γ_m——基础底面以上土的加权平均重度，kN/m^3，位于地下水位以下的土层取有效重度；

d——基础埋置深度，m，宜自室外地面标高算起。在填方整平地区，可自填土地面标高算起，但填土在上部结构施工后完成时，应从天然地面标高算起。对于地下室，当采用箱形基础或筏形基础时，基础埋置深度自室外地面标高算起；当采用独立基础或条形基础时，应从室内地面标高算起。

表 3-2　　承载力修正系数

土的类别		η_b	η_d
淤泥和淤泥质土		0	1.0
人工填土 e 或 I_L 大于等于 0.85 的黏性土		0	1.0
红黏土	含水比 $a_w > 0.8$ 含水比 $a_w \leqslant 0.8$	0 0.15	1.2 1.4
大面积压实填土	压实系数大于 0.95、黏粒含量 $\rho_c \geqslant 10\%$ 的粉土 最大干密度大于 2.1 t/m^3 的级配砂石	0 0	1.5 2.0
粉土	黏粒含量 $\rho_c \geqslant 10\%$ 的粉土 黏粒含量 $\rho_c < 10\%$ 的粉土	0.3 0.5	1.5 2.0
e 及 I_L 均小于 0.85 的黏性土 粉砂、细砂（不包括很湿和饱和时的稍密状态） 中砂、粗砂、砾砂和碎石土		0.3 2.0 3.0	1.6 3.0 4.4

注：1. 强风化和全风化的岩石，可参照所风化成的相应土类取值，其他状态下的岩石不修正；

2. 地基承载力特征值按《建筑地基基础设计规范》附录 D 深层平板载荷试验确定时，η_b 取 0；

3. 含水比是指土的天然含水量和液限的比值；

4. 大面积压实填土是指填土范围大于两倍基础宽度的填土。

（二）按规范承载力表确定地基承载力特征值

我国某些专业规范和各地区规范给出了按野外鉴别法、室内物理力学指标或现场动力触探锤击数查取地基承载力特征值的表格，这些表格是将大量各类地基土的载荷试验资料经回归分析并结合经验编制的。

例如，《港口工程地基规范》（JTS 147—1—2010）和《公路桥涵地基与基础设计规范》（JTG D63—2007）等专业规范都列出了承载力表，对一般中小型工程应用最广且简便易行。应该指出，使用规范时必须注意各专业规范表列承载力值及规范表的用法各不相同，使用时要符合专业。两个规范表值是针对基宽和埋深均在一定范围内给出的，当基宽及埋深不在

此范围内时，需要对表中查得的地基承载力值进行修正，各规范都给出了各自的修正公式。

承载力表使用方便，但我国幅员广大，土质条件各异，很难概括全部土类情况，大部分地区可能基本适合或偏于保守，但也不排除个别地区可能并不安全。因此，国家标准《建筑地基基础设计规范》取消了地基承载力表。

（三）按理论公式确定地基承载力特征值

有关地基承载力的理论计算公式很多，包括地基临塑荷载 p_{cr}、极限荷载 p_u 以及临界荷载 $p_{\frac{1}{4}}$（或 $p_{\frac{1}{3}}$），这些理论公式都有各自的基本假定，因此各有一定的适用范围。

《建筑地基基础设计规范》以地基临界荷载 $p_{\frac{1}{4}}$ 为基础，根据试验和经验做了局部修正，给出了地基承载力特征值计算公式，当荷载偏心距 $e \leqslant l/30$（l 为偏心方向基础边长）时，根据土的抗剪强度指标确定地基承载力特征值可按式(3-8)计算，并应满足变形要求，即

$$f_a = M_b \gamma b + M_d \gamma_m d + M_c c_k \tag{3-8}$$

式中 f_a——由土的抗剪强度指标确定的地基承载力特征值，kPa；

M_b、M_d、M_c——承载力系数，见表 3-3；

b——基础底面宽度，m，大于 6 m 时按 6 m 取值，对于砂土小于 3 m 时按 3 m 取值；

c_k——基底下一倍短边宽度的深度范围内土的黏聚力标准值，kPa。

表 3-3 承载力系数 M_b、M_d、M_c

土的内摩擦角标准值 φ_k/(°)	M_b	M_d	M_c
0	0	1.00	3.14
2	0.03	1.12	3.32
4	0.06	1.25	3.51
6	0.10	1.39	3.71
8	0.14	1.55	3.93
10	0.18	1.73	4.17
12	0.23	1.94	4.42
14	0.29	2.17	4.69
16	0.36	2.43	5.00
18	0.43	2.72	5.31
20	0.51	3.06	5.66
22	0.61	3.44	6.04
24	0.80	3.87	6.45
26	1.10	4.37	6.90
28	1.40	4.93	7.40
30	1.90	5.59	7.95
32	2.60	6.35	8.55
34	3.40	7.21	9.22
36	4.20	8.25	9.97
38	5.00	9.44	10.80
40	5.80	10.84	11.73

注：φ_k——基底下一倍短边宽度的深度范围内土的内摩擦角标准值，(°)。

也可根据地基极限承载力除以一定安全系数获得地基承载力特征值，即

$$f_a = p_u / K \tag{3-9}$$

式中　p_u——地基极限承载力，kPa；

K——安全系数，其值与地基基础设计等级、荷载的性质、土的抗剪强度指标的可靠程度以及地基条件等因素相关，对长期承载力一般取 2～3。

【例 3-1】 某条形基础宽 2.5 m，埋置深度 1.6 m。地基为黏性土，土粒相对密度 $G_s = 2.70$，塑限 $w_p = 18.2\%$，液限 $w_L = 30.2\%$，天然密度 $\rho = 1.87\ g/cm^3$，天然含水量 $w = 22.5\%$，内摩擦角标准值 $\varphi_k = 26°$，黏聚力标准值 $c_k = 15$ kPa。三组现场载荷试验测得的临塑荷载和极限荷载见表 3-4，分别用现场载荷试验结果和理论公式确定地基的承载力特征值。

表 3-4　【例 3-1】表

实测荷载	第 1 组	第 2 组	第 3 组
临塑荷载 p_{cr}/kPa	214	252	233
极限荷载 p_u/kPa	526	703	629

解　1. 根据现场载荷试验结果确定地基承载力特征值

(1)分析三组试验结果可知，临塑荷载平均值 $p_{cr} = 233$ kPa，极差 $252 - 214 = 38\ kPa < 233 \times 0.3 = 69.9$ kPa；极限荷载平均值为 $p_u = 619$ kPa，极差 $703 - 526 = 177\ kPa < 619 \times 0.3 = 186$ kPa。可见，试验值的极差均不超过平均值的 30%。$p_u > 2p_{cr}$，故取 $p_{cr} = 233$ kPa 为地基承载力特征值 f_{ak}。

(2)确定基础宽度、基础埋深修正后的地基承载力特征值

按式(3-7)，$f_a = f_{ak} + \eta_b \gamma (b-3) + \eta_d \gamma_m (d-0.5)$

基础宽度 $b = 2.5\ m < 3.0$ m，故不做基础宽度修正。基底以上土的天然重度 $\gamma_m = 18.7\ kN/m^3$。经三相比例指标换算求得黏性土的孔隙比 $e = \dfrac{G_s(1+w)\gamma_w}{\gamma} - 1 = \dfrac{2.70 \times (1+0.225) \times 10}{18.7} - 1 = 0.769 < 0.85$，$I_L = \dfrac{22.5-18.2}{30.2-18.2} = 0.358 < 0.85$，查表 3-2 得 $\eta_d = 1.6$，代入式(3-7)得

$$f_a = 233 + 0 + 1.6 \times 18.7 \times (1.6 - 0.5) = 233 + 32.9 = 265.9\ \text{kPa}$$

2. 按理论公式确定地基承载力特征值

按式(3-8)计算

$$f_a = M_b \gamma b + M_d \gamma_m d + M_c c_k$$

由土的内摩擦角标准值 $\varphi_k = 26°$，查表 3-3 得：$M_b = 1.10$，$M_d = 4.37$，$M_c = 6.90$。

又 $\gamma = \gamma_m = 18.7\ kN/m^3$，代入上式得

$$\begin{aligned} f_a &= 1.10 \times 18.7 \times 2.5 + 4.37 \times 18.7 \times 1.6 + 6.90 \times 15 = 51.43 + 130.75 + 103.50 \\ &= 285.68\ \text{kPa} \end{aligned}$$

本例计算结果，由理论公式算得的地基承载力略大于地基现场载荷试验得到的承载力。

二、持力层的承载力验算

持力层即直接承托基础的地层，持力层承载力的验算需要区别轴心荷载作用和偏心荷载作用两种情况。

（一）轴心荷载作用情况

当轴心荷载作用时，要求平均基底压力不超过地基持力层承载力特征值，即

$$p_k=\frac{F_k+G_k}{A}\leqslant f_a \tag{3-10}$$

式中 p_k——相应于荷载作用的标准组合时，平均基底压力值，kPa；

F_k——相应于荷载作用的标准组合时，上部结构传至基础顶面的竖向力值，kN；

G_k——基础自重和基础上的土重，kN，对一般实体基础可取 $G_k=\gamma_G Ad$，其中 γ_G 为基础和回填土的平均重度，一般取 20 kN/m^3；d 为基础平均埋深；当基础埋置于地下水位以下时，还应扣除浮托力，即 $G_k=\gamma_G Ad-\gamma_w Ah_w$，其中 h_w 为地下水位至基础底面的距离；

A——基础底面面积，m^2；

f_a——修正后的地基承载力特征值，kPa。

对于条形基础，平均基底压力标准值按下式计算

$$p_k=\frac{F_k+G_k}{b} \tag{3-11}$$

式中 F_k——上部结构传至基础顶面的竖向荷载标准值，kN/m；

G_k——基础和基础上回填土重的标准值，对一般实体条形基础，可近似地取 $G_k=\gamma_G bd$；

b——条形基础底面宽度，m。

（二）偏心荷载作用情况

偏心荷载作用时需在满足式(3-10)的基础上还要满足

$$p_{kmax}\leqslant 1.2f_a \tag{3-12}$$

常见的单向偏心或双向偏心荷载作用，基底压力分布一般可假设为直线分布，其边缘处的最大值和最小值按下式计算

单向偏心时

$$p_{\substack{kmax\\kmin}}=\frac{F_k+G_k}{A}\pm\frac{M_k}{W}=\frac{F_k+G_k}{A}\left(1\pm\frac{6e_0}{l}\right) \tag{3-13}$$

双向偏心时

$$p_{\substack{kmax\\kmin}}=\frac{F_k+G_k}{A}\pm\frac{M_{kx}}{W_x}\pm\frac{M_{ky}}{W_y} \tag{3-14}$$

式中 M_k——相应于荷载作用的标准组合时，作用于基础底面中心的等效力矩，kN·m；

W——基础底面的抵抗矩；

l——基础底面偏心方向的边长。

e_0——合力偏心距，e_0 可由下式计算

$$e_0=\frac{M_k}{F_k+G_k} \tag{3-15}$$

当合力偏心距 $e>l/6$ 时，$p_{kmin}<0$，基础一侧底面与地基土脱离，这种情况下，基底压力将会出现重分布。p_{kmax} 可用下式计算

$$p_{kmax}=\frac{2(F_k+G_k)}{3ab}=\frac{2(F_k+G_k)}{3(l-e_0)b} \tag{3-16}$$

应力重分布时的平均基底压力需重新计算。实际上设计中应尽量避免出现这种情况。

对于条形基础，偏心时，基底压力标准值的最大值和最小值按下式计算

$$p_{\substack{\text{kmax}\\ \text{kmin}}}=\frac{F_{k}+G_{k}}{b}\left(1\pm\frac{6e_{0}}{b}\right) \tag{3-17}$$

式中　b——条形基础底面宽度，m。

三、软弱下卧层的承载力验算

当地基受力层范围内有软弱下卧层（承载力显著低于持力层承载力的土层）时，根据持力层承载力确定的基底尺寸同时应符合下列规定：要求作用在软弱下卧层顶面处的地基附加应力和土的自重应力之和不超过下卧层的承载力特征值，如图 3-10 所示，即

$$p_{z}+p_{cz}\leqslant f_{az} \tag{3-18}$$

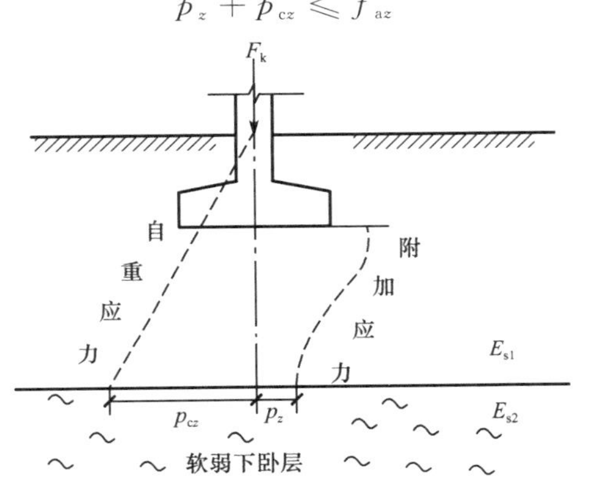

图 3-10　软弱下卧层强度验算

式中　p_{z}——相应于荷载作用的标准组合时，软弱下卧层顶面处的地基竖向附加应力，kPa；

p_{cz}——软弱下卧层顶面处土的竖向自重应力，kPa；

f_{az}——软弱下卧层顶面处经深度修正后的地基承载力特征值，kPa。

计算下卧层顶面处地基竖向附加应力时，根据《建筑地基基础设计规范》可采用简化的计算方法，即参照双层地基中附加应力分布的理论解答，按压力扩散角的概念计算：假设基底处的附加压力向下传递时按压力扩散角向外扩散至软弱下卧层顶面，根据基底附加压力合力与扩散面积上的地基附加应力合力相等的原则，如图 3-11 所示，即可计算得到软弱层顶面的竖向附加应力。

对于矩形基础

$$p_{z}=\frac{lbp_{0}}{(l+2z\tan\theta)(b+2z\tan\theta)} \tag{3-19}$$

对于条形基础

$$p_{z}=\frac{bp_{0}}{b+2z\tan\theta} \tag{3-20}$$

式中　p_{0}——基底附加压力，$p_{0}=p-\gamma_{m}d$，kPa；

γ_{m}——基础埋深范围内土的加权平均重度，地下水位以下取浮重度，kN/m^{3}；

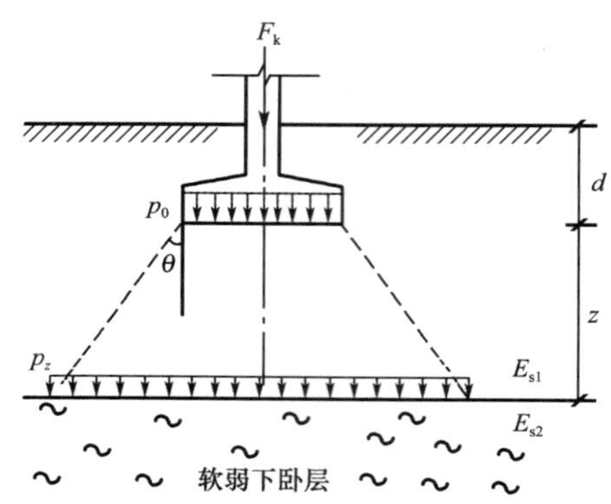

图 3-11　附加应力简化计算图

d——基础埋深(从天然地面算起),m;

b——矩形基础或条形基础底面的宽度,m;

l——矩形基础底面的长度,m;

z——基础底面至软弱下卧层顶面的距离,m;

θ——地基压力扩散角,即地基压力扩散线与垂直线的夹角,(°),如图 3-11 所示,可按表 3-5 采用。

表 3-5　　地基压力扩散角 θ

E_{s1}/E_{s2}	z/b	
	0.25	0.5
3	6°	23°
5	10°	25°
10	20°	30°

注:1. E_{s1} 为上层土压缩模量;E_{s2} 为下层土压缩模量。

2. $z/b<0.25$ 时取 $\theta=0°$,必要时,宜由试验确定;$z/b>0.5$ 时 θ 值不变。

3. z/b 在 0.25 与 0.5 之间时可插值确定。

【例 3-2】 某建筑为条形基础,基础宽 1.2 m,埋深 1.2 m,基础受竖向荷载作用标准值为 $F_k=155$ kN/m,土层分布为:0～1.2 m 填土,$\gamma=18$ kN/m^3;1.2～1.8 m 粉质黏土,$f_{ak}=155$ kPa,$E_s=8.0$ MPa,$\gamma=19$ kN/m^3;1.8 m 以下为淤泥质黏土,$f_{ak}=102$ kPa,$E_s=2.7$ MPa。地下水位在粉质黏土层底部,如图 3-12 所示。试验算持力层及软弱下卧层承载力。当基础加宽至 1.4 m,基础埋深加深至 1.5 m,再验算软弱下卧层承载力。

解 1. 基础宽 1.2 m,埋深 1.2 m 时

(1)验算持力层承载力

轴心荷载作用下,基底压力 p_k 为

$$p_k=\frac{F_k+G_k}{b}=\frac{155+20\times1.2\times1.2}{1.2}=153.2\ \text{kPa}$$

修正后的持力层承载力特征值为

$$f_a=f_{ak}+0+\eta_d\gamma_m(d-0.5)=155+1.0\times18\times(1.2-0.5)=167.6\ \text{kPa}$$

因为 $p_k<f_a$,所以持力层满足承载力要求。

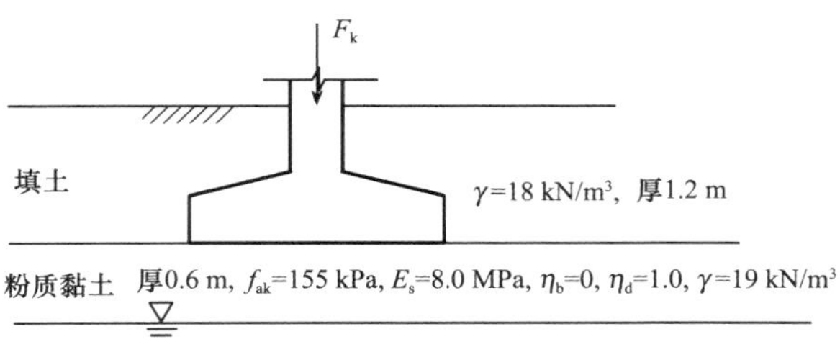

图 3-12 【例 3-4】图

(2)验算软弱下卧层承载力

基底附加压力 p_0 为

$$p_0 = p_k - \gamma_m d = 153.2 - 18 \times 1.2 = 131.6\ \text{kPa}$$

因为

$$\frac{E_{s1}}{E_{s2}} = \frac{8.0}{2.7} \approx 3,\ \frac{z}{b} = \frac{0.6}{1.2} = 0.5$$，查表 3-7，得地基压力扩散角 $\theta = 23°$

软弱下卧层顶面附加应力为

$$p_z = \frac{p_0 b}{b + 2z\tan\theta} = \frac{131.6 \times 1.2}{1.2 + 2 \times 0.6\tan 23°} = 92.4\ \text{kPa}$$

软弱下卧层顶面自重应力为

$$p_{cz} = 1.2 \times 18 + 0.6 \times 19 = 33.0\ \text{kPa}$$

因此

$$p_z + p_{cz} = 92.4 + 33.0 = 125.4\ \text{kPa}$$

软弱下卧层承载力特征值进行埋深(1.2+0.6=1.8 m)修正为

$$f_{az} = f_{ak} + \eta_d \gamma_m (d - 0.5) = 102 + 1.0 \times \frac{18 \times 1.2 + 19 \times 0.6}{1.8} \times (1.8 - 0.5)$$
$$= 125.8\ \text{kPa}$$

因为 $p_z + p_{cz} < f_{az}$，所以软弱下卧层也满足承载力要求。

2. 基础加宽至 1.4 m、埋深加深至 1.5 m 时

(1)确定持力层承载力

$f_a = f_{ak} + \eta_b \gamma (b-3) + \eta_d \gamma_m (d-0.5) = 155 + 1.0 \times 18 \times (1.5-0.5) = 173.2$ kPa(增大)

(2)计算基底压力 p_k 及基底附加压力 p_0

$$p_k = \frac{F_k + G_k}{b} = \frac{155 + 20 \times 1.5 \times 1.4}{1.4} = 140.7\ \text{kPa(减小)} < f_a = 173.2\ \text{kPa 满足要求}$$

$$p_0 = p_k - \gamma_m d = 140.7 - \frac{(18 \times 1.2 + 19 \times 0.3) \times 1.5}{1.5} = 113.4\ \text{kPa(减小)}$$

(3)验算软弱下卧层承载力

$$\frac{E_{s1}}{E_{s2}} = \frac{8.0}{2.7} \approx 3,\ \frac{z}{b} = \frac{0.3}{1.4} = 0.21 < 0.25$$

根据表 3-7(注)，得地基压力扩散角 $\theta = 0°$，得

$$p_z=\frac{p_0 b}{b+2z\tan\theta}=\frac{113.4\times 1.4}{1.4+0}=113.4\ \text{kPa(增大)},p_{cz}=33.0\ \text{kPa(不变)}$$

$$p_z+p_{cz}=113.4+33.0=146.4\ \text{kPa}$$

经深度修正后软弱下卧层承载力特征值为

$$f_{az}=f_{ak}+\eta_d\gamma_m(d-0.5)=102+1.0\times\frac{1.8\times 1.2+19\times 0.6}{1.8}\times(1.8-0.5)$$

$$=125.8\ \text{kPa(不变)}$$

因为 $p_z+p_{cz}>f_{az}$，所以下卧层不满足承载力要求。

从上述例题中可见，两种情况下的基底压力 p_k 均小于持力层承载力特征值 f_a，持力层承载力均满足要求，但是软弱下卧层的情况则不同，基础加宽和加深均是不利的，因此，设计时应使基底尽量远离软弱下卧层，而且持力层太薄时，基础不宜太宽。

【例 3-3】 已知：某柱下单独基础，基底尺寸 $l\times b=4.6\ \text{m}\times 3.2\ \text{m}$，埋深 $d=1.5\ \text{m}$，离地表 1 m 深度处有地下水，上部荷载传至基础顶面轴向力标准值 $F_k=2\ 500\ \text{kN}$，扩散角 θ 为 22°，地基条件如图 3-13 所示。试验算持力层和软弱下卧层承载力是否满足要求。

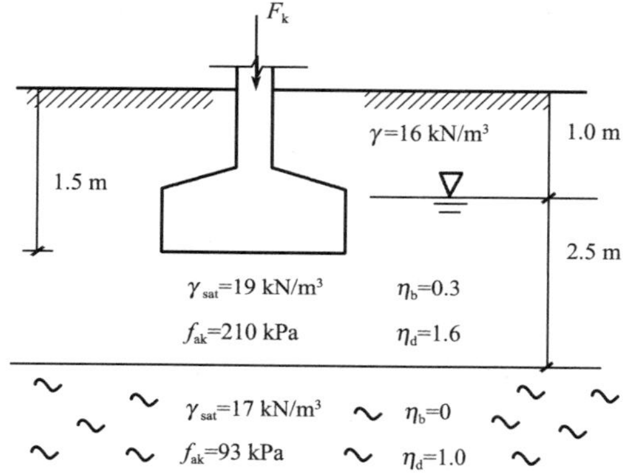

图 3-13 【例 3-5】图

解 (1)验算持力层承载力

基底面以上土的加权平均重度 γ_m 为

$$\gamma_m=\frac{1\times 16+0.5\times 9}{1.5}=13.67\ \text{kN/m}^3$$

因此，修正后的持力层承载力特征值为

$$\begin{aligned}f_{az}&=f_{ak}+\eta_b\gamma(b-3)+\eta_d\gamma_m(d-0.5)\\&=210+0.3\times 9\times(3.2-3)+1.6\times 13.67\times(1.5-0.5)\\&=210+0.54+21.87\\&=232.41\ \text{kPa}\end{aligned}$$

基底压力为

$$p_k=\frac{F_k+G_k}{A}=\frac{2\ 500+(20\times 4.6\times 3.2\times 1.5-10\times 4.6\times 3.2\times 0.5)}{4.6\times 3.2}$$

$$=194.84\ \text{kPa}<232.41\ \text{kPa}=f_a$$

所以，持力层承载力满足要求。

(2)验算软弱下卧层承载力

基底附加压力为

$$p_0 = p_k - \gamma_m d = 194.84 - 13.67 \times 1.5 = 174.34\ \text{kPa}$$

软弱下卧层顶面的附加应力为

$$p_z = \frac{p_0 bl}{(l + 2z\tan\theta)(b + 2z\tan\theta)} = \frac{174.34 \times 4.6 \times 3.2}{(4.6 + 2 \times 2\tan 22^\circ)(3.2 + 2 \times 2\tan 22^\circ)}$$
$$= 85.72\ \text{kPa}$$

$$p_{cz} = 1 \times 16 + 2.5 \times (19 - 10) = 38.50\ \text{kPa}$$

作用在下卧层顶面的自重应力和附加应力之和为

$$p_z + p_{cz} = 38.50 + 85.72 = 124.22\ \text{kPa}$$

修正后的软弱下卧层承载力特征值为

$$f_{az} = f_{ak} + \eta_d \gamma_m (d - 0.5) = 93 + 1.0 \times \frac{16 \times 1.0 + 9 \times 2.5}{2.5 + 1.0} \times (3.5 - 0.5) = 126.00\ \text{kPa}$$

因为 $p_z + p_{cz} = 124.22\ \text{kPa} \leqslant f_{az} = 126\ \text{kPa}$,所以软弱下卧层也满足承载力要求。

3.4.2 地基变形验算

根据建筑物的具体条件和《建筑地基基础设计规范》的规定,应确定所设计的建筑物是否需要进行地基变形验算,对甲级、乙级建筑和部分丙级建筑物,在按地基承载力条件初步选定基础底面尺寸后,尚需进行地基变形验算。地基变形验算要求地基变形计算值 s 不超过地基变形允许值[s]。如果变形要求不能满足时,需调整基础底面尺寸、基础埋深或采取其他控制变形的措施。

地基变形的验算,要针对建筑物的具体结构类型与特点,分析对结构正常使用具有主要控制作用的地基变形特征。地基变形按其特征可分为基础的沉降量、沉降差、倾斜和局部倾斜。具体建筑物所需验算的地基变形特征取决于建筑物的结构类型、整体刚度和使用要求。地基变形特征的具体定义和适用特点见表 3-6。沉降量计算方法可以采用分层总和法或《建筑地基基础设计规范》推荐公式法。

表 3-6　地基变形特征

特征类型	定　义	图　示	计算式	说　明
沉降量	基础中心点的下沉值	s	分层总和法或《建筑地基基础设计规范》推荐公式	1. 主要用于地基比较均匀的单层结构排架柱基,在满足容许沉降量后,可不再验算相邻柱基的沉降量 2. 在决定工艺上考虑沉降所预留建筑物有关部分之间净空、连接方法及施工顺序时也需用到沉降量,此时往往分别预估施工期间和使用期间的地基变形值

续表

特征类型	定义	图示	计算式	说明
沉降差	相邻两个独立基础的沉降量之差	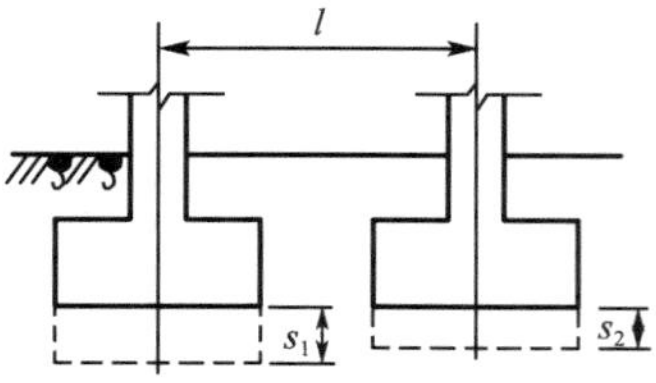	$\Delta s_{12}=s_1-s_2$	以下几种情况需控制相邻柱基沉降差： 1. 当地基不均匀、荷载差异大时，对于框架结构及单层排架结构，控制相邻柱基沉降差 2. 相邻结构物影响存在时 3. 在原有基础附近堆积重物时 4. 当必须考虑在使用过程中结构物本身与之有联系部分的标高变动时
倾斜	独立基础在倾斜方向上两端点下沉量之差与此两点水平距离之比	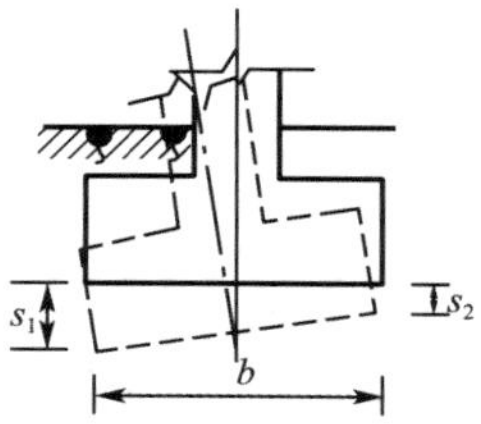	$\tan\theta=\dfrac{s_1-s_2}{b}$	对有较大偏心荷载的基础和高耸构筑物基础，其地基或附近堆有地面荷载时，要验算倾斜。在地基比较均匀且无相邻荷载影响时，高耸构筑物的沉降量在满足容许沉降量后，可不验算倾斜值
局部倾斜	砌体承重结构沿纵向 6～10 m 内基础的下沉量之差与此两点水平距离之比	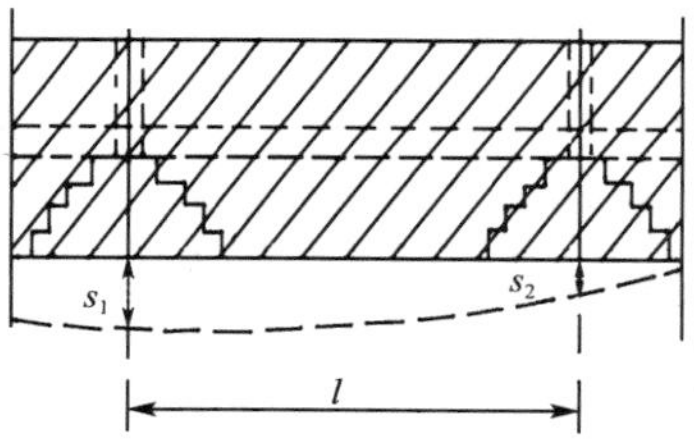	$\tan\theta=\dfrac{s_1-s_2}{l}$	一般承重墙房屋（如墙下条形基础），距离 l 可根据具体建筑物情况（如横隔墙的间距）而定，一般应将沉降计算点选择在地基不均匀、在差距很大或体型复杂的局部段落的纵横墙壁交点处

地基变形允许值的确定涉及许多影响因素，如建筑物的结构特点和具体使用要求，对基础不均匀沉降的敏感程度以及结构强度储备等。《建筑地基基础设计规范》综合分析了国内外各类建筑物的相关资料，提出了地基变形允许值，见表 3-7。对表 3-7 中未包括的其他建筑物的地基变形允许值可根据上部结构对地基变形特征的适应能力和使用上的要求确定。

表 3-7　建筑物地基变形允许值

变形特征		地基类别	
		中、低压缩性土	高压缩性土
砌体承重结构基础的局部倾斜		0.002	0.003
工业与民用建筑相邻柱基础的沉降差	框架结构	$0.002l$	$0.003l$
	砌体墙填充的边排柱	$0.000\,7l$	$0.001l$
	当基础不均匀沉降时不产生附加应力的结构	$0.005l$	$0.005l$
单层排架结构（柱距为 6 m）柱基的沉降量/mm		(120)	200

（续表）

变形特征		地基类别	
		中、低压缩性土	高压缩性土
砌体承重结构基础的局部倾斜		0.002	0.003
桥式吊车轨面的倾斜（按不调整轨道考虑）	纵向	0.004	
	横向	0.003	
多层和高层建筑的整体倾斜	$H_g \leqslant 24$	0.004	
	$24 < H_g \leqslant 60$	0.003	
	$60 < H_g \leqslant 100$	0.002 5	
	$H_g > 100$	0.002	
体型简单的高层建筑基础的平均沉降量/mm		200	
高耸结构基础的倾斜	$H_g \leqslant 20$	0.008	
	$20 < H_g \leqslant 50$	0.006	
	$50 < H_g \leqslant 100$	0.005	
	$100 < H_g \leqslant 150$	0.004	
	$150 < H_g \leqslant 200$	0.003	
	$200 < H_g \leqslant 250$	0.002	
高耸结构基础的沉降量/mm	$H_g \leqslant 100$	400	
	$100 < H_g \leqslant 200$	300	
	$200 < H_g \leqslant 250$	200	

注：1. 表中数值为建筑物地基实际最终变形允许值。

2. 有括号者仅适用于中压缩性土。

3. l 为相邻柱基的中心距离，mm；H_g 为自室外地面起算的建筑物高度，m。

3.4.3　地基稳定性验算

对于经常承受水平荷载作用的高层建筑、高耸结构与挡土墙、建造在斜坡上或边坡附近的建筑物与构筑物、地基土层倾斜等情况，应对地基进行稳定性验算。

《建筑地基基础设计规范》规定，地基稳定性可采用圆弧滑动面法进行验算，如图 3-14 所示。最危险滑动面上诸力对滑动中心所产生的抗滑力矩与滑动力矩应符合式(3-21)要求：

$$\frac{M_R}{M_S} \geqslant 1.2 \tag{3-21}$$

式中　M_S、M_R——滑动力矩和抗滑力矩，kN·m。

位于稳定土坡坡顶上的建筑物，如图 3-15 所示，当垂直于坡顶边缘线的基础底面边长 b 小于或等于 3 m 时，其基础底面外边缘线至坡顶的水平距离 a 应符合式(3-22)、式(3-23)要求，但不得小于 2.5 m。

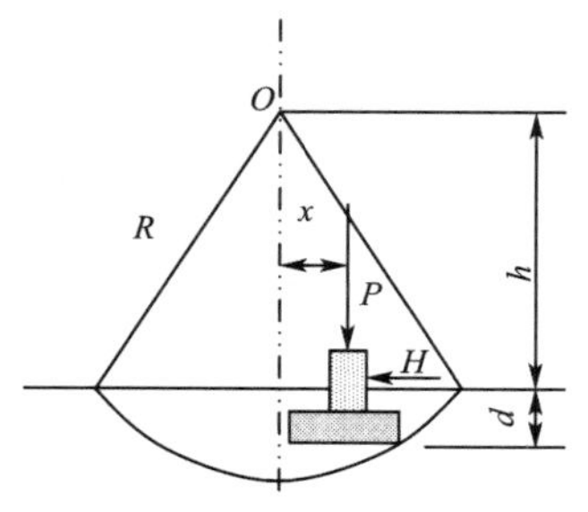

图 3-14　圆弧滑动面示意图

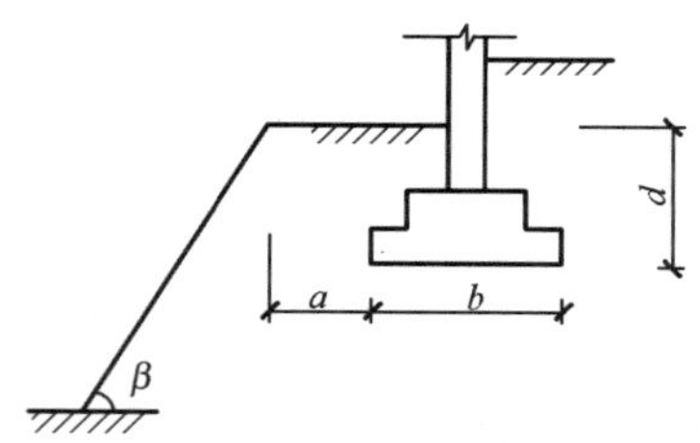

图 3-15　基础底面外边缘线至坡顶的水平距离示意图

条形基础

$$a \geqslant 3.5b - \frac{d}{\tan\beta} \tag{3-22}$$

矩形基础

$$a \geqslant 2.5b - \frac{d}{\tan\beta} \tag{3-23}$$

式中　a——基础底面外边缘线至坡顶的水平距离，m；

b——垂直于坡顶边缘线的基础底面边长，m；

d——基础埋深，m；

β——边坡坡角，(°)。

当基础底面外边缘线至坡顶的水平距离不满足式(3-22)和式(3-23)要求时，或当边坡坡角大于45°、坡高大于8 m时，也应按式(3-21)验算坡体稳定性。

3.5 基础底面尺寸的确定

确定基础底面尺寸时，首先应满足地基承载力要求，包括持力层和软弱下卧层的承载力要求，可根据承载力初步确定基础底面尺寸。此外，必要时还应对地基变形或稳定性进行验算。

(一)轴心荷载作用情况

在轴心荷载作用下，按地基持力层承载力确定矩形基础底面尺寸时，要求基底压力标准值满足公式(3-10)的要求，因此有

$$p_k = \frac{F_k + G_k}{A} = \frac{F_k + \gamma_G A d}{A} = \frac{F_k}{A} + \gamma_G d \leqslant f_a$$

由此可得到

$$A \geqslant \frac{F_k}{f_a - \gamma_G d} \tag{3-24}$$

对于柱下独立基础，一般采用方形基础，其边长为

$$a^2 \geqslant \frac{F_k}{f_a - \gamma_G d} \tag{3-25}$$

可直接确定方形基础的边长。

对于墙下条形基础，可沿基础长边方向取1 m作为计算单元，荷载也为相应的线荷载，

kN/m，此时条形基础宽度为

$$b \geqslant \frac{F_k}{f_a - \gamma_G d} \tag{3-26}$$

需要说明的是，地基承载力特征值与基础宽度和埋深相关，需要进行宽度和埋深修正，而在基础底面尺寸未知的情况下，无法进行宽度修正，因此地基承载力特征值一般先只做埋深修正，通过式(3-24)或式(3-26)得到基础底面尺寸后，再根据底面尺寸考虑是否要进行宽度修正，使得基础底面尺寸满足地基承载力的要求。

【例 3-4】 某内纵墙基础的埋深 $d=1.8$ m，相应于荷载作用标准组合传至基础顶面轴向力 $F_k=280$ kN/m，基础埋深范围内土的重度 $\gamma=18$ kN/m^3，地下水很深，地基持力层为中砂，地基承载力特征值 $f_{ak}=170$ kN/m^2，试确定基础底面宽度。

解 对于中砂持力层，查表 2-2 得 $\eta_b=3.0$，$\eta_d=4.4$。

暂不考虑承载力宽度修正，由式(2-7)得

$$f_a = f_{ak} + \eta_d \gamma_m (d-0.5) = 170 + 4.4 \times 18 \times (1.8-0.5) = 273 \text{ kPa}$$

由式(2-15)得

$$b \geqslant \frac{F_k}{f_a - \gamma_G d} = \frac{280}{273 - 20 \times 1.8} = 1.18 \text{ m} < 3 \text{ m}$$

满足承载力不进行宽度修正条件，基础宽度设计取 1.2 m。

(二)偏心荷载作用情况

在偏心荷载作用下确定矩形基础底面尺寸时，采用试算方法，可按下述步骤进行：

(1)进行埋深修正初步确定修正后的地基承载力特征值 f_a。

(2)初步确定基底面积 A_0：先按轴心荷载作用，由式(3-24)初步确定基础底面积 A_0。

(3)确定估计基底面积 A。考虑偏心荷载的影响，将按轴心荷载作用下的基础底面积 A_0 扩大 10～40%，获得实际估计的基础底面积 $A=(1.1\sim1.4)A_0$。

(4)确定基础的长度和宽度。在偏心荷载作用下，基础底面一般可取矩形，需要在偏心方向加大底面长度。此时，基础的长度 l 与宽度 b 均未知，设计时，一般按照偏心距的大小按一定比例取 l/b 值，一般长宽比取 1，按照 A 值初步估计长度和宽度。

(5)进行基底压力计算，并验算地基承载力。持力层须同时满足式(3-15)、式(3-16)的要求，同时还需要进行软弱下卧层承载力验算，满足式(3-17)的要求。如果全部满足要求，说明确定的基础底面尺寸合适，设计便可结束；若不满足上述条件，需要重新调整基础底面尺寸，直到满足要求为止。

【例 3-5】 某工厂厂房设计框架结构的独立基础。地基土分三层：表层人工填土，天然重度 $\gamma_1=17.2$ kN/m^3，层厚 0.8 m；第二层为粉土，$\gamma_2=17.7$ kN/m^3，层厚 1.2 m；第三层为黏土，孔隙比 $e=0.85$，液性指数 $I_L=0.60$，$\gamma_3=18.0$ kN/m^3，$f_{ak}=197$ kPa，层厚较厚，地下水位较深。基础埋深 $d=2.0$ m，位于第三层黏土顶面。作用于基础的标准组合荷载作用：$F_k=$ 1 600 kN，$M_k=400$ kN · m，$Q_k=50$ kN，作用位置如图 3-16 所示。试设计基础底面尺寸。

解 此基础承受单向偏心荷载作用。

1. 先按轴心荷载作用初步估算基底面积

(1)确定持力层承载力特征值 f_a

持力层为黏土，根据 $e=0.85$，$I_L=0.60$，查表 2-2 得承载力修正系数 $\eta_b=0$，$\eta_d=1.0$。

基础埋深范围土的加权平均重度 γ_m 为

$$\gamma_m = \frac{17.2 \times 0.8 + 17.7 \times 1.2}{0.8 + 1.2} = \frac{35.0}{2.0} = 17.5 \text{ kN/m}^3$$

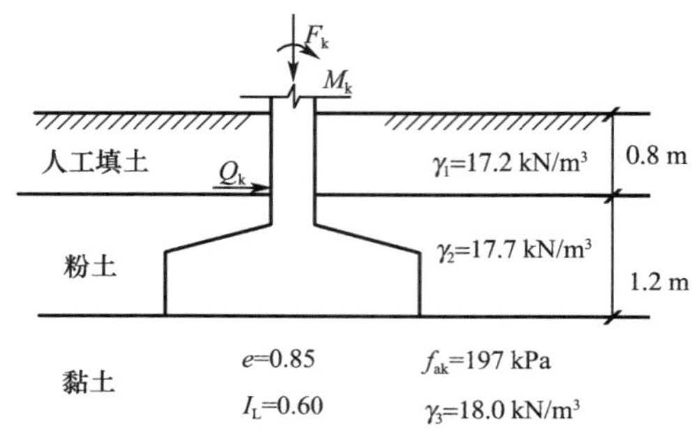

图 3-16 【例 3-5】图

先假设基底宽度不大于 3 m，持力层承载力特征值 f_a 只需进行埋深修正，即

$$f_a = f_{ak} + \eta_d \gamma_m (d - 0.5) = 197 + 1.0 \times 17.5 \times (2 - 0.5) = 223 \text{ kPa}$$

(2)按轴心荷载作用初步估算基底面积 A_0

$$A_0 \geqslant \frac{F_k}{f_a - \gamma_G d} = \frac{1\ 600}{223 - 20 \times 2} = 8.74 \text{ m}^2$$

2.考虑偏心荷载的不利影响

(1)加大基础底面面积 20%

$$A = 1.2A_0 = 1.2 \times 8.74 = 10.49 \text{ m}^2$$

取 $b \times l = 3.0 \times 3.6 = 10.8 \text{ m}^2$，$b = 3.0$ m 不需要承载力宽度修正。

(2)计算基础及其上的土重

$$G_k = \gamma_G A d = 20 \times 10.8 \times 2.0 = 432 \text{ kN}$$

(3)计算基底抵抗矩

$$W = \frac{bl^2}{6} = \frac{3.0 \times 3.6^2}{6} = 6.48 \text{ m}^3$$

(4)计算基底边缘的最大、最小压力

$$p_{\substack{kmax \\ kmin}} = \frac{F_k + G_k}{A} \pm \frac{M_k + 1.2Q_k}{W} = \frac{1\ 600 + 432}{10.8} \pm \frac{400 + 1.2 \times 50}{6.48}$$

$$= 188.1 \pm 71.0 = \begin{matrix} 259.1 \\ 117.1 \end{matrix} \text{ kPa}$$

(5)验算基底压力

$$\bar{p}_k = \frac{F_k + G_k}{A} = 188.1 \text{ kPa} < f_a = 223 \text{ kPa}，满足$$

$$p_{kmax} = 259.1 \text{ kPa} < 1.2 f_a = 267.6 \text{ kPa}，满足$$

最终确定柱下独立基础长边 $l = 3.6$ m，短边 $b = 3.0$ m。

3.6 无筋扩展基础设计

如前所述，无筋扩展基础材料的抗拉和抗剪强度较低，因此必须控制基础内的拉应力和剪应力，结构设计中可通过控制材料强度等级和台阶宽高比来确定基础的截面尺寸，而无须进行复杂的内力计算。图 3-17 所示为无筋扩展基础的构造示意图。基础每个台阶的宽高比应满足《建筑地基基础设计规范》规定的允许值，见表 3-8。设计时一般先选择满足地基承载力要求的适当的基础埋深和基础底面尺寸，则按宽度比要求，基础高度应该满足下列条件：

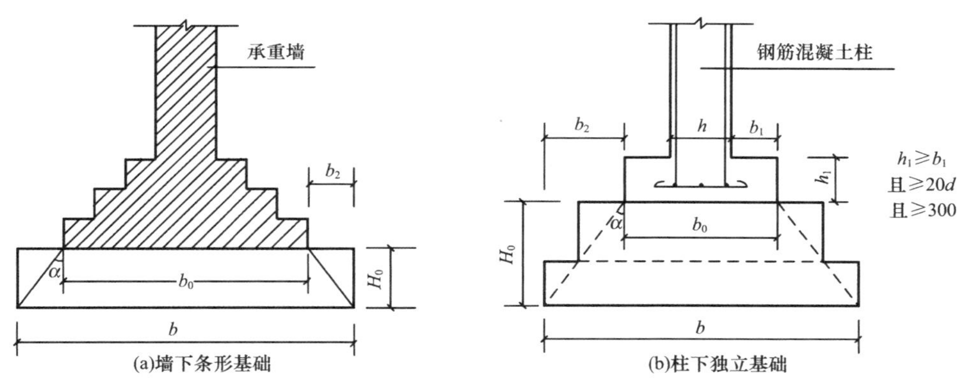

图 3-17　无筋扩展基础构造示意图

$$H_0 \geqslant \frac{b - b_0}{2\tan \alpha} \tag{3-27}$$

式中　b——基础底面宽度，m；

b_0——基础顶面处的墙体宽度或柱脚宽度，m；

b_2——基础台阶宽度，m；

H_0——基础台阶高度，m；

$\tan \alpha$——基础的台阶宽高比（b_2/H_0），其允许值见表 3-8；

d——柱中纵向钢筋直径，m。

无筋扩展基础由于台阶宽高比的限制，其高度一般较大，但不应该大于基础埋深。如不满足，可采用钢筋混凝土基础。

表 3-8　无筋扩展基础台阶宽高比的允许值

基础材料	质量要求	台阶宽高比的允许值（$\tan \alpha$）		
		$\overline{p}_k \leqslant 100$	$100 < \overline{p}_k \leqslant 200$	$200 < \overline{p}_k \leqslant 300$
混凝土基础	C15 混凝土	1∶1.00	1∶1.00	1∶1.25
毛石混凝土基础	C15 混凝土	1∶1.00	1∶1.25	1∶1.50
砖基础	砖不低于 MU10，砂浆不低于 M5	1∶1.50	1∶1.50	1∶1.50
毛石基础	砂浆不低于 M5	1∶1.25	1∶1.50	—
灰土基础	体积比为 3∶7 或 2∶8 的灰土，其最小干密度：粉土 1 550 kg/m^3；粉质黏土 1 500 kg/m^3；黏土 1 450 kg/m^3	1∶1.25	1∶1.50	—
三合土基础	石灰∶砂∶骨料的体积比 1∶2∶4～1∶3∶6；每层约虚铺 220 mm，夯实至 150 mm	1∶1.50	1∶2.00	—

注：1. $\overline{p}_k$ 为荷载作用标准组合时的平均基底压力，kPa。

2. 阶梯形毛石基础的每阶伸出宽度不宜大于 200 mm。

3. 当基础由不同材料叠合组成时，应对接触部分做局部受压承载力计算。

4. 混凝土基础单侧扩展范围内基础底面处的平均压力值超过 300 kPa 时，尚应进行抗剪验算；对基础反力集中于立柱附近的岩石地基，应进行局部受压承载力验算。

为节省材料和方便施工，基础常做成阶梯形。分阶时，每一台阶除应满足台阶宽高比的要求外，还需符合有关构造规定。

其中，砖基础俗称“大放脚基础”，其各部分尺寸应符合砖的模数。砌筑方式分为两皮一收和二一间隔收，如图 3-18 所示。每缩进去一级台阶均缩进 60 mm，前者每级台阶均砌两层砖，后者两层砖和一层砖交替，更节省材料，因此应用较多，砌砖基础前要做底灰。如果基础下半部用灰土时，可按二步或三步灰土设计，其宽高比按表 3-8 控制。一步灰土先虚铺 20～22 cm 厚，然后夯实至 15 cm 厚。

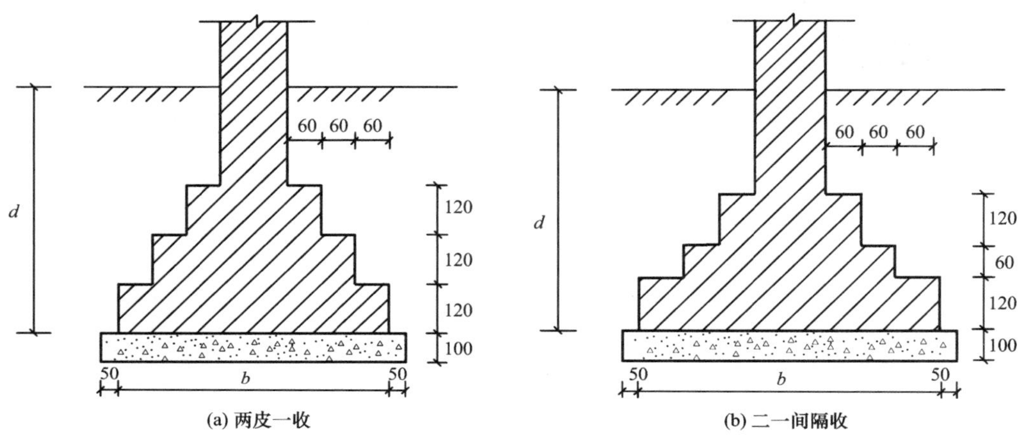

图 3-18　砖基础剖面图

【例 3-6】　柱下无筋扩展基础设计：某厂房柱断面为 600 mm×300 mm，基础受竖向荷载作用标准值为 $F_k=780$ kN，力矩标准值为 120 kN·m，水平荷载标准值为 40 kN，作用点位置在±0.00 处。地基土层剖面如图 3-19 所示，基础埋置深度为 1.8 m，试设计柱下无筋扩展基础。

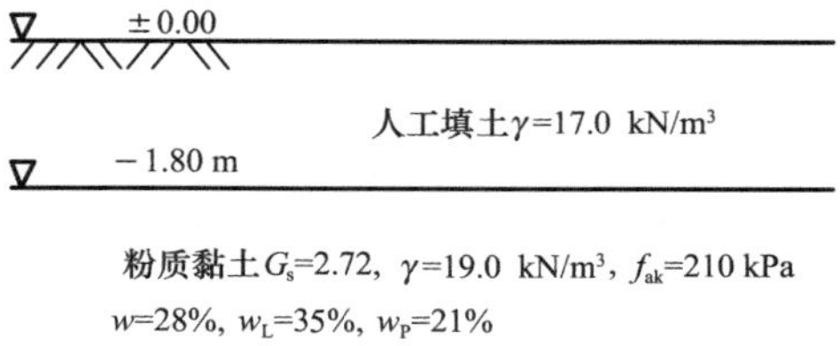

±0.00

人工填土 $\gamma=17.0$ kN/m³

−1.80 m

粉质黏土 $G_s=2.72$，$\gamma=19.0$ kN/m³，$f_{ak}=210$ kPa

$w=28\%$，$w_L=35\%$，$w_P=21\%$

图 3-19　【例 3-6】地基土层剖面图

解　1. 持力层承载力特征值修正

持力层为粉质黏土层

$$I_L=\frac{w-w_p}{w_L-w_p}=\frac{0.28-0.21}{0.35-0.21}=0.50<0.85$$

$$e=\frac{G_s(1+w)\gamma_w}{\gamma}-1=\frac{2.72\times(1+0.28)\times 10}{19.0}-1=0.832<0.85$$

查表 3-2 得 $\eta_b=0.3$，$\eta_d=1.6$

先只考虑埋深修正

$$f_a=f_{ak}+\eta_d\gamma_m(d-0.5)=210+1.6\times17.0\times(1.8-0.5)=245\ \text{kPa}$$

2. 先按轴心荷载作用计算基础底面积

$$A_0=\frac{F_k}{f_a-\gamma_G d}=\frac{780}{245-20\times1.8}=3.73\ \text{m}^2$$

扩大至 $A=1.3A_0=4.85\ \text{m}^2$。

取 $l=2.7$ m，$b=1.8$ m。

3. 地基承载力验算

基础宽度小于 3 m，无须再进行宽度修正。

基底压力平均值为

$$\overline{p}_k=\frac{F_k+G_k}{A}=\frac{780+20\times2.7\times1.8\times1.8}{2.7\times1.8}=196.5\ \text{kPa}$$

基底压力最大、最小值为

$$p_{\substack{kmax\\kmin}}=\frac{F_k+G_k}{A}\pm\frac{M_k}{W}=196.5\pm\frac{120+40\times1.8}{\frac{1}{6}\times1.8\times2.7^2}=\frac{284.3}{108.7}\ \text{kPa}$$

由计算结果可知

$$\overline{p}_k=196.5\ \text{kPa}<f_a=245\ \text{kPa}$$

$$p_{kmax}=284.3\ \text{kPa}<1.2f_a=294\ \text{kPa}$$

所确定基底尺寸满足持力层承载力要求。

4. 基础剖面设计

基础材料选用 C15 混凝土，查表 3-8 得台阶宽高比允许值为 1 : 1.00，则基础高度为

按长度计算：$H_0\geqslant(l-l_0)/2\tan\alpha=(2.7-0.6)/2=1.05$ m

按宽度计算：$H_0\geqslant(b-b_0)/2\tan\alpha=(1.8-0.3)/2=0.75$ m <1.05 m，故 H_0 取 1.05 m。

做成三层台阶，长度方向每层台阶宽 1 050/3 = 350 mm，宽度方向每阶宽 750/3 = 250 mm，基础剖面尺寸如图 3-20 所示。

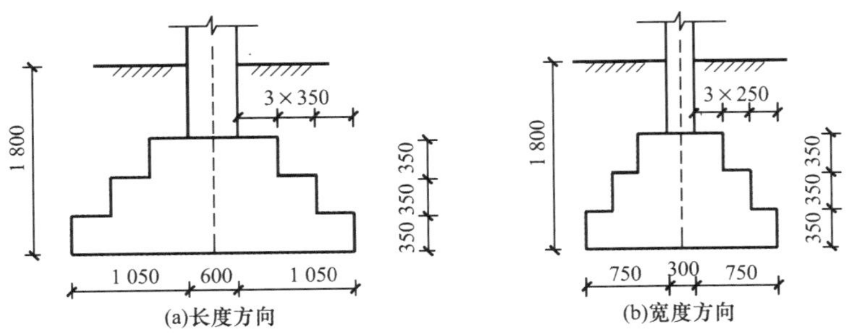

图 3-20　【例 3-6】基础剖面尺寸示意图

3.7 扩展基础设计

如前所述，扩展基础指柱下钢筋混凝土独立基础和墙下钢筋混凝土条形基础。通常能在较小的埋深范围内扩大基础底面积使其达到承载力要求，即适合“宽基浅埋”，因此是较常用的基础形式。

3.7.1 设计内容

钢筋混凝土扩展基础的设计包括：

(1)按单向受剪切承载力或受冲切承载力要求，确定扩展基础的有效高度 h_0：对于柱下独立基础，当冲切破坏锥体完全落在基础底面之内时，按柱与基础交接处或基础变阶处的受冲切承载力验算确定有效高度；对于墙下条形基础以及基础短边小于柱宽加上两倍基础有效高度的柱下独立基础，应验算柱(墙)与基础交接处或变阶处的基础受剪切承载力。

(2)按正截面受弯承载力要求，确定独立基础底部 x、y 轴两个方向的纵向受力钢筋的面积 A_{sx}、A_{sy} 或条形基础的受力钢筋面积 A_s。

(3)当基础的混凝土强度等级小于柱的混凝土强度等级时，应验算柱下基础顶面的局部受压承载力。

(4)对于扩展基础提出几何尺寸、材料和配筋等的构造要求。

由于基础及上覆土层的自重和它们产生的基底压力相互抵消，因此结构设计时应采用地基净反力。地基净反力是指扣除基础自重及其上土重后的地基土单位面积净反力。

3.7.2 构造要求

扩展基础的构造要求如下：

(1)锥形基础的边缘高度不宜小于 200 mm，且两个方向的坡度不宜大于 1∶3；阶梯形基础的每阶高度，宜为 300～500 mm。

(2)垫层的厚度不宜小于 70 mm，垫层混凝土强度等级不宜低于 C10。

(3)扩展基础受力钢筋最小配筋率不应小于 0.15%，底板受力钢筋的最小直径不应小于 10 mm，间距不应大于 200 mm，也不应小于 100 mm。墙下钢筋混凝土条形基础纵向分布钢筋的直径不应小于 8 mm；间距不应大于 300 mm；每延米分布钢筋的面积不应小于受力钢筋面积的 15%。

(4)当有垫层时钢筋保护层的厚度不应小于 40 mm；无垫层时不应小于 70 mm。

(5)混凝土强度等级不应低于 C20。

(6)当柱下钢筋混凝土独立基础的边长和墙下钢筋混凝土条形基础的宽度大于或等于 2.5 m 时，底板受力钢筋的长度可取边长或宽度的 90%，并宜交错布置。

(7)钢筋混凝土条形基础底板在 T 形及十字形交接处，底板横向受力钢筋仅沿一个主要受力方向通长布置，另一方向的横向受力钢筋可布置到主要受力方向底板宽度 1/4 处[图 3-21(a)、图 3-21(b)]。在拐角处底板横向受力钢筋应沿两个方向布置[图 3-21(c)]。

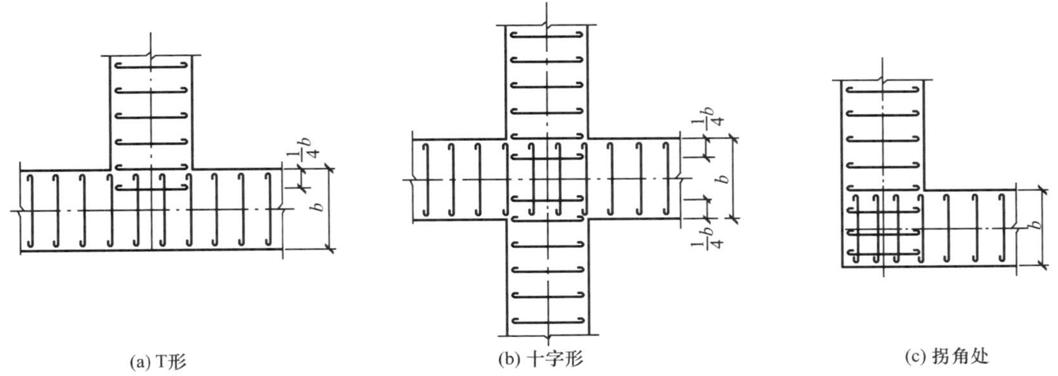

图 3-21　墙下条形基础纵横交叉处底板受力钢筋布置

(8)钢筋混凝土柱和剪力墙纵向受力钢筋在基础内的锚固长度见《建筑地基基础设计规范》规定。

(9)现浇柱的基础对插筋的要求见《建筑地基基础设计规范》规定。

3.7.3　柱下独立基础设计

(一)基础高度确定

柱下独立基础的设计首先要确定基础高度。基础高度由混凝土受剪切承载力或受冲切承载力确定，在柱荷载作用下，如果基础高度不足，则将沿柱周边(或阶梯高度变化处)产生冲切破坏形成 45°斜裂面的角锥体或发生剪切破坏。

对于冲切破坏锥体完全落在基础底面之内的矩形基础，由作用在冲切破坏锥体以外的面积(A_l)上的地基净反力产生的冲切荷载 F_l 应小于基础冲切面上的抗冲切强度。

对于矩形基础，由于沿柱短边一侧产生的冲切力更大，因此只需根据短边一侧的冲切破坏条件确定基础高度，如图 3-22 所示，即应满足以下规定，即

$$F_l \leqslant 0.7\beta_{hp} f_t a_m h_0 \tag{3-28}$$

$$a_m = \frac{a_t + a_b}{2} \tag{3-29}$$

或

$$F_l \leqslant 0.7\beta_{hp} f_t A_m \tag{3-30}$$

$$F_l = p_j A_l \tag{3-31}$$

式中　β_{hp}——受冲切承载力截面高度影响系数，当基础高度 h 不大于 800 mm 时，取 1.0；当 h 大于或等于 2 000 mm 时，取 0.9，其间按线性内插法取值；

f_t——混凝土轴心抗拉强度设计值，kPa；

a_m——冲切破坏锥体最不利一侧平均计算长度，m；

a_t——冲切破坏锥体最不利一侧斜截面的上边长，m；当计算柱与基础交接处的受冲切承载力时，取柱宽；当计算基础变阶处的受冲切承载力时，取上阶宽；

a_b——冲切破坏锥体最不利一侧斜截面在基础底面积范围内的下边长，m；当冲切破坏锥体的底面落在基础底面以内，计算柱与基础交接处的受冲切承载力时，取

柱宽加两倍基础有效高度；当计算基础变阶处的受冲切承载力时取上阶宽加两倍该处的基础有效高度；

A_m——冲切破坏面在基础底面上的水平投影面积，m^2；

A_l——冲切力的作用面积，如图 3-21 中的阴影 $ABCDEF$ 面积，m^2；

p_j——相应于作用的基本组合时的地基净反力，对偏心受压基础，可采用基础边缘处最大地基净反力，kPa；

F_l——相应于作用的基本组合时作用在 A_l 上的冲切力设计值，kN。

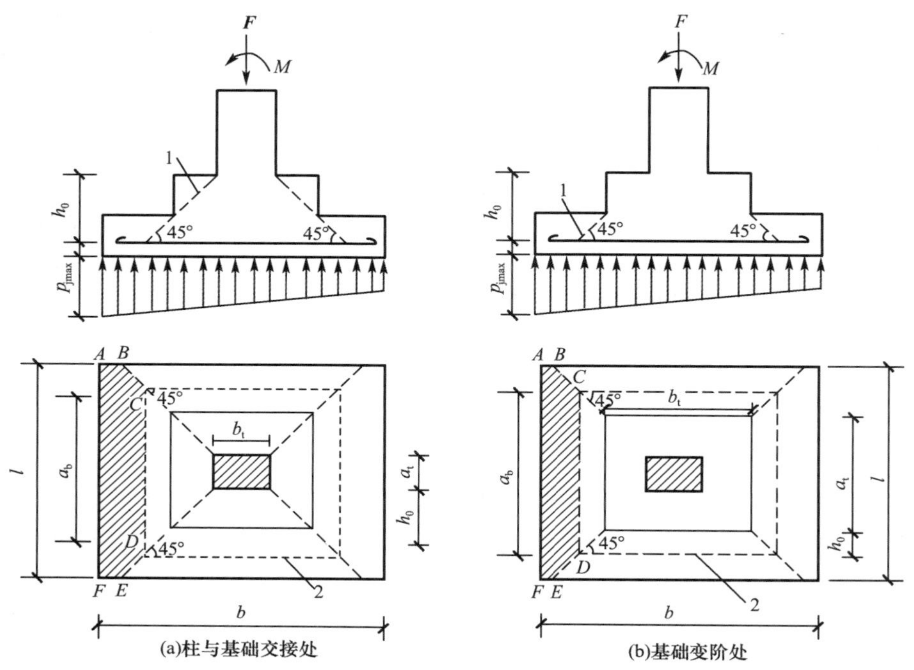

图 3-22　计算阶梯形基础的受冲切承载力截面位置

1—冲切破坏锥体最不利一侧的斜截面；2—冲切破坏锥体的底面线

对于墙下条形基础或基础底面短边尺寸小于或等于柱宽加两倍基础有效高度的柱下独立基础，应验算柱（墙）与基础交接处或变阶处的基础受剪切承载力，如图 3-23 所示，应满足下列要求，即

$$V_s \leqslant 0.7\beta_{hs} f_t A_0 \tag{3-32}$$

$$\beta_{hs} = \left(\frac{800}{h_0}\right)^{\frac{1}{4}} \tag{3-33}$$

式中　V_s——相应于作用的基本组合时，柱与基础交接处的剪力设计值，kN，图 3-22 中阴影 $ABCD$ 面积乘以基底平均净反力；

β_{hs}——受剪切承载力截面高度影响系数，当 $h_0 < 800$ mm 时，取 $h_0 = 800$ mm；当 $h_0 > 2\,000$ mm 时，取 $h_0 = 2\,000$ mm；

A_0——验算截面处基础的有效截面面积，m^2。

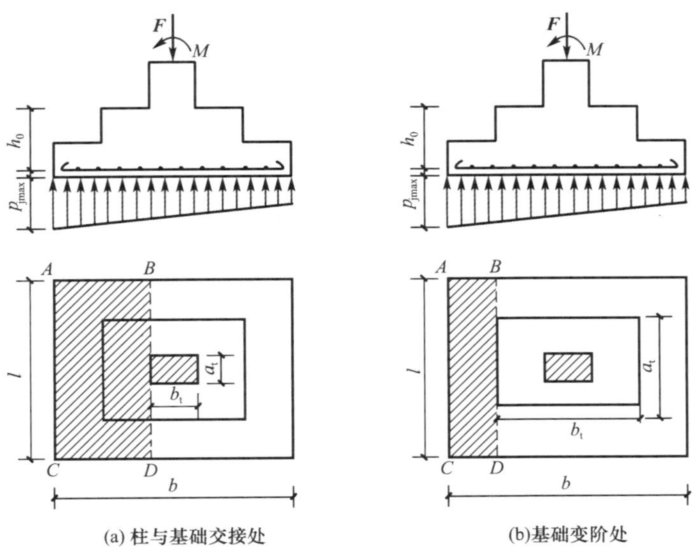

图 3-23　验算阶梯形基础受剪切承载力示意图

(二)基础底板内力及配筋计算

在地基净反力作用下，柱下独立基础沿柱的周边向上弯曲，因此两个方向均需配受力筋，当弯曲应力超过基础的抗弯强度时，就会发生弯曲破坏。由于独立基础的长宽尺寸一般差别不大，因此基础底板为双向弯曲板，其内力计算常采用简化计算方法，即将基础底面积按对角线划分成四个梯形面积，沿基础长宽两个方向的弯矩等于梯形基底面积上地基净反力所产生的弯矩。

在轴心荷载或单向偏心荷载作用下，当台阶的宽高比小于或等于 2.5 且偏心距小于或等于 1/6 基础宽度时，如图 3-24 所示，柱下矩形独立基础任意截面的底板弯矩可按下列简化方法进行计算，即

$$M_{\mathrm{I}}=\frac{1}{12}a_1^2\left[(2l+a')\left(p_{\max}+p-\frac{2G}{A}\right)+(p_{\max}-p)l\right] \tag{3-34}$$

或

$$M_{\mathrm{I}}=\frac{1}{12}a_1^2[(2l+a')(p_{\mathrm{jmax}}+p_{\mathrm{j}})+(p_{\mathrm{jmax}}-p_{\mathrm{j}})l] \tag{3-35}$$

$$M_{\mathrm{II}}=\frac{1}{48}(l-a')^2(2b+b')\left(p_{\max}+p_{\min}-\frac{2G}{A}\right) \tag{3-36}$$

或

$$M_{\mathrm{II}}=\frac{1}{48}(l-a')^2(2b+b')(p_{\mathrm{jmax}}+p_{\mathrm{jmin}}) \tag{3-37}$$

当确定验算截面上的弯矩以后，基础底板钢筋可按式(3-38)计算

$$A_s=\frac{M}{0.9f_yh_0} \tag{3-38}$$

式中　M_{I}、M_{II}——与柱短边平行的截面Ⅰ—Ⅰ、与柱长边平行的截面Ⅱ—Ⅱ处相应作用的基本组合时弯矩设计值，kN·m；

a_1——任意截面至基底边缘最大反力处的距离，m；

l、b——基础底面宽度和长度，m；

$p_{\max}$、$p_{\min}$——相应于作用的基本组合时的基础底面边缘最大、最小地基反力设计值，

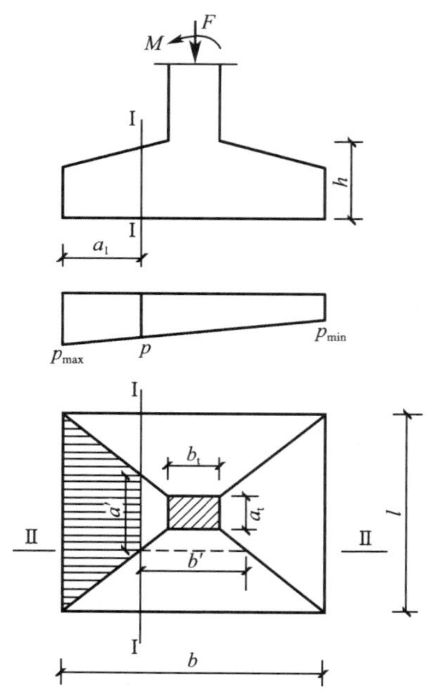

图 3-24 矩形基础底板的弯矩计算图

kPa；

p_{jmax}、p_{jmin}——相应于作用的基本组合时的基础底面边缘最大、最小地基净反力设计值，kPa；

p——相应于作用的基本组合时在任意截面Ⅰ—Ⅰ处基础底面地基反力设计值，kPa；

p_j——相应于作用的基本组合时在任意截面Ⅰ—Ⅰ处基础底面地基净反力设计值，kPa；

G——考虑作用分项系数的基础自重及其上覆土自重，kN；当组合值由永久荷载控制时，$G=1.35G_k$，G_k 为基础及其上覆土的标准自重；

f_y——钢筋的抗拉强度设计值，kPa；

h_0——基础的有效高度，m。

基础底板配筋除满足计算和最小配筋率要求外，尚应符合构造要求。计算最小配筋率时，对阶梯形或锥形基础截面，可将其截面折算成矩形截面，截面的折算宽度和截面的有效高度参见《建筑地基基础设计规范》。

当柱下独立基础底面长短边之比在大于或等于 2 且小于或等于 3 的范围内时，具体配筋计算参见《建筑地基基础设计规范》。

【例 3-7】 某五层钢筋混凝土框架结构采用柱下钢筋混凝土独立基础，基底尺寸为 3 m×2.5 m，基础埋深为 1.5 m，柱截面尺寸为 600 mm×600 mm。基础受竖向荷载作用基本值为 $F=2\ 800$ kN，力矩基本值为 560 kN·m，混凝土抗拉强度为 $f_t=1.27\ \text{N/mm}^2$，钢筋抗拉强度为 $f_y=360\ \text{N/mm}^2$。试完成基础剖面设计，并进行抗冲切验算和底板配筋。

解 假定基础高度为 $h=700$ mm，有垫层，钢筋保护层取 40 mm。采用阶梯形截面，做成两层台阶，上层台阶尺寸为 1.8 m×1.5 m，截面形式如图 3-25(a)所示。

1. 基础抗冲切验算

地基净反力按荷载作用基本组合计算，得

$$p_{jmin}^{jmax}=\frac{F}{A}\pm\frac{M}{W}=\frac{2\ 800}{3\times 2.5}\pm\frac{560}{\frac{1}{6}\times 2.5\times 3^2}=\begin{matrix}522.7\ \text{kPa}\\224.0\ \text{kPa}\end{matrix}$$

(1)柱边冲切验算

先进行柱边受冲切承载力验算，此时基础有效高度为 $h_0=700-40-10=650$ mm。

$$\beta_{hp}=1.0, a_m=(600+600+2\times 650)/2=1\ 250\ \text{mm}$$

$$A_l=2.5\times(1.2-0.65)-[(2.5-0.6-2\times 0.65)/2]^2=1.285\ \text{m}^2$$

$$[V]=0.7\beta_{hp}f_t a_m h_0=0.7\times 1.0\times 1.27\times 1\ 250\times 650\times 10^{-3}=722.3\ \text{kN}$$

$$F_l=p_{jmax}\times A_l=522.7\times 1.285=671.7\ \text{kN}<[V]$$

因此，柱边冲切满足要求。

(2)变阶处冲切验算

进行变阶处受冲切承载力验算，此时有效高度为 $h_0=400-50=350$ mm

$$\beta_{hp}=1.0, a_m=(1\ 500+1\ 500+2\times 350)/2=1\ 850\ \text{mm}$$

$$A_l=2.5\times(0.6-0.35)-[(2.5-1.5-2\times 0.35)/2]^2=0.602\ 5\ \text{m}^2$$

$$[V]=0.7\beta_{hp}f_t a_m h_0=0.7\times 1.0\times 1.27\times 1\ 850\times 350\times 10^{-3}=575.6\ \text{kN}$$

$$F_l=p_{jmax}\times A_l=522.7\times 0.602\ 5=314.9\ \text{kN}<[V]$$

因此，变阶处冲切满足要求。

2. 弯矩计算及基础底板配筋

(1)配置沿长度方向的纵筋

柱截面Ⅰ—Ⅰ处，如图 3-25(b)所示，地基净反力为

$$p_j=p_{jmin}+\frac{b+b_t}{2b}(p_{jmax}-p_{jmin})$$

$$=224.0+\frac{3\ 000+600}{2\times 3000}\times(522.6-224.0)=403.2\ \text{kPa}$$

因为
$$a_1=1.2\ \text{m}, a'=0.6\ \text{m}, l=2.5\ \text{m}$$

$$M_{\text{I}}=\frac{1}{12}a_1^2[(2l+a')(p_{jmax}+p_j)+(p_{jmax}-p_j)l]$$

$$=\frac{1}{12}\times 1.2^2\times[(2\times 2.5+0.6)\times(522.6+403.2)+(522.6-403.2)\times 2.5]$$

$$=658.0\ \text{kN}\cdot\text{m}$$

$$A_{s\text{I}}=\frac{M_{\text{I}}}{0.9f_y h_0}=\frac{658.0\times 10^6}{0.9\times 360\times 650}=3\ 124\ \text{mm}^2$$

因此，选用Φ16@180，$A_s=3\ 351\ \text{mm}^2$。

(2)配置沿短边方向的横向钢筋

因为 $b'=0.6$ m，$b=3.0$ m

$$M_{\text{II}}=\frac{1}{48}(l-a')^2(2b+b')(p_{jmax}+p_{jmin})$$

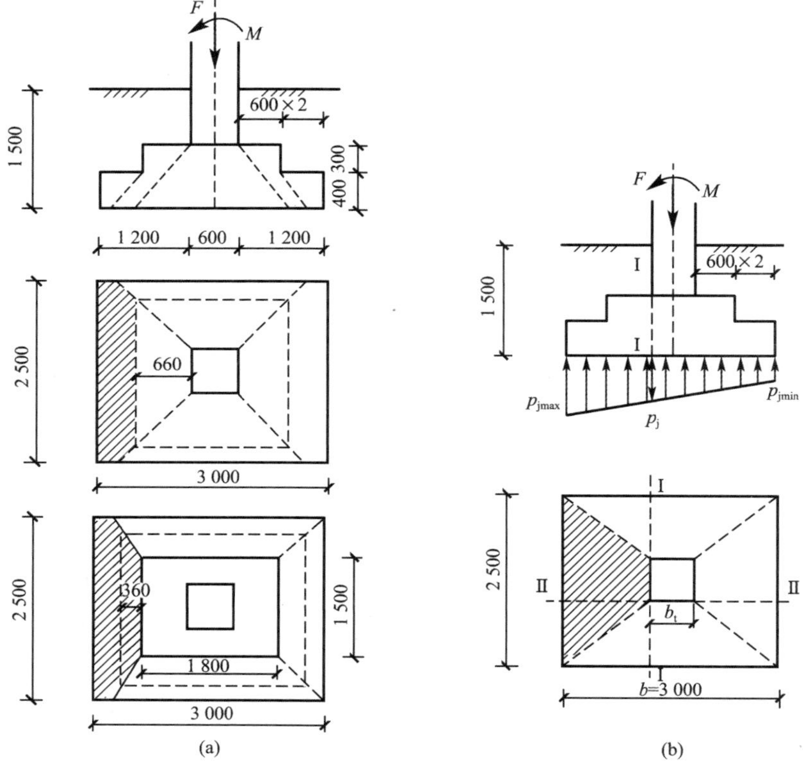

图 3-25 【例 3-7】扩展基础设计

$$=\frac{1}{48}\times(2.5-0.6)^2\times(2\times3+0.6)\times(522.6+224.0)$$

$$=370.6\ \text{kN}\cdot\text{m}$$

$$A_{s\text{II}}=\frac{M_{\text{II}}}{0.9f_y(h_0-d)}=\frac{370.6\times10^6}{0.9\times360\times(650-16)}=1\ 804\ \text{mm}^2$$

因此，考虑最小配筋率以及受力筋间距要求，最终选用ф 14@150，$A_s=2\ 565\ \text{mm}^2$。

3.7.4 墙下条形基础设计

（一）基础高度确定

墙下条形基础的高度应满足基础受剪切承载力的要求。根据经验，条形基础的高度一般取基础宽度的 1/8，同时应满足下列要求：

$$V_s\leqslant0.7\beta_{hs}f_th_0 \tag{3-34}$$

$$\beta_{hs}=\left(\frac{800}{h_0}\right)^{\frac{1}{4}} \tag{3-35}$$

计算基础内力时，沿条形基础长度方向取单位长度进行内力计算。因此，对于墙下条形基础，地基净反力 p_j 为

$$p_j=\frac{F}{b} \tag{3-36}$$

任意截面的剪力设计值 V_s 为

$$V_s = p_j a_1 \tag{3-37}$$

式中　p_j——地基净反力，对于中心受压条形基础，其值为平均值，对于偏心受压条形基础，其值可取地基净反力的平均值，kPa；

V_s——剪力设计值，kN/m；

a_1——任意截面到基础边缘的距离，一般受剪切承载力验算中，取墙与基础交接处到基础边缘的距离，如图3-26所示，m；

h_0——截面有效高度，m。

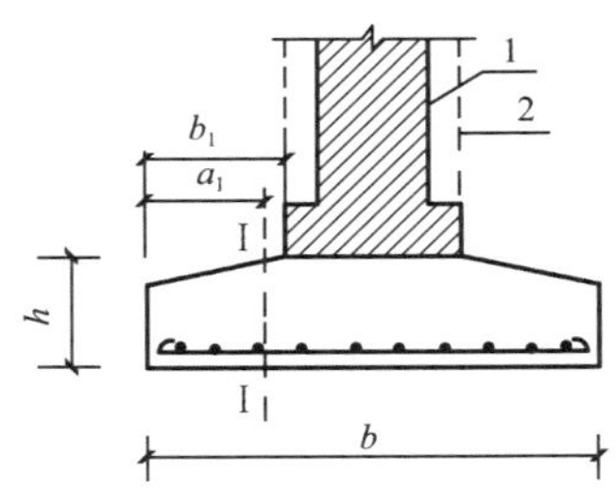

图3-26　墙下条形基础的计算示意

1—砖墙；2—混凝土墙

（二）底板内力计算及配筋

对于中心受压条形基础，任意截面的弯矩设计值为

$$M_{\mathrm{I}} = \frac{1}{2}a_1^2\left(p - \frac{G}{b}\right) \tag{3-43a}$$

或

$$M_{\mathrm{I}} = \frac{1}{2}p_j a_1^2 \tag{3-43b}$$

对于偏心受压条形基础，任意截面的弯矩设计值为

$$M_{\mathrm{I}} = \frac{1}{6}a_1^2\left(2p_{\max} + p - \frac{3G}{A}\right) \tag{3-44a}$$

或

$$M_{\mathrm{I}} = \frac{1}{6}a_1^2(2p_{\mathrm{jmax}} + p_j) \tag{3-44b}$$

一般需按悬臂板根部的最大设计弯矩值确定配筋，最大弯矩截面的位置为：当墙体为混凝土时，直接取从墙根与基础的边缘连接距离，即 $a_1 = b_1$；当墙体为砖墙且放脚不大于1/4砖长时，$a_1 = b_1 + 1/4$ 砖长，如图3-26所示。

确定最大弯矩值后，沿基础长度方向基础每延米需配置横向受力筋面积为

$$A_s = \frac{M}{0.9f_y h_0} \tag{3-45}$$

【例3-8】　已知某教学楼外墙厚370 mm，采用墙下钢筋混凝土条形基础，基础宽2.8 m，基础埋深1.3 m，相应于作用的基本组合时在基础顶面的轴心荷载为 $F=360$ kN/m。试确定该墙下钢筋混凝土条形基础的高度及配筋。

解　(1)混凝土强度等级采用C20，$f_t = 1.10\ \mathrm{N/mm^2}$，采用HRB400级钢筋，$f_y = 360\ \mathrm{N/mm^2}$，基础高度一般按 $h=b/8$ 的经验值选取，即

$$h = \frac{b}{8} = \frac{2800}{8} = 350\ \mathrm{mm}$$

基础下有垫层，取基础有效高度为 $h_0 = 350 - 50 = 300$ mm

(2)基础内力计算

地基净反力设计值为

$$p_j = \frac{F}{b} = \frac{360}{2.8} = 128.6\ \mathrm{kPa}$$

基础边缘至砖墙计算截面的距离为

$$a_1=\frac{1}{2}\times(2.8-0.37)=1.215\ \text{m}$$

Ⅰ—Ⅰ截面的剪力设计值为

$$V_s=p_j a_1=128.6\times1.215=156.2\ \text{kN/m}$$

Ⅰ—Ⅰ截面的弯矩设计值为

$$M_{\text{I}}=\frac{1}{2}p_j a_1^2=\frac{1}{2}\times128.6\times1.215^2=94.92\ \text{kN}\cdot\text{m/m}$$

(3)基础受剪切承载力验算

$$[V]=0.7\beta_{hs}f_t h_0=0.7\times1.0\times1.1\times300=231\ \text{N/mm}$$
$$=231\ \text{kN/m}>V_s=156.2\ \text{kN/m}$$

基础底板高度满足要求。

(4)底板配筋计算

$$A_s=\frac{M}{0.9f_y h_0}=\frac{94.92\times10^6}{0.9\times360\times300}=977\ \text{mm}^2/\text{m}$$

受力筋选用Φ 14@150,每延米 $A_s=1\ 026\ \text{mm}^2$,满足最小配筋率。每延米分布筋不应少于受力筋的15%,即 $A_s\times15\%=154\ \text{mm}^2$。考虑最小配筋率及钢筋最小间距要求,选用Φ 8@250,实际每延米配筋 $A_s=201\ \text{mm}^2$。

基础剖面设计如图3-27所示。

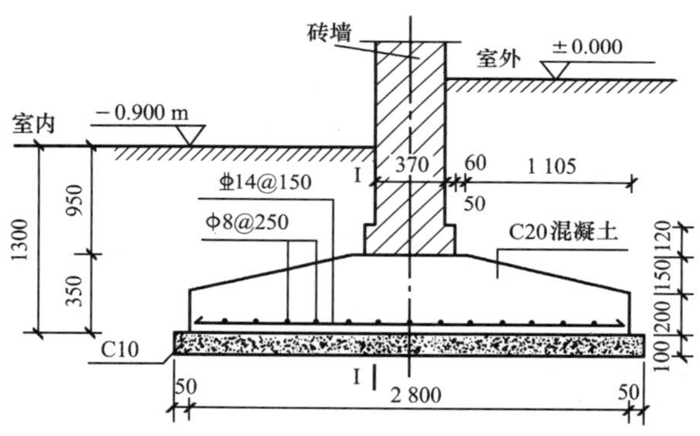

图3-27 【例3-8】图

3.8 地基基础与上部结构共同作用的概念

3.8.1 基本概念

通常建筑结构设计把上部结构、基础和地基三者作为离散的独立结构单元进行力学分析,三者相互之间的关系一般简化处理为:上部结构设计时,基础的作用相当于固定支座,求解得出结构的内力和支座反力；基础设计时，上部结构计算得到的支座反力作用于基础顶面，地基反力为线性分布，按材料力学方法计算，再求解基础的内力；地基设计时，基底压力作用在地基上，进行地基的承载力、变形及稳定性验算等。

按照以上简化计算的处理方法，对建筑物荷载与刚度不大，基础尺寸较小，基础沉降也较小或地基坚硬变形很小的情况比较接近实际。对于建筑规模大，上部结构复杂，采用筏形基础、箱形基础，如果不考虑地基变形对上部结构和基础的影响，可能导致某些部位计算内力与实际相比偏小，造成设计不安全；如果不考虑上部结构对基础的约束，会过高估计基础的纵向弯曲，使弯矩计算偏大配筋过多偏于保守等。因此，合理的力学分析方法原则上应该以地基、基础和上部结构必须同时满足静力平衡和变形协调两个条件为前提，这样才能揭示三者在外荷载作用下的相互制约和整体适应能力，即应该考虑地基、基础和上部结构的相互作用。

地基基础与上部结构共同作用就是指把地基、基础和上部结构作为一个整体考虑，并要满足三者连接部位的变形协调条件，达到静力平衡。分析地基基础时，要考虑上部结构刚度的贡献；分析上部结构时，要考虑地基基础对上部结构的影响。解答相互作用理论的核心是弄清三者各自的刚度对相互作用的影响；共同作用理论的关键问题是基础与地基接触面的反力计算。

实际上，按地基、基础和上部结构共同作用的原则进行整体的相互作用分析是非常复杂的。通常采用“构造为主，计算为辅”的方法。尽管如此，掌握三者之间相互作用的概念，将有助于了解各类基础的性能，正确选择地基基础方案，评价地基基础常规的简化设计与实际之间的可能差异，理解影响地基特征变形允许值的因素和采取防止不均匀沉降的措施等。

3.8.2　上部结构与基础的共同作用

当上部结构的相对刚度趋于无穷大，即所谓结构绝对刚性，或上部结构具有较大的相对刚度时，上部结构对基础受力产生的影响较大。如柱下条形基础，由于上部结构可以看作绝对刚性的，柱底相当于是不动铰支座，在发生沉降时柱底总是在一条直线上，因此，结构和基础总体没有弯曲趋势，但在柱间，产生相当于连续梁的弯曲，这就是所谓的局部弯曲。在实际工程中，体型简单、长高比很小，采用框架结构、剪力墙或筒体结构的高层建筑及烟囱、水塔等高耸结构物基本属于这种情况，所以也称之为“刚性结构”。

而当上部结构是完全柔性结构时，上部结构对条形基础的变形毫无制约作用，即上部结构除了传递荷载以外，不参与相互作用。

建筑工程中常见的砌体承重结构和钢筋混凝土框架结构，其相对刚度一般是有限的，因此，这些结构一方面能调整不均匀沉降，另一方面也会引起结构中的附加应力，可能会导致结构的变形乃至开裂。

如果地基土的压缩性很低，基础的不均匀沉降很小，则考虑地基、基础、上部结构三者相互作用的意义并不大。因此，在相互作用中起主导作用的是地基，其次是基础，而上部结构则是压缩性地基上基础整体刚度有限时起重要作用的因素。

3.8.3 地基与基础的共同作用

在常规设计中通常假设基底反力为线性分布。但事实上，基底反力的分布与地基因素、地基和基础的相对刚度、基础的类型及上部结构的制约等因素密切相关。为了便于分析，下面仅考虑基础本身刚度的作用对基底反力的影响，暂忽略上部结构的制约作用。

（一）柔性基础

抗弯刚度很小的基础可视为柔性基础，它可随地基的变形而任意弯曲。因此，柔性基础的基底反力分布与作用于基础上的荷载分布完全一致，如图 3-28 所示。

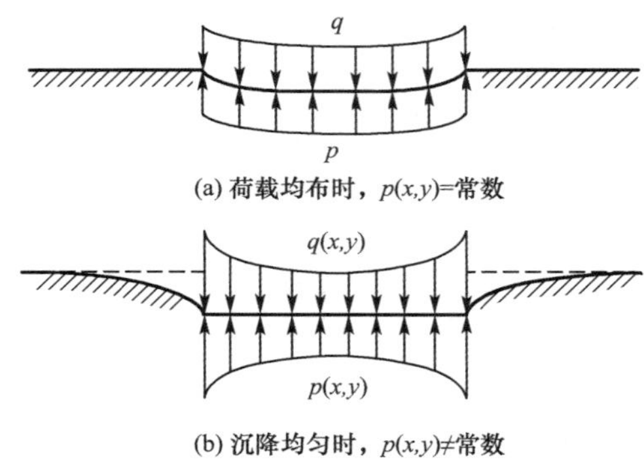

图 3-28 柔性基础的基底反力和沉降图

工程经验表明，均布荷载下柔性基础的沉降呈蝶形，即中部大，边缘小。因此，若要使柔性基础的沉降趋于均匀，就需要增大基础边缘的荷载，并使中部的荷载适当减小。

（二）刚性基础

刚性基础的抗弯刚度极大，原来是平面的基底，沉降后依然保持平面。因此，在轴心荷载作用下，基础将均匀下沉，此时基底反力分布边缘大、中间小，如图 3-29 所示。理论上刚性基础的基底反力在基础边缘其值无穷大。事实上，由于地基土的抗剪强度有限，基础边缘处的土体将首先发生剪切破坏，因此，此处的反力将被限制在一定的数值范围内，随着反力的重新分布，最终的基底反力分布可呈如图 3-29 所示的马鞍形。由此可见，刚性基础能跨越基底中部，将所承担的荷载相对集中地传至基底边缘，这种现象称为基础的“架越作用”。

图 3-30 为置于砂土和硬黏土上的圆形刚性基础模型底面的实测反力分布图。对于砂土，由于基底边缘处的砂粒极易朝侧向挤出，因此邻近基底边缘的塑性区随荷载的增大而迅速开展，所增大的荷载必须靠中部反力的增大来平衡，因此基底压力分布呈现抛物线分布，如图 3-30(a)、图 3-30(c)所示。对于硬黏土的刚性基础，有、无超载的基底反力均呈现马鞍形，如图 3-30(b)、图 3-30(d)所示。

一般来说，无论是砂土还是硬黏土地基，只要刚性基础埋深和基底面积足够大，荷载又不太大时，基底反力分布均呈马鞍形。

（三）基础相对刚度的影响

图 3-31(a)为黏性土地基上相对刚度大的基础的基底反力分布图，当荷载不太大时，地基中的塑性区很小，基础的架越作用很明显；随着荷载的增大，塑性区不断扩大，基底反力将

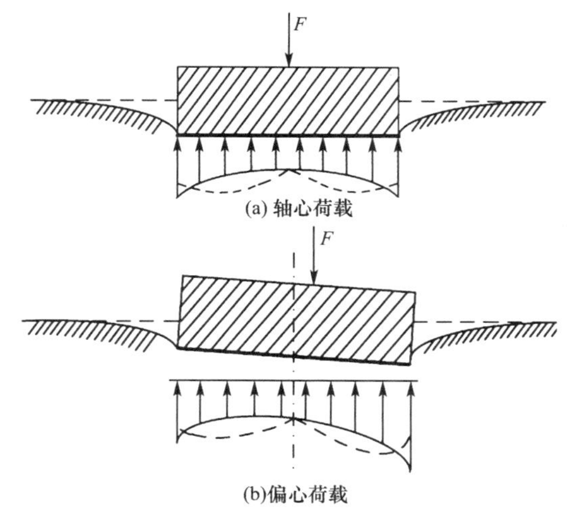

图 3-29　刚性基础

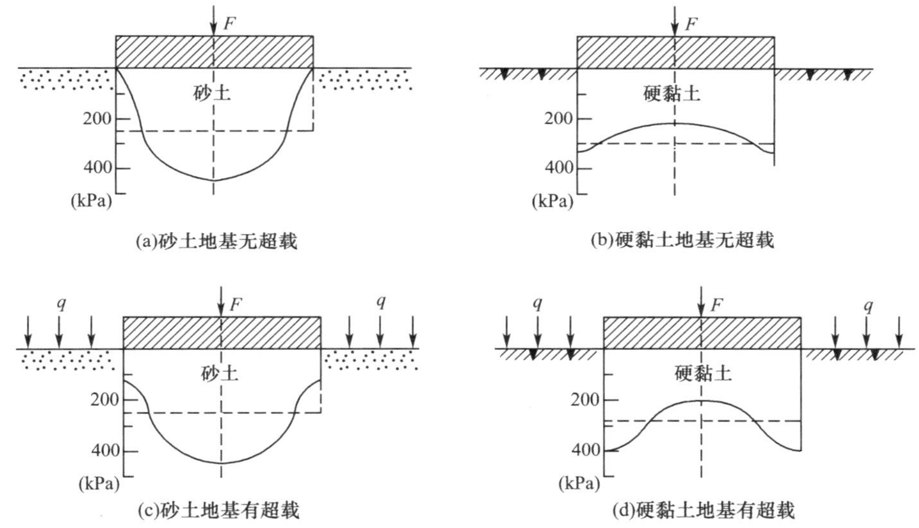

图 3-30　圆形刚性基础模型底面的实测反力分布图

逐渐趋于均匀。

图 3-31(c)为岩石地基上相对刚度小的基础的基底反力分布示意图，由于地基扩散能力很低，基底出现反力集中的现象，此时基础的内力很小。

对于一般黏性土地基上的相对刚度中等的基础，如图 3-31(b)所示，其情况介于上述两者之间。

归纳以上的讨论可知，基础架越作用的强弱取决于基础的相对刚度、土的压缩性以及基底下塑性区的大小。一般来说，基础的相对刚度越强，沉降就越均匀，但基础的内力相应增大，故当地基局部软硬变化较大时，可以采用整体刚度较大的连续基础；而当地基为岩石或压缩性很低的土层时，宜先考虑采用扩展基础，抗弯刚度不宜太大，这样可以取得较为经济的效果。

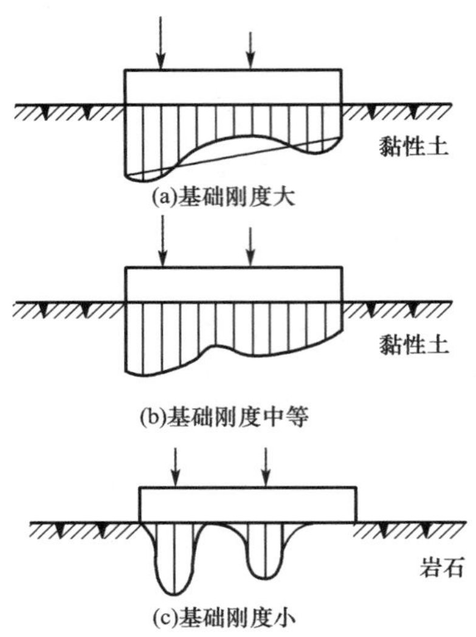

图 3-31 基础相对刚度与架越作用

（四）邻近荷载的影响

上述有关基底反力分布的规律是在无邻近荷载影响的情况下得出的。如果基础受到相邻荷载影响，受影响一侧的沉降量会增大，从而引起反力卸载，并使反力向中部转移。

3.9 柱下钢筋混凝土条形基础的设计简介

当地基较软弱、承载力较低或可能存在较大的不均匀沉降时，柱下可考虑选用钢筋混凝土条形基础。柱下钢筋混凝土条形基础由单根梁或交叉梁及其伸出的钢筋混凝土底板组成。包括柱下条形基础和柱下十字交叉条形基础。此类基础具有较大的刚度可调整不均匀沉降。

柱下钢筋混凝土条形基础的设计与扩展基础相同，应满足地基承载力、变形要求以及构造要求，且应验算柱边缘处基础梁的受剪承载力，根据抗弯计算进行基础底板配筋。当存在扭矩时，尚应做抗扭计算；当条形基础的混凝土强度等级小于柱的混凝土强度等级时，应验算柱下条形基础梁顶面的局部受压承载力。因此此类结构的设计中，基础梁内力计算十分重要。

3.9.1 柱下条形基础

（一）构造要求

柱下条形基础的构造除满足扩展基础的构造要求以外，尚应满足以下要求：

(1)在基础平面布置允许的情况下，条形基础的端部宜向外伸出，其长度宜为第一跨距的25%。

(2)柱下条形基础梁的高度宜为柱距的1/8～1/4。翼板厚度一般不宜小于200 mm；当翼板厚度为200～250 mm时，宜取等厚板，当大于250 mm时，宜用变厚度翼板，其顶面坡度宜小于或等于1∶3。

(3)一般柱下条形基础沿梁纵向取等截面，现浇柱与条形基础梁的交接处，基础梁的平面尺寸应大于柱的平面尺寸，且柱的边缘至基础梁边缘的距离不得小于50 mm，如图3-32所示。

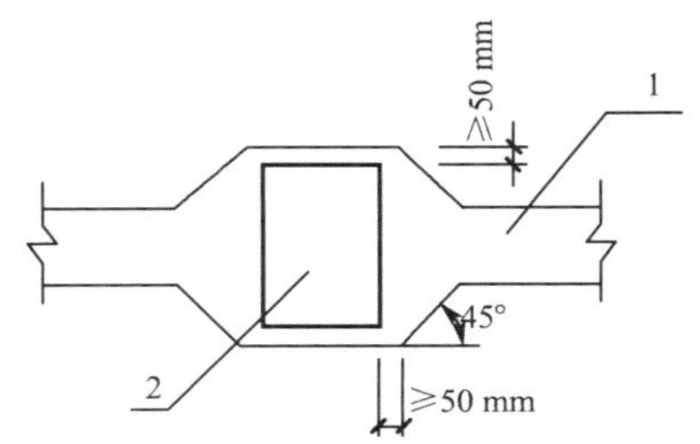

图3-32　现浇柱与条形基础梁交接处平面尺寸

1—基础梁；2—柱

(4)条形基础梁顶部和底部的纵向受力钢筋除应满足计算要求外，顶部钢筋应按计算配筋全部贯通，底部通长钢筋不应小于底部受力钢筋截面总面积的1/3。底板受力钢筋的直径不宜小于10 mm，间距应在100～200 mm。分布筋和垫层要求可参照扩展基础要求。

(5) 柱下条形基础的混凝土强度等级不应低于C20。

(二)内力计算方法

柱下钢筋混凝土条形基础由于梁长度方向的尺寸与其竖向截面高度相比较大，可以看作地基上的受弯构件，它的挠曲特性、基底反力和截面内力相互关联，并且与地基—基础—上部结构的相对刚度特性有关。因此，应该从地基、基础以及上部结构三者相互作用的观点出发，选择适当的方法进行设计计算。这里介绍常用的两种计算方法。

1.弹性地基梁法

(1)文克勒地基梁法

基本假定：地基上任一点所受的压力强度 p 与该点的地基变形 s 成正比，关系式如下：

$$p=k\cdot s \tag{3-41}$$

式中　k——基床反力系数，简称基床系数，kN/m^3。

文克勒地基梁法将地基看成无数个分割开的小土柱组成的体系，进一步用一根根弹簧代替土柱，即地基是由许多互不相连的独立弹簧组成。因此，文克勒地基模型的基底反力图与基础的竖向位移图是相似的。如果基础是刚性的，则基底反力按线性分布，如图3-33所示。

抗剪强度很低的半液态土地基、塑性区相对较大的土层上的柔性基础或厚度不超过基础短边宽度一半的薄压缩层地基上的柔性基础的内力计算可采用该方法。

按照文克勒地基模型，地基变形只限于基底范围以内，这与实际不符。其原因在于模型忽略了地基中的剪应力，而正是由于剪应力的存在，地基中的附加应力才能向周围扩散分布，使基底以外的地表发生沉降。为了弥补这个缺陷，还有学者在文克勒地基模型的基础上

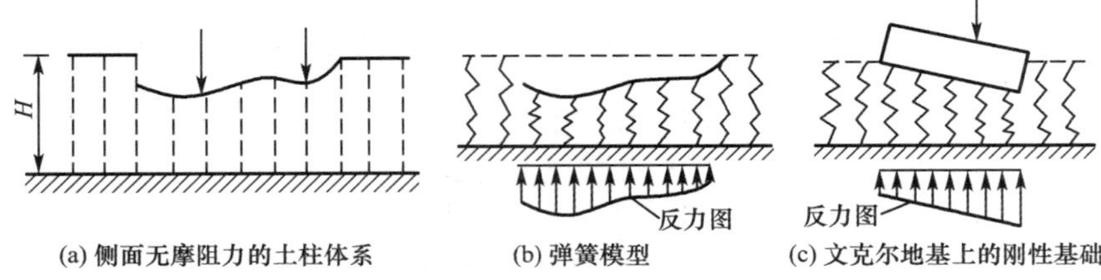

图 3-33　文克勒地基模型

进行改进，考虑了相邻小土柱之间存在摩阻力，如费拉索夫模型等。

(2)半无限弹性体法

假定地基为半无限弹性体，将柱下条形基础作为放置在半无限弹性体表面上的梁，当荷载作用在半无限弹性体表面时，一点的沉降不仅与作用在该点上的压力大小有关，同时也与相邻位置作用的荷载有关。半无限弹性体空间模型计算的地基附加应力的扩散往往超过实际，所以计算所得到的变形量和地表的沉降范围，往往比实际结果偏大。

压缩层深度较大的一般土层上的柔性基础，当作用于地基上的荷载不是很大，地基处于弹性变形状态时，可用该方法。

2. 简化的内力计算方法

(1)倒梁法

倒梁法认为上部结构及基础是绝对刚性的，各柱之间没有沉降差异，因此把柱脚视为条形基础的铰支座，支座间不存在相对的竖向位移，即可认为地基反力是线性分布的，且其重心与作用于基础底板上的荷载合力作用线相重合。

将柱底视为不动铰支座，以地基净反力为荷载，按多跨连续梁方法求得梁的内力。

在比较均匀的地基上，上部结构刚度较大，荷载分布较均匀，且条形基础梁的高度不小于 1/6 柱距时，可采用倒梁法。

(2)剪力平衡法

假定地基反力按直线分布，求出地基净反力分布后，基础上所有的作用力都已确定，可按静力平衡条件计算出任意截面上的弯矩和剪力。

剪力平衡法未考虑地基基础与上部结构的相互作用，因而在荷载和直线分布的基底反力作用下产生整体弯曲。此方法宜用于上部为柔性结构且自身刚度较大的条形基础以及联合基础。

3.9.2 柱下十字交叉基础设计简介

柱下十字交叉基础是指由纵横两个方向的柱下条形基础所形成的一种空间结构，各柱位于两个方向基础梁的交叉节点处。这类基础的优点是进一步扩大了基底面积，且利用巨大的空间刚度调整不均匀沉降。柱下十字交叉基础宜用于软弱地基上柱距较小的框架结构，其构造要求与柱下条形基础类同。

在选择交叉条形基础的底面积时，可假设地基反力线性分布，如果所有荷载的合力对基底形心的偏心很小，则可认为基底反力是均布的。由此可求出基础底面的总面积，然后具体选择纵横向条形基础的长度和宽度。

对交叉基础的内力进行比较详细的分析是非常复杂的，目前常用的方法是简化计算方法。

当上部结构整体刚度较大时，如同条形基础分析一样，将交叉条形基础简化为倒置的两组连续梁，并以地基的净反力作为连续梁上的荷载。如果地基相对软弱又均匀，基础刚度又较大，可认为地基反力是线性分布的。

当上部结构整体刚度较小时，常采用比较简单的方法，把交叉节点处的柱荷载分配到纵横两个方向的基础梁上，把交叉条形基础分离为若干单独的柱下条形基础，并按柱下条形基础进行分析和设计。

确定交叉节点处柱荷载的分配值时，必须满足静力平衡条件和变形协调条件，即各节点分配在纵横基础梁上的荷载之和应等于作用在该节点上的总荷载，纵横基础梁在交叉节点处的位移应相等。

3.10 筏形基础和箱形基础设计概要

3.10.1 筏形基础和箱形基础的设计要求

（一）筏形基础

筏形基础分为平板式和梁板式两种类型，其选型应根据地基土质、上部结构体系、柱距、荷载大小、使用要求以及施工条件等因素确定。框架-核心筒结构和筒中筒结构宜采用平板式筏形基础。

筏形基础的平面尺寸，应根据工程地质条件、上部结构的布置、地下结构底层平面以及荷载分布等因素按地基承载力及变形要求确定。对单幢建筑物，在地基土比较均匀的条件下，基底平面形心宜与结构竖向永久荷载重心重合，当不能重合时，在作用的准永久组合下，偏心距 e 宜符合式(3-46)规定：

$$e \leqslant 0.1\frac{W}{A} \tag{3-42}$$

式中　W——与偏心方向一致的基础底面边缘抵抗矩，m^3；

A——基础底面积，m^2。

筏形基础的混凝土强度等级不应低于 C30，当有地下室时应采用防水混凝土，防水混凝土的抗渗等级可参考规范。

采用筏形基础的地下室，钢筋混凝土外墙厚度不应小于 250 mm，内墙厚度不宜小于 200 mm。墙体的截面设计除满足承载力要求外，尚应考虑变形、抗裂及外墙防渗等要求。墙体内应设置双面钢筋，钢筋不宜采用光面圆钢筋，水平钢筋的直径不应小于 12 mm，竖向钢筋的直径不应小于 10 mm，间距不应大于 200 mm。

平板式筏形基础的板厚应满足受冲切承载力要求，当筏板变厚度时，应验算变厚度处筏板的受剪切承载力。梁板式筏形基础的底板应计算正截面受弯承载力，其厚度应满足受冲切承载力、受剪切承载力的要求。

（二）箱形基础

箱形基础的内、外墙应沿上部结构柱网和剪力墙纵横均匀布置，墙体水平截面总面积不宜小于箱形基础外墙外包尺寸的水平投影面积的1/10，对于基础平面长宽比大于4的箱形基础，其纵墙水平截面面积不得小于箱形基础外墙外包尺寸水平投影面积的1/18。

箱形基础的高度应满足结构承载力、整体刚度和使用功能的要求，其值不宜小于箱形基础长度的1/20，并不宜小于3 m。

箱形基础在构造上要求平面形状简单，通常为矩形。基底形心宜与结构竖向荷载的合力点重合。箱形基础底板厚度及墙身厚度应根据结构计算或建筑功能要求确定，一般底板厚度不应小于300 mm，外墙厚度不应小于250 mm，内墙厚度不应小于200 mm，顶板厚度不应小于200 mm。顶、底板厚度应满足受剪切承载力要求，底板同时要满足受冲切承载力要求。箱形基础必须埋入地表下一定深度。

3.10.2 设计方法概述

筏形基础的内力一般通过简化分析法和弹性地基板法计算。

简化分析法分为倒楼盖法和静定分析法，与柱下条形基础设计类同。计算筏形基础内力时，当基础相对刚度足够大时，先假设基底净压力为直线分布。当地基比较均匀，上部结构刚度较好，梁板式筏形基础梁的高跨比或平板式筏形基础板的厚跨比不小于1/6，且相邻柱荷载及柱距的变化不超过20%时，筏形基础可仅考虑局部弯曲作用，按倒楼盖法计算，对于平板式筏形基础，可按无梁楼盖考虑，对于梁板式筏形基础，底板按连续双向板（单向板）计算。

如上部结构相对刚度较差，可分别沿纵、横柱列方向取宽度为相邻柱列间中线到中线的条形计算板带，并采用静定分析法对每个板带进行内力计算。

当地基比较复杂，上部结构刚度较差，或柱荷载及柱距变化较大时，筏形基础内力宜按弹性地基板法进行分析。

箱形基础的内力计算一般根据上部结构的强弱采用不同的简化计算方法。当地基压缩层深度范围内的土层在竖向和水平方向较均匀，且上部结构为平立面布置较规则的剪力墙、框架、框架-剪力墙体系时，箱形基础的顶、底板可仅按局部弯曲计算。此时，顶板按普通楼盖以实际荷载计算，底板以直线分布的基底净压力按倒楼盖法计算。基底反力可按《高层建筑筏形与箱形基础技术规范》(JGJ6—2011)推荐的地基反力系数表确定。对不符合上述条件的箱形基础，应同时考虑局部弯曲及整体弯曲的作用。

3.11 减小不均匀沉降的措施

过量的地基变形将使建筑物损坏或影响其使用功能，特别是高压缩性土、膨胀土、湿陷性黄土以及软硬不均等不良地基上的建筑物，基础的总沉降量和不均匀沉降较大，如果处理不好，很容易造成工程事故。如何防止或减轻不均匀沉降造成的损害，是设计中需要考虑的非常重要的部分。

在建筑设计中，为了防止不均匀沉降造成的危害，可以加强上部结构和加固地基，例如，采用柱下条形基础、筏形基础、箱形基础、桩基础或其他深基础，也可以采用各种地基处理方法。但是以上方法造价偏高，往往不是最经济或最合理的方案。应从地基、基础和上部结构相互作用的观点出发，综合选择合理的建筑、结构、施工措施，才能取得预期的效果。

3.11.1　建筑措施

（一）建筑物体型力求简单

建筑物的体型指的是其平面和立面形式。体型简单的建筑物，其整体刚度大，抵抗变形的能力强。因此，在满足使用功能的情况下，应尽量采用简单的体型，如等高的“一”字形。

平面形状复杂的建筑物，在纵横单元交叉处基础密集，各单元荷载在地基中产生的附加应力互相重叠，使该处基础的局部沉降量增加；同时这类建筑物整体刚度差，刚度不对称，当出现不均匀沉降时，容易产生扭曲应力，因而更容易产生开裂现象。建筑物高低变化太大，地基各部分所受的荷载轻重不同，也会造成不均匀沉降，因此，砌体承重结构房屋的高差不宜超过两层。

（二）控制建筑物长高比及合理布置纵横墙

建筑物在平面上的长度和从基础底面起算的高度之比，称为建筑物的长高比。长高比大的建筑物整体刚度小，纵墙很容易因挠曲变形过大而开裂。调查结果表明，对于二层以上的砌体承重房屋，当预估的基础最大沉降量超过 120 mm 时，长高比不宜大于 2.5；对于平面简单、内外墙贯通、横墙间隔较小的房屋，长高比的限制可放宽至不大于 3.0。不符合上述条件时，可考虑设置沉降缝。

合理布置纵横墙是增强砌体承重结构房屋整体刚度的重要措施之一。一般地说，房屋的纵向刚度较弱，故不均匀沉降的损害主要表现为纵墙的挠曲破坏。内、外纵墙的中断、转折，都会削弱建筑物的纵向刚度。因此，应尽量使内、外纵墙都贯通，减小横墙的间距。

（三）设置沉降缝

当建筑物的体型复杂或长高比过大或高低悬殊时，可在建筑物的特定部位设置沉降缝，可有效地减小不均匀沉降的危害。沉降缝是从屋面到基础把建筑物断开，将建筑物划分成若干个单元，每个单元一般应体型简单、长高比小、结构类型相同以及地基比较均匀。根据经验，沉降缝的位置宜在下列部位布置：

(1)建筑物平面的转折处。

(2)建筑物的高度或荷载突变处。

(3)长高比不符合要求的建筑物适当部位。

(4)地基土的压缩性显著变化处。

(5)建筑结构或基础类型不同处。

(6)分期建造房屋的交界处。

(7)拟设置伸缩缝处。

沉降缝应有足够的宽度，以防止两侧的结构相向倾斜而相互挤压，缝内一般不得填塞材料（寒冷地区需填松软材料）。沉降缝的造价颇高，且要增加建筑及结构处理的困难，所以不轻易使用沉降缝。沉降缝可结合伸缩缝设置，在抗震区，可结合抗震缝设置。

（四）控制相邻基础的间距

当两相邻基础过近时，由于地基附加应力的扩散和叠加，导致相邻建筑物产生附加不均匀沉降，可能导致建筑物的开裂或互倾。这种相互影响表现为：

（1）同期建造的两相邻建筑物之间相互影响，特别是当两建筑物轻重差别较大时，轻者所受影响较大。

（2）原有建筑物受邻近新建重型或高层建筑物的影响。

此外，高层建筑在施工阶段深基坑开挖对邻近原有建筑物的影响更应受到高度重视。

为了避免相邻建筑物的损害，相邻建筑物的基础之间要有一定的净距。根据影响建筑的预估平均沉降量和被影响建筑的长高比等因素确定净距，可参见表 3-9。

表 3-9　　相邻建筑物基础间的净距

影响建筑的预估平均沉降量 s/mm	受影响建筑的长高比	
	$2.0 \leqslant L/H_f < 3.0$	$3.0 \leqslant L/H_f < 5.0$
70～150	2～3	3～6
160～250	3～6	6～9
260～400	6～9	9～12
>400	9～12	≥12

注：1. 表中 L 为房屋长度或沉降缝分隔的单元长度，m；H_f 为自基础底面算起的房屋高度，m。

2. 当受影响建筑的长高比为 $1.5 < L/H_f < 2.0$ 时，净距可适当缩小。

（五）调整建筑物的局部标高

由于沉降会改变建筑物原有标高，严重时将影响建筑物的正常使用，甚至导致管道等设备的破坏。设计时可采取下列措施调整建筑物的局部标高：

（1）根据预估沉降，适当提高室内地坪和地下设施的标高。

（2）将相互有联系的建筑物各部分中预估沉降较大者的标高适当提高。

（3）在建筑物与设备之间应留有足够的净空。

（4）有管道穿过建筑物时，应留有足够尺寸的孔洞或采用柔性管道接头。

3.11.2　结构措施

（一）减轻建筑物自重

建筑物自重（包括基础和回填土重）产生很大的基底压力，据统计，一般工业建筑，结构自重产生的基底压力占全部基底压力的 40%～50%，一般民用建筑可高达 60%～80%。因此，减轻建筑物自重可有效降低基底压力而达到减小沉降量的目的。具体的措施有：

（1）减少墙体的质量，如采用空心砌块、多孔砖或其他轻质墙。

（2）选用轻型结构，如采用预应力钢筋混凝土结构、轻钢结构及各种轻型空间结构。

（3）减少基础及回填土质量，可以选用回填土少、自重轻的基础形式，例如，壳体基础、空心基础等。如室内地坪较高，可采用架空层代替室内厚填土。

（二）设置圈梁

圈梁的作用在于提高砌体结构的抗弯刚度，一般在基础顶面附近（俗称“地圈梁”）和门窗顶处各设置一道。每道圈梁应尽量贯通外墙、承重内纵墙及主要内横墙，并在平面内形成闭合的网状系统，且必须与砌体结合成整体才能发挥作用。

圈梁有钢筋混凝土圈梁和钢筋砖圈梁，主要承受拉应力，弥补了砌体材料抗拉强度不足的弱点。设置圈梁是防止砌体承重结构出现裂缝和阻止裂缝开展的一项有效措施。

（三）减小或调整基底附加压力

1. 减小基底附加压力

除了减轻建筑物自重以外，还可以设置地下室（半地下室或架空层），以挖除的土重抵消一部分甚至全部的建筑物质量，从而达到减小基底附加压力和地基变形量的目的。

2. 调整基底尺寸

按照沉降控制的要求，选择和调整基础底面尺寸，如荷载大的基础的底面可适当增加。针对具体工程的不同情况考虑，应尽量做到既有效又经济合理。

（四）增强上部结构刚度或采用非敏感性结构

基础的不均匀沉降引起上部结构产生附加应力，但只要在设计中合理地增加上部结构的刚度和强度是可以承受不均匀沉降所产生的附加应力的。

砌体承重结构、钢筋混凝土框架结构对不均匀沉降很敏感，而排架、三铰拱等铰接结构，支座产生相对位移时在上部结构中不会产生很大的附加应力，故可以避免不均匀沉降的危害。但此类铰接结构形式通常只适用于单层的工业厂房、仓库和某些公共建筑，且严重的不均匀沉降仍会对这类结构的屋盖系统、围护结构、吊车梁及各种纵横连系构件造成损害，因此必须采取相应的防范措施。

3.11.3 施工措施

合理安排施工工序和采用合理的施工方法也是减小或调整不均匀沉降的有效措施之一。

（一）遵照先重后轻的施工程序

当拟建的相邻建筑物轻重悬殊时，一般应按照先重后轻的顺序进行施工，必要时还应在重的建筑物竣工后间歇一段时间，再建造轻的邻近建筑物，以减小不均匀沉降的影响。

（二）注意堆载、沉桩和降水等影响

在已建成的建筑物周围，不宜堆放大量的建筑材料或土方等重物，以免地面堆载引起建筑物的附加沉降。

拟建的密集建筑群内如有采用桩基础的建筑物，应首先进行桩的施工，并应注意采用合理的沉桩顺序。

在进行施工降水及开挖深基坑时，应密切注意对邻近建筑物可能产生的不利影响，必要时可以采用设置截水帷幕、控制基坑变形量等措施。

（三）注意保护坑底土体

在淤泥及淤泥质土地基上开挖基坑时，要注意尽可能不扰动土的原状结构。在雨季施工时，要避免坑底土体受雨水浸泡。通常的做法是在坑底保留大约 200 mm 厚的原土层，待施工混凝土垫层时才用人工临时挖去。如发现坑底软土被扰动，可挖去扰动部分，用砂、碎石等回填处理。

本章小结

本章主要介绍了浅基础的类型及特点、基础埋深确定考虑的因素、地基计算内容和方法(包括持力层、软弱下卧层承载力确定与验算、变形验算和稳定验算)、基础底面尺寸的确定,并针对典型浅基础类型——无筋扩展基础和扩展基础(柱下钢筋混凝土独立基础和墙下条形基础)介绍了具体的设计过程。之后简要介绍了地基、基础与上部结构共同作用的概念,对于柱下钢筋混凝土条形基础、筏型基础和箱形基础简单介绍了设计方法。最后介绍了减轻不均匀沉降的措施。通过本章学习,应牢固掌握浅基础的设计过程和设计方法。

思考题

3-1　确定基础埋置深度应考虑哪些因素?

3-2　浅基础的设计步骤及设计方法?

3-3　各类浅基础形式的特点?

3-4　何为地基承载力?其确定方法有哪些?

3-5　如何理解地基、基础与上部结构共同作用的概念?

3-6　减轻不均匀沉降危害的措施有哪些?

习　题

3-1　某教学大楼采用框架结构。独立基础的底面为正方形,边长 $l=b=3.0\ \mathrm{m}$,基础埋深 $d=2.0\ \mathrm{m}$。地基表层为杂填土,$\gamma_1=18.0\ \mathrm{kN/m^3}$,层厚 $h_1=2.0\ \mathrm{m}$;第二层为厚层黏土,孔隙比 $e=0.80$,液性指数为 $I_L=0.8$,地基承载力特征值 $f_{ak}=215\ \mathrm{kPa}$。确定深宽修正后的地基承载力特征值。其他条件不变,若地下水位分别在基底和地表下 1 m 处结果有何变化?为什么?(假定水下 $\gamma_{sat}=\gamma$)

3-2　某工厂厂房为框架结构。作用在独立基础顶面的竖向荷载标准值 $N_k=2\,400\ \mathrm{kN}$,弯矩 $M_k=100\ \mathrm{kN\cdot m}$,水平力 $Q_k=60\ \mathrm{kN}$,如图 3-34 所示。基础埋深 1.90 m。地基表层为素填土,天然重度 $\gamma_1=18.0\ \mathrm{kN/m^3}$,层厚 $h_1=1.0\ \mathrm{m}$;第二层为黏性土,$\gamma_2=18.5\ \mathrm{kN/m^3}$,$e=0.85$,$I_L=0.25$,层厚 $h_2=8.6\ \mathrm{m}$,$f_{ak}=210\ \mathrm{kPa}$,底部为岩层,地下水位很深,设计独立基础底面尺寸。如宽度为 3 m,最小长度为多少?

3-3　某构筑物基础尺寸 4 m×2 m,埋深 2 m,均匀土层重度 $\gamma=20\ \mathrm{kN/m^3}$,基础作用偏心竖向荷载 $F_k=680\ \mathrm{kN}$,偏心距 $e=1.30\ \mathrm{m}$,试求基底平均压力和边缘最大压力。

3-4　某条形基础,作用在设计地面处的外荷载标准组合值、基础尺寸、埋深及地基条件如图 3-35 所示,试验算地基承载力。

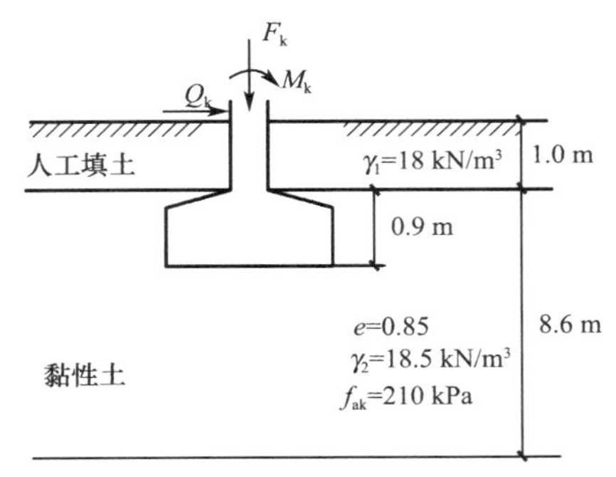

图 3-34　习题 3-2 图

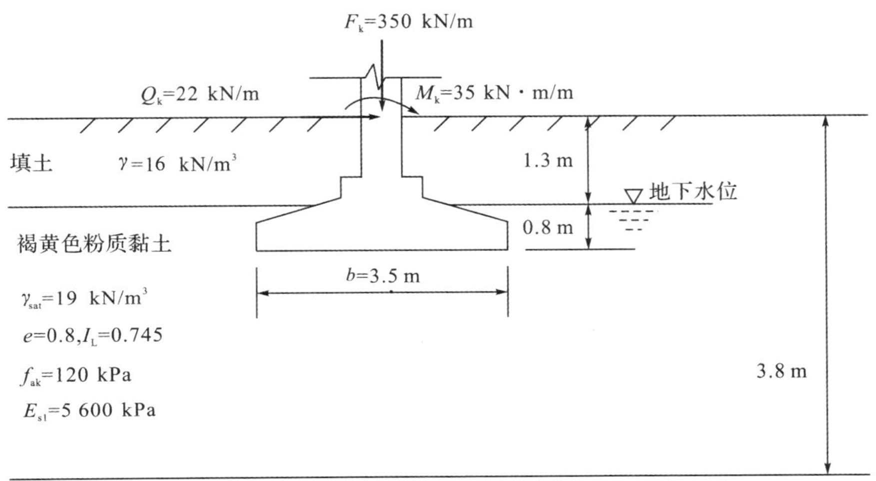

图 3-35　习题 3-4 图

3-5　某内纵墙基础埋深 $d=1.8$ m，相应荷载作用标准组合传至基础顶面轴力 $F_k=280$ kN/m，地基持力层为中砂，地基承载力特征值 $f_{ak}=200$ kPa，其下卧层为淤泥质土，地基承载力特征值 $f_{ak}=90$ kPa，土层分布及地下水位如图 3-36 所示，试确定基础底面最小宽度，已知 $\theta=30°$。

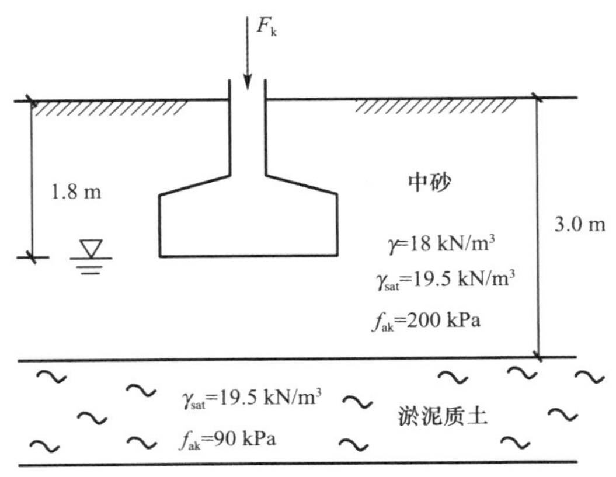

图 3-36　习题 3-5 图

3-6　某厂房采用钢筋混凝土条形基础，基础埋深 1.5 m，砖墙厚 240 mm，按荷载作用基本组合，上部结构传至基础顶部的轴心荷载 $F=300$ kN/m，弯矩 $M=28.0$ kN·m。条形基础底面宽度 b 已由地基承载力条件定为 2.0 m，试设计此基础的高度并计算底板配筋面积。

3-7　某钢筋混凝土锥形基础，基础埋深 2.0 m，底面尺寸 2.0 m×3.0 m，C20 混凝土，相应荷载作用的基本组合轴心荷载 $F=556$ kN，弯矩 $M=80$ kN·m，柱截面尺寸 0.4 m×0.4 m，基础高 $h=0.5$ m，试验算基础受冲切承载力，并计算底板钢筋面积。

第4章 桩基础

承压单桩竖向承载力的确定

桩侧负摩阻

基桩竖向承载力验算

承台结构设计

本章主要介绍了桩基础的适用范围、设计原则、桩的各种分类方法及设计计算。着重介绍了单桩在竖向压力荷载作用下的受力性状、竖向抗压极限承载力的确定方法及桩基础的设计计算。最后,介绍竖向抗拔桩承载力的确定、桩基础沉降计算、水平受荷桩承载力的确定与变形等。

学习目标

(1)理解单桩竖向荷载传递机理及负摩阻力的概念,掌握单桩竖向极限承载力的确定方法。

(2)掌握基桩和复合基桩承载力特征值的确定方法。

(3)掌握竖向抗拔桩承载力及水平受荷桩承载力的确定方法。

(4)熟悉桩基础设计与计算的各项内容与方法。

(5)了解桩基础沉降计算方法。

思政小课堂

4.1 概 述

在建筑工程中,当地基浅层土质不良,无法满足建筑物对地基变形和强度方面的要求时,可选深层较为坚实的土层或岩层作为持力层,用深基础来传递荷载。深基础主要有桩基础(国内桩基础深度已达 120 m,直径超过 5 m)、沉井和地下连续墙等几种基本类型。其中,桩基础以其有效、经济等优点应用最为广泛,常应用于工业与民用建筑、桥梁、港口等工程中。桩基础(简称桩基)是指由设置于岩土中的桩和桩顶连接的承台共同组成的基础或由柱与桩直接连接的单桩基础。桩基础中的单根桩称为基桩。

桩基础是一种历史悠久的基础形式。在我国古代,隋朝的郑州超化寺、五代的杭州湾大海堤、南京的石头城和上海的龙华塔等,都成功地采用了桩基础。其中,上海市区的龙华塔,高度为 40.4 m,建于宋代(公元 977 年),其地基为淤泥质土,采用 18 cm×18 cm 的方桩,桩间还充填了三合土,至今已有一千多年历史,保存完好。在近代,随着生产水平的提高和科学技术的发展,桩的种类和形式、施工机具和施工工艺以及桩基础设计理论和设计方法,都有很大的改进和发展。

4.1.1 桩基础的特点及其适用性

桩基础具有承载力高、稳定性好、沉降量小而均匀、便于机械化施工、适应性强等突出特点。与其他深基础相比,桩基础的适用范围最广。桩基础已成为土质不良地区修建各种建筑物,特别是高层建筑、重型厂房和具有特殊要求的构筑物所广泛采用的基础形式之一。目前桩基础主要用于以下几个方面:

(1)上部荷载很大,且能满足承载力要求的持力层埋藏较深。

(2)除承受较大垂直荷载外,尚有较大偏心荷载、水平荷载、动荷载或周期性荷载作用。

(3)不允许基础有过大沉降或不均匀沉降的高层建筑物,或对沉降非常敏感的建筑物。

(4)软弱地基或某些特殊性土(湿陷性土、膨胀土、人工填土、可液化土、季节性冻土等)上的各类永久性建筑物,或以桩基础为地震区结构抗震措施时。

(5)水位很高,采用其他基础形式施工困难;或位于水中的构筑物基础,如桥梁、码头、钻井采油平台等。

(6)需要长期保存、具有重要历史意义的建筑物。

图 4-1 所示为工程中桩和桩基础应用的几种情况。

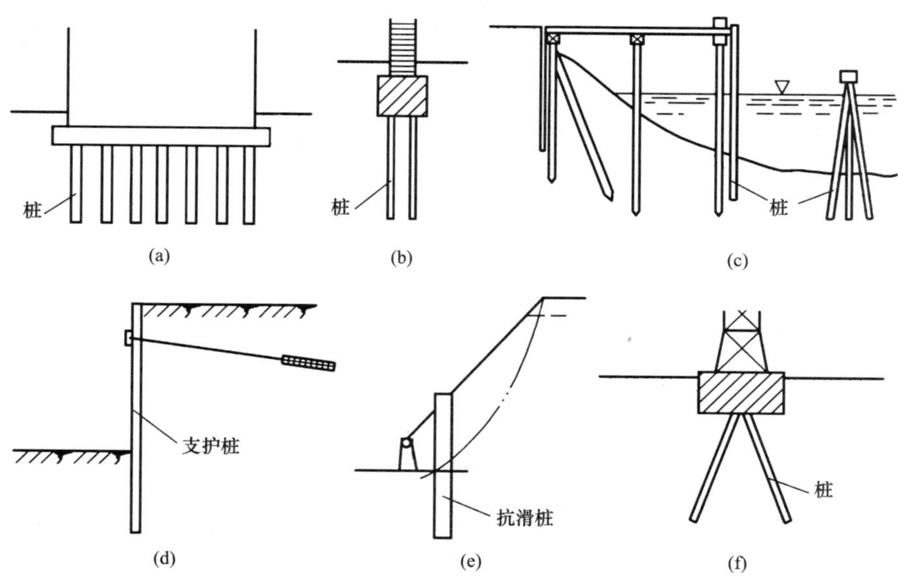

图 4-1　桩和桩基础的工程应用情况

4.1.2　桩基础的设计等级及设计原则

有关桩基础设计在《建筑地基基础设计规范》(GB 50007—2011)和《建筑桩基技术规范》(JGJ 94—2008)均有涉及,本章除特别说明外主要以后者为依据编写。

(一)桩基础设计方法

《建筑桩基技术规范》规定,桩基础应按下列两类极限状态设计:

1. 承载能力极限状态

桩基础达到最大承载能力导致整体失稳或发生不适于继续承载的变形状态。

2. 正常使用极限状态

桩基础达到建筑物正常使用所规定的变形限值或达到耐久性要求的某项限值的状态,包括桩基变形、桩身裂缝、桩基耐久性等几个方面。

(二)桩基础设计等级划分

根据建筑规模、功能特征、对差异变形的适用性、场地地基和建筑物体型的复杂性以及由于桩基础问题可能造成建筑物破坏或影响正常使用的程度,将桩基础设计分为表 4-1 所列的三个设计等级。

表 4-1　建筑桩基设计等级

设计等级	建筑类型
甲级	(1)重要建筑物 (2)30 层以上或高度超过 100 m 的高层建筑物 (3)体型复杂,层数相差超过 10 层的高低层(含纯地下室)连体建筑物 (4)20 层以上框架-核心筒结构及其他对差异沉降有特殊要求的建筑物 (5)场地和地基条件复杂的 7 层以上的一般建筑物及坡地、岸边建筑物 (6)对相邻既有工程影响较大的建筑物
乙级	除甲级、丙级以外的建筑物
丙级	场地和地基条件简单、荷载分布均匀的 7 层及 7 层以下的一般建筑物

(三)桩基础设计中的验算内容

进行桩基础设计时应根据不同等级进行相应的计算和验算,主要包括如下几个方面:

1. 承载力计算和稳定性验算

所有桩基础均应根据具体条件分别进行承载力计算和稳定性验算。内容包括:

(1)应根据桩基础使用功能和受力特征分别进行桩基础的竖向承载力计算和水平承载力计算。

(2)对桩身和承台结构承载力进行计算。当桩侧土不排水抗剪强度小于 10 kPa 且桩长径比大于 50 时应进行桩身压屈验算;对混凝土预制桩应按吊装、运输和锤击作用进行桩身承载力验算;对钢管桩应进行局部压屈验算。

(3)当桩端平面以下存在软弱下卧层时应进行软弱下卧层承载力验算。

(4)坡地、岸边桩基础应进行整体稳定性验算。

(5)抗浮、抗拔桩基础应进行基桩和群桩的抗拔承载力计算。

(6)抗震设防区的桩基础应进行抗震承载力验算。

2. 变形验算

以下桩基础尚应进行变形验算:

(1)设计等级为甲级的非嵌岩桩和非深厚坚硬持力层的建筑桩基,设计等级为乙级的体型复杂、荷载分布显著不均或桩端平面以下存在软弱土层的建筑桩基,软土地基上多层建筑减沉复合疏桩基础应进行沉降计算。

(2)承受较大水平荷载或对水平位移有严格限制的建筑桩基应计算其水平位移。

3. 裂缝宽度验算

对不允许出现裂缝或需限制裂缝宽度的混凝土桩身和承台还应进行抗裂或裂缝宽度验算。

(四)作用效应组合和抗力取值

进行桩基础设计时,所采用的作用效应组合与相应的抗力应符合下列规定:

(1)确定桩数和布桩时,应采用传至承台底面的荷载效应标准组合,相应的抗力应采用基桩或复合基桩承载力特征值。

(2)计算荷载作用下的桩基础沉降和水平位移时,应采用荷载效应准永久组合;计算水平地震作用、风载作用下的桩基水平位移时,应采用水平地震作用、风载效应标准组合。

(3)验算坡地、岸边建筑桩基的整体稳定性时,应采用荷载效应标准组合;抗震设防区,应采用地震作用效应和荷载效应的标准组合。

(4)计算桩基础结构承载力、确定尺寸和配筋时,应采用传至承台顶面的荷载效应基本组合;当进行承台和桩身裂缝控制验算时,应分别采用荷载效应的标准组合和准永久组合。

除此之外,桩基础作为结构体系的一部分,其安全等级、结构设计使用年限应与现行有关结构规范一致。考虑到桩基础结构的修复难度较大,除临时性建筑外,重要性系数 γ_0 不应小于 1.0。当桩基础结构进行抗震验算时,其承载力调整系数应按《建筑抗震设计规范》(GB 50011—2010)(2016 年版)的规定采用,详见第 7 章。对软土、湿陷性黄土、季节性冻土、膨胀土、岩溶地区以及坡地岸边的桩基础,抗震设防区桩基础和可能出现负摩阻力的桩基础,均应根据各自不同的特殊条件,遵循相应的设计原则。

4.2 桩和桩基础的分类

4.2.1 按承台与地面的相对位置分类

桩基础通常由桩体与连接桩顶的承台组成。当承台底面低于地面时,承台称为低桩承台,相应的桩基础称为低承台桩基础,如图 4-2(a)所示。当承台底面高于地面时,承台称为高桩承台,相应的桩基础称为高承台桩基础,如图 4-2(b)所示。工业与民用建筑多用低承台桩基础。

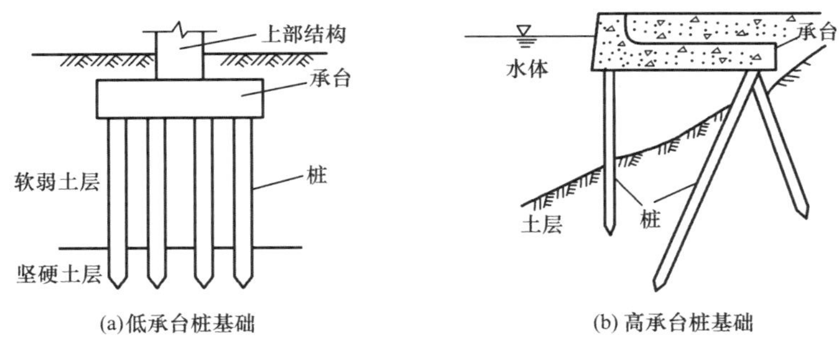

图 4-2　桩基按承台位置分类

4.2.2　按承载性状分类

根据桩侧、桩端岩土的物理力学性质以及桩的尺寸和施工工艺不同，桩侧与桩端阻力的发挥程度和分担荷载比例的特点，按承载性状将桩分为摩擦型桩和端承型桩两大类，如图 4-3 所示。

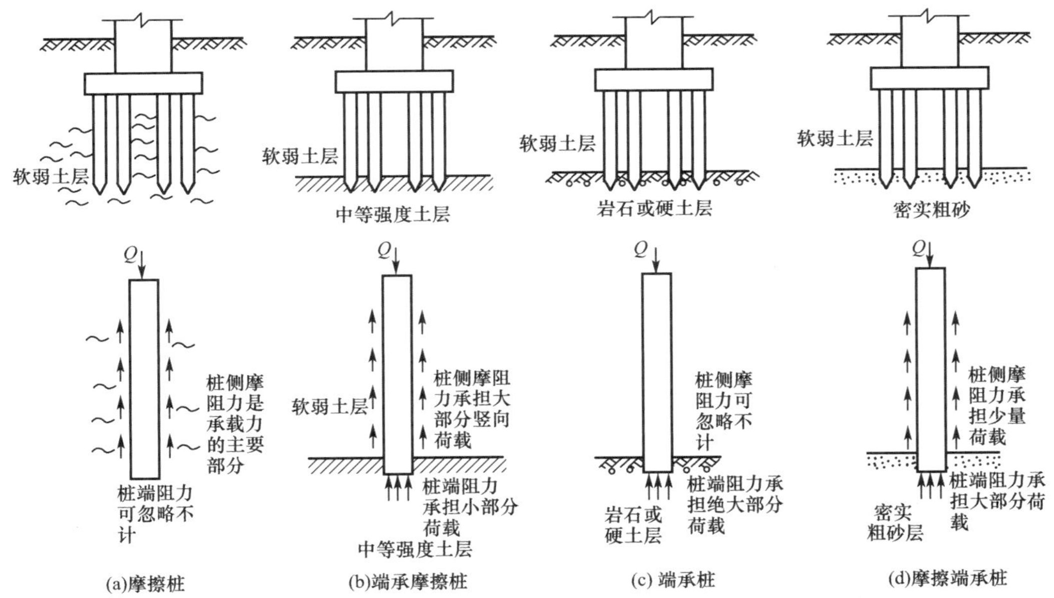

图 4-3　摩擦型桩和端承型桩

(一)摩擦型桩

在承载能力极限状态下，桩顶竖向荷载全部或主要由桩侧摩阻力承受的桩称为摩擦型桩。根据桩侧摩阻力分担荷载的比例，摩擦型桩又分为摩擦桩和端承摩擦桩两类。

1. 摩擦桩

在承载能力极限状态下，桩顶竖向荷载绝大部分由桩侧摩阻力承担，桩端阻力可忽略不计。例如，桩的长径比很大，桩顶竖向荷载只通过桩侧摩阻力传递给桩周土，桩端土层分担荷载很小，可忽略不计；桩端无较坚实的持力层；桩端出现脱空的打入桩等。

2. 端承摩擦桩

在承载能力极限状态下，桩顶竖向荷载由桩侧摩阻力和桩端阻力共同承担，但桩侧摩阻力分担荷载较大。当桩的长径比不很大、桩端持力层为较坚实的黏性土、粉土和砂类土时，除桩侧摩阻力外，还有一定的桩端阻力。这类桩在桩基础中所占比例很大。

（二）端承型桩

端承型桩是指在承载能力极限状态下，桩顶竖向荷载全部或主要由桩端阻力承受，桩侧摩阻力相对于桩端阻力可忽略不计的桩。根据桩端阻力分担荷载的比例，又可分为端承桩和摩擦端承桩两类。

1. 端承桩

在承载能力极限状态下，桩顶竖向荷载绝大部分由桩端阻力承担，桩侧摩阻力可忽略不计。桩的长径比较小（一般小于 10），桩端设置在密实砂土类、碎石类土层中或位于中、微风化及新鲜基岩中。

2. 摩擦端承桩

在承载能力极限状态下，桩顶竖向荷载由桩侧摩阻力和桩端阻力共同承担，但桩端阻力分担荷载较大。通常桩的长径比较大且桩端进入中密以上的砂土类、碎石类土层中或位于中、微风化及新鲜基岩顶面。这类桩的侧摩阻力虽属次要，但不可忽略。

此外，当桩端嵌入岩层一定深度时，称为嵌岩桩。

4.2.3 按桩的使用功能分类

根据桩在使用状态下的抗力性能和工作机理，把桩分为四类：

1. 竖向抗压桩

竖向抗压桩即主要承受竖向荷载的桩。它通过桩与土的接触面将轴力传给桩周和桩端土体，由土体提供给桩侧表面的摩阻力和桩端的端阻力共同承载。建筑物的桩基主要为此类桩，应进行竖向承载力验算，必要时还需计算桩基沉降，验算软弱下卧层的承载力以及考虑负摩阻力的不利影响。

2. 竖向抗拔桩

竖向抗拔桩即主要承受上拔荷载的桩。其抗拔力主要由土对桩向下的侧摩阻力来提供，抗拔桩在输电塔、码头结构物、处于水下的地下抗浮结构中有较多应用，应进行桩身强度和抗裂计算，并进行抗拔承载力验算。

3. 水平受荷桩

水平受荷桩即主要承受水平向荷载的桩。如在桩顶或地面以上主要承受地震作用、风力及波浪力等水平荷载的桩，用于基坑围护体系的围护桩和抗滑桩，应进行桩身强度和抗裂计算，并进行水平承载力和水平位移验算。

4. 复合受荷桩

复合受荷桩即承受竖向和水平向荷载均较大的桩。应按竖向抗压（或抗拔）桩及水平受荷桩的要求进行验算。在桥梁工程中，桩除了要承担较大的竖向荷载外，往往由于波浪、风、地震、船舶的撞击力以及车辆荷载的制动力等使桩承受较大的侧向荷载，从而导致桩的受力条件更为复杂，尤其是大跨径桥梁，这一类桩基础就是典型的复合受荷桩基础。

4.2.4　按桩身材料分类

桩根据其构成材料的不同主要分为如下几类：

1. 混凝土桩

混凝土桩是工程中大量应用的一类桩。混凝土桩还可分为素混凝土桩、钢筋混凝土桩及预应力钢筋混凝土桩三种。素混凝土桩受到混凝土抗压强度高而抗拉强度低的局限，一般只在桩承压条件下采用，不适于荷载条件复杂多变的情况，因而其应用已很少。钢筋混凝土桩不仅可以承压，而且可以抗拔、抗弯以及承受水平向荷载，因而广泛应用于各类大、中型建筑工程。钢筋混凝土桩的长度主要受到成桩方法的限制，其截面形式可以是矩形、圆形或三角形等，可以是实心的，也可以是空心的。这种桩一般制作成等截面的，也有因土层性质变化而采用变截面的桩体。预应力钢筋混凝土桩通常在地表预制，其截面多为圆形的，常做成空心管桩。由于在预制过程中对桩体中的钢筋施加预应力，因此桩体在抗弯、抗拉及抗裂等方面比普通的钢筋混凝土桩有较大的优越性，尤其适用于冲击与振动荷载情况，在港口、桥梁等工程中已有普遍应用，在工业与民用建筑工程中也在逐渐推广。

2. 钢桩

钢桩采用各种型钢制作，主要有钢管桩和 H 型钢桩等。一般钢管桩的直径为 250～1 200 mm。钢桩的优点是穿透能力强，自重轻，锤击沉桩效果好，承载能力高，无论起吊、运输或是沉桩、接桩都很方便。其缺点是耗钢量大、成本高、易锈蚀，我国只在少数重点工程中使用，如上海浦东超高层的金茂大厦(88 层)采用了直径为 914 mm、壁厚为 20 mm 的钢管桩，入土深度为 83 m。

3. 木桩

木桩常用松木、杉木等木材，桩径为 160～260 mm，长度为 4～6 m。其优点是运输方便，制作简单，打桩方便，适于在临时抢修工程中使用。木桩耐久性好，但在海水与干湿交替环境中易腐烂。

4. 组合材料桩

组合材料桩指用两种材料组合而成的桩，如钢管内填充混凝土，或下部为钢管桩而上部为混凝土桩，深层搅拌法制备的水泥土墙内插入 H 型钢形成的地下连续墙等。其种类很多，且不断地涌现新类型。

4.2.5　按桩的施工工艺分类

根据施工工艺不同，桩主要可分为预制桩和灌注桩两大类。

(一)预制桩

预制桩是桩体在工厂先预制好，然后运至工地，或在施工现场预制，再用各种机械设备把它沉入地基至设计标高而成的。

1. 预制桩的沉桩方法

预制桩的沉桩方法主要分为锤击法、振动沉桩法、静压法等。

(1)锤击法。利用桩锤下落时的冲击力，对桩产生冲击能，克服土体对桩的阻力，使桩体下沉，反复锤击桩头，桩身不断地沉入土中，直至终沉标高。这种施工方式适用于桩径较小，地基土质为可塑黏性土、砂土、粉土、细砂及松散的不含大卵石或漂石的碎石类土。锤击时的振动和噪声较大，对周围环境的影响较大。

(2)振动沉桩法。将大功率的振动打桩机安装在桩顶，一方面利用振动减小土对桩的阻力，另一方面用向下的振动力使桩沉入土中。振动下沉桩适用于可塑的黏性土和砂土，因对周围环境影响较大，故目前已较少采用。

(3)静压法。通过压梁或压柱将整个桩架自重和配重通过卷扬机或液压泵施加在桩顶或桩身上，桩在自重和静压力作用下逐渐被压入地基土中。静压法沉桩具有无噪声、无振动、无冲击力等优点，最适用于均质软土地基。

2. 预制桩的长度

沉桩深度一般应根据地质资料及结构设计要求估算，施工时以最后贯入度和桩端设计标高控制。最后贯入度是指桩沉至某标高时，每次锤击的沉入量，通常以最后每阵的平均贯入度表示。锤击法以 10 次锤击为一阵，振动法以 1 min 为一阵。最后贯入度根据地区经验或试桩确定，一般可取最后两阵的平均贯入度。对于静压管桩，施工时以最终压入值和桩端设计标高控制桩入土深度。

目前工厂预制的桩限于运输和起吊能力一般不超过 12 m，现场制作的长度可大些，但限于桩架高度，一般在 25～30 m，桩长度不够时，需要在沉桩过程中接长。

3. 预制桩的特点

预制桩的桩身质量易于保证和控制，承载力高，能根据需要制成多种尺寸和形状。桩身混凝土密实，抗腐蚀能力强。桩身制作方便，成桩速度快，适用于大面积施工。沉桩过程中的挤土效应可使松散土层的承载力提高。但预制桩也有一些缺点，例如，为避免运输、起吊、打桩损坏桩体需要配置较多钢筋，并选用较高强度等级的混凝土，使得预制桩造价较高；打桩时，噪声大，对周围土层扰动大；不易穿透较厚的坚硬土层达到设计标高，往往需通过射水或预钻孔等辅助措施来沉桩，还常因桩打不到设计标高而截桩，造成浪费；挤土效应有时会引起地面隆起，道路、管线等损坏，或桩产生水平位移或挤断、相邻桩上浮等，因此应合理确定沉桩顺序。

(二)灌注桩

灌注桩是在建筑工地现场通过机械钻孔、钢管挤土或人力挖掘等手段在地基中形成桩孔，并在孔内放置钢筋笼、灌注混凝土而制作成的桩。依照成孔的方法不同，灌注桩可分为沉管灌注桩、钻(冲)孔灌注桩和人工挖孔灌注桩等几大类。

1. 沉管灌注桩

沉管灌注桩又称为打拔管灌注桩。利用沉桩设备，将带有钢筋混凝土桩靴(或活瓣式桩靴)的钢管沉入土中，形成桩孔，然后放入钢筋骨架并浇筑混凝土，随后拔出钢管，利用拔管时的振动将混凝土捣实，便形成所需要的灌注桩。利用锤击沉桩设备沉管、拔管成桩，称为锤击沉管灌注桩。利用振动器振动沉管、拔管成桩，称为振动沉管灌注桩。为了提高桩的质量和承载能力，沉管灌注桩常采用单打法、复打法、翻插法等施工工艺。单打法(又称一次拔管法)在拔管时，每提升 0.5～1.0 m，振动 5～10 s，然后再拔管 0.5～1.0 m，这样反复进行，直至全部拔出；复打法在同一桩孔内连续进行两次单打，或根据需要进行局部复打，施工时，应保证前、后两次沉管轴线重合，并在混凝土初凝之前进行；翻插法是将钢管每提升 0.5 m，再下插 0.3 m，这样反复进行，直至拔出。沉管灌注桩的施工程序如图 4-4 所示。

锤击沉管灌注桩的桩管外径多为 300～500 mm，桩长常在 20 m 以内，可打至硬塑黏土层或中、粗砂层。其优点是设备简单、打桩进度快、成本低。但在软、硬土层交界处或软弱土层处容易发生颈缩（桩身截面局部缩小）现象，此时通常可放慢拔管速度，控制灌注管内混凝土量，使充盈系数（混凝土实际用量与计算的桩身体积之比）为 1.10～1.15。此外，也可能由于邻桩挤压或其他振动作用等原因使土体上隆，引起桩身受拉而出现断桩现象；或出现局部夹土、混凝土离析及强度不足等质量事故。

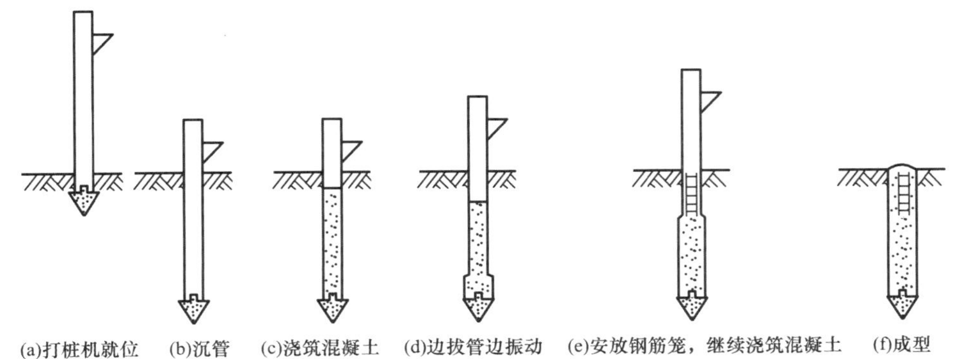

图 4-4　沉管灌注桩的施工程序

2. 钻(冲)孔灌注桩

钻（冲）孔灌注桩泛指各种在地面上用机械方法成孔排土的灌注桩，其主要施工程序如图 4-5 所示，主要分为准备场地、钻机成孔、清孔及下放钢筋笼、浇灌水下混凝土。准备场地包括埋置护筒、制备泥浆、安装钻机和钻架。埋置护筒是为了保证成孔过程中的施工导向正确，保护孔口，防止坍塌并隔离孔内外水位。泥浆的作用除了胶泥护壁、对孔壁产生向外的较大静压力防塌孔外，还有携渣的作用，施工中泥浆水面应高出地下水位面 1 m 以上，泥浆应选用膨润土或高塑性黏土在现场加水搅拌制成，一般要求泥浆相对密度为 1.10～1.15，黏度为 10～25 s，含砂率小于 6%，胶体率大于 95%。钻机成孔方式有钻孔、冲孔两种，很多机械在成孔过程中可以同时兼顾排渣和清孔。清孔的目的是除去孔底的沉渣和泥浆以保证桩的承载力。清孔后放入钢筋笼和导管浇灌水下混凝土，水下混凝土的灌注采用直升导管法。干作业的钻孔灌注桩还可以制作成扩底桩型，从而提高单桩承载力。

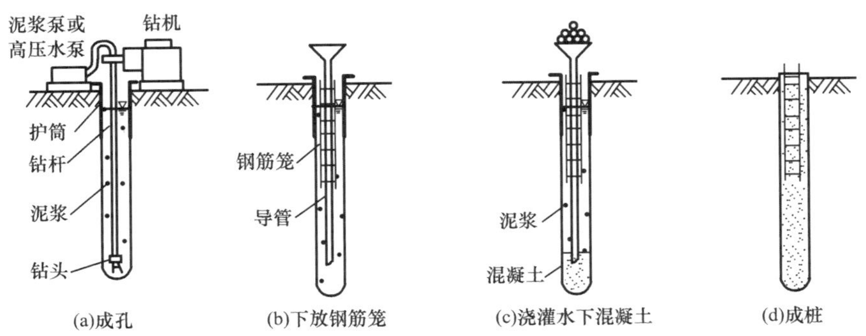

图 4-5　钻孔灌注桩的主要施工程序

钻（冲）孔灌注桩常用桩径为 800 mm、1 000 mm、1 200 mm 等。其最大优点是入土深，土层类型适用性广，能进入岩层，刚度大，承载力高，桩身变形小，并可方便地进行水下施工。另外，其施工过程无挤土、无振动、噪声小，对邻近建筑物及地下管线危害较小，且桩径不受限制，是城区和高层建筑常用桩型。钻孔桩的最大缺点是泥浆沉淀不易清除，以致其端部承载力不能充分发挥，并造成较大沉降；另外桩身混凝土质量不易保证。

3. 人工挖孔灌注桩

采用人工挖孔，在孔内放置钢筋笼、灌注混凝土的一种桩型。人工挖孔桩宜在地下水位以上施工，适用于人工填土层、黏土层、粉土层、砂土层、碎石土和风化岩层，也可在黄土、膨胀土和冻土中使用，但对软土、流砂、地下水位较高、涌水量大的土层不宜采用。

挖孔桩一般内径应大于 800 mm，开挖直径大于或等于 1 000 mm。护壁厚大于或等于 100 mm，分节支护，每节高 500～1 000 mm，可用混凝土浇筑或砖砌筑。桩身长度宜限制在 40 m 以内。人工挖孔桩也可以做成扩底桩，图 4-6 所示为人工挖孔扩底桩的示例。

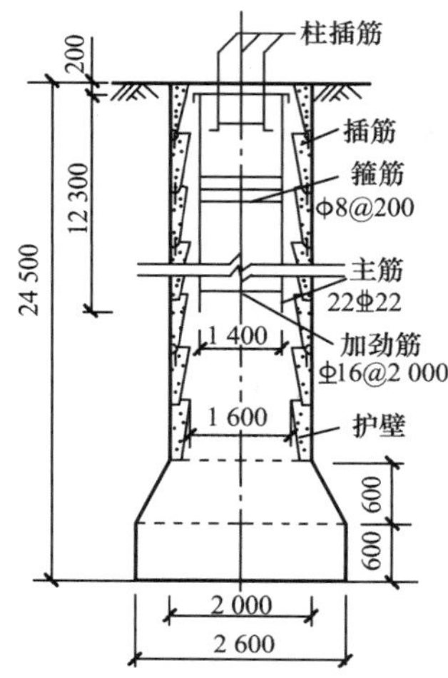

图 4-6　人工挖孔扩底桩的示例

表 4-2 给出了我国常用灌注桩的桩径、桩长及适用范围。

表 4-2　我国常用灌注桩的桩径、桩长及适用范围

成孔方法		桩径/mm	桩长/m	适用范围
泥浆护壁成孔	冲抓	≥800	≤30	碎石土、砂类土、粉土、黏性土及风化岩。当进入中等风化和微风化岩层时，冲击成孔的速度比回转钻快
	冲击		≤50	
	回转钻		≤80	
	潜水钻	500～800	≤50	黏性土、淤泥、淤泥质土及砂类土
干作业成孔	螺旋钻	300～800	≤30	地下水位以上黏性土、粉土、砂类土及人工填土
	钻孔扩底	300～600	≤30	地下水位以上坚硬、硬塑的黏性土及中密以上砂类土
	机动洛阳铲	300～500	≤20	地下水位以上的黏性土、粉土、黄土及人工填土
沉管成孔	锤击	340～800	≤30	硬塑黏性土、粉土及砂类土，直径大于或等于 600 mm 的可达强风化岩
	振动	400～500	≤24	可塑黏性土、中细砂
爆扩成孔		≤350	≤12	地下水位以上的黏性土、黄土、碎石土及风化岩
人工挖孔		≥1 000	≤40	黏性土、粉土、黄土及人工填土

4.2.6 按成桩挤土效应分类

桩的成桩方法不同，桩周土所受的扰动和排挤程度也很不相同。排挤作用会引起桩周土天然结构、应力状态和性质的变化，从而影响土的性质和桩的承载力。这些影响统称为桩的挤土效应。桩按挤土效应可分为以下三类：

1. 非挤土桩

采用钻孔、挖孔等方式将与桩体积相同的土体排出，在成孔过程中基本对桩周土没有排挤作用。这类桩主要有干作业法钻(挖)孔桩、泥浆护壁法钻(挖)孔桩和先钻孔后打入的预制桩等。

2. 部分挤土桩

在成桩过程中，引起部分挤土效应，使桩周土受到一定程度的扰动。这类桩主要有预钻孔打入式预制桩、打入或压入式敞口预制桩。

3. 挤土桩

挤土桩主要是预制桩，即在成桩过程中造成大量挤土，使桩周土受到严重扰动，土的工程性质有很大改变的桩，主要有沉管灌注桩、打入(静压)实心预制桩、闭口预应力混凝土管桩及闭口钢管桩等。挤土成桩过程引起的挤土效应使地面隆起和土体侧移，甚至使已入土的桩上浮、侧移或断裂，而且施工中常带有噪声，均对周围环境造成较大影响，因而事先必须对成桩所引起的挤土效应进行评价，并采取相应的防护措施。

4.2.7 按桩径大小分类

1. 小桩

小桩指桩身设计直径 $d \leqslant 250$ mm 的桩，小桩应用于中小型工程和基础加固。例如，苏州虎丘塔倾斜加固采用的树根桩，桩径仅为 90 mm。

2. 普通桩

普通桩指桩径 250 mm$<d<$800 mm 的桩，在工业民用建筑中大量使用。

3. 大直径桩

大直径桩指 $d \geqslant 800$ mm 的桩。大直径桩在大型桥墩、高层和重型工程中广泛应用，例如，上海宝钢一号炉桩基础采用桩径为 915 mm 的钢管桩。

4.3 竖向荷载下的桩基承载力计算

4.3.1 承压单桩的竖向承载机理

研究单桩的工作性能是单桩承载力理论分析的基础。通过桩土相互作用分析，了解桩土间荷载的传递机理和单桩承载力的构成及其发展过程，以及单桩的破坏机理等，对正确评价单桩承载力具有重要指导意义。

桩顶荷载一般包括轴力、水平力和力矩。为简化起见，在研究桩的受力性能及计算桩的承载力时，往往对竖向受力情况单独进行研究。本节主要讨论竖向荷载下承压单桩的受力性能。

(一)桩的竖向荷载传递

假定承压单桩的桩顶竖向荷载由零开始逐渐增大，通过桩土相互作用有以下过程：

(1)将竖向荷载逐步施加于桩顶，桩身压缩并向下位移，桩侧土与桩接触面上就会产生向上摩阻力，即正摩阻力，此时桩顶荷载通过桩侧表面的侧摩阻力传递到桩周土层中去，这使桩身轴力随深度递减。

(2)当桩顶荷载较小时，桩身压缩在桩的上部，桩侧上部土层的侧摩阻力得到逐步发挥，此时桩身中下部桩土相对位移很小，其桩侧摩阻力发挥很小或尚未开始发挥作用[图 4-7(a)、图 4-7(b)]。随着桩顶荷载的增大，桩身压缩量和桩土相对位移量逐渐增大，桩侧下部土层的侧摩阻力随之逐步发挥出来，桩底土层也因桩端受力被压缩而逐渐产生桩端阻力[图 4-7(c)、图 4-7(d)]，至此，土对桩的支承力由桩侧摩阻力和端阻力两部分组成。

(3)随着荷载进一步增大，桩顶传递到桩端的荷载也逐渐增大，桩端土层的压缩量也逐渐增大，而桩端土层压缩和桩身压缩量加大了桩土相对位移，从而使桩侧摩阻力进一步发挥出来。由于桩侧发挥极限侧摩阻力所需的位移很小，根据试验资料，一般黏性土为 4～6 mm，砂土为 6～10 mm，所以当桩土界面相对位移大于桩土极限位移后，桩身上部土层的侧摩阻力达到极限值并出现滑移(此时上部桩侧土的抗剪强度由峰值强度跌落为残余强度)，桩身下部土层的侧摩阻力进一步得到发挥，桩侧摩阻力也慢慢增大[图 4-7(c)、图 4-7(d)]。

(4)随着荷载的进一步增大，桩端位移逐渐增大，桩端阻力充分发挥，桩端持力层产生破坏时，桩顶位移急剧增大，承载力降低，表明桩已破坏。根据小型桩试验结果，桩端阻力能够充分发挥时，砂土类的桩底极限位移为(0.08～0.10)d，一般黏性土为 0.25d；硬黏土为 0.10d(d 为桩径)。

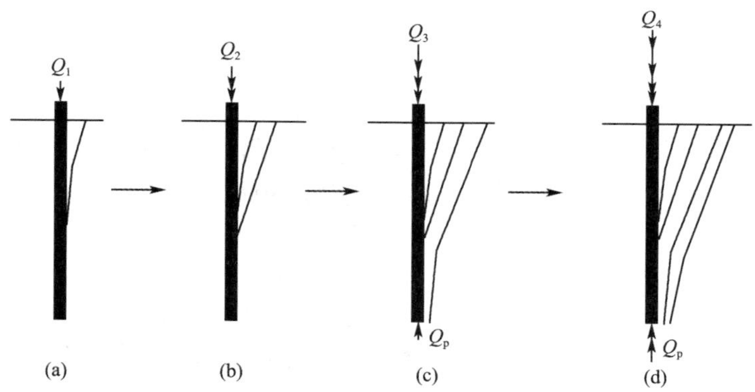

图 4-7　竖向荷载增大时桩侧摩阻力随深度的变化曲线

(二)竖向荷载下单桩轴力、侧摩阻力和位移

竖向荷载下单桩轴力、侧摩阻力和截面位移的分布如图 4-8 所示，桩顶在竖向荷载 Q 作用下，桩身任一深度 z 处横截面上所引起的轴力 N_z 将使该截面向下位移 δ_z，桩端下沉

δ_l，从而导致桩身侧面与桩周土之间相对滑移，其大小制约着土对桩侧向上作用的摩阻力 τ_z 的发挥程度。由深度 z 处桩段微元 dz 上力的平衡条件

$$N_z - \tau_z u_p dz - (N_z + dN_z) = 0 \tag{4-1}$$

可得桩侧摩阻力 τ_z 与桩身轴力 N_z 的关系为

$$\tau_z = -\frac{1}{u_p} \cdot \frac{dN_z}{dz} \tag{4-2}$$

式中　τ_z——桩侧单位面积上的摩阻力，kPa；

　　u_p——桩的周长，m。

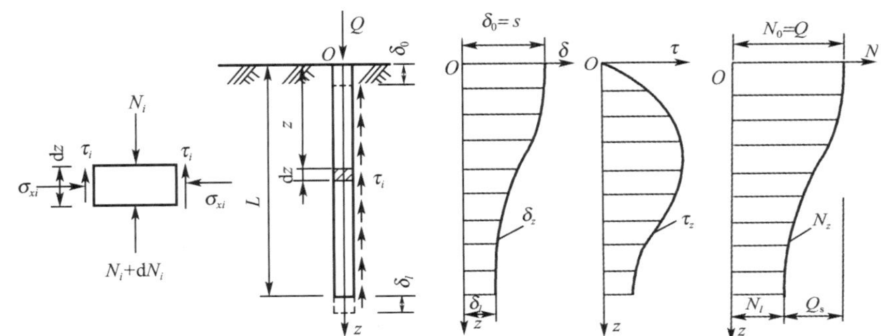

图 4-8　桩截面位移、桩侧摩阻力与桩身轴力沿深度的分布

桩顶轴力等于桩顶竖向荷载，即 $N_0 = Q$；桩端轴力 N_l 等于总端阻力（$N_l = Q_p$），故桩侧总阻力 $Q_s = Q - Q_p$。

由于桩身截面位移 δ_z 应为桩顶位移 $\delta_0 = s$ 与 z 深度范围内桩身压缩量之差，所以

$$\delta_z = s - \frac{1}{A_p E_p}\int_0^z N_z dz \tag{4-3}$$

式中　A_p——桩身截面面积，m^2；

　　E_p——弹性模量，N/m^2。

若取 $z = l$，则式(4-3)变为桩端位移(桩的刚体位移)表达式。

单桩静载荷试验时，除了测定桩顶荷载 Q 作用下桩顶沉降 s 外，若通过在桩身若干截面预先埋设应力或应变测试元件（钢筋应力计、应变片、应变杆等），获得桩身轴力 N_z 的分布图，则利用上述公式即可求得竖向位移和桩侧摩阻力沿桩身的变化曲线。

桩侧摩阻力 τ 是桩截面对桩周土相对位移 δ 的函数，如图 4-9 中曲线 OCD 所示，但通常可简化为折线 OAB。其极限值 τ_u 可用类似于土的抗剪强度的库仑公式表达，即

$$\tau_u = c_a + \sigma_x \tan \varphi_a \tag{4-4}$$

式中　c_a——桩侧表面与土之间的黏聚力，kPa；

　　φ_a——桩侧表面与土之间的摩擦角，(°)；

　　σ_x——深度 z 处作用于桩侧表面的法向压力，kPa，它与桩侧土的竖向有效应力 σ'_v 成正比，即

$$\sigma_x = K_s \sigma'_v \tag{4-5}$$

式中　K_s——桩侧土的侧压力系数，对挤土桩 $K_0 < K_s < K_p$；对非挤土桩，因桩孔中土被清除，故 $K_a < K_s < K_0$（其中，K_a、K_0、K_p 分别为主动、静止和被动土压力系数）。

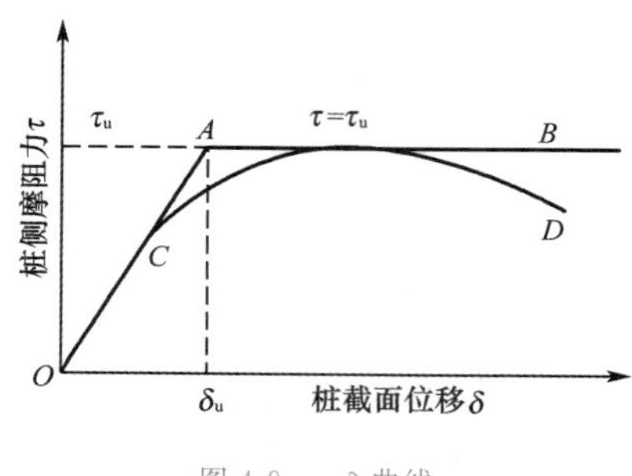

图 4-9　τ-δ 曲线

可见，桩侧摩阻力随深度呈线性增大。但砂土中模型桩试验表明，当桩入土深度达某一临界值（5～10 倍桩径）后，桩侧摩阻力就不再随深度增大，该现象称为侧阻深度效应。魏西克（Vesic，1967 年）认为：桩周竖向有效应力 σ'_v 不一定等于上覆应力，其线性增大到临界深度时达到某一限值，其原因是土的"拱作用"。综上所述，桩侧极限侧摩阻力与所在的深度、土的类别和性质、成桩方法等多种因素有关。

此外，桩长对荷载的传递也有着重要的影响。当桩长较大（如 $l/d > 25$）时，因桩身压缩变形大，桩端反力尚未发挥，桩顶位移已超过实用所要求的范围，此时传递到桩端的荷载极为微小。因此，很长的桩实际上是摩擦桩，用扩大桩端直径来提高承载力是徒劳的。

（三）单桩的破坏模式

单桩在轴向荷载作用下，其破坏模式主要取决于桩周土的抗剪强度、桩端支承情况、桩的尺寸以及桩的类型等因素。图 4-10 给出了轴向荷载作用下可能的单桩破坏模式。

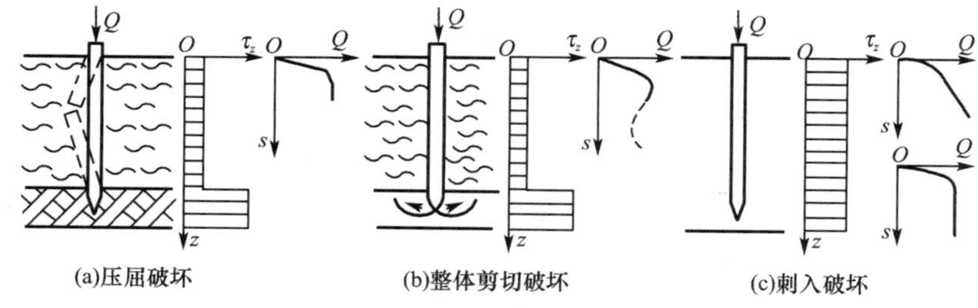

图 4-10　轴向荷载作用下可能的单桩破坏模式

1. 压屈破坏

当桩底支承在坚硬的土层或岩层上时，桩周土层极为软弱，桩身无约束或侧向抵抗力，桩在轴向荷载作用下，因为桩身材料强度不足，如同一根细长压杆会出现纵向压屈破坏，荷载-沉降（Q-s）关系曲线为"急剧破坏"的陡降型，其桩顶沉降量很小，具有明确的破坏荷载[图 4-10(a)]。此时，桩的承载力取决于桩身的材料强度。穿越深厚淤泥质土层中的小直径端承桩或嵌岩桩、细长的木桩等多属于此种破坏。

2. 整体剪切破坏

当具有足够强度的桩穿过抗剪强度较低的土层，达到抗剪强度较高的土层，且桩的长度不大时，桩在轴向荷载作用下，由于桩底上部土层不能阻止滑动土楔的形成，桩底土体形成滑动面而出现整体剪切破坏。因为桩端较高强度的土层将出现大的沉降，上部桩土相对位移小，桩侧摩阻力难以充分发挥，主要荷载由桩端阻力承受，Q-s 曲线也为陡降型，具有明确的破坏荷载[图 4-10(b)]。桩的承载力主要取决于桩端土的支承力。一般打入式短桩、钻扩短桩等的破坏均属于此种破坏。

3. 刺入破坏

当桩的入土深度较大或桩周土层抗剪强度较均匀时，桩在轴向荷载作用下将出现刺入破坏。此时桩顶荷载主要由桩侧摩阻力承担，桩端阻力极微，桩的沉降量较大。一般当桩周土质较弱时，Q-s 曲线为“渐近破坏”的缓变型，无明显拐点，极限荷载难以判断，桩的承载力主要由上部结构所能承受的极限沉降 s_n 确定；当桩周土的抗剪强度较高时，Q-s 曲线可能为陡降型，有明显拐点，桩的承载力主要取决于桩周土的抗剪强度。一般情况下的钻孔灌注桩多属于这种情况。如图 4-10(c)所示。

4.3.2　承压单桩的竖向承载力确定

单桩承载力是指单桩在外荷载作用下，不丧失稳定、不产生过大变形时的承载能力。承压单桩在竖向荷载作用下到达破坏状态前或出现不适于继续承载的变形时所对应的最大荷载，称为单桩竖向极限承载力。根据上述分析可知，单桩竖向承载力的确定，取决于两个方面：桩本身的材料强度以及地基土对桩的支承能力。一般情况下，单桩竖向承载力由地基土的支承能力所控制，材料强度往往不能充分发挥，只有对端承桩、超长桩以及桩身质量有缺陷的桩，桩身材料强度才起控制作用。此外，当桩的入土深度较大、桩周土质软弱且比较均匀、桩端沉降量较大，或建筑物对沉降有特殊要求时，还应考虑桩的竖向沉降量，按上部结构对沉降的要求来确定单桩竖向承载力。

《建筑桩基技术规范》规定，设计采用的单桩竖向极限承载力标准值按设计等级不同可采用不同确定方法：

(1)设计等级为甲级的建筑桩基，应通过单桩静载荷试验确定。

(2)设计等级为乙级的建筑桩基，当地质条件简单时，可参照地质条件相同的试桩资料，结合静力触探等原位测试和经验参数法综合确定，其余均应通过单桩静载荷试验确定。

(3)设计等级为丙级的建筑桩基，可根据原位测试和经验参数法确定。

可见，单桩竖向极限承载力标准值可以采用单桩静载荷试验、静力触探等原位测试方法，还可以采用经验参数法。

设计时单桩竖向承载力应采用正常使用极限状态下的单桩承载力特征值，即单桩竖向极限承载力标准值 Q_{uk} 除以安全系数后的承载力值。

单桩竖向承载力特征值 R_a 为

$$R_a = \frac{1}{K} Q_{uk} \tag{4-6}$$

式中　K——安全系数，取 $K=2$。

(一)按桩身材料强度确定

按桩身材料强度确定单桩竖向承载力时,可将桩视为轴心受压杆件,根据桩材料按《混凝土结构设计规范》(GB 50010—2010)等混凝土或钢结构规范计算。对于钢筋混凝土桩可按如下方法验算。

(1)当桩顶以下 $5d$ 范围的桩身螺旋式箍筋间距不大于 100 mm,竖向抗压承载力可按式(4-7)验算

$$N \leqslant \varphi(\psi_c f_c A_p + 0.9 f'_y A_s) \tag{4-7}$$

(2)当桩身配筋不符合(1)时,竖向抗压承载力不考虑纵向主筋对桩身受压承载力的作用,可按式(4-8)验算

$$N \leqslant \varphi \psi_c f_c A_p \tag{4-8}$$

式中 N——作用效应基本组合下的桩顶轴向压力设计值,kN;

f_c——混凝土的轴心抗压强度设计值,kPa;

f'_y——纵向钢筋的抗压强度设计值,kPa;

A_p——桩身的横截面面积,m^2;

A_s——纵向钢筋的横截面面积,m^2;

φ——桩的稳定系数,对低承台桩基,考虑土的侧向约束可取 $\varphi=1.0$;但穿过很厚软黏土层(c_u<10 kPa)和可液化土层的端承桩或高承台桩基,其值应小于 1.0;

ψ_c——基桩成桩工艺系数,混凝土预制桩、预应力混凝土空心桩取 0.85;干作业非挤土灌注桩取 0.90;护壁和套管护壁非挤土灌注桩、部分挤土灌注桩及挤土灌注桩取 0.70～0.80;软土区挤土灌注桩取 0.60。

可以看出,因为属于结构设计的范畴,荷载效应采用基本组合值,承载力采用设计值。

(二)按单桩竖向静载荷试验确定

静载荷试验是评价单桩承载力最为直观和可靠的方法,除了考虑到地基土的支承能力外,还计入了桩身材料强度对承载力的影响。本节主要介绍《建筑基桩检测技术规范》(JGJ 106—2014)方法。规范规定:试桩数量应满足设计要求,且在同一条件下不应少于三根;工程总桩数在 50 根以内时不应少于两根。对于地基条件复杂,桩施工质量可靠性低及本地区采用的新桩型或新工艺等情况下的桩基也需通过静载荷试验确定单桩竖向承载力。

对于预制桩,由于打桩时土中产生的孔隙水压力有待消散,土体因打桩扰动而降低的强度随时间有待逐渐恢复,因此,为了使试验能真实反映桩在实际工作中的承载力,成桩以后到静载荷试验之间的间隔时间对不同土体有不同的要求:砂土不少于 7 d,粉土不少于 10 d,黏性土不少于 15 d,饱和软黏土不少于 25 d。对于灌注桩应在桩身混凝土达到设计强度后才能进行试验。

1. 试验装置及加载方法

试验装置主要由加载稳压、提供反力和沉降观测三部分组成,如图 4-11 所示。桩顶荷载通过液压千斤顶逐步施加,且每级加载后有足够时间让沉降发展。加载的反力装置一般采用锚桩[图 4-11(a)],也可采用堆载[图 4-11(b)]或者锚桩与堆载联合。桩顶的沉降用安装在基准梁上的百分表或电子位移计测量。

加载方式通常有慢速维持荷载法、快速维持荷载法、等贯入速率法、等时间间隔法以及循环加载法等。工程中最常用的是慢速维持荷载法,即逐级加载,加载分级不应小于 8 级,

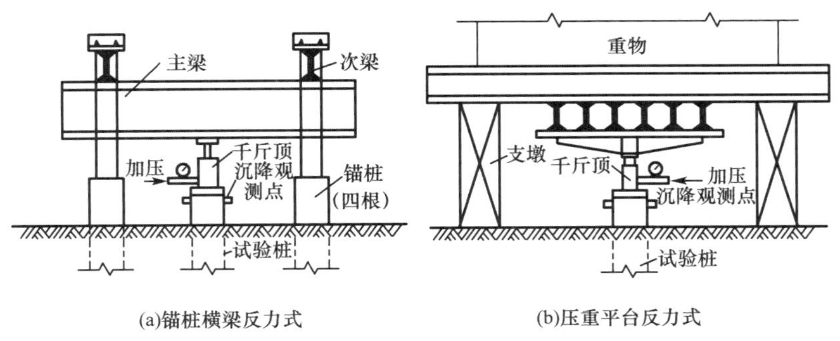

(a)锚桩横梁反力式　　(b)压重平台反力式

图 4-11　单桩静载荷试验的装置

每级加载量宜为预估极限荷载的 1/10～1/8。每级荷载达到相对稳定后，加下一级荷载，直到试桩破坏，然后分级卸载到零。测读桩沉降量的间隔时间为每级加载后第 5 min、10 min、15 min 时各测读一次，以后每间隔 15 min 读一次，累计 60 min 后每隔 30 min 读一次。在每级荷载作用下，桩的沉降量连续两次在每小时内小于 0.1 mm 时可视为稳定。卸载及卸载观测应符合下列规定：每级卸载值为加载值的两倍；卸载后间隔 15 min 测读一次，读两次后，隔半小时再读一次，即可卸下一级荷载，全部卸载后，隔 3 h 再测读一次。

2. 终止加载条件

符合下列条件之一时可终止加载：

(1)当荷载-沉降(Q-s)曲线上有可判定极限承载力的陡降段，且桩顶总沉降量超过 40 mm，如图 4-12(a)所示。

(2)某级荷载作用下，桩顶沉降量大于前一级荷载作用下沉降量的 2 倍，即$\dfrac{\Delta s_{n+1}}{\Delta s_n}\geqslant 2$，且经 24 h 尚未达到稳定，如图 4-12(b)所示。

(3)25 m 以上非嵌岩桩，当 Q-s 曲线呈缓变型时，桩顶总沉降量 60～80 mm，如图 4-12(c)所示。

(4)在特殊条件下，可根据具体要求加载至桩顶总沉降量大于 100 mm。

3. 单桩竖向极限承载力的确定

单桩竖向极限承载力按下列方法确定：

(1)作 Q-s 曲线和其他辅助分析所需的曲线。

(2)当陡降段明显时，取相应于陡降段起点的荷载值，如图 4-12(a)所示。

(3)当$\dfrac{\Delta s_{n+1}}{\Delta s_n}\geqslant 2$，且经 24 h 尚未达到稳定时，取前一级荷载值，如图 4-12(b)所示，$Q_n=Q_u$。

(4)Q-s 曲线呈缓变型时，取桩顶总沉降量 $s=40$ mm 所对应的荷载值，当桩长大于 40 m 时，宜考虑桩身的弹性压缩。

(5)当按上述方法判断有困难时，可结合其他辅助分析方法综合判定，对桩基础沉降有特殊要求者，应根据具体情况选取。

测出每根试桩的极限承载力值 Q_{ui} 后，可按下列规定通过统计确定单桩竖向抗压极限

承载力标准值 Q_{uk}：

（1）参加统计的试桩，当满足其极差不超过平均值的 30%时，可取其平均值为单桩竖向极限承载力。

（2）当极差超过平均值的 30%时，宜增加试桩数量并分析极差过大的原因，结合工程具体情况确定极限承载力。对桩数为三根及三根以下的柱下桩台，取最小值作为单桩竖向承载力极限值。

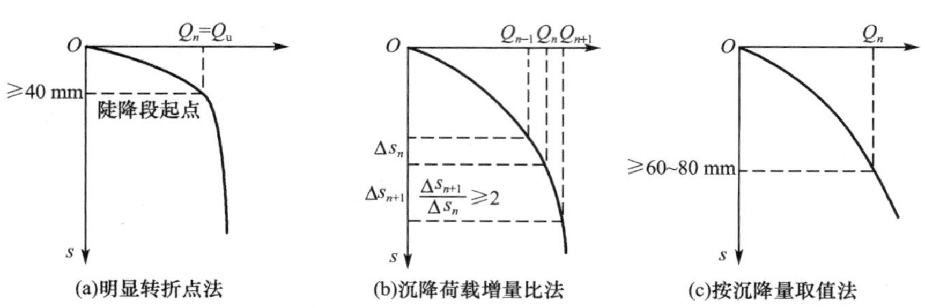

图 4-12　终止加荷条件及极限承载力确定

【例 4-1】　某建筑工程基础采用灌注桩，桩径 $d=0.6$ m，桩长 25 m，检测结果表明这 6 根基桩均为Ⅰ类桩（桩身完整）。对 6 根桩进行单桩竖向抗压静载荷试验的成果见表 4-3，试求出该工程的单桩竖向抗压承载力特征值。

表 4-3　单桩竖向抗压静载荷试验成果

试桩编号	1	2	3	4	5	6
Q_u/kN	2 880	2 580	2 940	3 060	3 490	3 360

解　对 6 根试桩进行统计。6 根试桩的竖向抗压极限承载力平均值为

$$Q_{um}=\frac{\sum_{i=1}^{n}Q_{ui}}{n}=\frac{2\ 880+2\ 580+2\ 940+3\ 060+3\ 490+3\ 360}{6}=3\ 051.7\ \text{kN}$$

极差 $\Delta_m=3\ 490-2\ 580=910$ kN

$\frac{\Delta_m}{Q_{um}}=\frac{910}{3\ 051.7}=0.298<0.3$，符合规范要求。

则 $Q_{uk}=Q_{um}=3\ 051.7$ kN。

单桩竖向抗压承载力特征值为

$$R_a=\frac{Q_{uk}}{2}=\frac{3\ 051.7}{2}=1\ 525.9\ \text{kN}$$

（三）按静力触探法确定

当根据单桥静力触探资料确定混凝土预制桩单桩竖向极限承载力标准值 Q_{uk} 时，如无当地经验，可按式(4-9)计算

$$Q_{uk}=Q_{sk}+Q_{pk}=u\sum q_{sik}l_i+\alpha p_{sk}A_p \tag{4-9}$$

式中　Q_{sk}、Q_{pk}——总极限侧摩阻力标准值和总极限端阻力标准值，kN；

u——桩身周长，m；

q_{sik}——用静力触探比贯入阻力值估算的桩周第 i 层土的极限侧摩阻力标准值，kPa；

l_i——桩周第 i 层土的厚度，m；

α——桩端阻力修正系数，桩入土深度小于 15 m 时取 0.75，大于 15 m 小于 30 m 时取 0.75～0.9，大于 30 m 小于 60 m 时取 0.9；

p_{sk}——桩端附近的静力触探比贯入阻力标准值(平均值)，kPa；

A_p——桩端截面面积，m^2。

当根据双桥探头的静力触探资料确定混凝土预制桩竖向极限承载力标准值时，对于粉土、砂土、黏性土，如无当地经验可按式(4-10)计算

$$Q_{uk}=Q_{sk}+Q_{pk}=u\sum l_i\beta_i f_{si}+\alpha q_c A_p \tag{4-10}$$

式中　f_{si}——第 i 层土的探头平均侧摩阻力，kPa；

q_c——桩端平面上、下探头阻力，kPa，取桩端平面以上 $4d$(d 为桩的直径或边长)范围内按土层厚度的探头阻力加权平均值，然后再和桩端平面以下 d 范围内的探头阻力进行平均；

α——桩端阻力修正系数，对黏性土、粉土取 2/3，对饱和砂土取 1/2；

β_i——第 i 层土桩侧阻力综合修正系数，对于黏性土、粉土：$\beta_i=10.04f_{si}^{-0.55}$；对于砂土：$\beta_i=5.05f_{si}^{-0.45}$。

(四)按经验参数方法确定

利用土的物理指标和承载力参数之间的经验关系确定单桩竖向极限承载力标准值 Q_{uk} 是一种沿用多年的传统方法，《建筑桩基技术规范》在大量经验及资料积累的基础上，针对各种常用桩型，推荐如下竖向承载力估算公式。

1. 一般中小直径桩

对直径 $d<800$ mm 的灌注桩和预制桩，单桩竖向极限承载力标准值 Q_{uk} 可按式(4-11)计算：

$$Q_{uk}=Q_{sk}+Q_{pk}=u\sum q_{sik}l_i+q_{pk}A_p \tag{4-11}$$

式中　q_{sik}——桩侧第 i 层土的极限侧摩阻力标准值，kPa，无当地经验时，可按表 4-4 取值；

q_{pk}——极限端阻力标准值，kPa，无当地经验时，可按表 4-5 取值；

其他符号意义同前。

表 4-4　桩的极限侧摩阻力标准值 q_{sik}　kPa

土的名称	土的状态		混凝土预制桩	泥浆护壁钻(冲)孔桩	干作业钻孔桩
填土			22～30	20～28	20～28
淤泥			14～20	12～18	12～18
淤泥质土			22～30	20～28	20～28
黏性土	流塑	$I_L>1$	24～40	21～38	21～38
	软塑	$0.75<I_L\leqslant1.0$	40～55	38～53	38～53
	可塑	$0.5<I_L\leqslant0.75$	55～70	53～68	53～66
	硬可塑	$0.25<I_L\leqslant0.5$	70～86	68～84	66～82
	硬塑	$0<I_L\leqslant0.25$	86～98	84～96	82～94
	坚硬	$I_L\leqslant0$	98～105	96～102	94～104

续表

土的名称	土的状态		混凝土预制桩	泥浆护壁钻(冲)孔桩	干作业钻孔桩
红黏土	$0.7<a_w\leqslant 1$		13～32	12～30	12～30
	$0.5<a_w\leqslant 0.7$		32～74	30～70	30～70
粉土	稍密	$e>0.9$	26～46	24～42	24～42
	中密	$0.75\leqslant e\leqslant 0.9$	46～66	42～62	42～62
	密实	$e<0.75$	66～88	62～82	62～82
粉细砂	稍密	$10<N\leqslant 15$	24～48	22～46	22～46
	中密	$15<N\leqslant 30$	48～66	46～64	46～64
	密实	$N>30$	66～88	64～86	64～86
中砂	中密	$15<N\leqslant 30$	54～74	53～72	53～72
	密实	$N>30$	74～95	72～94	72～94
粗砂	中密	$15<N\leqslant 30$	74～95	74～95	76～98
	密实	$N>30$	95～116	95～116	98～120
砾砂	稍密	$5<N_{63.5}\leqslant 15$	70～110	50～90	60～100
	中密、密实	$N_{63.5}>15$	116～138	116～130	112～130
圆砾、角砾	中密、密实	$N_{63.5}>10$	160～200	135～150	135～150
碎石、卵石	中密、密实	$N_{63.5}>10$	200～300	140～170	150～170
全风化软质岩		$30<N\leqslant 50$	100～120	80～100	80～100
全风化硬质岩		$30<N\leqslant 50$	140～160	120～140	120～150
强风化软质岩		$N_{63.5}>10$	160～240	140～200	140～220
强风化硬质岩		$N_{63.5}>10$	220～300	160～240	160～260

注：1. 对于尚未完成自重固结的填土和以生活垃圾为主的杂填土，不计算其侧摩阻力。

2. a_w 为含水比，$a_w=w/w_L$，w 为土的天然含水量，w_L 为土的液限。

3. N 为标准贯入击数，$N_{63.5}$ 为重型动力触探击数。

4. 全风化、强风化软质岩和全风化、强风化硬质岩指其母岩分别为 $f_{rk}\leqslant 15$ MPa、$f_{rk}>30$ MPa 的岩石，f_{rk} 为饱和单轴抗压强度标准值。

表 4-5　　桩的极限端阻力标准值 q_{pk}　　kPa

土的名称	土的状态	桩型	混凝土预制桩桩长 l/m				泥浆护壁钻(冲)孔桩桩长 l/m			
			$l\leqslant 9$	$9<l\leqslant 16$	$16<l\leqslant 30$	$l>30$	$5\leqslant l<10$	$10\leqslant l<15$	$15\leqslant l<30$	$30\leqslant l$
黏性土	软塑	$0.75<I_L\leqslant 1$	210～850	650～1 400	1 200～1 800	1 300～1 900	150～250	250～300	300～450	300～450
	可塑	$0.5<I_L\leqslant 0.75$	850～1 700	1 400～2 200	1 900～2 800	2 300～3 600	350～450	450～600	600～750	750～800
	硬可塑	$0.25<I_L\leqslant 0.5$	1 500～2 300	2 300～3 300	2 700～3 600	3 600～4 400	800～900	900～1 000	1 000～1 200	1 200～1 400
	硬塑	$0<I_L\leqslant 0.25$	2 500～3 800	3 800～5 500	5 500～6 000	6 000～6 800	1 100～1 200	1 200～1 400	1 400～1 600	1 600～1 800
粉土	中密	$0.75\leqslant e\leqslant 0.9$	950～1 700	1 400～2 100	1 900～2 700	2 500～3 400	300～500	500～650	650～750	750～850
	密实	$e<0.75$	1 500～2 600	2 100～3 000	2 700～3 600	3 600～4 400	650～900	750～950	900～1 100	1 100～1 200
粉砂	稍密	$10<N\leqslant 15$	1 000～1 600	1 500～2 300	1 900～2 700	2 100～3 000	350～500	450～600	600～700	650～750
	中密、密实	$N>15$	1 400～2 200	2 100～3 000	3 000～4 500	3 800～5 500	600～750	750～900	900～1 100	1 100～1 200
细砂	中密、密实	$N>15$	2 500～4 000	3 600～5 000	4 400～6 000	5 300～7 000	650～850	900～1 200	1 200～1 500	1 500～1 800
中砂			4 000～6 000	5 500～7 000	6 500～8 000	7 500～9 000	850～1 050	1 100～1 500	1 500～1 900	1 900～2 100
粗砂			5 700～7 500	7 500～8 500	8 500～10 000	9 500～11 000	1 500～1 800	2 100～2 400	2 400～2 600	2 600～2 800
砾砂	中密、密实	$N>15$	6 000～9 500		9 000～10 500		1 400～2 000		2 000～3 200	
角砾、圆砾		$N_{63.5}>10$	7 000～10 000		9 500～11 500		1 800～2 200		2 200～3 600	
碎石、卵石		$N_{63.5}>10$	8 000～11 000		10 500～13 000		2 000～3 000		3 000～4 000	
全风化软质岩		$30<N\leqslant 50$	4 000～6 000				1 000～1 600			
全风化硬质岩		$30<N\leqslant 50$	5 000～8 000				1 200～2 000			
强风化软质岩		$N_{63.5}>10$	6 000～9 000				1 400～2 200			
强风化硬质岩		$N_{63.5}>10$	7 000～11 000				1 800～2 800			

土的名称	土的状态	桩型	干作业钻孔桩桩长 l/m		
			$5\leqslant l<10$	$10\leqslant l<15$	$15\leqslant l$
黏性土	软塑	$0.75<I_L\leqslant 1$	200～400	400～700	700～950
	可塑	$0.5<I_L\leqslant 0.75$	500～700	800～1 100	1 000～1 600
	硬可塑	$0.25<I_L\leqslant 0.5$	850～1 100	1 500～1 700	1 700～1 900
	硬塑	$0<I_L\leqslant 0.25$	1 600～1 800	2 200～2 400	2 600～2 800

续表

土的名称	土的状态	桩型	干作业钻孔桩桩长 l/m		
			$5\leqslant l<10$	$10\leqslant l<15$	$15\leqslant l$
粉土	稍密	$0.75\leqslant e\leqslant 0.9$	800～1 200	1 200～1 400	1 400～1 600
	中密、密实	$e<0.75$	1 200～1 700	1 400～1 900	1 600～2 100
粉砂	稍密	$10<N\leqslant 15$	500～950	1 300～1 600	1 500～1 700
	中密、密实	$N>15$	900～1 000	1 700～1 900	1 700～1 900
细砂	中密、密实	$N>15$	1 200～1 600	2 000～2 400	2 400～2 700
中砂			1 800～2 400	2 800～3 800	3 600～4 400
粗砂			2 900～3 600	4 000～4 600	4 600～5 200
砾砂	中密、密实	$N>15$	3 500～5 000		
角砾、圆砾碎石		$N_{63.5}>10$	4 000～5 500		
卵石		$N_{63.5}>10$	4 500～6 500		
全风化软质岩		$30<N\leqslant 50$	1 200～2 000		
全风化硬质岩		$30<N\leqslant 50$	1 400～2 400		
强风化软质岩		$N_{63.5}>10$	16 00～2 600		
强风化硬质岩		$N_{63.5}>10$	2 000～3 000		

注：1. 砂土和碎石类土中桩的极限端阻力取值，要综合考虑土的密实度、桩端进入持力层的深度比 h_b/d 确定，土愈密实，h_b/d 愈大，取值愈高。

2. 预制桩的岩石极限端阻力指桩端支承于中、微风化基岩表面或进入强风化岩、软质岩一定深度条件下的极限端阻力。

3. 全风化、强风化软质岩和全风化、强风化硬质岩指其母岩分别为 $f_{rk}\leqslant 15$ MPa、$f_{rk}>30$ MPa 的岩石。

2. 大直径桩

对于桩径 d 不小于 800 mm 的大直径桩的极限承载力，和小直径桩相比，其最大的区别是极限侧摩阻力标准值、极限端阻力标准值随桩径的增大而降低。主要原因是桩成孔后产生的应力释放，使孔壁出现松弛变形，导致侧摩阻力有所降低。对于端阻力的降低，主要原因是成孔卸载造成孔底土的回弹，使端阻力下降，而对于桩端支承在完整基岩的大直径桩，端阻力不折减。

大直径桩的 Q_{uk} 可按式(4-12)计算：

$$Q_{uk}=Q_{sk}+Q_{pk}=u\sum\psi_{si}q_{sik}l_i+\psi_p q_{pk}A_p \tag{4-12}$$

式中　q_{sik}——桩侧第 i 层土的极限侧摩阻力标准值，kPa，无当地经验值可按表 4-4 取值，对于扩底桩扩大头斜面变截面以上 $2d$ 长度范围内，不计侧摩阻力；

q_{pk}——桩径为 800 mm 时的极限端阻力标准值，kPa，对于干作业挖孔（清底干净）可采用深层载荷板试验确定，当不能进行深层载荷板试验时，可按表 4-6 取值；

ψ_{si}、ψ_p——大直径桩侧摩阻力、端阻力尺寸效应系数，可按表 4-7 取值。

表 4-6　干作业桩（清底干净，$D=800$ mm）极限端阻力标准值 q_{pk}　kPa

土的名称		状态		
黏性土		$0.25<I_L\leqslant0.75$	$0<I_L\leqslant0.25$	$I_L\leqslant0$
		800～1 800	1 800～2 400	2 400～3 000
粉土		$0.75\leqslant e\leqslant0.9$	$e<0.75$	
		1 000～1 500	1 500～2 000	
砂土和碎石类土		稍密	中密	密实
	粉砂	500～700	800～1 100	1 200～2 000
	细砂	700～1 100	1 200～1 800	2 000～2 500
	中砂	1 000～2 000	2 200～3 200	3 500～5 000
	粗砂	1 200～2 200	2 500～3 500	4 000～5 500
	砾砂	1 400～2 400	2 600～4 000	5 000～7 000
	圆砾、角砾	1 600～3 000	3 200～5 000	6 000～9 000
	卵石、碎石	2 000～3 000	3 300～5 000	7 000～11 000

注：1. 当桩进入持力层深度 h_b 分别为：$h_b\leqslant D$，$D<h_b\leqslant4D$，$h_b>4D$ 时，q_{pk} 可分别取较低、中、高值。D 为桩端扩底直径。

2. 砂土密实度可根据标准贯入击数 N 判定，$N\leqslant10$ 为松散，$10<N\leqslant15$ 为稍密，$15<N\leqslant30$ 为中密，$N>30$ 为密实。

3. 当桩的长径比 $l/d\leqslant8$ 时，q_{pk} 宜取较低值。

4. 当对沉降要求不严时，q_{pk} 可取高值。

表 4-7　大直径桩侧摩阻力尺寸效应系数 ψ_{si}、端阻力尺寸效应系数 ψ_p

土的类别	ψ_{si}	ψ_p
黏性土、粉土	$(0.8/d)^{1/5}$	$(0.8/D)^{1/4}$
砂土、碎石类土	$(0.8/d)^{1/3}$	$(0.8/D)^{1/3}$

注：d 为桩身直径；D 为桩端直径。等直径桩时，$D=d$。

3. 钢管桩

钢管桩分为闭口钢管桩和敞口钢管桩。闭口钢管桩的承载变形机理与混凝土预制桩相同。敞口钢管桩由于沉桩过程，桩端部分土将涌入管内形成“土塞”，而桩端土的闭塞程度直接影响桩的承载力性状，为此，敞口钢管桩的承载力机理比闭口钢管桩复杂。

当根据土的物理指标与承载力参数之间的经验关系确定钢管桩单桩竖向极限承载力标准值时，可按式(4-13)计算：

$$Q_{uk}=Q_{sk}+Q_{pk}=u\sum q_{sik}l_i+\lambda_p q_{pk}A_p \tag{4-13}$$

当 $h_b/d<5$ 时

$$\lambda_p=0.16\frac{h_b}{d} \tag{4-14}$$

当 $h_b/d\geqslant 5$ 时

$$\lambda_p=0.8 \tag{4-15}$$

式中 q_{sik}、q_{pk}——分别按表 4-4、表 4-5 取与混凝土预制桩相同的值，kPa；

λ_p——桩端土塞效应系数，对于闭口钢管桩 $\lambda_p=1$，对于敞口钢管桩按式(4-14)、式(4-15)取值；

h_b——桩端进入持力层深度，m；

d——钢管桩外径，m。

对于带隔板的半敞口钢管桩，应以等效直径 d_e 代替 d 确定 λ_p，$d_e=\frac{d}{\sqrt{n}}$（n 为桩端隔板分割数），如图 4-13 所示。

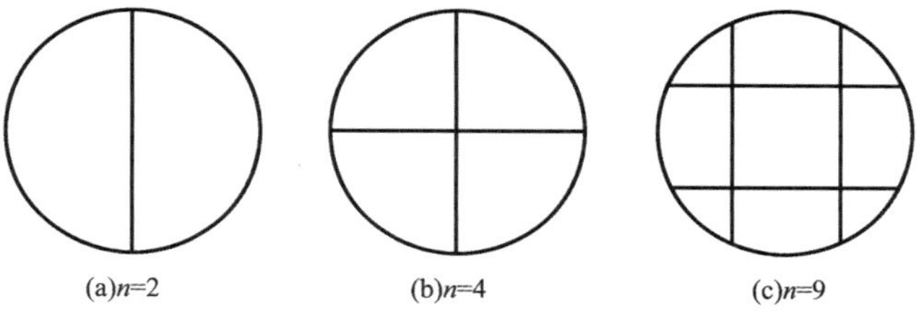

图 4-13 钢管桩隔板分割

4. 混凝土空心桩

混凝土空心桩与钢管桩类似，桩端敞口，存在桩端土塞效应；不同的是混凝土空心桩壁厚度较钢管桩大得多，计算端阻力时，不能忽略桩壁端部提供的端阻力，故混凝土空心桩的端阻力分为两部分：一部分为桩壁端部的端阻力，另一部分为敞口部分的端阻力。

敞口预应力混凝土空心桩的单桩竖向极限承载力标准值可按式(4-16)计算：

$$Q_{uk}=Q_{sk}+Q_{pk}=u\sum q_{sik}l_i+q_{pk}(A_j+\lambda_p A_{p1}) \tag{4-16}$$

式中 q_{sik}、q_{pk}——分别按表 4-4、表 4-5 取与混凝土预制桩相同的值，kPa；

A_j——空心桩桩端净面积，m^2，管桩 $A_j=\frac{\pi}{4}(d^2-d_1^2)$，空心方桩 $A_j=b^2-\frac{\pi}{4}d_1^2$；

A_{p1}——空心桩敞口面积，m^2，$A_{p1}=\frac{\pi}{4}d_1^2$；

λ_p——桩端土塞效应系数，可按式(4-14)、式(4-15)计算，但式(4-14)中的 d 为 d_1；

d、b——空心桩外径、边长，m；

d_1——空心桩内径，m。

5. 嵌岩桩

随着高层建筑及大型桥梁工程的快速发展，嵌岩桩的应用日益广泛。近十年来大量试验研究成果和工程应用的经验表明，一般情况下，只要嵌岩桩不是短桩，上覆土层的侧摩阻力就能部分发挥。此外，嵌岩深度内也有侧摩阻力作用，故传递到桩端的应力随嵌岩深度增大而递减，当嵌岩深度达 $5d$ 时，该应力接近于零。所以，桩端嵌岩深度一般不必很大，超过某一界限则无助于提高桩的竖向承载力。因此，桩端置于完整、较完整基岩的嵌岩单桩的极限承载力标准值 Q_{uk}，由桩周土总侧摩阻力 Q_{sk} 和嵌岩段总极限阻力 Q_{rk} 组成，当根据岩石单轴抗压强度确定单桩竖向极限承载力标准值时，可按式(4-17)计算：

$$Q_{uk}=Q_{sk}+Q_{rk}=u\sum q_{sik}l_i+\zeta_r f_{rk}A_p \tag{4-17}$$

式中　f_{rk}——岩石饱和单轴抗压强度标准值，kPa，黏土岩取天然湿度单轴抗压强度标准值；

ζ_r——嵌岩段侧阻和端阻综合系数，与嵌岩深径比 h_r/d、岩石软硬程度和成桩工艺有关，可按表 4-8 采用，表中数值适用于泥浆护壁成桩，对于干作业成桩（清底干净）和泥浆护壁成桩后注浆，ζ_r 应取表列数值的 1.2 倍。

表 4-8　嵌岩段侧阻和端阻综合系数 ζ_r

嵌岩深径比 h_r/d	0	0.5	1.0	2.0	3.0	4.0	5.0	6.0	7.0	8.0
极软岩、软岩	0.60	0.80	0.95	1.18	1.35	1.48	1.57	1.63	1.66	1.70
较硬岩、坚硬岩	0.45	0.65	0.81	0.90	1.00	1.04				

注：1. 极软岩、软岩指 $f_{rk}\leqslant 15$ MPa，较硬岩、坚硬岩指 $f_{rk}>30$ MPa，介于二者之间可内插取值。

2. h_r 为桩身嵌岩深度，当岩面倾斜时，以坡下方嵌岩深度为准；当 h_r/d 为非表列值时，ζ_r 可内插取值。

4.3.3　承压群桩竖向承载力

（一）群桩效应

由多根桩（大于或等于两根）组成的桩基础称为群桩基础。群桩基础受竖向荷载作用后，由于承台、桩、桩间土的相互作用，使群桩的承载力和沉降性状与单桩明显不同，群桩竖向承载力往往不等于各个单桩的承载力之和，这种效应称为群桩效应。群桩效应因桩基类型而异，常以群桩效应系数表示，即

$$\eta_p=\frac{\text{群桩承载力}}{\text{组成群桩的各单桩承载力之和}} \tag{4-18}$$

1. 端承型群桩基础

对于端承型群桩基础，由于持力层坚硬，压缩性很低，桩顶沉降较小，桩侧摩阻力不易发挥，桩顶荷载主要通过桩身直接传到桩端处土层上（图 4-14）。桩端处压力较集中，各桩端的压力彼此互不影响，可近似地认为端承型群桩中各基桩的工作性状与单桩基本一致，群桩基础的承载力即为单桩承载力之和。因此，端承型群桩基础不考虑群桩效应，群桩效应系数 $\eta_p=1.0$。

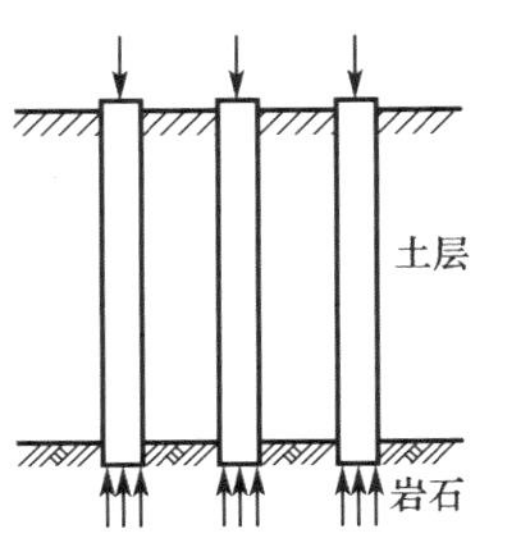

图 4-14　端承型群桩

2. 摩擦型群桩基础

对于摩擦型群桩基础，群桩主要通过每根桩的侧摩阻力将上

部荷载传递到桩周及桩端土层中，且一般假定桩侧摩阻力在土中引起的附加应力按某一角度，沿桩长向下扩散分布至桩端平面处，如图 4-15 所示。当桩数少，桩中心距 s_a 较大时($s_a>6d$)，桩端平面处各桩传来的压力不重叠或重叠不多[图 4-15(a)]，此时群桩中各桩的工作情况与单桩一致，故群桩的承载力等于各单桩承载力之和，即无群桩效应。但当桩数较多，桩中心距较小时，桩端处地基中各桩传来的压力相互重叠[图 4-15(b)]，桩端处压力比单桩时大得多，桩端以下压缩土层的影响深度也比单桩要大。此时群桩中各桩的工作状态与单桩不同，其承载力小于各单桩承载力之和，而沉降量大于单桩沉降量。若限制群桩沉降量与单桩沉降量相同，则群桩中的每一根桩的平均承载力比单桩时要低，即群桩效应系数 $\eta_p<1.0$。

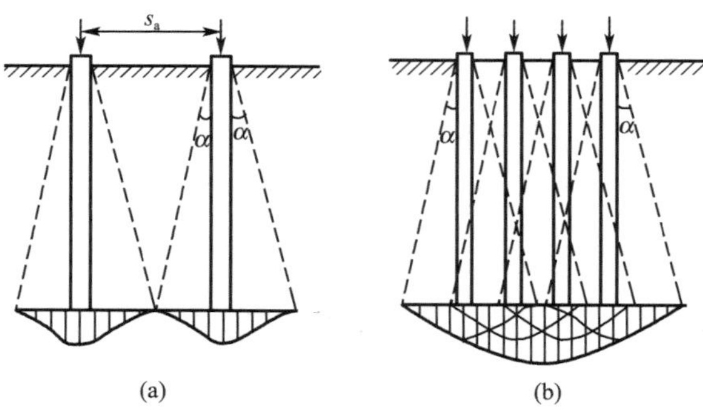

图 4-15　摩擦型群桩桩端平面上的压力分布图

但国内外大量工程实践和试验研究结果表明，采用单一的群桩效应系数不能正确反映群桩基础的工作状况，可能低估了群桩基础的承载能力。其原因为：一是群桩基础的沉降量只需满足建筑物桩基变形允许值的要求，无须按单桩的沉降量控制；二是群桩基础中的一根桩与单桩的工作条件不同，其极限承载力也不一样。由于群桩基础成桩时桩侧土体受挤密的程度高，潜在的侧摩阻力大，桩间土的竖向变形比单桩时大，故桩与土的相对位移减小，影响侧摩阻力的发挥。通常，砂土和粉土中的桩基，群桩效应使桩的侧摩阻力提高；而黏性土中的桩基，在常见的桩距下，群桩效应往往使侧摩阻力降低。考虑群桩效应后，桩端平面处压力增加较多，极限桩端阻力相应提高。因此，群桩基础中桩的极限承载力的确定极为复杂，其与桩的间距、土质、桩数、桩径、入土深度以及桩的类型和排列方式等因素有关。

就实际工程而言，桩所穿越的土层往往是两种以上性质不同的土层，且水平方向变化不均，分别考虑由于群桩效应引起桩侧摩阻力和桩端阻力的变化过于烦琐，《建筑桩基技术规范》对桩侧和桩端的群桩效应不予考虑，而只考虑承台底土分担的承台效应。《建筑地基基础设计规范》未考虑群桩效应。

(二)承台效应

摩擦型群桩在竖向荷载作用下，由于桩土相对位移，桩间土对承台产生一定竖向抗力，成为桩基竖向承载力的一部分而分担荷载，称为承台效应。承台底地基承载力特征值发挥率称为承台效应系数。考虑承台效应的群桩基础称为复合桩基，复合桩基就是由基桩和承台下地基土共同承担荷载的桩基础，此时复合桩基中的单桩称为复合基桩，复合基桩是由单桩及其对应面积的承台下地基土组成复合承载基桩。

近二十多年来，大量室内研究和现场实测表明：对于摩擦型桩基，除了承台底面存在几类特殊性质土层和动力作用的情况外，承台下的桩间土均参与承担部分外荷载，且承载的比例随桩距的增大而增大。设计复合桩基时需要注意：承台底土分担荷载是以桩基的整体下沉为前提，所以只有在桩沉降不会危及建筑物安全和正常使用，且承台底不与软土直接接触时，才适宜开发承台底土抗力的潜力。

因此，对于端承型桩基、桩数少于四根的摩擦型柱下独立桩基以及下列情况时不能考虑承台效应：承受经常出现的动力作用，如铁路桥梁桩基；承台下存在可能产生负摩阻力的土层，如湿陷性黄土、欠固结土、新填土、高灵敏度软土以及可液化土，或者由于降低地下水位地基土固结而与承台脱开；在饱和软土中沉入密集桩群，引起超孔隙水压力和土体隆起，随着时间推移，桩间土逐渐固结下沉与承台脱开等情况。

(三)基桩或复合基桩的竖向承载力特征值

《建筑桩基技术规范》给出了考虑承台效应的复合基桩竖向承载力特征值的确定方法。

1. 不考虑承台效应

对于端承型桩基，桩数少于四根的摩擦型柱下独立桩基，或由于地层土质、使用条件等因素不宜考虑承台效应时，基桩竖向承载力特征值应取单桩竖向承载力特征值，即

$$R=R_a \tag{4-19}$$

2. 考虑承台效应

对于符合下列条件之一的摩擦型桩基，宜考虑承台效应确定其复合基桩的竖向承载力特征值：

(1)上部结构整体刚度较好、体型简单的建(构)筑物。

(2)对差异沉降适应性较强的排架结构和柔性构筑物。

(3)按变刚度调平原则设计的桩基刚度相对弱化区。

(4)软土地基的减沉复合疏桩基础。

考虑承台效应的复合基桩竖向承载力特征值 R 可按下列公式确定

不考虑地震作用时

$$R=R_a+\eta_c f_{ak} A_c \tag{4-20}$$

考虑地震作用时

$$R=R_a+\frac{\zeta_a}{1.25}\eta_c f_{ak} A_c \tag{4-21}$$

式中　η_c——承台效应系数，可按表 4-9 取值；

f_{ak}——承台下 1/2 承台宽度且不超过 5 m 深度范围内各层土地基承载力特征值按厚度加权的平均值，kPa；

A_c——计算基桩所对应的承台底地基土净面积，m^2，$A_c=\frac{(A-nA_{ps})}{n}$，$A_{ps}$ 为桩身截面面积，A 为承台计算域面积；对于柱下独立桩基，A 为承台总面积；对于桩筏基础，A 为柱、墙、筏板的 1/2 跨距和悬臂边 2.5 倍筏板厚度所围成的面积；对于桩集中布置于单片墙下的桩筏基础，A 为墙两边各 1/2 跨距围成的面积，按条形基础计算 η_c；

ζ_a——地基抗震承载力调整系数，按第 8 章表 8-7 取值。

表 4-9　　承台效应系数 η_c

B_c/l \ s_a/d	3	4	5	6	>6
≤0.4	0.06～0.08	0.14～0.17	0.22～0.26	0.32～0.38	0.50～0.80
0.4～0.8	0.08～0.10	0.17～0.20	0.26～0.30	0.38～0.44	
>0.8	0.10～0.12	0.20～0.22	0.30～0.34	0.44～0.50	
单排桩条形承台	0.15～0.18	0.25～0.30	0.38～0.45	0.50～0.60	

注：1. 表中 s_a/d 为桩中心距与桩径之比，B_c/l 为承台宽度与桩长之比。当计算基桩为非正方形排列时，$s_a=\sqrt{\frac{A}{n}}$，A 为承台计算域面积，n 为总桩数。

2. 对于桩布置于墙下的箱、筏承台，η_c 可按单排桩条形基础取值。

3. 对于单排桩条形承台，当承台宽度小于 1.5d 时，η_c 按非条形承台取值。

4. 对于采用后注浆灌注桩的承台，η_c 宜取低值。

5. 对于饱和黏性土中的挤土桩基、软土地基上的桩基承台，η_c 宜取低值的 80%。

当承台底为可液化土、湿陷性土、高灵敏度土、欠固结土、新填土时，沉桩引起的超孔隙水压力和土体隆起时，不考虑承台效应，取 $\eta_c=0$。

【例 4-2】 某桩基工程，框架柱尺寸为 1 000 mm×800 mm，桩径 $d=600$ mm，桩长 $l=12$ m，基桩平面布置、剖面及土层分布如图 4-16 所示，不考虑地震效应。试确定考虑承台效应后的复合基桩竖向承载力特征值，并分析承台效应对复合基桩竖向承载力的影响。

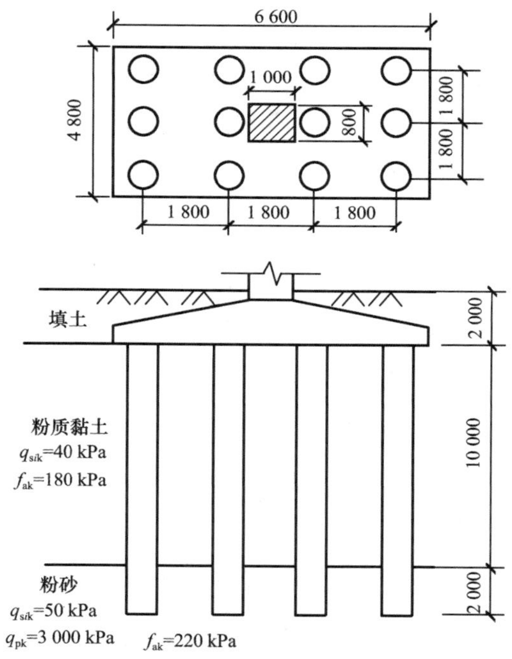

图 4-16 【例 4-2】图

解 因 $d=600$ mm<800 mm，故单桩竖向极限承载力标准值采用式(4-12)计算

$$Q_{uk}=u\sum q_{sik}l_i+A_pq_{pk}=\pi\times0.6\times(40\times10+50\times2)+\frac{\pi}{4}\times0.6^2\times3\ 000$$

$$=942.0+847.8=1\ 789.8\ \text{kN}$$

则单桩承载力特征值为

$$R_a=\frac{Q_{uk}}{2}=894.9\ \text{kN}$$

当考虑承台效应时，$B_c/l=4.8/12=0.4$，$s_a/d=1.8/0.6=3$，查表 4-10 知 $\eta_c=0.06\sim0.08$，取 $\eta_c=0.06$。f_{ak} 取承台下 1/2 承台宽度范围内土层的地基承载力特征值，即 180 kPa。

$$A_c=(A-nA_{ps})/n=\left(6.6\times4.8-12\times\frac{\pi}{4}\times0.6^2\right)/12=28.29/12=2.36\ \text{m}^2$$

则复合基桩承载力特征值为

$$R=R_a+\eta_c f_{ak}A_c=894.9+0.06\times180\times2.36=920.4\ \text{kN}$$

考虑承台效应后的复合基桩承载力特征值为 920.4 kN，单桩竖向承载力特征值为 894.9 kN，由此可以看出，本工程考虑承台效应后的复合基桩承载力提高 2.85%。

4.3.4　桩侧负摩阻力

桩土之间相对位移的方向决定了桩侧摩阻力的方向，承压桩在竖向荷载作用下，当桩相对桩周土体产生向下位移时，桩侧摩阻力向上，称为正摩阻力。相反，当桩周土体产生的沉降超过基桩的沉降时，即桩侧土相对于桩产生向下的位移，则桩侧摩阻力方向向下，称为负摩阻力。负摩阻力产生的原因很多，主要有下列几种情况：

(1)桩穿越较厚松散填土、自重湿陷性黄土、欠固结土、液化土层进入相对较硬土层时。

(2)桩周存在软弱土层，邻近桩侧地面承受局部较大的长期荷载，或地面大面积堆载(包括填土)时。

(3)由于降低地下水位，使桩周土有效应力增大，并产生显著压缩沉降时。

(4)冻土地区，由于温度升高而引起桩侧土的融陷。

(5)灵敏度较高的饱和黏性土层内，打桩引起桩周围土的结构破坏而重塑和固结。

要确定桩侧负摩阻力的大小，首先需要确定产生负摩阻力的范围及其强度大小。桩侧负摩阻力不一定发生于整个软弱压缩土层中，而是在桩周土相对于桩产生下沉的范围内，它与桩周土的压缩、固结、桩身压缩及桩底沉降等直接相关。图 4-17 为穿过软弱压缩土层而达到坚硬土层的承压桩的荷载传递情况。由图 4-17(b)可见，在 l_n 深度内，各断面处土的下沉量(1 线)大于桩身各点向下的位移量(2 线)，桩侧摩阻力朝下，为负摩阻力；在 l_n 深度以下，土的下沉量小于桩身各点向下的位移，桩侧摩阻力朝上，为正摩阻力；而在 l_n 深度处，桩周土与桩截面位移相等，两者无相对位移发生，其摩阻力为零，这种摩阻力为零的点称为中性点。图 4-17(c)和图 4-17(d)分别为桩侧摩阻力和桩身轴力 N 的分布曲线，其中 Q_n 为中性点以上的负摩阻力之和，或称为下拉荷载；Q_s 为总的正摩阻力。在中性点处桩身轴力达到最大值($Q+Q_n$)，而桩端总阻力则等于 $Q+(Q_n-Q_s)$。

中性点深度 l_n 应按桩周土层位移与桩截面位移相等的条件确定，也可参照表 4-10 确定。

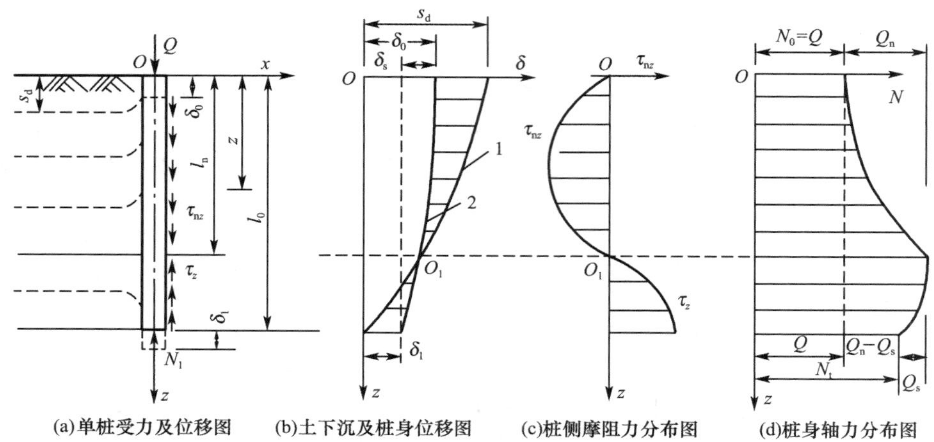

图 4-17 单桩在产生负摩阻力时的荷载传递

表 4-10 中性点深度比 l_n/l_0

持力层土类	黏性土、粉土	中密以上砂	砾石、卵石	基岩
l_n/l_0	0.5～0.6	0.7～0.8	0.9	1.0

注：1. l_0 为桩周软弱土层下限深度。

2. 当桩穿越自重湿陷性黄土时，l_n 按表列值增大 10%（持力层为基岩者除外）。

3. 当桩周土层固结与桩基固结沉降同时完成时，取 $l_n=0$。

4. 当桩周土层计算沉降量小于 20 mm 时，应按表列值乘以 0.4～0.8 折减。

要精确地计算负摩阻力是十分困难的，国内外大部分都采用近似的经验公式估算。根据实测结果分析，认为采用有效应力法比较符合实际。《建筑桩基技术规范》就是按此方法：桩侧负摩阻力及其引起的下拉荷载，当无实测资料时可按下列规定计算。

（1）中性点以上单桩桩周第 i 层土负摩阻力标准值 q_{si}^n 可按式（4-22）计算（当计算值超过正摩阻力时，取正摩阻力值）：

$$q_{si}^n=\xi_{ni}\sigma'_i \tag{4-22}$$

式中 ξ_{ni}——桩周第 i 层土负摩阻力系数，可按表 4-11 取用；

σ'_i——桩周第 i 层土平均竖向有效上覆压力，kPa，当桩周土为填土、自重湿陷性黄土湿陷、欠固结土层产生固结和地下水位降低时

$$\sigma'_i=\sigma'_{\gamma i} \tag{4-23}$$

当地面作用大面积均布荷载 p 时

$$\sigma'_i=p+\sigma'_{\gamma i} \tag{4-24}$$

其中

$$\sigma'_{\gamma i}=\sum_{e=1}^{i-1}\gamma_e\Delta z_e+\frac{1}{2}\gamma_i\Delta z_i \tag{4-25}$$

式中 $\sigma'_{\gamma i}$——由土自重引起的桩周第 i 层土平均竖向有效应力，kPa；桩群外围桩自地面算起，桩群内部桩自承台底算起；

γ_i、γ_e——第 i 层土和其上第 e 层土的重度，kN/m^3，地下水位以下取浮重度，m；

Δz_i、Δz_e——第 i 层土、第 e 层土的厚度。

表 4-11　　负摩阻力系数 ξ_n

桩周土类	饱和软土	黏性土、粉土	砂土	自重湿陷性黄土
ξ_n	0.15～0.25	0.25～0.40	0.35～0.50	0.20～0.35

注：1. 同一类土中，打入桩或沉管灌注桩取较大值；钻孔灌注桩、挖孔灌注桩取较小值。

2. 填土按土的类别取较大值。

(2)考虑群桩效应的基桩下拉荷载(桩侧总负摩阻力)可按式(4-26)计算

$$Q_g^n = \eta_n u \sum_{i=1}^{n} q_{si}^n l_i \tag{4-26}$$

$$\eta_n = \frac{s_{ax} \cdot s_{ay}}{\left[\pi d \left(\frac{q_s^n}{\gamma_m} + \frac{d}{4}\right)\right]} \tag{4-27}$$

式中　n——中性点以上土层数；

l_i——中性点以上第 i 层土的厚度，m；

η_n——负摩阻力群桩效应系数，$\eta_n>1$ 时取 1；

s_{ax}、s_{ay}——纵、横向桩的中心距，m；

q_s^n——中性点以上桩周土层厚度加权平均负摩阻力标准值，kPa；

γ_m——中性点以上桩周土层厚度加权平均重度，kN/m^3，地下水位以下取浮重度。

桩侧负摩阻力非但不能为承担上部荷载做出贡献，反而要产生作用于桩侧的下拉力，而造成桩端地基的屈服破坏、桩身破坏、结构物不均匀沉降等危害。因此，考虑桩侧负摩阻力对桩基础的作用是桩基础设计必不可少的内容之一。在桩基设计时，经常采取下列几种措施来减小负摩阻力的不利影响：

(1)处理承台底的欠固结土。当欠固结土层厚度不大时，可以考虑人工挖除并替换好土以减少土体本身的沉降。当欠固结土层厚度较大时或无法挖除时，可以对欠固结土层(如新填土地基)采用强夯挤淤、土层注浆等措施，使承台底土在打桩前或打桩后快速固结，以消除负摩阻力。

(2)套管法。在中性点以上的桩段外面罩上一段尺寸较桩身大的套管或者对钢桩加一层厚度为 3 mm 的塑料薄膜(兼防锈蚀)，使这段桩身不致受到土的负摩阻力作用。该法能显著降低下拉荷载，但会增加施工工作量。

(3)桩身表面涂层法。在预制桩中性点以上表面涂一薄层沥青，当土与桩发生相对位移出现负摩阻力时，涂层便会产生剪应变而降低作用于桩表面的负摩阻力，这是目前认为降低负摩阻力最有效的方法。

(4)预钻孔法。此法既适用于打入桩又适用于钻孔灌注桩。对于不适于采用涂层法的地质条件，可先在桩位处钻进成孔，再插入预制桩。在计算中性点以下桩段宜用桩锤打入以确保桩的承载力，中性点以上的钻孔孔腔与插入的预制桩之间灌入膨润土泥浆，减少桩侧负摩阻力。

在桩基设计时，可根据具体情况考虑负摩阻力对桩基承载力和沉降的影响，当缺乏可参照的工程经验时，《建筑桩基技术规范》建议按照下列规定验算：

(1)对于摩擦型桩可取桩身计算中性点以上侧摩阻力为零计算单桩承载力特征值 R_a，并按式(4-28)验算桩的承载力，即

$$N_k \leqslant R_a \tag{4-28}$$

(2)对于端承型桩除应满足式(4-28)要求外,尚应考虑负摩阻力引起桩的下拉荷载 Q_g^n,并按式(4-29)验算桩的承载力,即

$$N_k + Q_g^n \leqslant R_a \tag{4-29}$$

(3)当土层不均匀或建筑物对不均匀沉降较敏感时,尚应将负摩阻力引起的桩下拉荷载计入附加荷载验算桩基沉降。

【例 4-3】 某桩为钻孔灌注桩,桩径 $d=850$ mm,桩长 $l=22$ m,如图 4-18 所示,图中尺寸以 mm 计。由于大面积堆载引起负摩阻力,试计算下拉荷载标准值(已知中性点为 $l_n/l_0=0.8$,淤泥质土负摩阻力系数 $\xi_n=0.2$,负摩阻力群桩效应系数 $\eta_n=1.0$)。

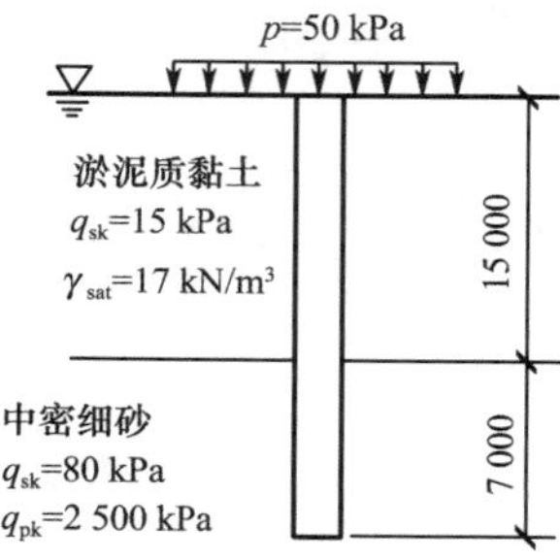

图 4-18 【例 4-3】图

解 (1)已知 $l_n/l_0=0.8$,其中 $l_0=15$ m,中性点深 $l_n=0.8\times15=12$ m。

(2)中性点以上单桩桩周第 i 层土负摩阻力标准值 q_{si}^n 计算如下:

$$\sigma'_{\gamma i}=\sum_{e=1}^{i-1}\gamma_e\Delta z_e+\frac{1}{2}\gamma_i\Delta z_i=0+\frac{1}{2}\times(17-10)\times12=42\ \text{kPa}$$

$$\sigma'_i=p+\sigma'_{\gamma i}=50+42=92\ \text{kPa}$$

$$q_{si}^n=\xi_{ni}\sigma'_i=0.2\times92=18.4\ \text{kPa}>15\ \text{kPa}=q_{sk}$$

故 q_{si}^n 取 15 kPa。

(3)基桩下拉荷载 Q_g^n 为

$$Q_g^n=\eta_n u\sum_{i=1}^{n}q_{si}^n l_i=1.0\times0.85\times3.14\times15\times12=480.4\ \text{kN}$$

4.3.5 桩的抗拔承载力

对于高耸结构物桩基(如高压输电塔、电视塔等)、承受巨大浮力作用的桩基(如地下室、地下油罐、取水泵房等)以及承受巨大水平荷载的桩基(如码头、桥台、挡土墙等),由于受偏心、浮力等荷载的作用,部分或全部基桩会产生上拔力,此时尚需验算桩的抗拔承载力。

桩基在承受上拔作用时可能发生两种形式的破坏:全部单桩均被拔出(称为非整体破坏)和群桩整体(包括桩间土)地拔出(称为整体破坏),这取决于哪种情况提供的总抗力较小,因此,对两种破坏模式的抗拔承载力均应进行验算。

相对于桩的竖向抗压承载力研究而言，有关抗拔承载力的机理研究尚不充分，尤其是群桩整体拔出。《建筑桩基技术规范》规定，对于设计等级为甲级和乙级的建筑桩基，基桩的抗拔极限承载力应通过现场单桩上拔静载荷试验确定。如无当地经验时，群桩基础及设计等级为丙级的建筑桩基，基桩的抗拔极限承载力取值可按下列方法计算。

(1)群桩呈非整体破坏时，基桩的抗拔极限承载力标准值可按式(4-30)计算

$$T_{uk}=\sum\lambda_i q_{sik}u_i l_i \tag{4-30}$$

式中　T_{uk}——基桩抗拔极限承载力标准值；

u_i——桩身周长，对于等直径桩取 $u=\pi d$；对于扩底桩按表 4-12 取值；

q_{sik}——桩侧表面第 i 层土的抗压极限侧摩阻力标准值，可按表 4-4 取值；

λ_i——抗拔系数，可按表 4-13 取值。

表 4-12　　扩底桩破坏时的表面周长 u_i

自桩底起算的长度 l_i	$\leqslant(4\sim10)d$	$>(4\sim10)d$
u_i	πD	πd

注：l_i 对于软土取低值，对于卵石、碎石取高值；l_i 取值按内摩擦角增大而增加。

表 4-13　　抗拔系数

土类	λ 值
砂土	0.50～0.70
黏性土、粉土	0.70～0.80

注：桩长 l 与桩径 d 之比小于 20 时，λ 取小值。

(2)群桩呈整体破坏时，基桩的抗拔极限承载力标准值可按式(4-31)计算：

$$T_{gk}=\frac{1}{n}u_l\sum\lambda_i q_{sik}l_i \tag{4-31}$$

式中　u_l——桩群外围周长，m。

承受抗拔力的桩基，应按式(4-32)、式(4-33)同时验算群桩基础呈整体破坏和呈非整体破坏时基桩的抗拔承载力：

呈整体破坏

$$N_k\leqslant\frac{T_{gk}}{2}+G_{gp} \tag{4-32}$$

呈非整体破坏

$$N_k\leqslant\frac{T_{uk}}{2}+G_p \tag{4-33}$$

式中　N_k——按荷载效应标准组合计算的基桩上拔力，kN；

G_{gp}——群桩基础所包围体积的桩土总自重除以总桩数，kN，地下水位以下取浮重度；

G_p——基桩自重，kN，地下水位以下取浮重度，对于扩底桩按表 4-13 确定桩、土柱体周长，计算桩、土自重。

4.4 水平受荷桩的承载力与位移计算

4.4.1 水平荷载下桩基受力性状

在水平荷载和弯矩作用下，桩身产生挠曲变形，并挤压桩侧土体，土体则对桩侧产生水平抗力，桩周土体水平抗力的大小控制着竖直桩的水平承载力，其大小和分布与桩的变形、土质条件以及桩的入土深度等因素有关。在出现破坏以前，桩身的水平位移与土的变形是协调的，相应地，桩身产生内力。随着位移和内力的增大，对于低配筋率的灌注桩而言，通常桩身首先出现裂缝，然后断裂破坏；对于抗弯性能好的混凝土预制桩，桩身虽未断裂，但桩侧土体明显开裂和隆起，桩的水平位移将超出建筑物容许变形值，使桩处于破坏状态。

影响桩水平承载力的因素很多，如桩的断面尺寸、刚度、材料强度、入土深度、桩间距、桩顶嵌固程度、土质条件以及上部结构的水平位移容许值等。且实践证明，桩的水平承载力远比竖向承载力要低。

桩的刚度和入土深度不同，其受力及破坏特性亦不同。根据桩的无量纲深度 αh［α 为桩的水平变形系数，见式(4-37)，h 为桩的入土深度］，通常可将桩分为刚性桩($\alpha h \leqslant 2.5$)和弹性桩($\alpha h > 2.5$)，其中刚性桩一般为短桩，弹性桩为中长桩($2.5 < \alpha h < 4.0$)和长桩($\alpha h \geqslant 4.0$)。刚性桩因入土较浅，而表层土的性质一般较差，桩的刚度远大于土层的刚度，桩周土体水平抗力较低，水平荷载作用下整个桩身易被推倒或发生倾斜(图 4-19)，故桩的水平承载力主要由桩的水平位移或倾斜控制。桩的入土深度愈大，土的水平抗力也就愈大。弹性桩为细长的杆件，在水平荷载作用下，将形成一段嵌固的地基梁，桩发生挠曲变形如图 4-19(b)所示。如果水平荷载过大，桩身中某处将产生较大的弯矩而出现桩身材料屈服。因此，桩的水平承载力将由桩身水平位移及最大弯矩值所控制。

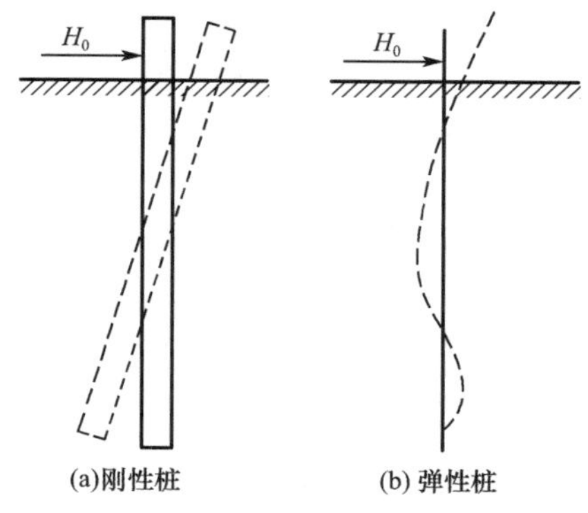

图 4-19 水平受荷桩变形

确定单桩水平承载力的方法中，水平静载荷试验最能反映实际情况，所得到的承载力和地基土的水平抗力系数最符合实际情况，若预先埋设量测元件，则能反映出加荷过程中桩身截面的内力及位移。此外，也可采用理论计算：根据桩顶水平位移容许值，或材料强度、抗裂度验算等确定，还可以参照当地经验确定。

4.4.2 弹性桩内力和位移理论计算

国内外关于水平荷载下桩的理论分析方法很多，我国多采用线弹性地基反力法。该法将土体视为弹性体，用梁的弯曲理论来求解桩的水平抗力 σ_{xz}，并利用文克勒地基模型，即假设 σ_{xz} 与桩的水平位移 x_z 成正比，且不计桩土之间的摩阻力以及邻桩对水平抗力的影响，即

$$\sigma_{xz}=k_x x_z \tag{4-34}$$

式中　k_x——地基土的水平抗力系数，$k_x=kz^n$。

根据对 n 的假定不同，又可分为多种方法，采用比较多的是图 4-20 所示的几种方法。

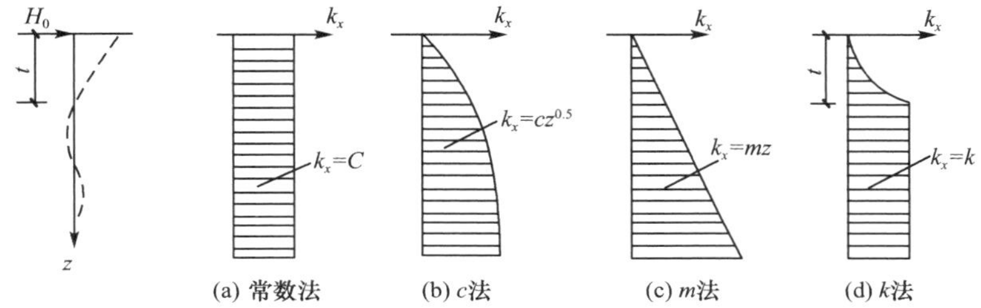

图 4-20　地基水平抗力系数的分布

(1)常数法。假定地基土水平抗力系数沿深度均匀分布，即 $n=0$。该法在日本和美国应用较多，如图 4-20(a)所示。

(2)k 法。假定地基土水平抗力系数在第一弹性零点 t 以上按抛物线变化，以下保持为常数，如图 4-20(d)所示。

(3)m 法。假定地基土水平抗力系数随深度呈线性增加，即 $n=1$，$k=m$，$k_x=mz$，如图 4-20(c)所示，该方法较为实用。目前，我国较为广泛地采用此法。

(4)c 法。假定地基土水平抗力系数随深度呈抛物线增加，即 $n=0.5$，$k_x=cz^{0.5}$，c 为比例常数，如图 4-20(b)所示。

实测资料表明，桩的水平位移较大时，m 法计算结果较接近实际；当桩的水平位移较小时，c 法比较接近实际。目前我国各规范均推荐采用 m 法，因此，下面仅简单介绍 m 法。

1. 单桩挠曲微分方程及其解

如图 4-21 所示，单桩在桩顶水平荷载 H_0 和弯矩 M_0 作用下产生挠曲变形 x_z，则根据文克勒弹性地基模型，地基土单位面积的水平抗力 $\sigma_{xz}=k_x x_z=mzx_z$，若桩的计算宽度为 b_1，则单位长度的地基水平抗力 $p(z)=b_1\sigma_{xz}=b_1 mzx_z$。则根据材料力学可以推得桩的挠曲微分方程为

$$EI\frac{\mathrm{d}^4 x_z}{\mathrm{d}z^4}=-p(z)=-b_1 mzx_z \tag{4-35}$$

变换得

$$\frac{\mathrm{d}^4 x_z}{\mathrm{d}z^4}+\frac{mb_1}{EI}zx_z=0 \tag{4-36}$$

令

$$\alpha=\sqrt[5]{\frac{mb_1}{EI}} \tag{4-37}$$

则式(4-36)变成

$$\frac{d^4x_z}{dz^4}+\alpha^5 zx_z=0 \tag{4-38}$$

式中 α——桩的水平变形系数，m^{-1}；

b_1——桩的计算宽度，m，对于圆形桩，当 $d\leqslant 1$ m 时，$b_1=0.9(1.5d+0.5)$；当直径 $d>1$ m 时，$b_1=0.9(d+1)$；对于方形桩，当边宽 $b\leqslant 1$ m 时，$b_1=1.5b+0.5$；当边宽 $b>1$ m 时，$b_1=b+1$；

EI——桩身抗弯刚度，$kN\cdot m^2$。

由式(4-37)可以看出，α 反映了桩土的相对刚度。

对于弹性长桩($\alpha h\geqslant 4.0$)，桩底的边界条件为弯矩为零，剪力为零。代入边界条件，并采用幂级数对式(4-38)进行求解，可得沿桩身 z 的水平位移、转角、弯矩、剪力表达式分别为

$$x_z=\frac{H_0}{\alpha^3 EI}A_x+\frac{M_0}{\alpha^2 EI}B_x \tag{4-39a}$$

$$\phi_z=\frac{H_0}{\alpha^2 EI}A_\phi+\frac{M_0}{\alpha EI}B_\phi \tag{4-39b}$$

$$M_z=\frac{H_0}{\alpha}A_M+M_0B_M \tag{4-39c}$$

$$V_z=H_0A_V+\alpha M_0B_V \tag{4-39d}$$

式中 A_x、B_x、A_ϕ、B_ϕ、A_M、B_M、A_V、B_V 均可查表 4-14。根据式(4-39)可作出单桩的水平位移、内力、水平抗力随深度的变化曲线，如图 4-21 所示。

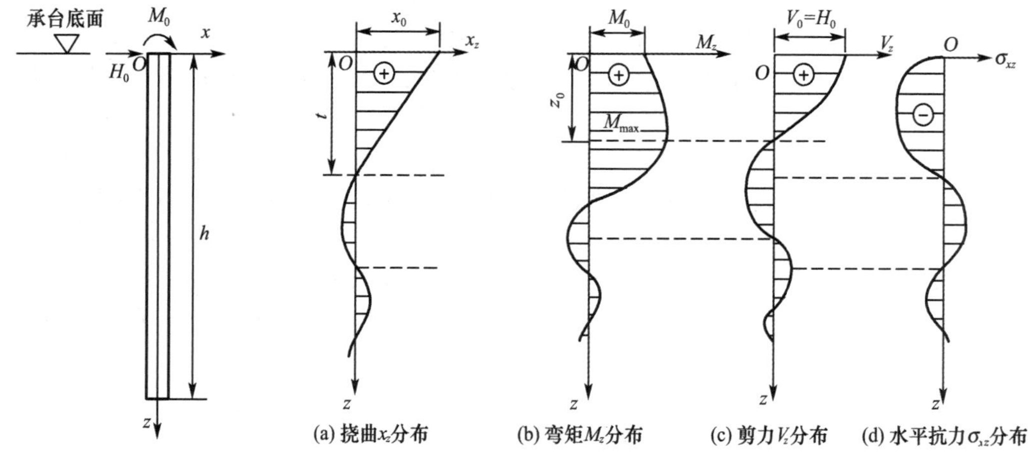

图 4-21 水平受荷弹性长桩内力与变形曲线

表 4-14　　弹性长桩的内力和变形计算常数($\alpha h \geq 4.0$)

αz	A_x	B_x	A_ϕ	B_ϕ	A_M	B_M	A_V	B_V
0.0	2.440 7	1.621 0	−1.621 0	−1.750 6	0.000 0	1.000 0	1.000 0	0.000 0
0.1	2.278 7	1.450 9	−1.616 0	−1.650 7	0.099 6	0.999 7	0.988 3	−0.007 5
0.2	2.117 8	1.290 9	−1.601 2	−1.550 7	0.197 0	0.998 1	0.955 5	−0.028 0
0.3	1.958 8	1.140 8	−1.576 8	−1.451 1	0.290 1	0.993 8	0.904 7	−0.058 2
0.4	1.802 7	1.000 6	−1.543 3	−1.352 0	0.377 4	0.986 2	0.839 0	−0.095 5
0.5	1.650 4	0.870 4	−1.501 5	−1.253 9	0.457 5	0.974 6	0.761 5	−0.137 5
0.6	1.502 7	0.749 8	−1.460 1	−1.157 3	0.529 4	0.958 6	0.674 9	−0.181 9
0.7	1.360 2	0.638 9	−1.395 9	−1.062 4	0.592 3	0.938 2	0.582 0	−0.226 9
0.8	1.223 7	0.537 3	−1.334 0	−0.969 8	0.645 6	0.913 2	0.485 2	−0.270 9
0.9	1.093 6	0.444 8	−1.267 1	−0.879 9	0.689 3	0.884 1	0.386 9	−0.312 5
1.0	0.970 4	0.361 2	−1.196 5	−0.793 1	0.723 1	0.850 9	0.289 0	−0.350 6
1.1	0.854 4	0.286 1	−1.122 8	−0.709 8	0.747 1	0.814 1	0.193 9	−0.384 4
1.2	0.745 9	0.219 1	−1.047 3	−0.630 4	0.761 8	0.774 2	0.101 5	−0.413 4
1.3	0.645 0	0.159 9	−0.970 8	−0.555 1	0.767 6	0.731 6	0.014 8	−0.436 9
1.4	0.551 8	0.107 9	−0.894 1	−0.484 1	0.765 0	0.686 9	−0.065 9	−0.454 9
1.5	0.466 1	0.062 9	−0.818 0	−0.417 7	0.754 7	0.640 8	−0.139 5	−0.467 2
1.6	0.388 1	0.024 2	−0.743 4	−0.356 0	0.737 3	0.593 7	−0.205 6	−0.473 8
1.8	0.259 3	−0.035 7	−0.600 8	−0.246 7	0.684 9	0.498 9	−0.313 5	−0.471 0
2.0	0.147 0	−0.075 7	−0.470 6	−0.156 2	0.614 1	0.406 6	−0.388 4	−0.449 1
2.2	0.064 6	−0.099 4	−0.355 9	−0.083 7	0.531 6	0.320 3	−0.431 7	−0.411 8
2.6	−0.039 9	−0.111 4	−0.178 5	−0.014 2	0.354 6	0.175 5	−0.436 5	−0.307 3
3.0	−0.087 4	−0.094 7	−0.069 9	−0.063 0	0.193 1	0.076 0	−0.360 7	−0.190 5
3.5	−0.105 0	−0.057 0	−0.012 1	−0.082 9	0.050 8	0.013 5	−0.199 8	−0.016 7
4.0	−0.107 9	−0.014 9	−0.003 4	−0.085 1	0.000 1	0.000 1	0.000 0	−0.000 5

2. 桩顶水平位移

桩顶水平位移是控制基桩水平承载力的主要因素，且桩的无量纲深度 αh 不同，桩端约束条件不同，其水平荷载下的工作性状不同。对于弹性长桩的桩顶水平位移，可根据表 4-14 中 $\alpha z=0$ 时的值代入式(4-39a)求得。对于弹性中长桩和刚性短桩，则可由表 4-15 查得并代入式(4-39a)求得。

表 4-15　　各类桩的桩顶位移系数

αh	桩端支承于土上		桩端嵌固在基岩中	
	A_x	B_x	A_x	B_x
0.5	72.004	192.026	0.042	0.125
1.0	18.030	24.106	0.329	0.494
1.5	8.101	7.349	1.014	1.028
2.0	4.737	3.418	1.841	1.468
2.4	3.526	2.327	2.240	1.586
2.6	3.163	2.048	2.330	1.596
2.8	2.905	1.869	2.371	1.593
3.0	2.727	1.758	2.385	1.586
3.5	2.502	1.641	2.389	1.584
≥4.0	2.441	1.621	2.401	1.600

3. 桩身最大弯矩及其位置

在进行桩截面配筋设计计算时，最关键的是求出桩身最大弯矩 M_{max} 及其相应的截面

位置 z_0。因为当配筋率较小时，水平承载力由桩身所能承受的最大弯矩控制。根据最大弯矩截面处剪应力为零的条件，可计算如下：

(1)由式(4-39d)为零可得 $C_D=\alpha\dfrac{M_0}{H_0}$，查表 4-16 得相应的换算深度 $\bar{z}(\alpha z)$，则最大弯矩截面的深度 z_0 为

$$z_0=\frac{\bar{z}}{\alpha} \tag{4-40}$$

表 4-16　　确定桩身最大弯矩截面系数 C_D 及最大弯矩系数 C_M

$\bar{z}=\alpha z$	C_D	C_M	$\bar{z}=\alpha z$	C_D	C_M	$\bar{z}=\alpha z$	C_D	C_M
0	∞	1.000	1.0	0.824	1.728	2.0	−0.865	−0.304
0.1	131.252	1.001	1.1	0.503	2.299	2.2	−1.048	−0.187
0.2	34.186	1.004	1.2	0.246	3.876	2.4	−1.230	−0.118
0.3	15.544	1.012	1.3	0.034	23.438	2.6	−1.420	−0.074
0.4	8.781	1.029	1.4	−0.145	−4.596	2.8	−1.635	−0.045
0.5	5.539	1.057	1.5	−0.299	−1.876	3.0	−1.893	−0.026
0.6	3.710	1.101	1.6	−0.434	−1.128	3.5	−2.994	−0.003
0.7	2.566	1.169	1.7	−0.555	−0.740	4.0	−0.045	−0.011
0.8	1.791	1.274	1.8	−0.665	−0.530			
0.9	1.238	1.441	1.9	−0.768	−0.396			

注：此表仅适用于 $\alpha h\geqslant 4.0$ 的情况；当 $\alpha h<4.0$ 时，可查相应规范表格。

(2)由 $\bar{z}$ 查表 4-16 可得桩身最大弯矩系数 C_M，即桩身最大弯矩 $M_{\max}$ 为

$$M_{\max}=C_M M_0 \tag{4-41}$$

一般当桩的入土深度达$\dfrac{4.0}{\alpha}$时，桩身内力及位移几乎为零。在此深度下，桩身只需按构造配筋或不配筋。

4.4.3　单桩水平承载力确定

(一)单桩水平静载荷试验

1.试验装置

试验装置如图 4-22 所示。将千斤顶水平放置在试桩与相邻桩之间进行水平加载，水平力作用点宜与实际工程的桩基承台底面标高一致。如果进行力矩产生水平位移的试验，可在承台底以上一定高度给桩施加水平力。为保证作用力的方向始终水平且通过桩轴线，千斤顶和试验桩接触处应安置球形铰支座，同时千斤顶与试桩的接触处宜适当补强。水平位移用大量程百分表或位移计测量，在水平力作用平面的受检桩两侧应对称安装两个百分表或位移计；当需要测量桩顶转角时，尚应在水平力作用平面以上 500 mm 的受检桩两侧对称安装两个百分表或位移计。

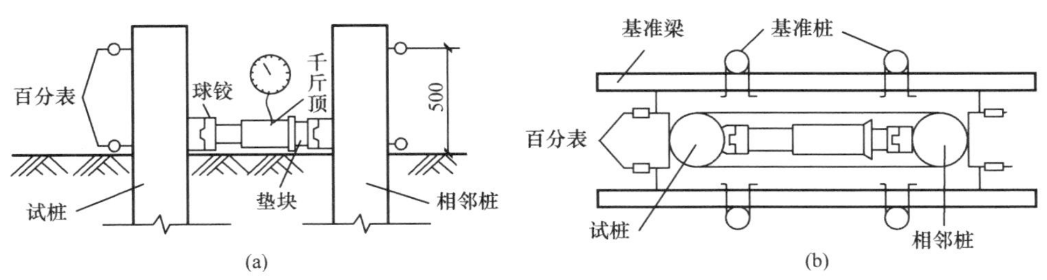

图 4-22　单桩水平静载荷试验装置

2. 试验加载方法

宜根据工程桩实际受力特性选用单向多循环加载法或慢速维持加载法，也可按设计要求采用其他加载方法。需要测量桩身应力或应变的试桩宜采用维持加载法。单向多循环加载法的分级荷载应小于预估水平极限承载力或最大试验荷载的 1/10，每级荷载施加后，恒载 4 min 后可测读水平位移，然后卸载至零，停 2 min 后测读残余水平位移，至此完成一个加载循环；如此循环 5 次，完成一级荷载的位移观测，试验不得中间停顿。慢速维持加载法与抗压桩静载荷试验要求相同。

3. 终止加载条件

当出现下列情况之一时，可终止加载：

(1)桩身折断。

(2)水平位移超过 30～40 mm(软土取 40 mm)。

(3)水平位移达到设计要求的允许值。

4. 水平承载力的确定

根据试验结果，一般应绘制桩顶水平荷载-时间-桩顶水平位移(H_0-T-x_0)曲线，如图 4-23(a)所示；或绘制水平荷载-位移梯度$\left(H_0\text{-}\dfrac{\Delta x_0}{\Delta H_0}\right)$曲线，如图 4-23(b)所示；或绘制水平荷载-位移(H_0-x_0)曲线；当具有桩身应力测量资料时，尚应绘制应力沿桩身分布图及水平荷载与最大弯矩截面钢筋应力(H_0-σ_g)曲线，如图 4-23(c)所示。

试验资料表明，上述曲线中通常有两个特征点，其所对应的桩顶水平荷载为临界荷载 H_{cr} 和极限荷载 H_u。H_{cr} 相当于桩身开裂、受拉区混凝土不参加工作时的桩顶水平力，一般可取：

(1)H_0-T-x_0 曲线出现突变点(相同荷载增量条件下出现比前一级明显增大的位移增量)的前一级荷载。

(2)$H_0\text{-}\dfrac{\Delta x_0}{\Delta H_0}$曲线第一直线段终点或 $\lg H_0$-$\lg x_0$ 曲线拐点所对应的荷载。

(3)H_0-σ_g 曲线第一突变点对应的荷载。

H_u 相当于桩身应力达到强度极限时的桩顶水平力，一般可取：

(1)H_0-T-x_0 曲线明显陡降的前一级荷载或水平位移包络线向下凹曲时的前一级荷载。

(2)$H_0\text{-}\dfrac{\Delta x_0}{\Delta H_0}$曲线第二直线段终点所对应的荷载。

(3)桩身折断或钢筋应力达到极限的前一级荷载。

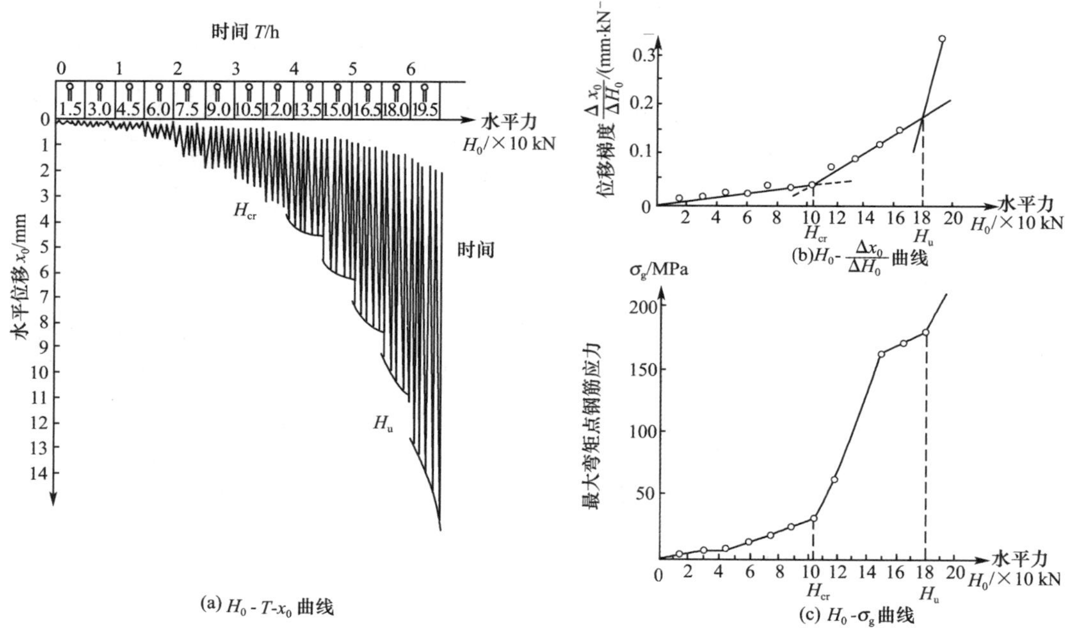

图 4-23 单桩水平静载荷试验成果分析曲线

(二)单桩水平承载力特征值的确定

根据《建筑桩基技术规范》,单桩水平承载力特征值的确定方法如下:

1. 根据单桩水平静载荷试验

对于受水平荷载较大的设计等级为甲级、乙级的建筑桩基,单桩水平承载力特征值应通过单桩水平静载荷试验确定。

(1)对于钢筋混凝土预制桩、钢桩、桩身正截面配筋率不小于 0.65%的灌注桩,可根据静载荷试验结果取地面处水平位移为 10 mm(对于水平位移敏感的建筑物取水平位移 6 mm)所对应的荷载的 75%为单桩水平承载力特征值。

(2)对于桩身正截面配筋率小于 0.65%的灌注桩,可取单桩水平静载荷试验的临界荷载的 75%为单桩水平承载力特征值。

2. 公式法

(1)当缺少单桩水平静载荷试验资料时,对于桩身正截面配筋率小于 0.65%的灌注桩的单桩水平承载力特征值可按式(4-42)估算,即

$$R_{ha}=\frac{0.75\alpha\lambda_m f_t W_0}{\nu_M}(1.25+22\rho_g)\left(1\pm\frac{\zeta_N N_k}{\lambda_m f_t A_n}\right) \tag{4-42}$$

式中 R_{ha}——单桩水平承载力特征值,kN,"±"根据桩顶竖向力性质确定,压力取"+",拉力取"−";

α—— 桩的水平变形系数;

λ_m——桩截面模量塑性系数,圆形截面 $\lambda_m=2$,矩形截面 $\lambda_m=1.75$;

f_t——桩身混凝土抗拉强度设计值,N/mm²;

W_0——桩身换算截面受拉边缘的截面模量 m³,圆形截面为 $W_0=\frac{\pi d}{32}[d^2+$

$2(\alpha_E-1)\rho_g d_0^2]$，方形截面为 $W_0=\frac{b}{6}[b^2+2(\alpha_E-1)\rho_g b_0^2]$，其中 d 为桩直径，d_0 为扣除保护层厚度的桩直径，b 为方形截面边长，b_0 为扣除保护层厚度的桩截面宽度，α_E 为钢筋弹性模量与混凝土弹性模量的比值；

ν_M——桩身最大弯矩系数，按表 4-17 取值，当单桩基础和单排桩基纵向轴线与水平力方向相垂直时，按桩顶铰接考虑；

ρ_g——桩身正截面配筋率；

A_n——桩身换算截面面积，m^2，圆形截面为 $A_n=\frac{\pi d^2}{4}[1+(\alpha_E-1)\rho_g]$；方形截面为 $A_n=b^2[1+(\alpha_E-1)\rho_g]$；

ζ_N——桩顶竖向力影响系数，竖向压力取 0.5，竖向拉力取 1.0；

N_k——在荷载效应标准组合下桩顶的竖向力，kN。

表 4-17　桩顶(身)最大弯矩系数 ν_M 和桩顶水平位移系数 ν_x

桩顶约束情况	桩的换算埋深(αh)	ν_M	ν_x
铰接、自由	4.0	0.768	2.441
	3.5	0.750	2.502
	3.0	0.703	2.727
	2.8	0.675	2.905
	2.6	0.639	3.163
	2.4	0.601	3.526
固接	4.0	0.926	0.940
	3.5	0.934	0.970
	3.0	0.967	1.028
	2.8	0.990	1.055
	2.6	1.018	1.079
	2.4	1.045	1.095

注：1. 铰接(自由)的 ν_M 系桩身的最大弯矩系数，固接的 ν_M 系桩顶的最大弯矩系数。

2. 当 αh 大于 4 时取 $\alpha h=4.0$。

需要注意的是，对混凝土护壁的挖孔桩，计算单桩水平承载力时，其设计桩径取护壁内直径。

(2)当桩的水平承载力由水平位移控制，且缺少单桩水平静载荷试验资料时，预制桩、钢桩、桩身正截面配筋率不小于 0.65%的灌注桩单桩水平承载力特征值可按式(4-43)估算，即

$$R_{ha}=0.75\frac{\alpha^3 EI}{\nu_x}x_{0a} \tag{4-43}$$

式中　EI——桩身抗弯刚度，$kN\cdot m^2$，对于钢筋混凝土桩，$EI=0.85E_cI_0$；其中 I_0 为桩身换算截面惯性矩；圆形截面为 $I_0=W_0d_0/2$；矩形截面为 $I_0=W_0b_0/2$；E_c 为混凝土压缩模量；

x_{0a}——桩顶允许水平位移，m；

ν_x——桩顶水平位移系数，按表 4-17 取值，取值方法同 ν_M。

在验算永久荷载控制的桩基水平承载力时，应将上述两种方法确定的单桩水平承载力特征值乘以调整系数 0.80；在验算地震作用桩基的水平承载力时，宜将上述两种方法确定的单桩水平承载力特征值乘以调整系数 1.25。

4.5 桩基础沉降计算

尽管桩基础与天然地基上的浅基础相比，沉降量可大为减少，但随着上部结构荷载和尺寸的增加以及对沉降要求的提高，桩基础也需要进行沉降计算。

《建筑桩基技术规范》规定，下列情况需要进行桩基础沉降计算：

(1)设计等级为甲级的非嵌岩桩和非深厚坚硬持力层的建筑桩基。

(2)设计等级为乙级的体型复杂、荷载分布显著不均匀或桩端平面以下存在软弱土层的建筑桩基。

(3)软土地基多层建筑的减沉复合疏桩基础。

桩基沉降变形指标有沉降量、沉降差、整体倾斜和局部倾斜。其中整体倾斜为建筑物桩基础倾斜方向两端点的沉降差与其距离的比值；局部倾斜为墙下条形承台沿纵向某一长度范围内桩基础两点的沉降差与其距离的比值。计算桩基沉降变形时，桩基变形指标应按下列规定选用：

(1)由于土层厚度与性质不均匀、荷载差异、体型复杂、相互影响等因素引起的地基沉降变形，对于砌体承重结构应由局部倾斜控制。

(2)对于多层或高层建筑和高耸结构应由整体倾斜值控制。

(3)当其结构为框架、框架-剪力墙、框架-核心筒结构时，应控制柱(墙)之间的差异沉降。

建筑桩基沉降变形计算值不应大于桩基沉降变形允许值，规范提供了允许值的表格。

对于桩中心距不大于 $6d$ 的桩基，计算桩基沉降时，按等代实体基础方法计算。该方法忽略桩、桩间土和承台构成的实体深基础的变形，不考虑桩基侧面应力的扩散作用，认为桩基沉降只是由桩端平面以下各土层的压缩变形构成。《建筑桩基技术规范》将这种方法称为等效作用分层总和法。等效作用面位于桩端平面，等效作用面积为桩承台投影面积，等效作用附加压力近似取承台底的平均附加压力。等效作用面以下的应力分布采用各向同性均质直线变形体理论。计算模式如图 4-24 所示，桩基任一点最终沉降量可用角点法按式(4-44)计算

$$s=\psi\psi_e s'=\psi\psi_e\sum_{j=1}^{m}p_{0j}\sum_{i=1}^{n}\frac{z_{ij}\bar{\alpha}_{ij}-z_{(i-1)j}\bar{\alpha}_{(i-1)j}}{E_{si}} \tag{4-44}$$

式中 s——桩基最终沉降量，mm；

s'——采用 Boussinesq 解，按实体深基础分层总和法计算出的桩基沉降量，mm；

ψ——桩基沉降经验系数，当无当地可靠经验时可按表 4-18 确定；

ψ_e——桩基等效沉降系数，按式(4-45)确定；

m——角点法计算点对应的矩形荷载分块数；

p_{0j}——第 j 块矩形底面在荷载效应准永久组合下的附加压力，kPa；

n——桩基沉降计算深度范围内所划分的土层数；

E_{si}——等效作用面以下第 i 层土的压缩模量，MPa，采用地基土在自重压力至自重压力加附加压力作用时的压缩模量；

z_{ij}、$z_{(i-1)j}$——桩端平面第 j 块荷载作用面至第 i 层土、第$(i-1)$层土底面的距离，m；

$\overline{\alpha}_{ij}$、$\overline{\alpha}_{(i-1)j}$——桩端平面第 j 块荷载计算点至第 i 层土、第$(i-1)$层土底面深度范围内平均附加应力系数。

桩基础等效沉降系数的计算公式为

$$\psi_{e}=C_{0}+\frac{n_{b}-1}{C_{1}(n_{b}-1)+C_{2}} \tag{4-45}$$

$$n_{b}=\sqrt{n\frac{B_{c}}{L_{c}}} \tag{4-46}$$

式中　n_{b}——矩形布桩时的短边布桩数，当布桩不规则时可按式(4-46)近似计算，$n_{b}>1$；

C_{0}、C_{1}、C_{2}——计算系数，根据群桩距径比 s_{a}/d、长径比 l/d 及承台长宽比 L_{c}/B_{c}，查《建筑桩基技术规范》附录 E 确定；

L_{c}、B_{c}、n——矩形承台的长、宽及总桩数。

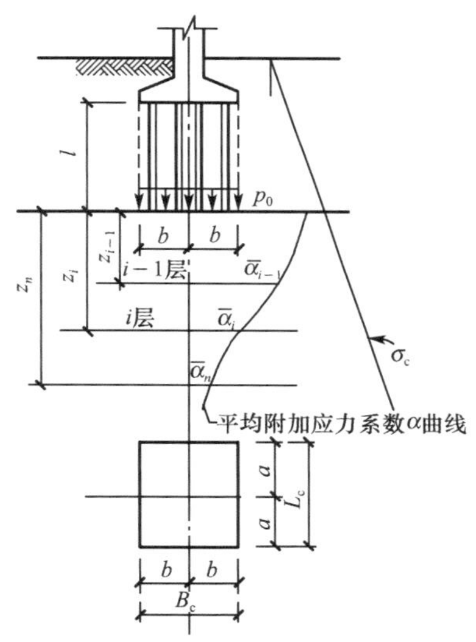

图 4-24　桩基沉降计算模式

表 4-18　桩基沉降经验系数

$\overline{E}_{s}$/MPa	≤10	15	20	35	≥50
ψ	1.2	0.9	0.65	0.5	0.40

桩基沉降计算深度 z_{n} 应按应力比法确定，即计算深度处的附加应力与自重应力应符合不等式：$\sigma_{z}\leqslant 0.2\sigma_{c}$，$\sigma_{z}$ 按角点法确定。

对于单桩、单排桩、桩中心距大于 $6d$ 的桩基，当承台底地基土分担荷载按复合基桩计算时，可采用 Mindlin 解考虑桩径影响来计算基桩引起的附加应力，采用 Boussinesq 解计算承台引起的附加应力，两者叠加，再按单向压缩分层总和法计算最终沉降量，并应计入桩身压缩量。

4.6 桩基础设计

桩基础的设计应力求选型恰当、经济合理、安全适用；桩和承台有足够的强度、刚度和耐久性；地基（主要是桩端持力层）有足够的承载力且不产生过量的变形，其设计内容和步骤如下：

(1)进行调查研究、场地勘察，收集有关资料。

(2)综合勘察报告、荷载情况、使用要求、上部结构条件等确定桩基础持力层。

(3)选择桩材，确定桩的类型、外形尺寸和构造。

(4)确定单桩承载力特征值。

(5)根据上部结构荷载情况，初步拟定桩的数量和平面布置。

(6)根据桩的平面布置，初步拟定承台的轮廓尺寸及承台底标高。

(7)验算作用于单桩上的竖向和水平承载力。

(8)验算承台尺寸及结构强度。

(9)必要时验算桩基的整体承载力和沉降量，当桩端下有软弱下卧层时，验算软弱下卧层的地基承载力。

(10)桩身结构设计，绘制桩和承台的结构和施工详图。

4.6.1 桩型、桩长和截面尺寸的选择

桩基础设计时，首先应根据建筑物的结构类型、荷载情况、地层条件、施工能力及环境限制（噪声、振动）等因素，选择预制桩或灌注桩的类别、桩的截面尺寸和长度以及桩端持力层等。桩端持力层是影响桩基承载力的关键因素，不仅制约桩端阻力，而且影响侧摩阻力的发挥，因此选择较硬土层作为桩端持力层至关重要。桩的长度主要取决于桩端持力层的选择。例如，一般高层建筑荷载大而集中，对控制沉降要求较严，水平荷载（风荷载或地震荷载）较大，故应采用大直径桩，且支承于岩层（嵌岩桩）或坚实而稳定的砂层、卵砾石层或硬黏土层即选用端承桩或摩擦端承桩。可根据环境条件和技术条件选用钢筋混凝土预制桩、大直径预应力混凝土管桩；也可选用钻孔桩或人工挖孔桩，特别是周围环境不允许打桩时；当要穿过较厚砂层时则宜选用钢桩。多层建筑，可以选用较短的小直径桩，且宜选用廉价的桩型，如小桩、沉管灌注桩。当浅层有较好持力层时，人工挖孔桩则更优越。对于基岩面起伏变化的地质条件，各种灌注桩是首先考虑的桩型。每种桩型都有各自的特点和适用条件，在施工中都可能产生一定的问题，需要采取施工措施来避免这些不利问题的发生或防范对工程或环境的不利影响。主要桩型的特点和施工中的问题见表4-19。

表 4-19　主要桩型的特点和施工中的问题

桩型	桩型的特点	施工中的问题
预制钢筋混凝土方桩	施工质量易于控制，沉桩工期短，单方混凝土的承载力高，工地比较文明	有挤土、振动和噪声影响环境；挤土会造成相邻建筑或市政设施损坏；接桩焊接质量如不好或沉桩速度过快，挤土可能会使邻桩上浮时拔断；穿越砂层时可能发生沉桩困难；当砂持力层比较密实时难以达到设计标高，有时会打坏桩头
预应力管桩	管桩的混凝土强度高，因而其结构承载力高，抗锤击性能好，综合单价比较低廉	具有与上述混凝土方桩相类似的一些问题。预应力混凝土管桩不适用于土层中含有较多的孤石、障碍物或含有不适宜作为持力层且管桩又难以贯穿的坚硬夹层；容易出现桩身断裂或桩尖滑动
钻孔灌注桩	无挤土作用，用钢量比较省，进入持力层的深度不受施工条件限制，桩长可随持力层的埋深而调整，可做成大直径桩	施工时易发生塌孔、缩径、沉渣，而且水下浇筑混凝土的质量都不易控制，影响工程质量；大量泥浆外运和堆放都会污染环境；钻孔、泥浆沉淀及浇筑等工序相互干扰大；单方混凝土的承载力低于预制桩
人工挖孔桩	具有钻孔灌注桩的特点，且可检查桩侧土层，桩径不受设备条件限制，造价比较低	劳动条件和安全性差、劳动强度大，地下水位高的场地不适宜采用，如降水后人工挖孔，则降水会引起相邻地面沉降
沉管灌注桩	造价低廉，但桩径和桩长均受设备条件限制	有挤土作用，下管时易挤断相邻桩；拔管过快容易形成缩径、断桩
钢管桩	施工方便，工期短，可用于超长桩，单桩承载力高	造价高，有部分挤土作用

4.6.2　桩的根数及桩的布置

（一）桩的根数

初步估计桩数时，先不考虑群桩效应，根据单桩竖向承载力特征值 R_a 确定。当桩基为轴心受压时，桩数 n 可按式(4-47a)估算，即

$$n \geqslant \frac{F_k + G_k}{R_a} \tag{4-47a}$$

式中　F_k——荷载效应标准组合下，作用于承台顶面的竖向力，kN；

G_k——桩基承台和承台上土自重标准值，kN，对稳定的地下水位以下部分应扣除水的浮力。

但此时承台尺寸和埋深尚未确定，G_k 无法确定，所以初步设计时采用式(4-47b)估算桩数，即

$$n \geqslant \mu \frac{F_k}{R_a} \tag{4-47b}$$

式中　μ——桩数增大系数，取值大于 1。

偏心受压时，若桩的布置使得群桩横截面的重心与荷载合力作用点重合，桩数仍可按上述方法确定；否则，应增大 μ 值。承受水平荷载的桩基，桩数的确定还应满足对桩的水平承载力的要求。此时，可以简单地以各单桩水平承载力之和作为桩基的水平承载力。这样处

理偏于安全。

（二）桩的布置

桩的间距过大，承台体积增大，造价提高；间距过小，桩的承载能力不能充分发挥，给施工造成困难。一般桩的最小中心距应符合表 4-20 规定。对于大面积桩群，尤其是挤土桩，桩的最小中心距还应按表 4-20 中所列数值适当加大。d 为圆桩设计直径或方桩设计边长。

表 4-20　桩的最小中心距

土类与成桩工艺		桩排数大于或等于 3，桩数大于或等于 9 的摩擦型桩基	其他情况
非挤土灌注桩		$3.0d$	$2.5d$
部分挤土灌注桩		$3.5d$	$3.0d$
挤土桩	穿越非饱和土、饱和非黏性土	$4.0d$	$3.5d$
	穿越饱和黏性土	$4.5d$	$4.0d$
沉管夯扩、钻孔挤扩桩	穿越非饱和土、饱和非黏性土	$2.2D$ 且 $4.0d$	$2.0D$ 且 $3.5d$
	穿越饱和黏性土	$2.5D$ 且 $4.5d$	$2.2D$ 且 $4.0d$
钻孔、挖孔扩底灌注桩		$2D$ 或 $D+2.0$ m（当 $D>2$ m 时）	$1.5D$ 或 $D+1.5$ m（当 $D>2$ m 时）

桩数确定后，可根据上部结构形式及桩基受力情况选用单排桩或多排桩桩基。柱下桩基常采用矩形、三角形和梅花形布桩［图 4-25(a)］，墙下桩基可采用单排直线布置或双排交错布置，在纵、横墙交接处宜布桩［图 4-25(b)］。

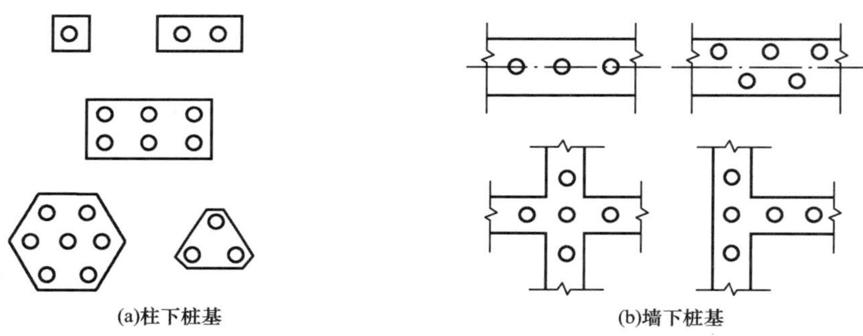

图 4-25　桩的平面布置示例

为使桩基中各桩受力比较均匀，布桩时应尽可能使上部荷载的中心与群桩的横截面形心重合或接近。当作用在承台底面的弯矩较大时，应增大桩基横截面的惯性矩。对柱下单独桩基和整片式桩基，宜采用外密内疏的布置方式；对横墙下的桩基，可在外纵墙之外布设一至两根“探头”桩（图 4-26）。此外，在有门洞的墙下布桩应将桩设置在门洞的两侧，梁式或板式基础下的群桩，布置时应注意使梁板中的弯矩尽量减小，即多在柱、墙下布桩，以减少梁和板跨中的桩数。

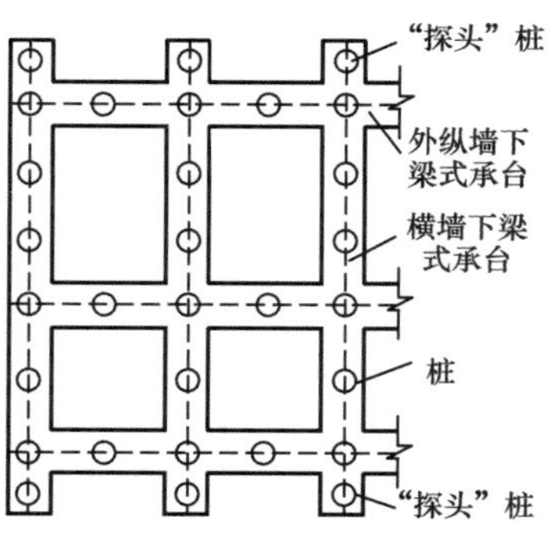

图 4-26　横墙下“探头”桩的布置

4.6.3　基桩竖向承载力验算

对于一般建筑物和受水平力较小的高层建筑群桩基础，桩径相同的低承台桩基，计算各基桩桩顶所受到的竖向力时，多假定承台为绝对刚性，各桩身刚度相等，且把桩视为受压杆件，按材料力学方法进行计算。

（一）桩顶作用效应计算

柱、墙、核心筒群桩中基桩或复合基桩的桩顶作用效应可按式（4-48）～式（4-50）计算（图 4-27）：

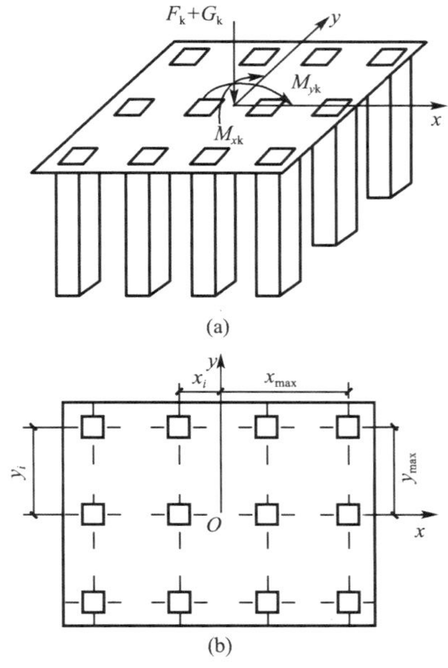

图 4-27　桩顶荷载的计算简图

轴心竖向力作用下

$$N_k=\frac{F_k+G_k}{n} \tag{4-48}$$

偏心竖向力作用下

$$N_{ik}=\frac{F_k+G_k}{n}\pm\frac{M_{xk}y_i}{\sum y_j^2}\pm\frac{M_{yk}x_i}{\sum x_j^2} \tag{4-49}$$

水平力作用下

$$H_{ik}=\frac{H_k}{n} \tag{4-50}$$

式中　N_k——荷载效应标准组合轴心竖向力作用下，基桩或复合基桩的平均竖向力，kN；

N_{ik}——荷载效应标准组合偏心竖向力作用下，第 i 根基桩或复合基桩的竖向力，kN；

M_{xk}、M_{yk}——荷载效应标准组合下，作用于承台底面，绕通过桩群形心的 x、y 主轴的力矩，kN·m；

x_i、x_j、y_i、y_j——第 i、j 根基桩或复合基桩至 y、x 轴的距离，m；

H_k——荷载效应标准组合下，作用于承台底面的水平力，kN；

H_{ik}——荷载效应标准组合下，作用于第 i 根基桩或复合基桩(桩顶)的水平力，kN；

n——桩基中的桩数。

(二)基桩竖向承载力验算

1.一般情况

承受轴心荷载的桩基，其基桩或复合基桩承载力特征值 R 应符合式(4-51)的要求

$$N_k \leqslant R \tag{4-51}$$

式中　R——基桩或复合基桩竖向承载力特征值，kN。

承受偏心荷载的桩基，除满足式(4-51)的要求外，尚应满足式(4-52)的要求

$$N_{kmax} \leqslant 1.2R \tag{4-52}$$

式中　N_{kmax}——荷载效应标准组合偏心竖向力作用下，基桩或复合基桩的最大竖向力，kN。

2.地震作用

当考虑地震作用时，轴心竖向力作用下

$$N_{Ek} \leqslant 1.25R \tag{4-53}$$

式中　N_{Ek}——地震作用效应和荷载效应标准组合下，基桩或复合基桩的平均竖向力，kN。

偏心竖向力作用下

$$N_{Ekmax} \leqslant 1.5R \tag{4-54}$$

式中　N_{Ekmax}——地震作用效应和荷载效应标准组合下，基桩或复合基桩的最大竖向力，kN。

3.考虑桩侧负摩阻力

当考虑桩侧负摩阻力时，轴心竖向力作用下的验算需满足式(4-28)和式(4-29)的要求，式(4-28)、式(4-29)中基桩的竖向承载力特征值 R_a 只计中性点以下部分的正侧阻值和端阻值，并且不考虑承台效应。

【例 4-4】　某七桩群桩基础，如图 4-28 所示，承台埋深 2.0 m，桩径 0.3 m，桩长 12 m，地下水位在地面下 1.5 m。作用于基础中心的竖向荷载效应标准组合 F_k=3 409 kN，弯矩 M_{yk}=500 kN·m。试求各基桩所承受的竖向力。

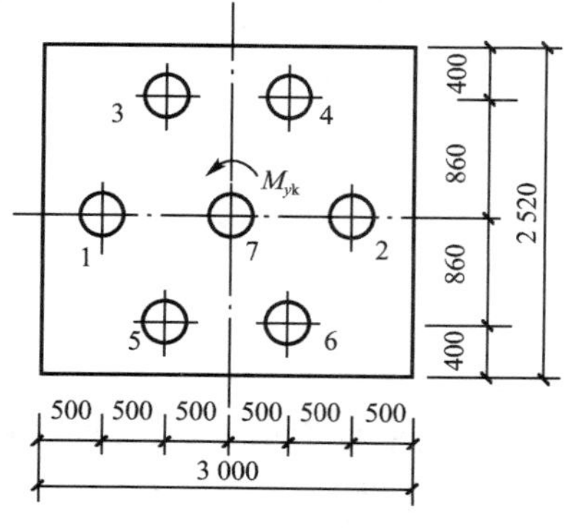

图 4-28 【例 4-4】图

解　由式(4-49)得

$$N_{ik}=\frac{F_k+G_k}{n}\pm\frac{M_{yk}x_i}{\sum x_j^2}$$

承台及其上土重

$$G_k=3.0\times2.52\times(1.5\times20+0.5\times10)=264.6\ \text{kN}$$

则

$$N_{1k}=\frac{F_k+G_k}{n}+\frac{M_{yk}x_1}{\sum x_j^2}=\frac{3\,409+264.6}{7}+\frac{500\times1.0}{2\times1.0^2+4\times0.5^2}=524.8+166.7=691.5\ \text{kN}$$

$$N_{2k}=\frac{F_k+G_k}{n}-\frac{M_{yk}x_2}{\sum x_j^2}=524.8-\frac{500\times1.0}{2\times1.0^2+4\times0.5^2}=358.1\ \text{kN}$$

$$N_{3k}=N_{5k}=\frac{F_k+G_k}{n}+\frac{M_{yk}x_3}{\sum x_j^2}=524.8+\frac{500\times0.5}{2\times1.0^2+4\times0.5^2}=608.1\ \text{kN}$$

$$N_{4k}=N_{6k}=\frac{F_k+G_k}{n}-\frac{M_{yk}x_4}{\sum x_j^2}=524.8-\frac{500\times0.5}{2\times1.0^2+4\times0.5^2}=441.5\ \text{kN}$$

$$N_{7k}=\frac{F_k+G_k}{n}=524.8\ \text{kN}$$

4.6.4　基桩水平承载力验算

受水平荷载的一般建筑物和水平荷载较小的高大建筑物单桩基础和群桩中基桩应满足式(4-55)要求

$$H_{ik}\leqslant R_h \tag{4-55}$$

式中　H_{ik}——荷载效应标准组合下，作用于第 i 根基桩桩顶处的水平力，kN；

R_h——单桩基础或群桩中基桩的水平承载力特征值，kN。

4.6.5　软弱下卧层承载力验算

对于桩距不超过 $6d$ 的群桩，当桩端平面以下软弱下卧层承载力与桩端持力层承载力相差过大(低于持力层的 1/3)，且荷载引起的局部压力超过其承载力过多时，将引起软弱下卧层侧向挤出，桩基偏沉，严重者引起整体失稳。故桩底存在软弱下卧层时，采用与浅基础类似的方法，按式(4-56)对软弱下卧层承载力进行验算(图 4-29)，即

$$\sigma_z+\gamma_m z\leqslant f_{az} \tag{4-56}$$

$$\sigma_z=\frac{(F_k+G_k)-3/2(A_0+B_0)\sum q_{sik}l_i}{(A_0+2t\tan\theta)(B_0+2t\tan\theta)} \tag{4-57}$$

式中　σ_z——作用于软弱下卧层顶面的附加应力，kPa；

γ_m——软弱层顶面以上各土层重度(地下水位以下取浮重度)按厚度加权平均值，kN/m^3；

f_{az}——软弱下卧层经深度 z 修正的地基承载力特征值，kPa；

A_0、B_0——桩群外缘矩形底面的长边、短边边长，m；

t——硬持力层厚度，m；

q_{sik}——桩周第 i 层土的极限侧摩阻力标准值，kPa，无当地经验时，可根据成桩工艺按表 4-4 表取值；

θ——桩端硬持力层压力扩散角，按表 4-21 取值。

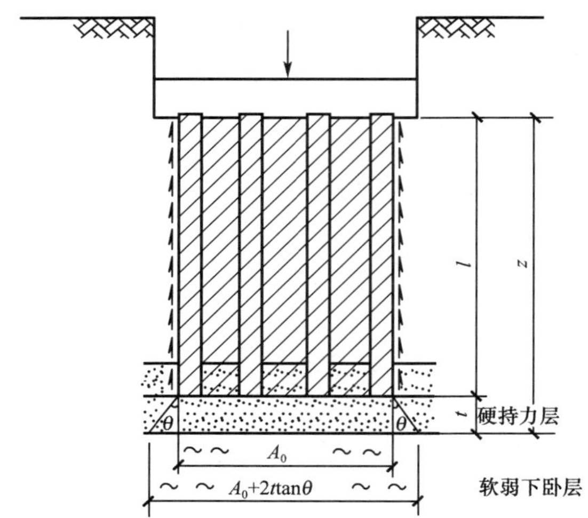

图 4-29 软弱下卧层承载力验算

表 4-21 桩端硬持力层压力扩散角 θ

E_{s1}/E_{s2}	$t=0.25B_0$	$t\geqslant 0.50B_0$
1	4°	12°
3	6°	23°
5	10°	25°
10	20°	30°

注：1. E_{s1}、E_{s2} 分别为硬持力层、软弱下卧层的压缩模量。

2. 当 $t<0.25B_0$ 时，取 $\theta=0°$，必要时，宜通过试验确定；当 $0.25B_0<t<0.50B_0$ 时，可内插取值。

验算过程中应注意以下四点：

(1)验算范围，规定在桩端平面以下受力层范围存在低于持力层承载力 1/3 的才是软弱下卧层。实际工程持力层以下存在相对软弱土层是常见现象，只有当强度相差过大时才有必要验算。这是因为下卧层与桩端持力层的地基承载力差异过小时，土体的塑性挤出和失稳不会出现。

(2)传递至桩端平面的荷载，按扣除实体基础外表面总极限侧摩阻力的 3/4 而非 1/2 总极限侧摩阻力。主要是考虑荷载传递机理，在软弱下卧层进入临界状态前基桩侧摩阻力平均值已接近于极限。

(3)桩端荷载扩散。持力层刚度越大，扩散角越大，这是基本性状，这里所规定的压力扩散角与《建筑地基基础设计规范》一致。

(4)软弱下卧层的承载力只进行深度修正。这是因为下卧层受压区应力分布并非均匀，呈内大外小状态，不应做宽度修正；考虑到承台底面以上土已挖除且可能和土体脱空，因此修正深度从承台底部计算至软弱土层顶面。另外，既然是软弱下卧层，多为软黏土，故深度修正系数取 1.0。

【例 4-5】 某九桩群桩基础如图 4-30 所示，桩径 0.4 m，桩长 16.2 m；承台底面尺寸

4.0 m×4.0 m，边桩中心线距承台边 0.4 m，地下水位在地面下 2.5 m。土层分布为：①填土，$\gamma=17.8\ \text{kN/m}^3$；②黏土，$\gamma=19.5\ \text{kN/m}^3$，$f_{ak}=150$ kPa，桩侧摩阻力特征值 $q_{sik}=24$ kPa；③粉土，$\gamma=19\ \text{kN/m}^3$，$f_{ak}=228$ kPa，桩侧摩阻力特征值 $q_{sik}=30$ kPa，$E_s=8.0$ MPa；④淤泥质黏土，$f_{ak}=75$ kPa，$E_s=1.6$ MPa。上部结构传来荷载效应标准值 $F_k=5\ 800$ kN，试验算软弱下卧层承载力。

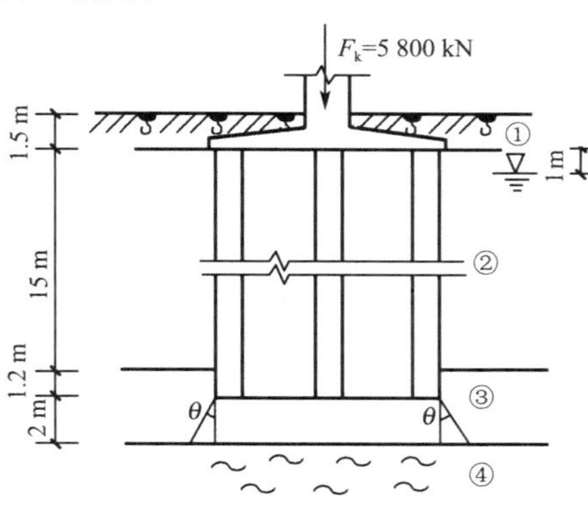

图 4-30 【例 4-5】图

解　比较桩端以下第④下卧层及第③持力层承载力 $f_{ak}=75\ \text{kPa}<\dfrac{228}{3}=76$ kPa，故需对其进行承载力验算，即 $\sigma_z+\gamma_m z\leqslant f_{az}$。

(1)作用于软弱下卧层顶面的附加应力 σ_z

$A_0=B_0=4.0-2\times0.2=3.6$ m，$0.5B_0=0.5\times3.6=1.8$ m，$t=2.0\ \text{m}>1.8\ \text{m}=0.5B_0$

$E_{s1}/E_{s2}=8/1.6=5$，查表 4-23 得，$\theta=25°$。

$$G_k=4\times4\times1.5\times20=480\ \text{kN}$$

$$\sum q_{sik}l_i=24\times15+30\times1.2=396\ \text{kN/m}$$

$$\sigma_z=\frac{(F_k+G_k)-3/2(A_0+B_0)\sum q_{sik}l_i}{(A_0+2t\tan\theta)(B_0+2t\tan\theta)}$$

$$=\frac{(5\ 800+480)-3/2\times(3.6+3.6)\times396}{(3.6+2\times2\tan25°)^2}$$

$$=67.1\ \text{kPa}$$

(2)软弱层顶面至承台底 z 深度内土层的自重应力

$$z=15+1.2+2=18.2\ \text{m}$$

$$\gamma_m=\frac{1.0\times19.5+14\times(19.5-10)+3.2\times(19-10)}{18.2}=10.0\ \text{kN/m}^3$$

$$\gamma_m z=10.0\times18.2=182\ \text{kPa}$$

(3)软弱下卧层经深度 z 修正后地基承载力特征值

软弱下卧层为淤泥质黏土，查表 2-2，$\eta_d=1.0$，则

$$f_{az}=f_{ak}+\eta_d\gamma_m(z-0.5)=75+1.0\times10.0\times(18.2-0.5)=252\ \text{kPa}$$

则
$$\sigma_z+\gamma_m z=67.1+182=249.1<252\ \text{kPa}=f_{az}$$

软弱下卧层承载力满足要求。

4.6.6 桩身结构设计

对于灌注桩和预制桩，桩身截面尺寸及配筋等一般应满足下列要求：

(一)灌注桩

1. 灌注桩的配筋

灌注桩的配筋要求见表 4-22。

表 4-22　灌注桩的配筋率 ρ 及配筋长度要求

序号	情况			要求
1	配筋率	桩身直径为 300～2 000 mm 时		可取 0.65%～0.20%(小直径桩取高值)
2	配筋率	受荷载特别大的桩、抗拔桩和嵌岩端承桩		根据计算确定配筋率，并不应小于 1 的要求
3	配筋长度	端承型桩和位于坡地、岸边的基桩		应沿桩身等截面或变截面通长配筋
4	配筋长度	摩擦型灌注桩	不受水平荷载时	不应小于 2/3 桩长
5	配筋长度	摩擦型灌注桩	受水平荷载时	满足 4 的要求且不宜小于 $4.0/\alpha$(α 为桩水平变形系数)
6	配筋长度	受地震作用的基桩		应穿过可液化土层和软弱土层，进入稳定土层的深度不应小于$(2\sim3)d$(d 为桩径)
7	配筋长度	受负摩阻力的桩、因先成桩后开挖基坑而随地基土回弹的桩		应穿过软弱土层并进入稳定土层，进入的深度不应小于$(2\sim3)d$
8	配筋长度	抗拔桩及因地震作用、冻胀或膨胀力作用而受拔力的桩		应沿桩身等截面或变截面通长配筋

灌注桩的构造配筋要求见表 4-23 及图 4-31。

表 4-23　灌注桩的构造配筋要求

序号	情况	配筋要求	
1	受水平荷载的桩	主筋应≥8ϕ12	纵向主筋沿桩周均匀布置 主筋净距应≥60 mm
2	抗压桩和抗拔桩	主筋应≥6ϕ10	
3	箍筋	应采用螺旋式 ϕ6～ϕ10@200～300 mm	
4	受水平荷载较大的桩 承受水平地震作用的桩 考虑主筋作用计算桩身受压承载力时	桩顶以下 5d 范围内箍筋应加密，间距≤100 mm	
5	桩身位于液化土层范围内	箍筋应加密	
6	当考虑箍筋受力作用时	箍筋配置应符合现行《混凝土结构设计规范》的相关规定	
7	钢筋笼长度≥4 m 时	应每隔 2 m 左右设一道 ϕ12～ϕ18 的焊接加劲箍筋	

2. 混凝土强度等级和保护层

桩身混凝土强度等级一般不得低于 C25，混凝土预制桩尖不得小于 C30。主筋的混凝土保护层厚度≥35 mm，水下灌注混凝土桩的保护层厚度≥50 mm，如图 4-23 所示。

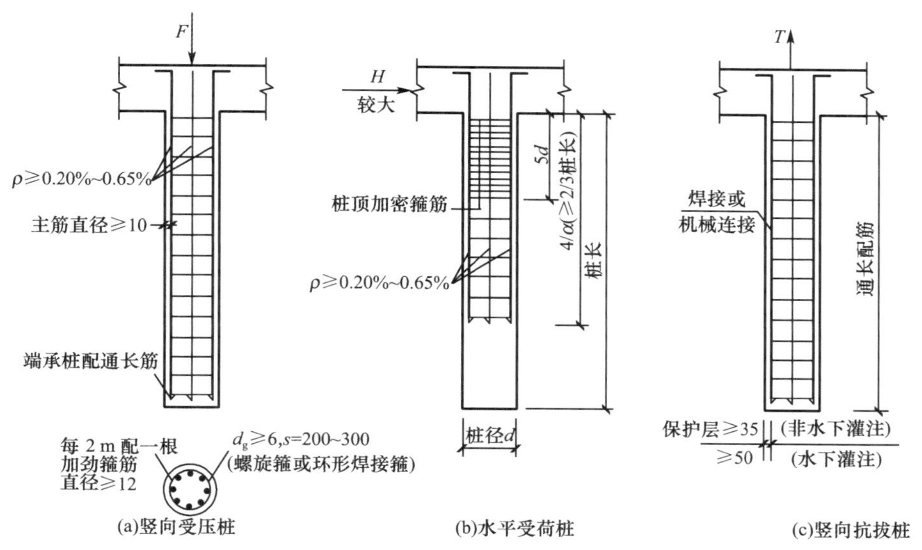

图 4-31　灌注桩的纵向钢筋及箍筋配置

(二)预制桩

1. 混凝土预制桩的结构和配筋

结构和配筋等基本构造要求见表 4-24 和图 4-32～图 4-34。

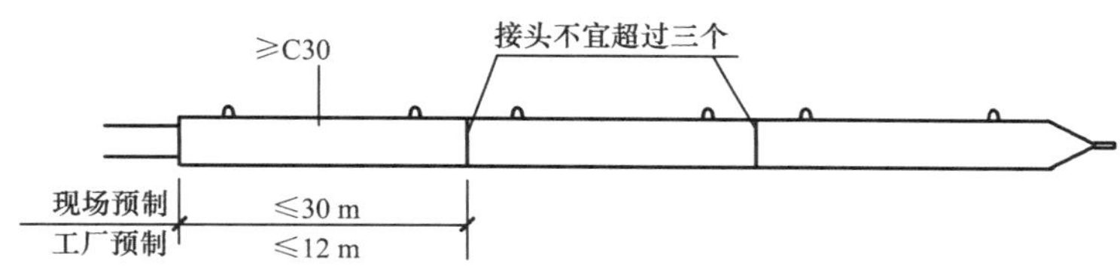

图 4-32　预制桩桩段长度及接头量

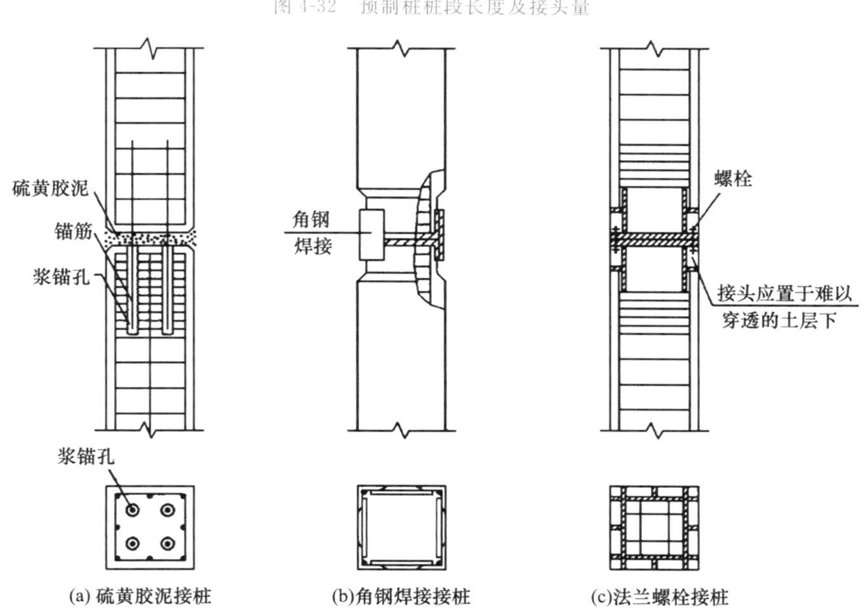

图 4-33　预制桩接桩

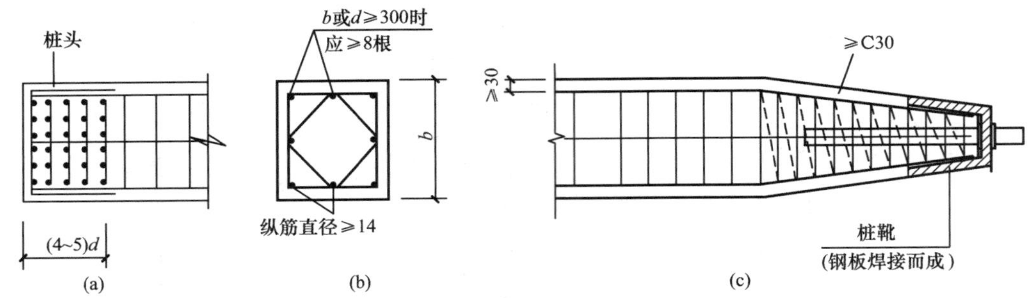

图 4-34　预制桩的配筋及桩靴

表 4-24　混凝土预制桩的基本要求

序号	情　况	要　求	
1	混凝土预制桩的截面边长	混凝土预制桩	应≥200 mm
		预应力混凝土预制实心桩	宜≥350 mm
2	预制桩的混凝土强度等级	混凝土预制桩	宜≥C30
		预应力混凝土预制实心桩	宜≥C40
3	预制桩纵向钢筋的混凝土保护层厚	宜≥30 mm	
4	预制桩的桩身配筋	应按吊运、打桩及桩在使用中的受力等条件计算确定	
5	预制桩的桩身配筋率	锤击法沉桩	宜≥0.8%
		静压法沉桩	宜≥0.6%
		主筋直径	宜≥14
		锤击桩桩顶以下（4～5）d 范围内	箍筋应加密，并设置钢筋网片
6	预制桩的分节长度	根据施工条件及运输条件确定，接头数量宜≤3	
7	预制桩的桩尖	可将主筋合拢焊在辅助钢筋上	
		持力层为密实砂和碎石类土时，宜采用包钢板桩靴	

2. 预制桩桩身结构强度验算

预制桩除了考虑上述构造要求外，还要考虑运输、起吊和锤击过程中的强度验算。桩在吊装运输过程中的受力状态与梁相同，一般按两支点（桩长 $L\leqslant 18$ m 时）或三支点（桩长 $L>18$ m 时）起吊和运输，在打桩架下竖起时，按一点吊立。吊点的设置应使桩身在自重下产生的正负弯矩相等，如图 4-35 所示，其中，k 为动力系数，一般取 1.3，q 为桩身自重。桩身配筋时应按起吊过程中桩身最大弯矩计算，主筋一般应通长配筋，当考虑起吊和运输过程中受到冲击和振动时，将桩身重力乘以 1.5 的动力系数。一般普通混凝土的桩身配筋由起吊和吊立的强度来控制。

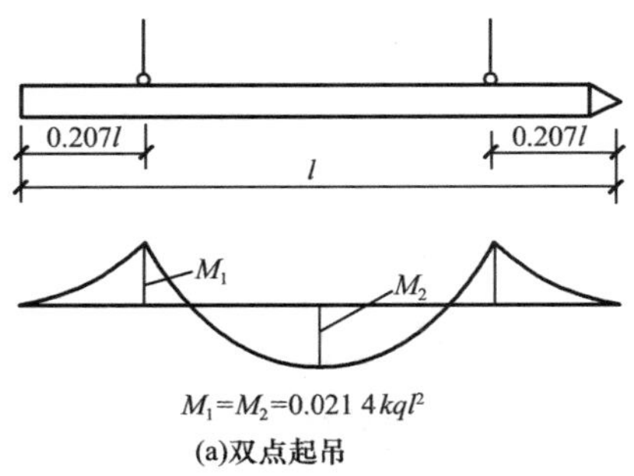

$M_1=M_2=0.021\,4kql^2$

(a)双点起吊

0.293l

l

M_1

M_2

$M_1=M_2=0.042\,9kql^2$

(b)单点起吊

图 4-35　预制桩吊装验算

4.6.7 承台结构设计

承台的作用是将桩连成一个整体，把建筑物的荷载传递给基桩，并起到一定的调整差异沉降的作用，因此承台应有足够的强度和刚度。

承台按照受力特点分为承台板和承台梁。承台板用于独立的桩基或满堂桩基。承台板平面尺寸应根据上部结构要求、桩数及布桩形式确定。平面形状有三角形、矩形、多边形和圆形等。承台梁用于柱下两桩桩基及墙下桩基。

承台设计与浅基础结构设计有些类似，主要包括确定承台的材料、形状、高度、底面标高、平面尺寸，并进行承台的受冲切、受剪、局部受压承载力计算与验算，并根据受弯进行配筋计算，并应符合构造要求。

(一)承台的构造要求

1. 承台的基本尺寸

承台的最小厚度不应小于 300 mm。锥形和台阶形承台的边缘厚度也不宜小于 300 mm。高层建筑平板式和梁板式筏形承台的最小厚度不应小于 400 mm，墙下布桩的剪力墙结构筏形承台的最小厚度不应小于 200 mm。

承台的最小宽度不应小于 500 mm，边桩中心至承台边缘的距离不应小于桩直径或边长，且桩的边缘挑出部分不应小于 150 mm。对于墙下条形承台梁，其边缘挑出部分可减少至 75 mm。

2. 承台的材料要求

(1)混凝土。承台混凝土强度等级应满足结构混凝土耐久性要求，根据现行《混凝土结构设计规范》的规定，当环境类别为二 a 类别时不应低于 C25，二 b 类别时不应低于 C30。除此之外，混凝土强度等级还应满足抗渗要求。

(2)钢筋。柱下独立桩基承台的受力钢筋应通长配置，对四桩以上（含四桩）承台宜按双向板均匀布置[图 4-36(a)]，对三桩的三角形承台应按三向板带均匀布置，且最里面的三根钢筋围成的三角形应在柱截面范围内[图 4-36(b)]。钢筋锚固长度自边桩内侧（当为圆桩时，应将其直径乘以 0.8 等效为方桩）算起，不应小于 $35d_g$（d_g 为钢筋直径）；当不满足时应将钢筋向上弯折，此时水平段的长度不应小于 $25d_g$，弯折段长度不应小于 $10d_g$。承台纵向受力钢筋的直径不应小于 12 mm。柱下独立桩基承台的最小配筋率不应小于 0.15%。条形承台梁纵向主筋直径不应小于 12 mm，应符合梁配筋率的要求；架立筋直径不应小于 10 mm，箍筋直径不应小于 6 mm。

(3)保护层厚度。承台底面钢筋的混凝土保护层厚度，当有混凝土垫层时，不应小于 50 mm，无垫层时不应小于 70 mm，此外尚不应小于桩头嵌入承台内的长度。

3. 桩与承台的连接

桩顶嵌入承台的长度，对大直径桩不宜小于 100 mm，对中等直径的桩不宜小于 50 mm。混凝土桩的桩顶纵向主筋应锚入承台内，其锚入长度不宜小于 35 倍纵向主筋直径，当不满足时应将钢筋向上弯折。对于大直径灌注桩，当采用一柱一桩时可设置承台或将桩与柱直接连接。

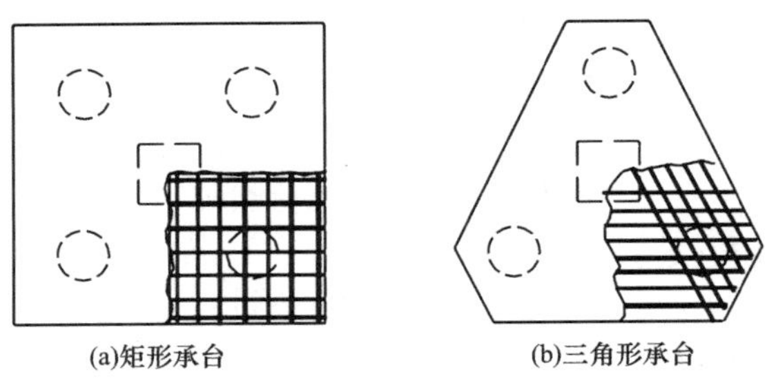

图 4-36　柱下独立桩基承台配筋示意

4. 柱与承台的连接

对于一柱一桩基础，柱与桩直接连接时，柱纵向主筋锚入桩身内长度不应小于 35 倍纵向主筋直径。对于多桩承台，柱纵向主筋应锚入承台不小于 35 倍纵向主筋直径；当承台高度不满足锚固要求时，竖向锚固长度不应小于 20 倍纵向主筋直径，并向柱轴线方向呈 90°弯折。当有抗震设防要求时，对于一、二级抗震等级的柱，纵向主筋锚固长度应乘以 1.15 的系数；对于三级抗震等级的柱，纵向主筋锚固长度应乘以 1.05 的系数。

5. 承台与承台的连接

一柱一桩时，应在桩顶两个主轴方向上设置联系梁（也称为拉梁），以保证桩基的整体刚度。当桩与柱的截面直径之比大于 2 时，可不设联系梁。两桩桩基承台短向抗弯刚度较小，因此应设置承台联系梁。联系梁顶面宜与承台顶面位于同一标高（建议减小 50 mm）。联系梁宽度不宜小于 250 mm，其高度可取承台中心距的 1/15～1/10，且不宜小于 400 mm。联系梁配筋应按计算确定，位于同一轴线上的相邻联系梁纵筋应连通。

图 4-37 为桩基承台的基本尺寸及配筋示意图，图 4-38 为承台拉梁的布置、截面及配筋示意图。

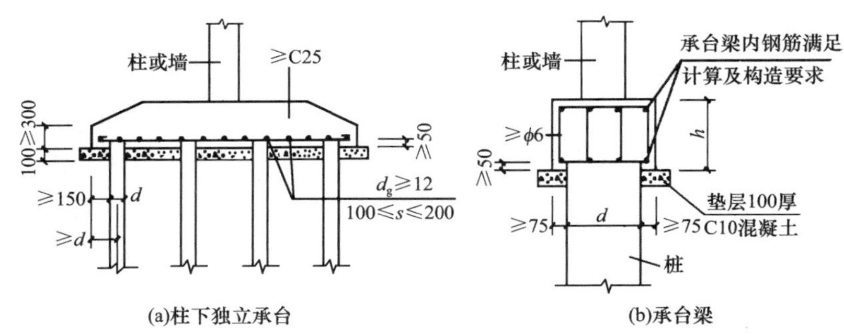

图 4-37　桩基承台的基本尺寸及配筋示意图（图中 s 为钢筋间距）

6. 承台埋深

承台底部埋深不应小于 0.6 m，且承台顶面应低于室外设计地面不小于 0.1 m。承台埋深应考虑建筑物的高度、体型、地震设防烈度、场地冻深等因素，根据桩基承载力和稳定性确定，一般情况下不宜小于建筑物高度的 1/18，当采用桩箱、桩筏基础时不宜小于建筑物高度的 1/18。

（二）承台的计算

下面仅就柱下独立桩基的多桩矩形和三桩三角形承台的计算进行介绍。

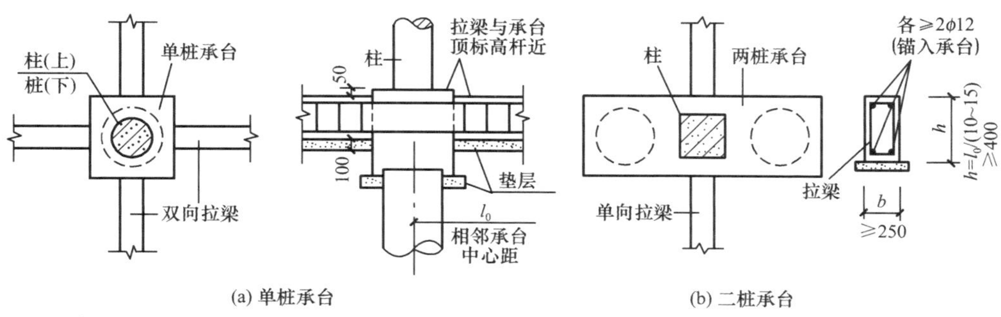

图 4-38　承台拉梁的布置、截面及配筋示意图

试验表明，承台板有受弯破坏、受冲切或受剪切破坏两种形式。当承台板厚度比较小，而配筋数量又不足时，常发生弯曲破坏，为了防止发生这种破坏，在承台板底部要配有足够数量的钢筋；当承台板厚度比较小，但配筋数量比较多时，常发生受冲切破坏(沿柱边或变阶处形成≥45°的破坏锥体，如图 4-39 所示；或在角桩处形成≥45°的破坏锥体，如图 4-40 所示)，也可能发生受剪切破坏。为了防止发生这种破坏，承台板要有足够的厚度。

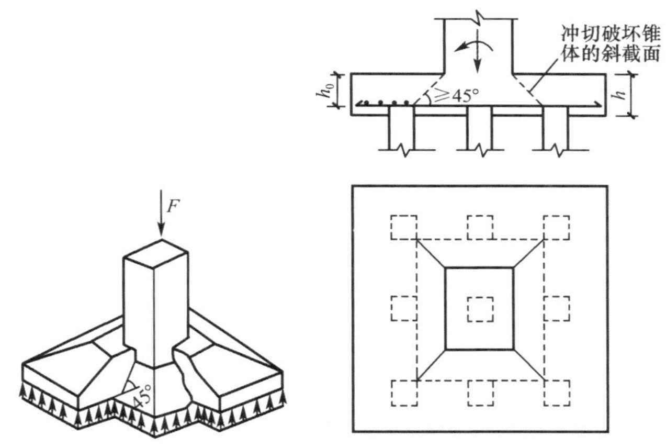

图 4-39　承台板的冲切破坏

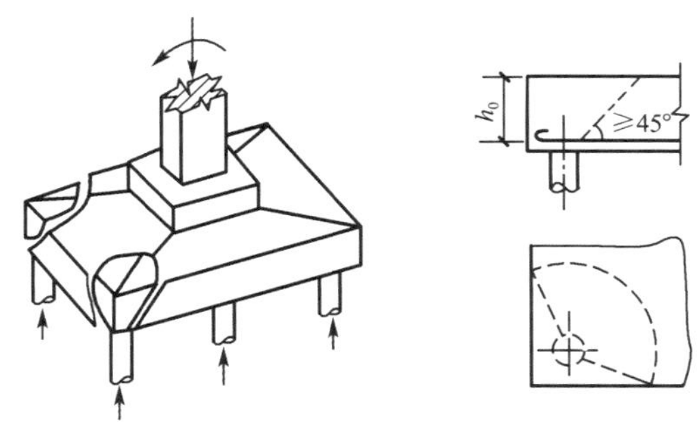

图 4-40　角桩的冲切破坏

1. 承台板厚度的确定

承台板厚度不能直接求得，通常需根据经验或参考已有类似设计，初步假设一个承台厚度，然后按下列条件进行抗冲切或抗剪切验算。

(1)柱对承台的冲切计算

从柱边缘引冲切线与最近桩顶内边缘相交(≥45°),形成冲切破坏斜面(图 4-41)。柱对承台的冲切,可按式(4-58)计算

$$F_l \leqslant 2[\beta_{0x}(b_c + a_{0y}) + \beta_{0y}(h_c + a_{0x})]\beta_{hp} f_t h_0 \tag{4-58}$$

$$F_l = F - \sum N_i \tag{4-59}$$

$$\beta_{0x} = \frac{0.84}{\lambda_{0x} + 0.2}, \beta_{0y} = \frac{0.84}{\lambda_{0y} + 0.2} \tag{4-60}$$

式中 F_l——不计承台及其上土自重,在荷载效应基本组合下作用于冲切破坏锥体上的冲切力设计值,kN,由式(4-59)计算;

F——不计承台及其上土重,在荷载效应基本组合下作用于柱底的竖向力设计值,kN;

$\sum N_i$——不计承台及其上土重,在荷载效应基本组合下冲切破坏锥体范围内各基桩或复合基桩的反力设计值之和,kN;

a_{0x}、a_{0y}——x、y 方向柱边至最近桩边的水平距离,m,如图 4-41 所示;

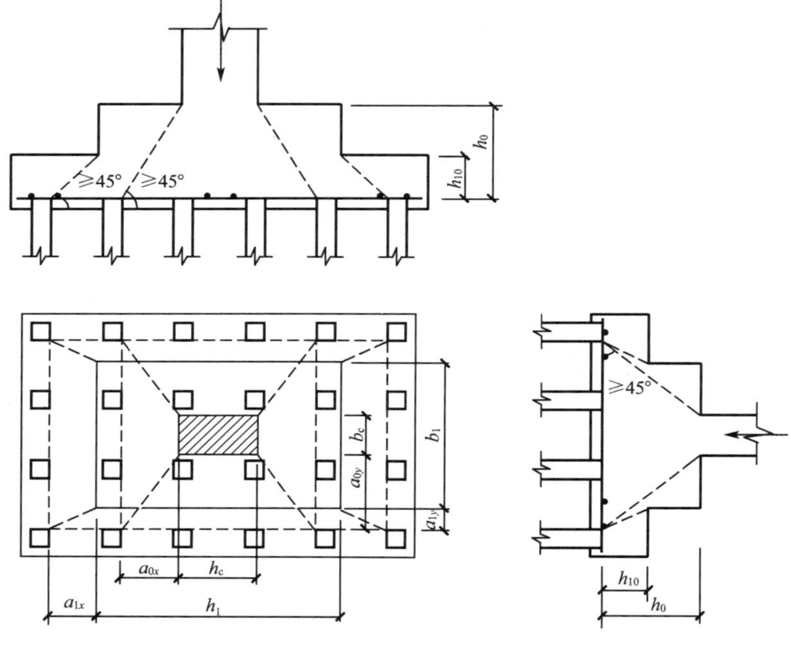

图 4-41 柱对承台的冲切计算示意图

β_{0x}、β_{0y}——x、y 方向的冲切系数,由式(4-60)求得;

λ_{0x}、λ_{0y}——x、y 方向的冲垮比,$\lambda_{0x} = a_{0x}/h_0$,$\lambda_{0y} = a_{0y}/h_0$,$\lambda_{0x}$、$\lambda_{0y}$ 均小于 0.25 时取 0.25,大于 1.0 时取 1.0;

h_0——承台冲切破坏锥体的有效高度,m;

f_t——承台混凝土抗拉强度设计值,kPa;

β_{hp}——承台受冲切承载力截面高度影响系数,当 $h \leqslant 800$ mm 时,β_{hp} 取 1.0,当 $h \geqslant$ 2 000 mm 时,β_{hp} 取 0.9,其间按线性内插法取值;

h_c、b_c——x、y 方向的柱截面的边长，m。

(2)上台阶对承台的冲切计算

上台阶对承台的冲切，可按式(4-61)进行计算(图 4-41)

$$F_l \leqslant 2[\beta_{1x}(b_1+a_{1y})+\beta_{1y}(h_1+a_{1x})]\beta_{hp}f_t h_{10} \tag{4-61}$$

$$\beta_{1x}=\frac{0.84}{\lambda_{1x}+0.2},\beta_{1y}=\frac{0.84}{\lambda_{1y}+0.2} \tag{4-62}$$

式中　β_{1x}、β_{1y}——x、y 方向的冲切系数，由式(4-62)求得；

λ_{1x}、λ_{1y}——x、y 方向的冲垮比，$\lambda_{1x}=\frac{a_{1x}}{h_{10}}$，$\lambda_{1y}=\frac{a_{1y}}{h_{10}}$，均应满足 0.25～1.0 的要求；

a_{1x}、a_{1y}——x、y 方向承台上阶边至最近桩边的水平距离，m；

h_1、b_1——x、y 方向承台上阶的边长，m。

计算时应当注意的是，对于圆柱及圆桩，计算时应将其截面换算成方柱及方桩，即取换算柱截面边长 $b_c=0.8d_c$(d_c 为圆柱直径)，换算桩截面边长 $b_p=0.8d$(d 为圆桩直径)。

(3)角桩对承台的冲切计算

冲切破坏锥体以外的基桩，对承台会产生向上的冲切，如图 4-42 所示，可按下列规定计算。

①四桩以上(含四桩)承台受角桩冲切的承载力按式(4-63)计算

$$N_l \leqslant \left[\beta_{1x}\left(c_2+\frac{a_{1y}}{2}\right)+\beta_{1y}\left(c_1+\frac{a_{1x}}{2}\right)\right]\beta_{hp}f_t h_0 \tag{4-63}$$

$$\beta_{1x}=\frac{0.56}{\lambda_{1x}+0.2},\beta_{1y}=\frac{0.56}{\lambda_{1y}+0.2} \tag{4-64}$$

式中　N_l——不计承台及其上土自重，在荷载效应基本组合作用下角桩(含复合基桩)反力设计值，kN；

β_{1x}、β_{1y}——x、y 方向的角桩冲切系数，由式(4-64)求得；

λ_{1x}、λ_{1y}——角桩冲垮比，均应满足 0.25～1.0 的要求；

a_{1x}、a_{1y}——从承台底角桩内边缘引 45°冲切线与承台顶面相交点至角桩内边缘的水平距离，m，当柱或承台变阶处位于该 45°线以内时，则取由柱边或承台变阶处与桩内边缘连线为冲切锥体的锥线(图 4-42)；

c_1、c_2——x、y 方向角桩内侧边缘至承台外边缘的距离，m；

h_0——承台外边缘的有效高度，m。

②三桩三角形承台受角桩冲切的承载力按下式计算(图 4-43)：

底部角桩

$$N_l \leqslant \beta_{11}(2c_1+a_{11})\beta_{hp}\tan\frac{\theta_1}{2}f_t h_0 \tag{4-65}$$

$$\beta_{11}=\frac{0.56}{\lambda_{11}+0.2} \tag{4-66}$$

顶部角桩

$$N_l \leqslant \beta_{12}(2c_2+a_{12})\beta_{hp}\tan\frac{\theta_2}{2}f_t h_0 \tag{4-67}$$

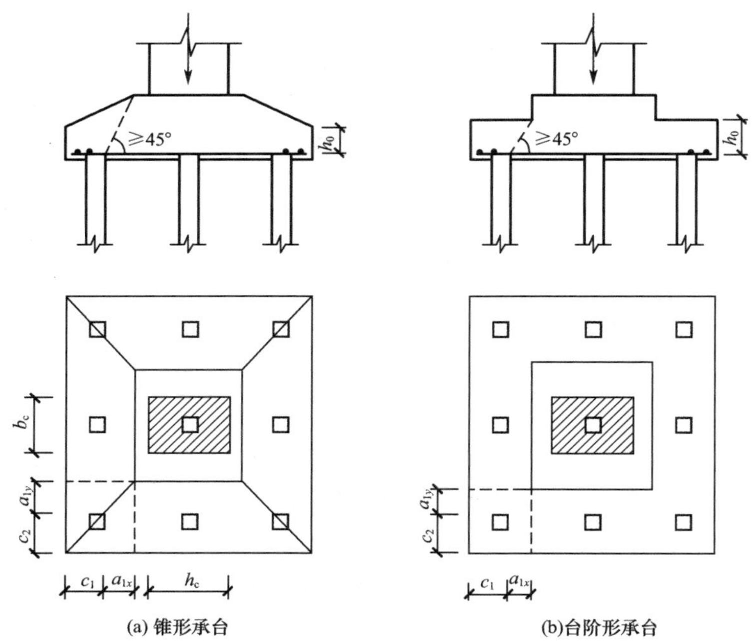

图 4-42　四桩以上承台角桩冲切验算示意图

$$\beta_{12}=\frac{0.56}{\lambda_{12}+0.2} \tag{4-68}$$

式中　λ_{11}、λ_{12}——角桩冲垮比，$\lambda_{11}=a_{11}/h_0$，$\lambda_{12}=a_{12}/h_0$，均应满足 0.25～1.00 的要求；

a_{11}、a_{12}——从承台底角桩内边缘引 45°冲切线与承台顶面相交点至角桩内边缘的水平距离，m，当柱或承台变阶处位于该 45°线以内时，则取由柱边或承台变阶处与桩内边缘连线为冲切锥体的锥线(图 4-43)。

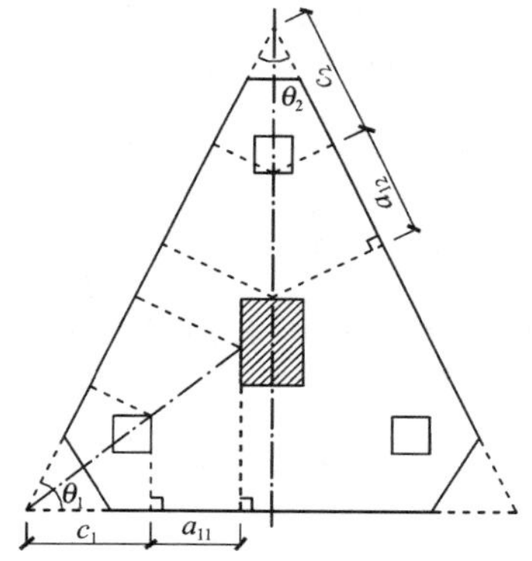

图 4-43　三桩三角形承台角桩的冲切计算示意图

(4)承台的受剪切计算

柱下桩基承台在荷载作用下，会发生剪切破坏，且剪切破坏面通常发生在柱边与桩边连线形成的贯通承台的斜截面处，因此应分别对柱边、变阶处和桩边连线形成的贯通承台的斜截面的受剪切承载力进行验算。当承台悬挑边有多个基桩时，应对每个斜截面的受剪切承载力进行验算。柱下独立桩基承台斜截面受剪切承载力应按下列方法计算。

①承台斜截面受剪切承载力按式(4-69)计算(图 4-44)

$$V \leqslant \beta_{hs}\alpha_1 f_t b_0 h_0 \tag{4-69}$$

$$\alpha_1 = \frac{1.75}{\lambda+1} \tag{4-70}$$

$$\beta_{hs} = \left(\frac{800}{h_0}\right)^{1/4} \tag{4-71}$$

式中　V——不计承台及其上土重，在荷载效应基本组合下，斜截面的最大剪力设计值，kN；

b_0——承台计算截面处的计算宽度，m；

h_0——承台计算截面处的有效高度，m；

α_1——承台剪切系数，按式(4-70)确定；

λ——计算截面的剪垮比，$\lambda_x = a_x/h_0$，$\lambda_y = a_y/h_0$，此处，a_x、a_y 为柱边或承台变阶处至 y、x 方向计算一排桩的桩边的水平距离，当 $\lambda < 0.25$ 时，取 $\lambda = 0.25$；当 $\lambda > 3$ 时，取 $\lambda = 3$；

β_{hs}——受剪切承载力截面高度影响系数，当 $h_0 < 800$ mm 时，取 800 mm，当 $h_0 > 2\,000$ mm 时，取 2 000 mm，其间按线性内插法取值。

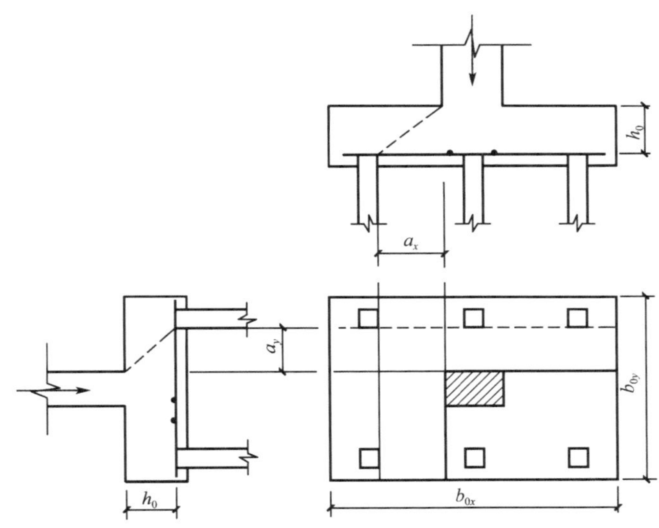

图 4-44　承台斜截面受剪计算示意图

②对于阶梯形承台应分别在变阶处(A_1—A_1，B_1—B_1)及柱边处(A_2—A_2，B_2—B_2)进行斜截面受剪切承载力计算(图 4-45)。计算变阶处截面的斜截面受剪切承载力时，其截面有效高度均为 h_{10}，截面计算宽度分别为 b_{y1} 和 b_{x1}；计算柱边截面的斜截面受剪切承载力时，其截面有效高度均为($h_{10}+h_{20}$)，截面计算宽度分别为 b_{y0} 和 b_{x0}，即

A_2—A_2 截面

$$b_{y0} = \frac{b_{y1}h_{10} + b_{y2}h_{20}}{h_{10}+h_{20}} \tag{4-72}$$

B_2—B_2 截面

$$b_{x0} = \frac{b_{x1}h_{10} + b_{x2}h_{20}}{h_{10}+h_{20}} \tag{4-73}$$

③对于锥形承台应对变阶处及柱边处（A—A 及 B—B）两个截面进行受剪切承载力计算（图 4-46），截面有效高度均为 h_0，截面的计算宽度分别为

A—A 截面

$$b_{y0}=\left[1-0.5\frac{h_{20}}{h_0}\left(1-\frac{b_{y2}}{b_{y1}}\right)\right]b_{y1} \tag{4-74}$$

B—B 截面

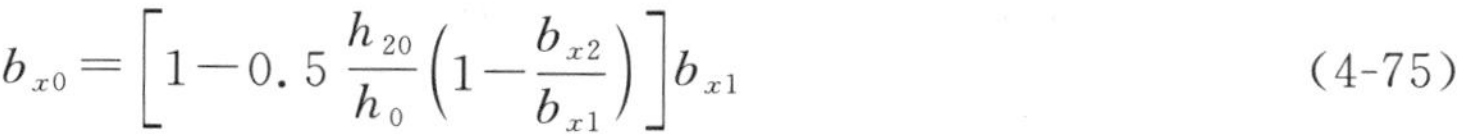

$$b_{x0}=\left[1-0.5\frac{h_{20}}{h_0}\left(1-\frac{b_{x2}}{b_{x1}}\right)\right]b_{x1} \tag{4-75}$$

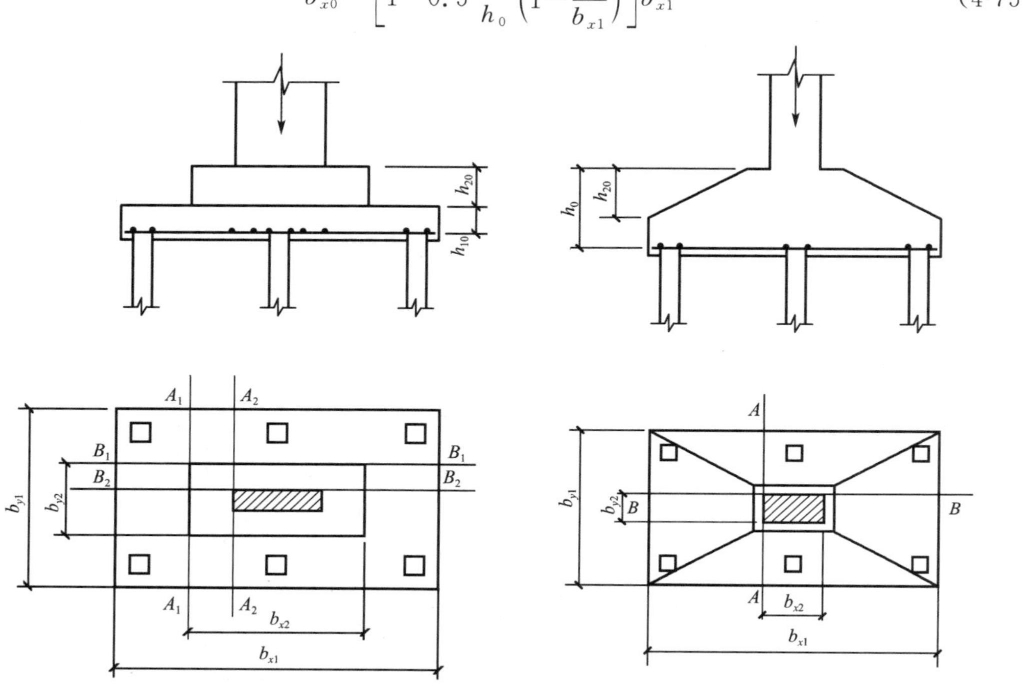

图 4-45　阶梯形承台斜截面的受剪切计算

图 4-46　锥形承台斜截面的受剪切计算

2. 承台受弯计算

承台板在桩顶反力的作用下，受力情况与倒置的双向板相似，所受弯矩按承台开裂情况分别进行计算。裂缝首先在承台板底面中部或中部附近平行于短边方向出现，然后在平行于长边方向的中部或中部附近出现，形成两个相互垂直，通过中心的破裂面［图 4-47(a)～图 4-47(c)］，故这类承台板应双向配筋；对于平面为三角形的承台板，裂缝则从边缘开始，并向中央展开［图 4-47(d)］，故这种承台板应按三角形配筋（配筋宽度取桩的直径），这样可使主筋集中在边缘，并与裂缝垂直，以便有效地阻止裂缝的开展。下面仅针对柱下独立桩基的多桩矩形和三桩三角形承台介绍正截面弯矩设计值计算方法，之后给出配筋计算公式。

(1)多桩矩形承台

利用极限平衡原理，可得多桩矩形承台沿 x、y 两个方向在柱边和承台变阶处的正截面弯矩［图 4-48(a)］为

$$M_x=\sum N_i y_i \tag{4-76a}$$

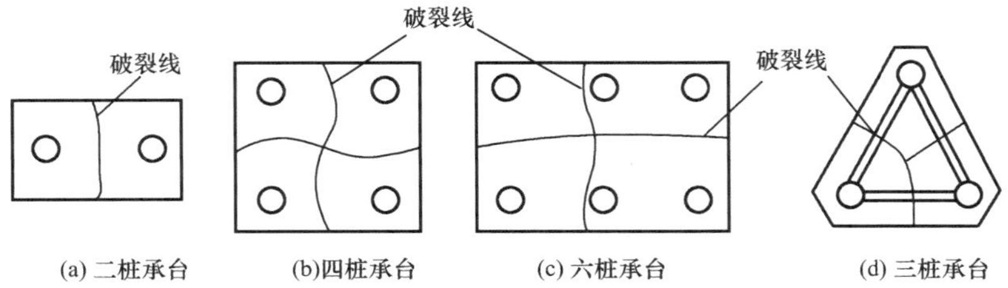

图 4-47　承台板裂缝开展图

$$M_y = \sum N_i x_i \tag{4-76b}$$

式中　M_x、M_y——绕 x 轴和绕 y 轴方向计算截面处的弯矩设计值，kN·m；

x_i、y_i——垂直 y 轴和 x 轴方向自桩轴线到相应计算截面的距离，m；

N_i——不计承台及其上土重，在荷载效应基本组合下的第 i 基桩或复合基桩竖向反力设计值，kN。

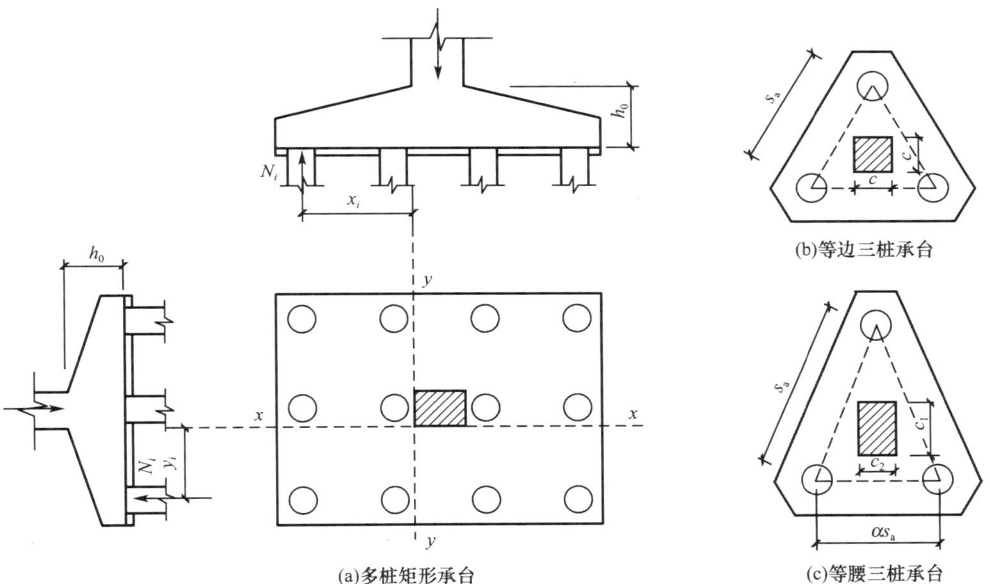

图 4-48　桩基承台内力计算示意图

(2)三桩承台

①等边三桩承台[图 4-48(b)]

$$M = \frac{N_{\max}}{3}\left(s_a - \frac{\sqrt{3}}{4}c\right) \tag{4-77}$$

式中　M——通过承台形心至各边边缘正交截面范围内板带的弯矩设计值，kN·m；

$N_{\max}$——不计承台和其上填土重，在荷载效应基本组合下三桩中最大基桩或复合基桩竖向反力设计值，kN；

s_a——桩中心距，m；

c——方柱边长，圆柱时 $c = 0.8d$（d 为圆柱直径）。

②等腰三桩承台[图 4-48(c)]

$$M_1=\frac{N_{\max}}{3}\left(s_a-\frac{0.75c_1}{\sqrt{4-\alpha^2}}\right) \tag{4-78}$$

$$M_2=\frac{N_{\max}}{3}\left(\alpha s_a-\frac{0.75c_2}{\sqrt{4-\alpha^2}}\right) \tag{4-79}$$

式中 M_1、M_2——通过承台形心至两腰边缘和底边边缘正交截面范围内板带的弯矩设计值,kN·m;

s_a——长向桩中心距,m;

α——短向桩中心距与长向桩中心距之比,当 $\alpha<0.5$ 时,应按变截面的二桩承台设计;

c_1、c_2——垂直于、平行于承台底边的柱截面边长,m。

在求出承台板最不利截面弯矩后,即可按式(4-80)进行配筋计算

$$A_s=\frac{M}{0.9h_0 f_y} \tag{4-80}$$

式中 A_s——受力钢筋截面面积,mm^2;

f_y——钢筋抗拉强度设计值,N/mm^2。

3. 局部受压计算

当承台混凝土强度等级低于柱或桩的混凝土强度等级时,应验算柱下或桩上承台的局部受压承载力,按现行《混凝土结构设计规范》规定验算,此处不再赘述。

【例 4-6】 某乙级建筑桩基,柱的截面尺寸为 450 mm×600 mm,作用在柱下端的荷载标准值 F_k=2 500 kN,M_k=150 kN·m,H_k=120 kN(作用在长边方向)。拟采用截面为 300 mm×300 mm 的钢筋混凝土预制方桩,桩长 12 m。已确定基桩竖向承载力特征值 R_a=500 kN,水平承载力特征值 R_h=45 kN,承台厚 800 mm,埋深 1.3 m,如图 4-49(a)所示。试确定所需桩数和承台平面尺寸,并画出基桩布置图(桩的最小中心距为 3d)。

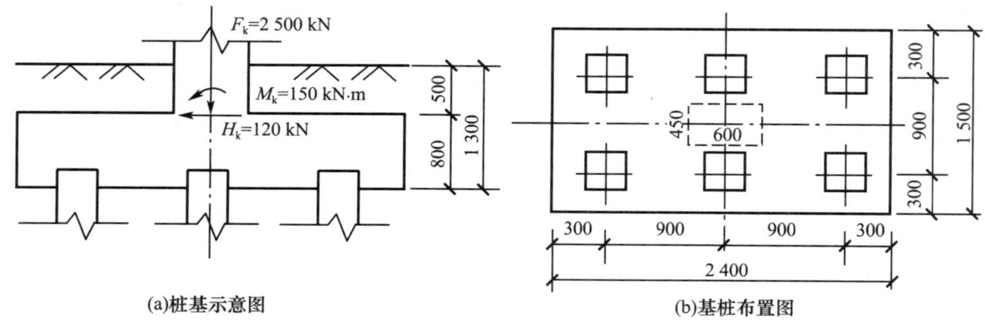

图 4-49 【例 4-6】图

解 (1)初选桩的根数

$$n\geqslant\frac{F_k}{R_a}=\frac{2\ 500}{500}=5.0$$

考虑到 G_k 和荷载的偏心作用,将其扩大 10%,暂取为 6 根。

(2)承台尺寸

桩距 $s=3d=3\times0.3=0.9$ m;取边桩中心距承台边缘距离为桩径 0.3 m;长边 $a=2$

×(0.3+0.9)=2.4 m;短边 $b=2\times0.3+0.9=1.5$ m,桩的平面布置及承台尺寸如图4-49(b)所示。

已知承台厚 800 mm,埋深 1.3 m,取承台及其上土的平均重度 $\gamma_G=20$ kN/m^3,则桩顶竖向力为

$$N_k=\frac{F_k+G_k}{n}=\frac{2\ 500+20\times2.4\times1.5\times1.3}{6}=432.3\ \text{kN}<R_a=500\ \text{kN}$$

$$N_{k\min}^{k\max}=N_k\pm\frac{(M_k+H_kh)x_{\max}}{\sum x_i^2}=432.3\pm\frac{(150+120\times0.8)\times0.9}{4\times0.9^2}$$

$$=432.3\pm68.3=\begin{cases}500.6\ \text{kN}<600\ \text{kN}=1.2R_a\\364.0\ \text{kN}>0\end{cases}$$

满足要求。

基桩水平力 $H_{ik}=\frac{H_k}{n}=\frac{120}{6}=20\ \text{kN}<45\ \text{kN}=R_h$,满足要求。

本章小结

根据建筑规模、功能特征、对差异变形的适用性、场地地基和建筑物体型的复杂性以及由于桩基问题可能造成建筑物破坏或影响正常使用的程度,将桩基设计分甲、乙、丙三个设计等级。所有桩基均应根据具体条件分别进行承载能力计算和稳定性计算;不同设计等级的桩基承载力确定方法及变形验算要求有不同的规定。

根据承台位置、桩的承载性状、使用功能、桩身材料、施工工艺、成桩挤土效应、桩径大小等,可把桩划分为各种类型桩。

单桩在竖向荷载作用下的承载力主要取决于桩周土的抗剪强度、桩端支承情况、桩的尺寸以及桩的类型等条件,其可能的破坏模式主要有压屈破坏、整体剪切破坏和刺入破坏。单桩竖向极限承载力可根据静载荷试验及其他原位测试、现行规范的经验公式、桩身材料强度等确定。引起桩侧负摩阻力的条件是,桩侧土体的下沉必须大于桩的下沉。桩身负摩阻力并不一定发生于整个软弱压缩土层中,而是在桩周土相对于桩产生下沉的范围内。桩侧负摩阻力的产生,使得桩端轴力增加,沉降相应增大,从而降低了单桩承载力。

影响桩水平承载力的因素有桩的断面尺寸、刚度、材料强度、入土深度、间距、桩顶嵌固程度以及土质条件和上部结构的水平位移允许值等,且桩的水平承载力远比竖向承载力要低。

桩基础设计中,对于预制桩,除了进行竖向及水平承载力验算之外,还应进行吊装验算,而灌注桩则不必。承台设计要分别进行受冲切、受剪切计算确定承台厚度,进行受弯计算确定承台配筋,并需要满足构造要求。

思考题

4-1 简述桩基础的适用条件及设计原则。

4-2 试述桩的分类方法。

4-3　桩基设计时所采用的作用效应组合与相应的抗力应符合哪些规定？

4-4　什么是单桩？什么是复合基桩？二者有什么区别？

4-5　简述单桩在竖向荷载下的工作性能及其破坏性状。

4-6　何谓群桩效应？如何验算桩基竖向承载力？

4-7　单桩水平承载力与哪些因素有关？设计时如何确定？

4-8　简述桩基础的设计步骤。

4-9　在工程实践中如何选择桩的直径、桩长以及桩的类型？

4-10　如何确定承台的平面尺寸及厚度？设计时应做哪些验算？

习　题

4-1　某工程桩基采用预制混凝土桩，桩截面尺寸为 350 mm×350 mm，桩长 10 m，各土层分布情况如图 4-50 所示，试确定该基桩的竖向承载力极限值的标准值 Q_{uk} 和单桩的竖向承载力特征值 R_a。

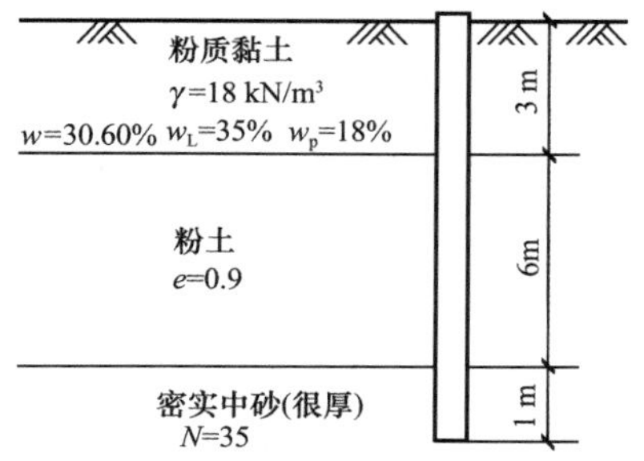

图 4-50　习题 4-1 图

4-2　某建筑物采用单桩基础，桩径 $d=0.5$ m，旋转钻机施工，地质剖面如图 4-51 所示，考虑负摩擦效应，试求该桩受到的下拉荷载值（采用 $Q_g^n=\eta_n u\sum_{i=1}^{n}q_{si}^n l_i$ 计算，群桩效应系数 η_n 取 1）。

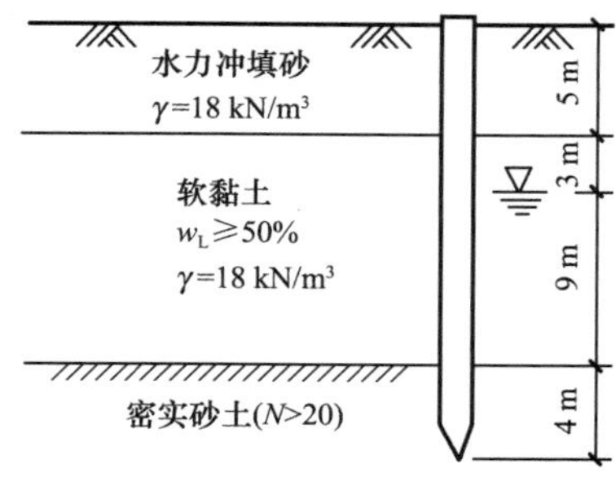

图 4-51　习题 4-2 图

4-3　某九桩群桩基础如图 4-52 所示，桩直径 0.5 m，桩长 16.3 m，承台尺寸 4.0 m×4.0 m，群桩外围尺寸为 3.5 m×3.5 m。地下水位在地面以下 2.5 m，土层分布为：①填土，$\gamma=17.8$ kN/m³；②粉土，$\gamma=19$ kN/m³，$\gamma_{sat}=19.5$ kN/m³，$f_{ak}=150$ kPa，桩的极限侧摩阻

力标准值 q_{sik} 为 32 kPa;③黏性土,$\gamma=19.5\ kN/m^3$,$f_{ak}=228$ kPa,桩的极限侧摩阻力标准值 q_{sik} 为 48 kPa,极限端阻力标准值 $q_{pk}=2\ 600$ kPa;④淤泥质黏土,$f_{ak}=75$ kPa,$E_s=1.6$ MPa。扩散角为 25°。上部结构传来荷载效应标准组合值 $F_k=5\ 600$ kN,$M_k=1\ 200$ kN·m。(1)试计算单桩承载力极限值及基桩承载力特征值(不考虑承台作用),并验算基桩承载力;(2)验算软弱下卧层承载力。

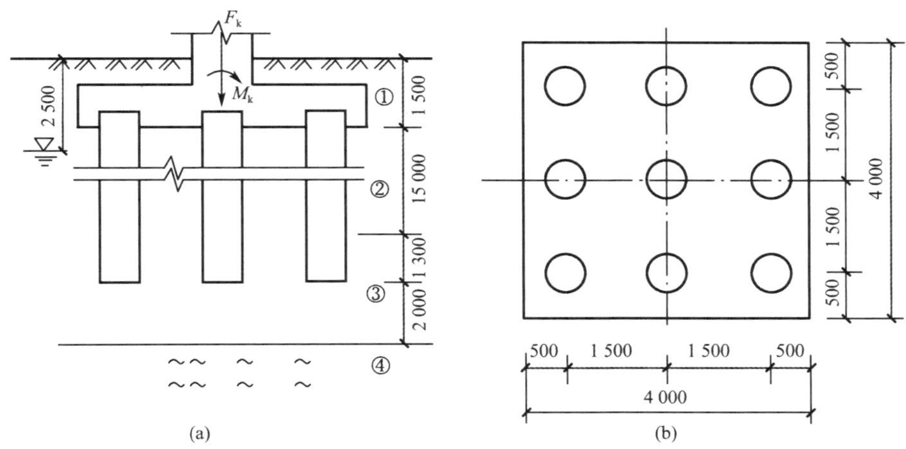

图 4-52　习题 4-3 图

4-4　某钢筋混凝土桩基,已知柱子传来的标准组合荷载:$M_k=600$ kN·m,$F_k=2\ 200$ kN,$H_k=50$ kN。承台尺寸 3.3 m×3.3 m。地质剖面如图 4-53 所示,各层土指标见表 4-25,采用剖面 45 cm×45 cm 的钢筋混凝土预制桩,桩数 5 根,承台平面尺寸 3.3 m×3.3 m,桩入土深度 15 m,承台埋深 2 m,不考虑承台效应,要求:(1)验算单桩竖向承载力;(2)地下水上升至地面时,验算单桩竖向承载力。

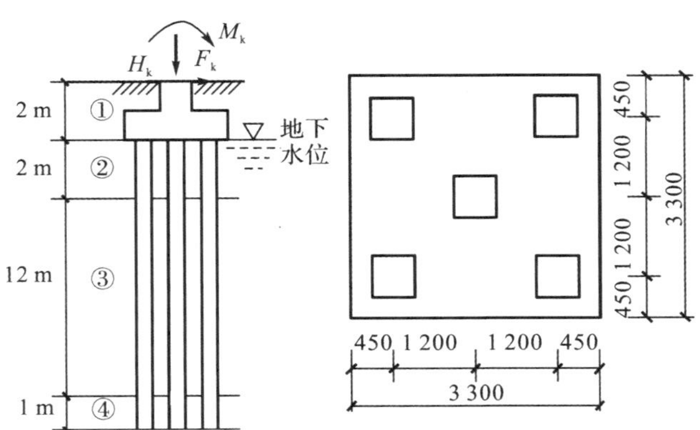

图 4-53　习题 4-4 图

表 4-25　土层物理力学指标

层序	土层名称	重度 $\gamma/(kN\cdot m^{-3})$	孔隙比 e	液性指数 I_L	压缩模量 E_s/MPa	地基承载力特征值 f_{ak}/kPa
①	填土	17.0				
②	粉质黏土	18.0	0.92	0.8	2.8	120
③	淤泥质黏土	17.0	1.30	1.3	2.0	70
④	黏土	18.5	0.75	0.6	7.0	180

4-5 钢筋混凝土预制方桩的边长 $b=40$ cm，入土深度 $h=10$ m，桩的水平变形系数 $\alpha=0.5\ \text{m}^{-1}$，桩的弹性模量(受弯时)$E=2\times10^7$ kPa，桩顶在地面处，桩顶承受水平力 $H=30$ kN 和弯矩 $M=30$ kN·m。试求：桩顶水平位移 x_1、桩身最大弯矩 M_{max} 及其位置。若桩顶承受水平力 $H=30$ kN 已知，保持桩顶弹性嵌固(转角 $\varphi_1=0$，但水平位移不受约束)，此时桩顶水平位移 x_1 应为多少？

4-6 柱子传到地面的荷载为：$F_k=2\ 500$ kN，$M_k=560$ kN·m，$Q_k=50$ kN。选用预制钢筋混凝土打入桩，桩的断面为 40 cm×40 cm，桩长为 11.4 m，桩打入黄色粉质黏土内 3 m，承台底面在地面下 1.2 m 处，如图 4-54 所示。地基土层的工程地质资料见表 4-26。试进行下列计算：

(1)初步确定桩数及承台平面尺寸；(2)进行桩顶作用效应验算。

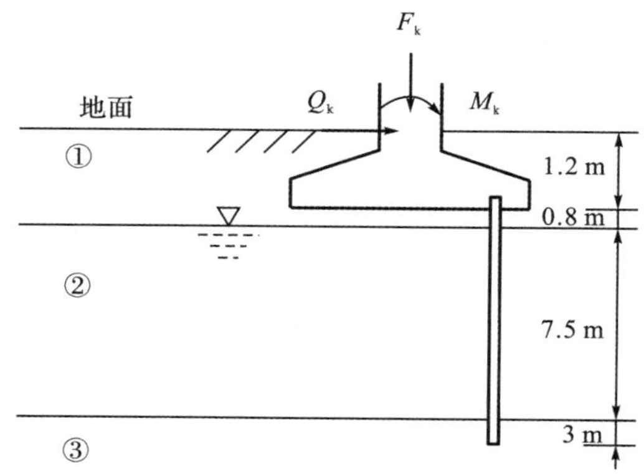

图 4-54 习题 4-6 图

表 4-26 土层物理力学指标

土层编号	土层名称	厚度 /m	重度 $\gamma/(\text{kN}\cdot\text{m}^{-3})$	含水率 w /%	液限 w_L /%	塑限 w_P /%	孔隙比 e
1	黏土	2.0	18.2	41.0	48.0	23.0	1.09
2	淤泥	7.5	17.1	47.0	39.0	21.0	1.55
3	粉质黏土	未穿透	19.6	26.7	32.7	17.7	0.75

4-7 某框架柱，截面尺寸为 500 mm×500 mm，柱子传到地面的荷载效应标准值为 $F_k=2\ 500$ kN，$M_k=560$ kN·m，$V_k=50$ kN；荷载效应基本组合设计值为 $F=3\ 600$ kN，$M=780$ kN·m，$V=100$ kN(弯矩与水平力方向一致)。选用预制钢筋混凝土打入桩，桩的断面为 300 mm×300 mm，有效桩长为 11.3 m，桩端打入粉质黏土内 3 m，地下水位很深。承台埋深 1.2 m。已知单桩极限承载力 $Q_{uk}=1\ 500$ kN。承台下地基承载力特征值为 $f_{ak}=100$ kPa，承台混凝土强度等级为 C25($f_t=1.27\ \text{N/mm}^2$)，钢筋强度等级选用 HRB335 级钢筋($f_t=300\ \text{N/mm}^2$)，承台下用 100 mm 厚的 C10 素混凝土作垫层。试设计桩基础并进行承台验算和配筋(考虑承台效应)。

第5章

地基处理

本章提要

换填垫层法

复合地基

在天然地基不能满足建筑物对地基强度、稳定性或变形的要求时，必须采取各种地基处理措施，改善天然地基的工程性状，以满足工程建设的要求。地基处理应针对不同的建设需要，结合不同的地层分布，采取不同的处理方法。地基处理按照作用机理可以划分为置换、夯实、挤密、排水、胶结加筋等方法。地基处理是一项技术性工作，合理的方案还需落实到技术措施和施工质量保证上，才能获得预期的处理效果。

本章首先介绍了地基处理的目的、意义和常用分类，然后分别介绍了地基处理常用的各类方法的加固机理和设计要点，对各种方法的施工过程也做了简要阐述。

学习目标

(1)了解地基处理的目的，了解地基处理的对象及其特性。

(2)掌握地基处理方法的分类和各种常用方法的加固机理和适用范围。

(3)掌握复合地基、换填垫层及预压地基等常用地基处理方法的设计计算。

(4)了解常用地基处理方法的施工方法。

思政小课堂

5.1 概 述

我国地域辽阔，从沿海到内地，由山区到平原，分布着多种多样的地基土，其抗剪强度、压缩性以及透水性等因土的种类不同而可能有很大的差别。地基条件的区域性较强，因而使地基基础这门学科特别复杂。随着我国经济的飞跃发展，一方面，结构物的荷载日益增大，对地基变形的要求也越来越严；另一方面，不仅选择在地质条件良好的场地修建建筑物，有时也不得不在地质条件不良的场地修建建筑物。一般情况被评价为良好的地基，也可能在特定条件下需要进行地基处理。所以不仅要针对不同的地质条件、不同的结构物选定最合适的基础形式、尺寸和布置方案，而且要认真选取最恰当的地基处理方法。随着科学技术的日新月异，地基处理技术也在不断发展、完善，并不断涌现新的技术。

5.1.1 地基处理的目的和意义

地基处理的目的是利用置换、夯实、挤密、排水、胶结、加筋和热学等方法对地基土进行加固，从以下几个方面改良地基土的工程特性。

（一）提高土的抗剪强度

土体的剪切破坏表现在：地基承载力不足导致建筑物失稳；由于偏心荷载及侧向土压力等水平荷载的作用使结构物失稳；土方开挖时边坡失稳，基坑开挖时坑底隆起等。土体的剪切破坏反映出土的抗剪强度不足，因此，为了防止剪切破坏，需要采取一定措施增加土体的抗剪强度。

（二）降低地基土的压缩性

地基土的压缩性问题表现在：建筑物的沉降或差异沉降大；由于有填土或建筑物荷载，使地基产生固结变形；基坑开挖引起邻近地面沉降等。地基土压缩模量的大小反映地基土的压缩性，因此，需要采取措施提高地基土的压缩模量，以减少基础沉降或不均匀沉降。

（三）改善地基的渗透特性

改善地基的渗透特性主要表现在两个方面：一方面是增加软土等渗透性差的地基土的透水性，以加快地基土固结，满足地基承载力及变形的要求；另一方面是在修筑堤坝和深基坑工程中防止地基土的渗透变形及渗透破坏，以避免出现流砂、管涌、渗漏、溶蚀等工程问题。

（四）改善地基土的动力特性

在振动荷载作用下，地基土表现为：地震时饱和松散粉细砂、饱和粉土地基产生液化；由于交通荷载或打桩等原因，使邻近地基产生振动下沉等。因此，需要采取措施防止地基液化和震陷，改善其动力特性以提高地基土的抗震性能。

（五）改善特殊土的不良工程特性

改善特殊土的不良工程特性主要是消除或减少黄土的湿陷性和膨胀土的胀缩性等不良工程特性，有关特殊土的不良工程特性在第 6 章专门介绍。

5.1.2 地基处理的对象

地基处理的对象包括软弱地基和特殊土地基。

（一）软弱地基

当地基压缩层主要由软土、杂填土和冲填土、液化土构成时应按软弱地基进行设计。在建筑地基的局部范围内有软弱土层时，应进行局部处理。

1. 软土

软土是指天然孔隙比大于或等于 1.0、天然含水量大于液限的细粒土，包括淤泥、淤泥质土、泥炭和泥炭质土。

淤泥是指在静水或缓慢的流水环境中沉积，并经生物化学作用形成，其天然含水量大于液限、天然孔隙比大于或等于 1.5 的黏性土。天然含水量大于液限而天然孔隙比小于 1.5 但大于或等于 1.0 的黏性土或粉土为淤泥质土。这类土疏松、含水量很大、含有机质，不仅强度低、压缩性高，而且渗透性小，具有显著的触变性和流变性。

含有大量未分解的腐殖质，有机质含量大于 60%的土为泥炭；有机质含量大于或等于 10%且小于或等于 60%的土为泥炭质土。这类土压缩性极大且很不均匀，承载力很低，属于性质最差的地基。

2. 杂填土和冲填土

杂填土和冲填土均属于工程性质较差的人工填土。

杂填土是指人类活动所形成的未经认真压密的堆积物，包含建筑垃圾、工业废料、生活垃圾等杂物。其组成成分复杂，分布不均匀且无规律，性质随堆填的龄期而变化。因而同一场地的不同位置，其承载力和压缩性往往会有较大差异。

冲填土是指在治理和疏通江河时，用挖泥船和泥浆泵把江河和港口底部的泥沙用水力冲填法堆积所形成的人工填土。其组成成分复杂，多属于黏性土、粉土或粉砂，含水量高，常大于液限，其中黏粒含量较多的冲填土，排水固结很慢，属于压缩性高、强度低的欠固结土，其力学性质比同类天然土差。

3. 液化土

液化土主要指饱和粉、细砂和粉土。饱和粉、细砂和粉土在静荷载作用下虽然具有较高的强度，但在动荷载作用下有可能产生液化或大量震陷变形。地基会因液化而丧失承载能力。如需要承担动力荷载，这类地基就需要进行处理。

(二)特殊土地基

特殊土地基包括湿陷性黄土地基、膨胀土地基、红黏土地基和冻土地基等，特殊土的特性在第 6 章专门介绍。

1. 湿陷性黄土

湿陷性黄土是指在覆盖土层的自重应力及自重应力和建筑物附加应力综合作用下，受水浸湿后，土的结构迅速破坏，并发生显著的附加下沉，其强度也迅速降低的黄土。由于黄土湿陷而引起建筑物不均匀沉降是造成黄土地区事故的主要原因。由于大面积地下水位上升等原因，部分湿陷性黄土饱和度可以达到 80%以上，黄土湿陷性逐渐消退，之后将转变为低承载力(100 kPa)和高压缩性土。

2. 膨胀土

膨胀土是指土中黏粒成分主要由亲水性矿物组成，同时具有显著的吸水膨胀和失水收缩特性，其自由膨胀率大于或等于 40%的黏性土。利用膨胀土作为建(构)筑物地基时，如果没有采取必要措施进行地基处理，常会给建(构)筑物造成极大危害。

3. 红黏土

红黏土是指碳酸盐岩系的岩石经红土化作用形成的高塑性黏土。其液限一般大于 50%。红黏土经再搬运后仍保留其基本特征，其液限大于 45%的土为次生红黏土。红黏土地层常呈上硬下软分布，而且厚度变化很大，常引起较大的不均匀沉降。

4. 冻土

冻土是指气候在负温条件下，含有冰的各种土。冻土分为多年冻土和季节性冻土。

多年冻土是指持续三年或三年以上冻结不融的土层。多年冻土的强度和变形有许多特殊性。例如，冻土中因有冰和冰水的存在，故在长期荷载作用下表现出强烈的流变性。多年冻土作为建筑物地基需慎重考虑，应采取必要的处理措施。季节性冻土就是随着每年季节变化冻结和融化的土层。

5.1.3 地基处理方法和分类

地基处理方法的分类多种多样。如按时间可分为临时处理和永久处理；按处理深度可分为浅层处理和深层处理；按土性对象可分为砂性土处理和黏性土处理，饱和土处理和非饱和土处理；多数情况按地基处理的作用机理进行分类，作用机理能够体现各种地基处理方法的主要特点。

按照作用机理地基处理的基本方法包括：置换、夯实、挤密、排水、胶结、加筋和热学等。值得注意的是，很多地基处理的方法具有多种处理的效果：如碎石桩兼具置换、挤密、排水和加筋的多重作用；石灰桩挤密又吸水，吸水后又进一步挤密等。

现阶段我国地基处理技术发展很快，工程规模向大型化发展，不断采用新材料、新技术充实、改进现有施工工艺，例如，换填垫层法由砂石垫层增加了加筋土垫层；并且更加重视多种方法联合应用，例如，土工织物与排水板联合排水固结；很多地基处理采用了信息化设计施工，通过现场监测、信息反馈，不断修改完善地基处理方案，不断更新地基处理的设计理论和技术规范。本章主要依据《建筑地基处理技术规范》(JGJ 79—2012)，复合地基内容部分也参考了《复合地基技术规范》(GB/T 50783—2012)。

5.1.4 地基处理设计的基本规定

《建筑地基处理技术规范》规定，经处理后的地基，当按地基承载力确定基础底面积及埋深而需要对确定的地基承载力特征值进行修正时，应符合下列规定：

(1)大面积压实填土地基，基础宽度的地基承载力修正系数 η_b 应取零；基础埋深的地基承载力修正系数 η_d，对于压实系数大于 0.95、黏粒含量 $\rho_c \geqslant 10\%$ 的粉土，可取 1.5，对于干密度大于 2.1 t/m^3 的级配砂石，可取 2.0。

(2)其他处理地基，基础宽度的地基承载力修正系数 η_b 应取零，基础埋深的地基承载力修正系数 η_d 应取 1.0。

处理后的地基应满足建筑物地基承载力、变形和稳定性要求，地基处理的设计尚应符合下列规定：

(1)经处理后的地基，当在受力层范围内仍存在软弱下卧层时，应进行软弱下卧层地基承载力验算。

(2)按地基变形设计或应作变形验算且需进行地基处理的建筑物或构筑物，应对处理后的地基进行变形验算。

(3)对建造在处理后的地基上受较大水平荷载或位于斜坡上的建筑物或构筑物,应进行地基稳定性验算。

5.2 换填垫层法

5.2.1 换填垫层法的基本概念

当软弱地基的承载力或变形满足不了建筑物的要求,而软弱土层的厚度又不很大时,可将基础底面以下处理范围内的软弱土层部分或全部挖去,然后分层换填砂、碎石、素土、灰土、高炉干渣、粉煤灰或其他性能稳定、无侵蚀性的材料,并压(夯、振)实至要求的密实度,这种地基处理的方法称为换填垫层法。垫层的结构如图 5-1 所示。

换填垫层法适用于浅层软弱土层或不均匀土层的地基处理。换填垫层的厚度 z 应根据换填软弱土的深度以及下卧土层的承载力确定,厚度宜为 0.5～3.0 m。

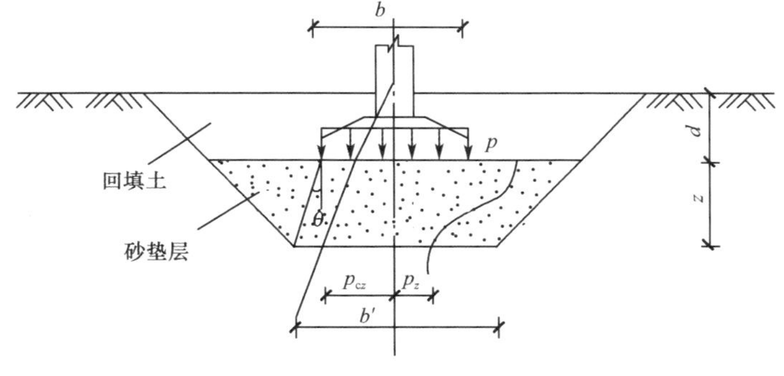

图 5-1　垫层的结构

垫层的作用如下:

1. 提高地基承载力

浅基础的地基承载力与基础下土层的抗剪强度有关,如果以抗剪强度较高的砂或其他填筑材料代替较软弱的土,可提高地基的承载力,避免地基破坏。

2. 减少变形量

由于地基附加应力的扩散作用,地基浅层部分的变形量在总变形量中所占的比例一般是比较大的。以条形基础为例,在相当于基础宽度的深度范围内的变形量占总变形量的50%左右。以密实砂或其他填筑材料代替上部软弱土层,就可以减少这部分土层的变形量。由于砂垫层或其他垫层对应力的扩散作用,使作用在下卧层土上的压力有所减小,这样也会相应减小下卧层土的变形量,从而降低基础的沉降量,满足上部建筑允许变形的要求。

3. 加速软弱土层的排水固结

建筑物的不透水基础直接与软弱土层相接触时,在荷载的作用下,软弱土地基中固结排出的水被迫绕基础两侧排出,因而使基底下的软弱土不易固结,形成较大的孔隙水压力,还可能由于地基强度降低而导致塑性破坏。而砂垫层和砂石垫层等垫层材料透水性大,软弱土层受压后,垫层可作为良好的排水面,可以使基础下面地基土层中的孔隙水压力迅速消散，加速垫层下软弱土层的固结速度并提高其强度，避免地基土发生塑性破坏。

4. 其他作用

砂石垫层材料因颗粒较粗，孔隙较大，不易产生毛细现象，因此可以防止或减轻寒冷地区土中结冰所造成的冻胀现象。砂石垫层还在消除膨胀土的胀缩性、建筑场地下的暗浜(沟)的处理以及增强土的抗液化性等方面具有良好的效果。

5.2.2 垫层的设计

应根据建筑体型、结构特点、荷载性质、场地土质条件、施工机械设备及填料性质和来源等进行综合分析后，完成换填垫层的设计，并选择施工方法。换填垫层的设计主要包括：选择换填材料，设计垫层的厚度和宽度。

(一)垫层材料的选用

按换填材料的不同，将垫层分为砂石(碎石)垫层、素土垫层、灰土垫层、粉煤灰垫层、矿渣垫层以及采用其他性能稳定、无侵蚀性的材料如土工合成材料加筋垫层等，具体适用范围见表 5-1。

表 5-1 换填法的适用范围

垫层种类	适用范围
砂石(碎石)垫层	适用于一般饱和、非饱和的软弱土和水下黄土地基处理。不宜用于湿陷性黄土地基，也不宜用于大面积堆载、密集基础和动力基础下的软土地基处理，砂垫层不宜用于地下水流速快和流量大地区的地基处理
素土垫层	适用于中小型工程、大面积回填、湿陷性黄土和膨胀土的地基处理
灰土垫层	适用于中小型工程，尤其适用于湿陷性黄土的地基处理
粉煤灰垫层	适用于厂房、机场、港区陆域和堆场等工程的大面积填筑
矿渣垫层	适用于中小型工程，尤其适用于地坪、堆场等工程大面积的地基处理和场地平整，但不得用于受酸性或碱性废水影响的地基处理

垫层材料应选用水稳定性或透水性好的材料，并应符合下列要求。

1. 砂石(碎石)垫层

宜选用碎石、卵石、角砾、圆砾、砾砂、粗砂、中砂或石屑，并应级配良好，不含植物残体、垃圾等杂质，黏土含量应不大于 5%，粉土含量应不大于 25%。当使用粉细砂或石粉时，应掺入不少于总质量 30%的碎石或卵石。碎石的最大粒径不宜大于 50 mm。对湿陷性黄土或膨胀土地基，不得选用砂石等透水性材料做垫层。

2. 素土垫层

当选用粉质黏土时，土料中有机质含量不得超过 5%，也不得含有冻土或膨胀土。当含有碎石时，其最大粒径不宜大于 50 mm。用于湿陷性黄土或膨胀土地基的粉质黏土垫层，土料中不得夹有砖、瓦或石块等。

3. 灰土垫层

体积配合比宜为 2∶8 或 3∶7。石灰宜选用新鲜的消石灰，其最大粒径不得大于 5 mm。土料宜选用粉质黏土，不宜使用块状黏土，且不得含有松软杂质，土料应过筛且最大粒径不得大于 15 mm。

4. 粉煤灰垫层

选用的粉煤灰应满足相关标准对腐蚀性和放射性的要求。粉煤灰垫层上宜覆土 0.3～0.5 m，粉煤灰垫层中采用掺加剂时，应通过试验确定其性能及适用条件。粉煤灰垫层中的金属构件、管网应采取防腐措施。大量填筑粉煤灰时，应经场地地下水和土壤环境的不良影响评价合格后，方可使用。

5. 矿渣垫层

宜选用分级矿渣、混合矿渣及原状矿渣等高炉重矿渣。矿渣的松散重度不应小于 11 kN/m^3，有机质及含泥总量不得超过 5%。垫层设计和施工前应对所选用的矿渣进行试验，确认性能稳定并满足腐蚀性和放射性安全的要求。对易受酸、碱影响的基础或地下管网不得采用矿渣垫层。大量填筑矿渣时，应经场地地下水和土壤环境的不良影响评价合格后，方可使用。

6. 工业废渣垫层

在有充分依据或成功经验时，可采用质地坚硬、性能稳定、透水性强、无腐蚀性和无放射性危害的其他工业废渣材料，但应经过现场试验证明其经济技术效果良好且施工措施完善后，方可使用。

7. 土工合成材料加筋垫层

所选用土工合成材料的品种、性能及填料，应根据工程特性和地基土质条件，满足现行国家标准《土工合成材料应用技术规范》(GB/T 50290—2014)的要求，通过设计计算并进行现场试验后确定。加筋垫层所选用的土工合成材料尚应进行材料强度验算，土工合成材料应采用抗拉强度较高、耐久性好、抗腐蚀的土工带、土工格栅、土工格室、土工垫或土工织物等土工合成材料。垫层填料宜用碎石、角砾、砾砂、粗砂、中砂等材料，且不宜含氯化钙、碳酸钙、硫化物等化学物质。当工程要求垫层具有排水功能时，垫层材料应具有良好的透水性。在软土地基上使用加筋垫层时，应保证建筑物稳定并满足允许变形的要求。

(二)垫层厚度的确定

垫层厚度 z 根据需换填软弱土层的深度或下卧土层的承载力确定，即按照软弱下卧层承载力验算确定，如图 5-1 所示，应符合式(5-1)的要求：

$$p_z + p_{cz} \leqslant f_{az} \tag{5-1}$$

式中　p_z——相应于作用的标准组合时，垫层底面处的附加压力值，kPa；

p_{cz}——垫层底面处土层的自重压力值，按垫层材料及垫层以上回填土料的重度计算，kPa；

f_{az}——垫层底面处软弱土层经深度修正后的地基承载力特征值，kPa，深度修正系数一般取 1.0。

其中，垫层底面处的附加压力值 p_z，除了可用弹性理论的土中应力公式进行计算外，常按式(5-2)、式(5-3)计算：

条形基础

$$p_z = \frac{b(p_k - p_c)}{b + 2z\tan\theta} \tag{5-2}$$

矩形基础

$$p_z = \frac{bl(p_k - p_c)}{(b + 2z\tan\theta)(l + 2z\tan\theta)} \tag{5-3}$$

式中　b——矩形基础或条形基础底面的宽度，m；

l——矩形基础底面的长度，m；

p_k——相应于作用的标准组合时，基础底面处的平均压力值，kPa；

p_c——基础底面处天然土的自重压力值，kPa；

z——基础底面以下垫层的厚度，m；

θ——垫层材料的压力扩散角，(°)，宜通过试验确定。无试验资料时，可按表 5-2 采用。

表 5-2 垫层材料的压力扩散角 θ (°)

z/b	换填材料				
	砂石、矿渣	粉质黏土、粉煤灰	灰土	一层加筋	二层及二层以上加筋
0.25	20	6	28	25～30	28～38
≥0.5	30	23			

注：1. 当 $z/b<0.25$ 时，除灰土取 $\theta=28°$、一层加筋取 $\theta=25°$、二层及二层以上加筋取 $\theta=28°$外，其他材料均取 $\theta=0°$，必要时宜由试验确定。

2. 当 $0.25<z/b<0.5$ 时，θ 值可内插求得。

(三)垫层宽度的确定

垫层的底面宽度应以满足基础底面应力扩散和防止垫层向两侧挤出为原则进行设计，可按式(5-4)计算或根据当地经验确定：

$$b'\geqslant b+2z\tan\theta \tag{5-4}$$

式中 b'——垫层底面宽度，m；

θ——压力扩散角，(°)，可按表 5-2 采用。但当 $z/b<0.25$ 时仍按表 5-2 中 $z/b=0.25$ 取值。

垫层顶面每边超出基础底边缘不应小于 300 mm，且从垫层底面两侧向上，按当地基坑开挖的经验及要求放坡。整片垫层底面的宽度可根据施工的要求适当加宽。

具体设计时，一般可根据垫层的承载力确定出基础宽度，再根据软弱下卧层的承载力确定出垫层的厚度。也可先假设一个垫层的厚度，然后按式(5-1)进行验算，直至满足要求为止。

在垫层的厚度和宽度确定后，对于重要的建筑物或垫层下存在软弱下卧层的建筑物，还应进行地基的变形验算，可参考《建筑地基处理技术规范》的规定进行变形计算，使地基变形满足建筑物要求。

【例 5-1】 某楼房承重墙传至设计地面±0.000 的轴心荷载 $F_k=200$ kN/m，地表为 1.0 m 厚的杂填土，$\gamma_1=17.2$ kN/m³；其下层为厚 8 m 的淤泥质土，$\gamma_2=17.8$ kN/m³，承载力特征值 $f_{ak}=65$ kPa。地下水位深度为 1.0 m。试设计该墙基的换填砂垫层。

解 (1)选择垫层材料和基础埋深

砂垫层材料选用粗砂，查表 5-3，取垫层承载力特征值 $f_{ak}=150$ kPa；

砂垫层重度 $\gamma=19$ kN/m³；

综合考虑淤泥质土层软弱及地下水的影响，基础埋深定为 $d=1.0$ m。

(2)确定基础宽度

$$b\geqslant\frac{F_k}{f_{ak}-\gamma_G d}=\frac{200}{150-20\times1.0}=1.54\ \text{m}$$

取基础宽度 $b=1.6$ m。

(3)确定垫层厚度并验算

初步取砂垫层厚度 $z=2.0$ m

淤泥质土深度修正系数 $\eta_d=1.0$

垫层的施工

距地表 3 m 范围原土层的加权平均重度为

$$\gamma_m=\frac{17.2\times1.0+(17.8-10)\times2.0}{1.0+2.0}=10.93\ \mathrm{kN/m^3}$$

对垫层底面处淤泥质土的承载力进行修正，得

$$f_{az}=f_{ak}+\eta_d\gamma_m(d+z-0.5)=65+1.0\times10.93\times(1.0+2.0-0.5)=92.3\ \mathrm{kPa}$$

垫层底面处土的自重压力值（考虑垫层作用后）

$$p_{cz}=17.2\times1.0+(19-10)\times2.0=35.2\ \mathrm{kPa}$$

基础底面处的压力为

$$p_k=\frac{F_k+G_k}{b}=\frac{200+1.0\times1.6\times20}{1.6}=145.0\ \mathrm{kPa}$$

$\frac{z}{b}=\frac{2.0}{1.6}>0.5$，查表 5-2 得砂垫层压力扩散角 $\theta=30°$，垫层底面处的附加压力值

$$p_z=\frac{b(p_k-\gamma_1 d)}{b+2z\tan\theta}=\frac{1.6\times(145.0-17.2\times1.0)}{1.6+2\times2.0\times\tan 30°}=52.3\ \mathrm{kPa}$$

于是有

$$p_{cz}+p_z=35.2+52.3=87.5\ \mathrm{kPa}<92.3\ \mathrm{kPa}=f_{az}$$

即垫层厚度取 $z=2.0$ m 满足软弱下卧层承载力要求。

（4）确定砂垫层宽度

$$b'\geqslant b+2z\tan\theta=1.6+2\times2.0\times\tan 30°=3.9\ \mathrm{m}$$

可取 $b'=4.0$ m。

本例垫层尺寸如图 5-2 所示，该建筑无须验算地基变形。

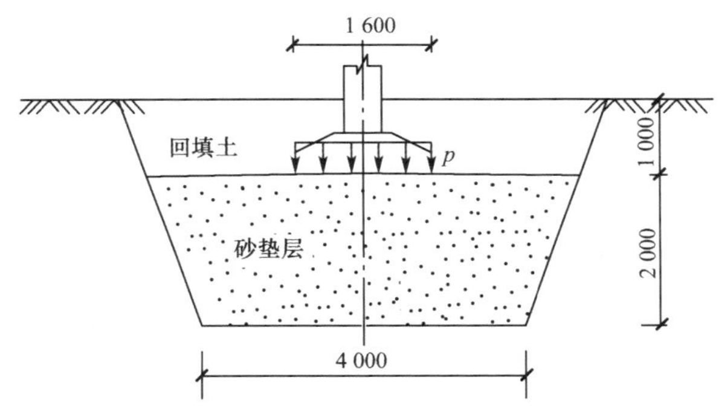

图 5-2 【例 5-1】垫层的尺寸

5.3 预压地基法

5.3.1 预压地基法的基本概念

我国沿海地区、内陆湖泊和河流谷地分布着大量饱和软弱黏性土。这种土的特点是含

水量大、压缩性高、强度低、透水性差，很多情况埋藏较深厚。在软土地基上直接建造建筑物或进行填土时，基础将由于地基固结或剪切变形产生很大的沉降或沉降差，而且沉降的延续时间长，因此有可能影响建筑物的正常使用。另外，由于软土强度低，地基承载力和稳定性往往不能满足工程要求而产生地基土破坏。所以这类软土地基通常需要采取加固处理措施，预压地基法就是处理软黏土地基的有效方法之一。

预压地基法是在建筑物建造前，预先在天然地基表面加载，或在设置砂井等竖向排水体系的地基表面加载预压，使土体中的孔隙水排出，逐渐固结压密，使地基强度逐渐提高的方法。该法适用于处理淤泥质土、淤泥、冲填土等饱和黏性土地基。

预压地基法，也称排水固结法，主要包括排水系统和加压系统两部分的设计。

(一)排水系统

可以利用天然土层本身的透水性，尤其是软土地区的夹砂薄层进行排水，也可设置排水系统。排水系统分为水平排水系统和竖向排水系统。水平排水系统是指软土层顶面的排水砂垫层，目的是创造一个竖向渗流的排水边界。竖向排水系统是在地基竖向设置的排水砂井，设置的目的是创造一个水平向渗流的排水边界。

(二)加压系统

加压系统的形式和方法很多，目前常用的方法按处理工艺可分为堆载预压法、真空预压法、真空和堆载联合预压法、电渗排水法和降低地下水位法等。

1. 堆载预压法

通过在表面预先堆填土、砂、石、砖等散料对地基进行加载预压，使地基土的变形大部分或全部基本完成，并因固结压密而提高地基承载力，然后除去堆载，再进行建筑施工的一种处理方法，如图 5-3 所示。对深厚软黏土地基，应设置塑料排水带或砂井等竖井作为竖向排水系统。当软土层厚度较小(小于 4.0 m)或软土层中含较多薄粉砂夹层，且固结速率能满足工期要求时，可不设置排水竖井。

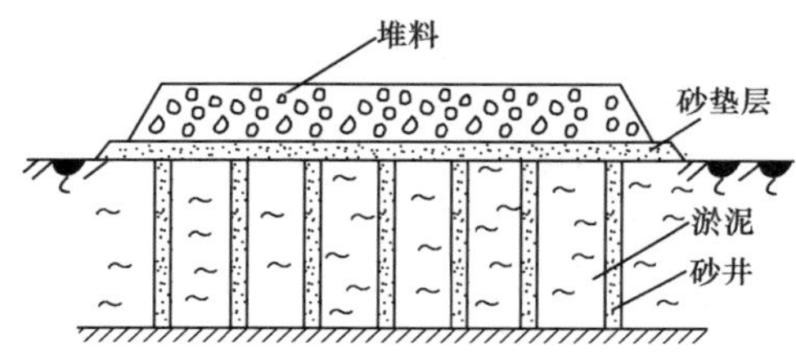

图 5-3　堆载预压示意图

2. 真空预压法

在需要加固的软土地基表面铺设砂垫层，并埋设竖向排水砂井，缩短排水路径。再在地表面铺设不透气的封闭膜，薄膜四周埋入土中，通过砂垫层埋设吸水管道，用真空装置进行抽气，使薄膜内形成真空，并排出土中水，增大地基的有效应力，如图 5-4 所示。真空预压适用于处理以黏性土为主的软弱地基。当存在粉土、砂土等透水、透气土层时，加固区周边应采取确保膜下真空压力满足设计要求的密封措施。对塑性指数大于 25 且含水量大于 85%的淤泥，

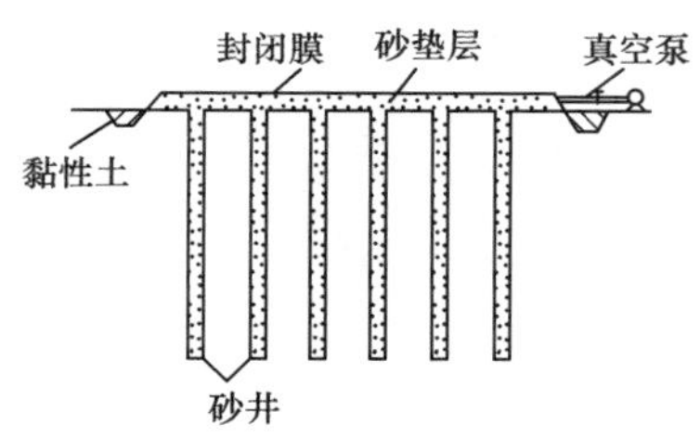

图 5-4　真空预压示意图

应通过现场试验确定其适用性。加固土层上覆盖有厚度在 5 m 以上的回填土或承载力较高的黏性土层时，不宜采用真空预压法处理。

3. 真空和堆载联合预压法

当设计地基预压荷载大于 80 kPa，且进行真空预压处理地基不能满足设计要求时可采用真空和堆载联合预压地基处理，如图 5-5 所示。该方法不仅增大了预压荷载，同时可以发挥真空预压和堆载预压各自的优势，可提高加荷速率、缩短工期、增大加固深度，使地基变形在施工期内得以基本完成，从而有效减少地基的施工后变形。

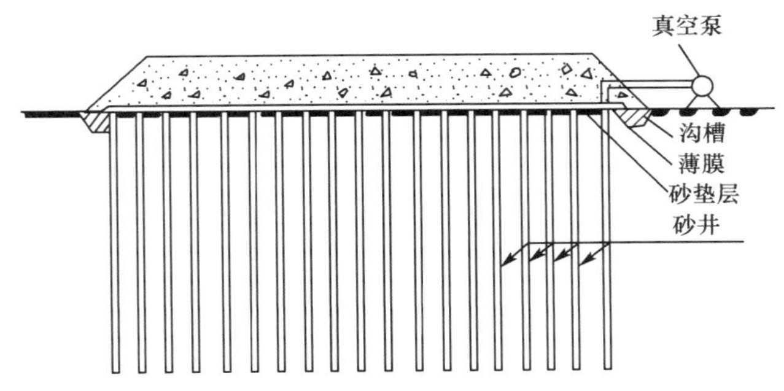

图 5-5　真空和堆载联合预压示意图

预压法的设计主要包括以下几项内容：

(1)排水系统设计。

(2)预压加载系统设计。

(3)计算堆载作用下地基土的固结度、强度增长、稳定性和变形。

对重要工程，应选择试验区进行现场预压试验，分析地基处理效果，对设计进行修正，以指导整个场区的地基处理设计与施工。

5.3.2 排水系统与预压加载系统的设计

预压地基应设计合理的排水系统与加载系统，使地基在不太长的时间内能达到 90% 以上的固结度。

(一)排水系统的设计

1. 水平排水系统

预压处理地基应在地表铺设与排水竖井相连的水平排水系统，通常采用砂垫层，厚度不应小于 500 mm；水下施工时砂垫层厚度一般为 1.0 m 左右。砂垫层砂料宜用中粗砂，黏粒含量不应大于 3%，砂料中可含有少量粒径不大于 50 mm 的砾石；砂垫层的干密度应大于 1.5 t/m^3，渗透系数应大于 1×10^{-2} cm/s。当软土地基表面很软、施工有困难时，可先在地基表面铺一层塑料编织网或土工布，然后再在上面铺排水砂垫层。

另外，在预压区边缘应设置排水沟，在预压区内宜设置与砂垫层相连的排水盲沟，排水盲沟的间距不宜大于 20 m。

2. 竖向排水系统

竖向排水系统的设计，包括确定排水体类型、断面尺寸、布置方式与间距、深度等。

根据我国的情况，大致采用以下几种竖向排水体形式：

(1)普通砂井。

(2)袋装砂井。

(3)塑料排水带。

考虑施工的可操作性,普通砂井直径为 300~500 mm,袋装砂井直径为 70~120 mm。砂料宜用中粗砂,其黏粒含量不应大于 3%。塑料排水带基本上分两类:一类是用单一材料制成的多孔管道的板带;另一类是由两种材料组合而成,各种断面形式的芯板或乱丝、花式丝的芯板,外面包裹一层无纺土工织物滤套。塑料排水带的当量换算直径 d_p 可按式(5-5)计算

$$d_p=\frac{2(b+\delta)}{\pi} \tag{5-5}$$

式中 b——塑料排水带宽度,mm;

δ——塑料排水带厚度,mm。

砂井的布置范围应比基础范围大,常由基础的轮廓线向外增加 2~4 m。砂井的平面布置可采取等边三角形或正方形,如图 5-6 所示。在大面积荷载作用下,认为每个砂井均起独立排水作用。由于等边三角形排列较正方形排列紧凑和有效,故应用较多。

竖井的有效排水直径 d_e 与竖井的间距 l 的关系与砂井的布置方式有关:

等边三角形排列时

$$d_e=1.05l \tag{5-6}$$

正方形排列时

$$d_e=1.13l \tag{5-7}$$

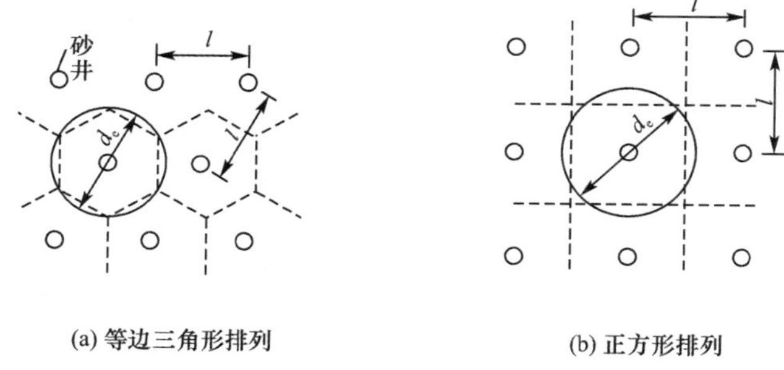

图 5-6 排水竖井平面布置

竖井的间距 l 可根据地基土的固结特征和预定时间内所要求达到的固结度确定。设计时竖井的间距可按井径比 n 选用,$n=d_e/d_w$,其中 d_w 为竖井直径,对塑料排水带可取 $d_w=d_p$。普通砂井的间距可按 $n=6$~8 选用,袋装砂井和塑料排水带的间距可按 $n=15$~22 选用。

竖井的深度主要根据建筑物对地基的稳定性、变形的要求和工期确定。对变形控制的建筑工程,竖井深度应根据在限定的预压时间内需完成的变形量确定,且竖井宜穿透受压土层。对地基抗滑稳定性控制的工程,竖井深度应大于最危险滑动面以下 2.0 m。真空预压竖向排水通道宜穿透软土层,但不应进入透水层。

(二)预压加载的设计

加载系统的设计和选择关系到预压排水固结的效果,在施加荷载的过程中,需要保证荷

载不超过地基极限承载力。预压加载的设计，包括确定预压区的范围、预压荷载的大小、荷载分级、加荷速率以及预压时间等。

预压荷载顶面的范围应不小于建筑物基础外缘的范围。真空预压区边缘应大于建筑物基础轮廓线，每边增加量不得小于 3.0 m。当真空预压地基加固面积较大时，宜采取分区加固，每块预压面积应尽可能大且呈方形，分区面积宜为 20 000～40 000 m^2。

预压荷载的大小应根据设计要求确定。对沉降有严格限制的建筑，应采取超载预压法处理地基。当受预压时间限制、残余沉降或工后沉降不满足工程要求时，在保证整体稳定条件下可采用超载预压。当采用超载预压法处理时，超载量应根据预压时间内要求完成的变形量通过计算确定，并宜使预压荷载下受压土层各点的有效竖向应力大于建筑物荷载引起的相应点的附加应力，今后在建筑物荷载作用下地基土将不会再发生主固结变形，而且将减小并推迟次固结变形的发生。

加荷速率应根据地基土的强度确定。对堆载预压工程，当地基土的强度满足预压荷载下地基的稳定性要求时，可一次性加载，如不满足应分级逐渐加载，待前期预压荷载下地基土的强度增长满足下一级荷载下地基的稳定性要求时，方可加载下一级荷载。对真空预压工程，可采用一次连续抽真空至最大压力的加载方式。真空预压的膜下真空度应稳定地保持在 86.7 kPa(650 mmHg)以上，且应均匀分布。

对主要以变形控制设计的建筑物，当地基土经预压所完成的变形量和平均固结度满足设计要求时，可以卸除预压荷载。对以地基承载力或抗滑稳定性控制设计的建筑物，当地基土经预压而增长的强度满足建筑物地基承载力或稳定性要求时，方可卸载。

堆载预压处理地基设计的平均固结度不宜低于 90%，且应在现场监测的变形速率明显变缓时卸载。真空预压时间还要求不宜低于 90 d。

5.3.3　固结度、强度和变形计算

(一)固结度的计算

在堆载预压设计过程中，要重点分析竖向排水体的直径、间距、布置形式和固结度之间的关系，进行地基固结度计算。

对于一级或多级等速加载条件下，当固结时间为 t 时，对应总荷载的地基平均固结度可按式(5-8)计算

$$\overline{U}_t=\sum_{i=1}^{n}\frac{\dot{q}_i}{\sum\Delta p}\left[(T_i-T_{i-1})-\frac{\alpha}{\beta}e^{-\beta t}(e^{\beta T_i}-e^{\beta T_{i-1}})\right] \tag{5-8}$$

式中　$\overline{U}_t$——t 时间地基的平均固结度；

$\dot{q}_i$——第 i 级荷载的加荷速率，kPa/d；

$\sum\Delta p$——各级荷载的累加值，kPa；

T_{i-1}、T_i——第 i 级荷载加载的起始和终止时间(从零点起算)，当计算第 i 级荷载加载过程中某时间的固结度时，T_i 改为 t，d；

α、β——参数，根据地基土排水固结条件按表 5-3 采用。对竖井地基，表中所列 β 为不考虑涂抹和井阻影响的参数值。

表 5-3　　α、β 值

参　数	竖向排水固结 ($\overline{U}_z>30\%$)	向内径向排水固结	竖向和向内径向排水固结（竖井穿透受压土层）
α	$\frac{8}{\pi^2}$	1	$\frac{8}{\pi^2}$
β	$\frac{\pi^2 C_v}{4H^2}$	$\frac{8C_h}{F_n d_e^2}$	$\frac{8C_h}{F_n d_e^2}+\frac{\pi^2 C_v}{4H^2}$

表 5-3 中，有

$$F_n=\frac{n^2}{n^2-1}\ln n-\frac{3n^2-1}{4n^2} \tag{5-9}$$

表中　H——土层竖向最大排水距离，cm；

C_v——土层竖向排水固结系数，cm^2/s；

C_h——土层径向排水固结系数，cm^2/s；

$\overline{U}_z$——双面排水土层或固结应力均匀分布的单面排水土层竖向排水的平均固结度。

当排水竖井采用挤土方式施工时，由于井壁涂抹及对周围土的扰动而使土的渗透系数降低，因而影响土层的固结速率，即应考虑涂抹对土体固结的影响。当竖井的纵向通水量 q_w 与天然土层水平向渗透系数 k_h 的比值较小，且长度较长时，尚应考虑井阻影响。瞬时加载条件下，考虑涂抹和井阻影响时，竖井地基径向排水平均固结度可按式(5-10)计算

$$\overline{U}_r=1-e^{\frac{8C_h}{Fd_e^2}t} \tag{5-10}$$

其中

$$F=F_n+F_s+F_r \tag{5-11}$$

$$F_n=\ln n-\frac{3}{4}\quad n\geqslant 15 \tag{5-12}$$

$$F_s=\left(\frac{k_h}{k_s}-1\right)\ln s \tag{5-13}$$

$$F_r=\frac{\pi^2 L^2}{4}\frac{k_h}{q_w} \tag{5-14}$$

式中　$\overline{U}_r$——固结时间 t 时竖井地基径向排水平均固结度；

k_h——天然土层水平向渗透系数，cm/s；

k_s——涂抹区土的水平向渗透系数，可取天然土层水平向渗透系数 k_h 的 1/5～1/3，cm/s；

s——涂抹区直径 d_s 与竖井直径 d_w 的比值，可取 $s=2.0\sim3.0$，对中等灵敏黏性土取低值，对高灵敏黏性土取高值；

L——竖井深度，cm；

q_w——竖井纵向通水量，为单位水力梯度下单位时间的排水量，cm^3/s，采用砂井中砂料的渗透系数乘以砂井断面计算。

一级或多级等速加荷条件下，考虑涂抹和井阻影响时竖井穿透受压土层地基之平均固结度可按式(5-8)计算，其中 $\alpha=\frac{8}{\pi^2}$，$\beta=\frac{8C_h}{Fd_e^2}+\frac{\pi^2 C_v}{4H^2}$。

对排水竖井未穿透受压土层的地基，应分别计算竖井范围土层的平均固结度和竖井底面以下受压土层的平均固结度，通过预压使该两部分固结度和所完成的变形量均满足设计要求。

【例 5-2】　地基为淤泥质黏土层，已知固结系数 $C_h = C_v = 1.8 \times 10^{-3}\ cm^2/s$，受压土层厚 20 m，袋装砂井直径 $d_w = 70$ mm，袋装砂井为等边三角形排列，间距 1.4 m，深度 20 m，砂井底部为不透水层，砂井打穿受压土层。预压荷载总压力 $p = 100$ kPa，分两级加载，如图 5-7 所示。试求加载开始 120 d 受压土层的平均固结度(不考虑竖井井阻和涂抹影响)。

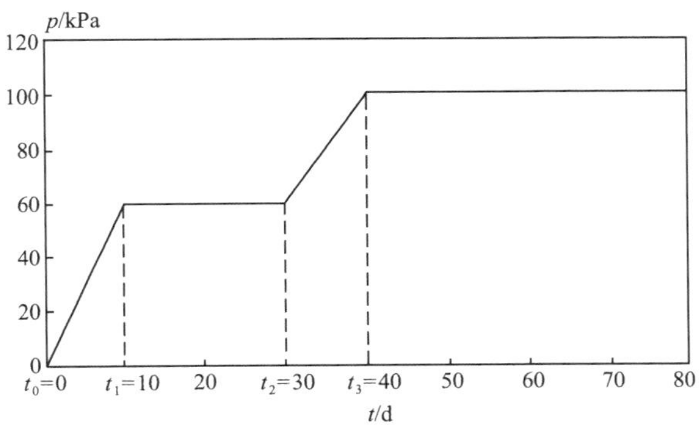

图 5-7　【例 5-2】加载过程

解　(1)计算参数 α、β

受压土层平均固结度包括两部分：径向排水固结度和向上竖向排水平均固结度，按式(5-8)计算，其中 α、β 由表 5-3 知

$$\alpha = \frac{8}{\pi^2}, \beta = \frac{8C_h}{F_n d_e^2} + \frac{\pi^2 C_v}{4H^2}$$

等边三角形排列的砂井的有效排水圆柱体直径 $d_e = 1.05l = 1.05 \times 1.4 = 1.47$ m。

井径比 $n = d_e/d_w = 1.47/0.07 = 21$

$$F_n = \frac{n^2}{n^2-1}\ln n - \frac{3n^2-1}{4n^2} = \frac{21^2}{21^2-1}\ln 21 - \frac{3\times 21^2-1}{4\times 21^2} = 2.3$$

则

$$\alpha = \frac{8}{\pi^2} = 0.81$$

$$\beta = \frac{8\times 1.8\times 10^{-3}}{2.3\times 147^2} + \frac{3.14^2\times 1.8\times 10^{-3}}{4\times 2\ 000^2} = 2.908\times 10^{-7}(1/s) = 0.025\ 1(1/d)$$

(2)计算加荷速率

根据图 5-8 计算：

第一级荷载的加荷速率 $\dot{q}_1 = 60/10 = 6$ kPa/d

第二级荷载的加荷速率 $\dot{q}_2 = 40/10 = 4$ kPa/d

(3)计算固结度

$t = 120$ d 的固结度为

$$\overline{U}_t = \sum_{i=1}^{n} \frac{\dot{q}_i}{\sum \Delta p}\left[(T_i - T_{i-1}) - \frac{\alpha}{\beta}e^{-\beta t}(e^{\beta T_i} - e^{\beta T_{i-1}})\right]$$

$$=\frac{\dot{q}_1}{\sum\Delta p}\frac{1}{}[(t_1-t_0)-\frac{\alpha}{\beta}e^{-\beta t}(e^{\beta t_1}-e^{\beta t_0})]+\frac{\dot{q}_2}{\sum\Delta p}[(t_3-t_2)-\frac{\alpha}{\beta}e^{-\beta t}(e^{\beta t_3}-e^{\beta t_2})]$$

$$=\frac{6}{100}[(10-0)-\frac{0.81}{0.0251}e^{-0.0251\times120}(e^{0.0251\times10}-e^{0})]+$$

$$\frac{4}{100}[(40-30)-\frac{0.81}{0.0251}e^{-0.0251\times120}(e^{0.0251\times40}-e^{0.0251\times30})]$$

$$=0.93=93\%$$

(二)地基强度和变形计算

1. 地基土体的抗剪强度

计算预压荷载下饱和黏性土地基中某点的抗剪强度时,应考虑土体原来的固结状态,对正常固结饱和黏性土地基,某点某一时间的抗剪强度可按式(5-15)计算

$$\tau_{ft}=\tau_{f0}+\Delta\sigma_z U_t\tan\varphi_{cu} \tag{5-15}$$

式中 τ_{ft}——t 时刻,该点土的抗剪强度,kPa;

τ_{f0}——地基土的天然抗剪强度,kPa,宜通过原位十字板试验确定;

$\Delta\sigma_z$——预压荷载引起的该点竖向附加应力,kPa;

U_t——该点土的固结度;

φ_{cu}——三轴固结不排水剪切试验求得的土的内摩擦角,(°)。

2. 最终竖向变形量

预压荷载下地基的最终竖向变形量可按式(5-16)计算

$$s_f=\xi\sum_{i=1}^{n}\frac{e_{0i}-e_{1i}}{1+e_{0i}}h_i \tag{5-16}$$

式中 s_f——最终竖向变形量,m;

e_{0i}——第 i 层中点土自重应力所对应的孔隙比,由室内固结试验 e-p 曲线查得;

e_{1i}——第 i 层中点土自重应力与附加应力之和所对应的孔隙比,由室内固结试验 e-p 曲线查得;

预压地基法的施工与检验

h_i——第 i 层土层厚度,m;

ξ——经验系数,可按地区经验确定。无经验时,对正常固结饱和黏性土地基可取 $\xi=1.1\sim1.4$,荷载较大或地基软弱土层厚度大时取较大值。对真空预压法和真空联合堆载预压法,ξ 可取 1.0~1.3。

5.4 压实地基和夯实地基

5.4.1 压实地基

(一)基本概念

压实地基是指利用平碾、振动碾、冲击碾或其他碾压设备将填土分层密实处理的地基。

压实地基适用于处理大面积填土地基。地下水位以上填土压实，主要采取碾压法和振动压实法。常用压实机械如图 5-8 所示。

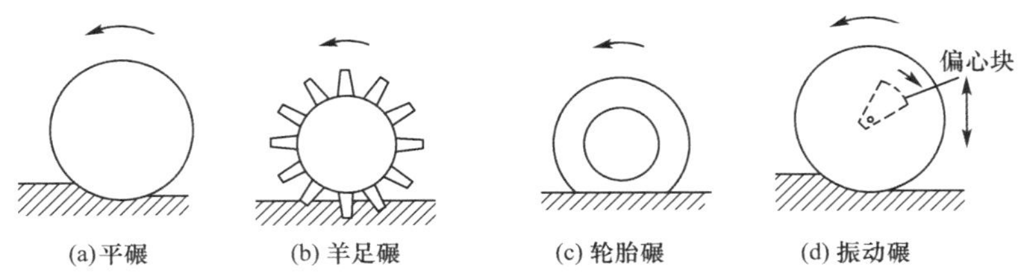

图 5-8　常用压实机械示意图

碾压法是利用机械滚轮的压力压实土体，使之达到所需的密实度。碾压机械有平碾、羊足碾、轮胎碾等。平碾（光碾压路机）是一种以内燃机为动力的自行式压路机，表面平整光滑，使用最广，适用于各种路面、垫层、飞机场跑道和广场等工程的压实。羊足碾单位面积的压力比较大，压实土层厚，压实的效果好，适用于路基、堤坝的压实。羊足碾一般用于碾压黏性土，不适于砂土，因在砂土中碾压时，土的颗粒受到羊足较大的单位压力后会向四面移动而使土的结构破坏。轮胎式压路机的轮胎气压可调节，可增减压重，单位压力可变，压实过程有揉搓作用，使压实土层均匀密实，且不伤路面，适用于道路、广场等垫层的压实。

振动压实法是将振动压实机放在土层表面，在压实机振动作用下，土颗粒发生相对位移而达到紧密状态。振动碾是一种振动和碾压同时作用的高效能压实机械，比一般平碾提高功效 1～2 倍，可节省动力 30%。填料为爆破石渣、碎石类土、杂填土和粉土等非黏性土或黏粒含量少、透水性较好的松散填土地基采用振动压实法振实效果较好。

冲击碾压法于 1995 年由南非引入我国，其正多边形的冲击轮在位能落差与行驶动能的共同作用下对工作面进行静压、揉搓、冲击，高振幅、低频率冲击碾压可使深层土石的密实度不断增加，是大面积土石方工程压实的新技术，与一般压路机相比压实效率提高 3～4 倍，可用于地基冲击碾压、土石混填或填石路基分层碾压、路基冲击增强补压、旧砂石（沥青）路面冲压和旧水泥混凝土路面冲压等处理。

（二）压实地基的设计

首先应选择合适的填料，再根据建筑物体型、结构与荷载特点、场地土层条件、变形要求及填料等因素确定压实方法和压实参数。对大型、重要或场地地层条件复杂的工程，在正式施工前，应通过现场试验确定地基处理效果。以压实填土作为建筑地基持力层时，应根据建筑结构类型、填料性能和现场条件等，对拟压实的填土提出质量要求。未经检验，且不符合质量要求的压实填土，不得作为建筑地基持力层。

1. 填料的选择

压实填土的填料种类较多，可选用粉质黏土、灰土、粉煤灰、级配良好的砂土或碎石土（最大粒径不宜大于 100 mm），以及质地坚硬、性能稳定、无腐蚀性和无放射性危害的工业废料等，不得使用淤泥、耕土、冻土、膨胀土以及有机质含量大于 5% 的土料。选用时应利用当地的土、石或工业废渣，既经济又省时省工，也有利于保护环境和节约资源。但应注意工业废渣黏结力小、易于流失，露天填筑时宜采用黏性土包边护坡，填筑顶面宜用 0.3～0.5 m 厚的粗粒土封闭。粗颗粒的砂、石等材料具有透水性，不得用于湿陷性黄土和膨胀土场地进行填土压实处理的填料。

2. 压实参数的确定

冲击碾压法的冲击设备、分层填料的虚铺厚度、分层压实的遍数等设计参数应根据土质条件、工期要求等因素综合确定，其有效加固深度宜为 3.0～4.0 m，施工前应进行试验段施工，确定施工参数。

当采用碾压法和振动压实法施工时，应根据压实机械的压实性能、地基土性质、密实度、压实系数和施工含水量等，并结合现场试验确定碾压分层厚度、碾压遍数、碾压范围和有效加固深度等施工参数。初步设计可按表 5-4 选用。对粉质黏土和粉土填料，应注意控制其含水量在最优含水量。对粗骨料含量高的填料，宜选用压实功能大的压实设备。

表 5-4　　填土每层铺填厚度及压实遍数

施工设备	每层铺填厚度/mm	每层压实遍数
平碾(8～12 t)	200～300	6～8
羊足碾(5～16 t)	200～350	8～16
振动碾(8 ～15 t)	500～1 200	6～8
冲击碾压(冲击势能 15～25 kJ)	600～1 500	20～40

对已经回填完成且回填厚度超过表 5-4 中的铺填厚度，或粒径超过 100 mm 的填料含量超过 50%的填土地基，应采用较高性能的压实设备或采用夯实法进行加固。

压实填土的质量以压实系数 λ_c 控制，并应根据结构类型和压实填土所在部位按表 5-5 的要求确定。

表 5-5　　压实填土的质量控制

结构类型	填土部位	压实系数 λ_c	控制含水量/%
砌体承重结构和框架结构	在地基主要受力层范围以内	≥0.97	$w_{op}\pm2$
	在地基主要受力层范围以下	≥0.95	
排架结构	在地基主要受力层范围以内	≥0.96	
	在地基主要受力层范围以下	≥0.94	

注：地坪垫层以下及基础底面标高以上的压实填土，压实系数不应小于 0.94。

压实填土的最大干密度和最优含水量，宜采用室内击实试验确定，当无试验资料时，最大干密度可按式(5-17)计算

$$\rho_{dmax}=\eta\frac{\rho_w G_s}{1+0.01w_{op}G_s} \tag{5-17}$$

式中　ρ_{dmax}——分层压实填土的最大干密度，t/m³；

η——经验系数，粉质黏土取 0.96，粉土取 0.97；

ρ_w——水的密度，t/m³；

G_s——土粒相对密度；

w_{op}——填料的最优含水量，%。

当填料为碎石或卵石时，其最大干密度可取 2.1～2.2 t/m³。

3. 压实地基的检验

压实地基承载力应根据现场静载荷试验确定，或通过动力触探、静力触探等试验并结合

静载荷试验结果确定。压实地基的压缩模量应通过处理后地基的原位测试或土工试验确定。设置在斜坡上的压实填土，应验算其稳定性，当坡度大于 20%时，应采取防止压实填土沿坡面滑动的措施并应设置排水设施避免雨水沿斜坡排泄。

压实地基的施工质量检验应分层进行。每完成一道工序，应按设计要求进行验收，未经验收或验收不合格时，不得进行下一道工序施工。

5.4.2　夯实地基

（一）基本概念

夯实地基是指反复将夯锤提到高处使其自由落下，给地基以冲击和振动能量，将地基土密实处理或置换形成密实墩体的地基。夯实地基可分为强夯和强夯置换处理地基。

强夯是法国 Menard 技术公司于 1969 年首创的一种地基加固方法，它一般通过 10～60 t 的重锤和 10～40 m 的落距，对地基土施加很大的冲击能，在地基土中所形成的冲击波和动应力，可提高地基土的强度、降低土的压缩性、改善砂土的抗液化条件、消除湿陷性黄土的湿陷性等。同时，夯击能还可提高土层的均匀程度，减少将来可能出现的差异沉降。强夯处理地基适用于碎石土、砂土、低饱和度的粉土与黏性土、湿陷性黄土、素填土和杂填土等地基。

强夯置换法是采用在夯坑内回填块石、碎石等粗颗粒材料，用夯锤夯击形成连续的强夯置换墩。具有加固效果显著、施工工期短和施工费用低等优点。强夯置换法适用于高饱和度的粉土与软塑-流塑的黏性土地基上对变形要求不严格的工程。强夯置换法处理地基，必须通过现场试验确定其适用性和处理效果。

强夯和强夯置换施工前，应在施工现场有代表性的场地上选取一个或几个试验区，进行试夯或试验性施工。每个试验区面积不小于 20 m×20 m，试验区数量应根据建筑场地复杂程度、建筑规模及建筑类型确定。场地地下水位高，影响施工或夯实效果时，应采取降水或其他技术措施进行处理。

（二）夯实地基的设计

夯实地基的主要设计参数包括有效加固深度、夯击能、夯击次数、间隔时间、处理范围和夯击点布置，强夯置换法还需确定置换墩的深度、墩体材料等。

根据初步确定的强夯参数，根据强夯试验方案，进行现场试夯。根据不同土质条件，在试夯结束一周至数周后，对试夯场地进行检测，并与夯前测试数据进行对比，检验强夯效果，确定工程采用的各项强夯参数。

根据基础埋深和试夯时所测得的夯沉量，确定起夯面标高、夯坑回填方式和夯后标高。夯前场地标高宜高出基础底标高 0.3～1.0 m。

1. 有效加固深度

强夯法的有效加固深度既是反应处理效果的主要参数，又是选择地基处理方案的重要依据，其影响因素很多，除了锤重和落距外，还有地基土的性质、土层顺序和厚度、地下水位、单位夯击能量、夯击次数和遍数、平均夯击能等。因此，强夯法的有效加固深度应根据现场试夯或地区经验确定。在缺少试验资料或经验时，可按表 5-6 预估。

表 5-6　　　强夯的有效加固深度　　　m

单击夯击能 E/(kN·m)	碎石土、砂土等粗颗粒土	粉土、粉质黏土、湿陷性黄土等细颗粒土
1 000	4.0～5.0	3.0～4.0
2 000	5.0～6.0	4.0～5.0
3 000	6.0～7.0	5.0～6.0
4 000	7.0～8.0	6.0～7.0
5 000	8.0～8.5	7.0～7.5
6 000	8.5～9.0	7.5～8.0
8 000	9.0～9.5	8.0～8.5
10 000	9.5～10.0	8.5～9.0
12 000	10.0～11.0	9.0～10.0

注：强夯法的有效加固深度应从最初起夯面算起；单击夯击能 E 大于 12 000 kN·m 时，强夯的有效加固深度应通过试验确定。

2. 夯击能

夯击能分为单击夯击能和单位夯击能。单击夯击能，即夯锤重和落距的乘积，一般根据工程要求的加固深度来确定。单位夯击能是指施工现场单位面积上施加的总夯击能。单位夯击能的大小与地基土的类别有关，在相同条件下，粗颗粒土的单位夯击能要比细颗粒土适当大些。此外，还需考虑构筑物类型、荷载及要求处理的深度等进行选择。

强夯置换时的单击夯击能在初步设计时可在最低夯击能 $940\times(H_1-3.3)$ kN·m 和较适宜的夯击能 $940\times(H_1-2.1)$ kN·m 之间选取，其中 H_1 为置换墩深度，m。

3. 夯点的夯击次数

强夯法的夯击次数应根据现场试夯的夯击次数和夯沉量关系曲线确定，宜按照最后两击的平均夯沉量满足表 5-7 的要求，并且夯坑周围地面不应发生过大的隆起，不因夯坑过深而发生提锤困难的原则确定夯击次数。强夯置换法的夯击次数还应满足累计夯沉量为设计墩长的 1.5～2.0 倍的要求。累积夯沉量指单个夯点在每一击下夯沉量的总和。

表 5-7　　　强夯法最后两击平均夯沉量

单击夯击能 E/(kN·m)	最后两击平均夯沉量不大于/mm
$E<4\,000$	50
$4\,000\leqslant E<6\,000$	100
$6\,000\leqslant E<8\,000$	150
$8\,000\leqslant E<12\,000$	200

4. 夯击遍数及时间间隔

夯击遍数应根据地基土的性质确定，可采用点夯 2～4 遍，对于渗透性较差的细颗粒土，应适当增加夯击遍数；最后以低能量满夯 2 遍，满夯可采用轻锤或低落距锤多次夯击，锤印搭接。

两遍夯击之前，应有一定的时间间隔。间隔时间取决于土中超静孔隙水压力的消散时间，当缺少实测资料时，可根据地基土的渗透性确定，对于渗透性较差的黏性土地基，间隔时间不应少于 2～3 周；对于渗透性好的地基可连续夯击。

5. 强夯法处理范围与夯击点布置

强夯法处理范围应大于建筑物基础范围，每边超出基础外缘的宽度宜为基底下设计处理深度的 1/2～2/3，且不应小于 3 m；对于可液化地基，基础边缘的处理宽度，不应小于 5 m。

夯击点的布置可根据基础底面形状，采用等边三角形、等腰三角形或正方形布置。第一遍夯击点间距可取夯锤直径的 2.5～3.5 倍，第二遍夯击点应位于第一遍夯击点之间。以后各遍夯击点间距可适当减小。对处理深度较深或单击夯击能较大的工程，第一遍夯击点间距宜适当增大。

6. 强夯置换墩的布置

强夯置换墩采用等边三角形或正方形布置。对于独立基础或条形基础可根据基础形状与宽度作相应布置。墩间距应根据荷载大小和原状土的承载力选定，当满堂布置时，可取夯锤直径的 2～3 倍。对于独立基础或条形基础可取夯锤直径的 1.5～2.0 倍。墩的计算直径可取夯锤直径的 1.1～1.2 倍。

强夯置换墩的深度应由土质条件决定，除厚层饱和粉土外，应穿透软土层，到达较硬土层上，深度不宜超过 10 m。

墩体材料可采用级配良好的块石、碎石、矿渣、工业废渣、建筑垃圾等坚硬粗颗粒材料，且粒径大于 300 mm 的颗粒含量不宜超过 30%。墩顶应铺设一层厚度不小于 500 mm 的压实垫层，垫层材料宜与墩体材料相同，粒径不宜大于 100 mm。

强夯处理地基的施工与检验

5.5　复合地基

5.5.1　复合地基的基本概念与分类

复合地基是部分土体被增强或被置换，形成由地基土和增强体共同承担荷载的人工地基。复合地基根据地基中增强体的方向可分为竖向增强体复合地基、水平向增强体复合地基和斜向增强体复合地基三种基本形式，如图 5-9 所示。竖向增强体以桩的形式出现；水平向增强体多是土工聚合物或其他加筋材料；斜向增强体如土钉、土锚、树根桩等。竖向增强体复合地基在建筑工程中使用最多，又称为桩土复合地基或桩体复合地基，通常简称复合地基（一般不做说明时，复合地基都是指竖向增强体桩式复合地基）。复合地基主要包括振冲碎石桩和沉管砂石桩复合地基、水泥土搅拌桩复合地基、旋喷桩复合地基、灰土挤密桩和土挤密桩复合地基、夯实水泥土桩复合地基、水泥粉煤灰碎石桩（CFG 桩）复合地基、柱锤冲扩桩复合地基、多桩型复合地基等。

竖向增强体复合地基的成桩材料有各种散体材料和非散体材料。散体材料桩构成的复合地基，如碎石桩、砂桩、渣土桩、矿渣桩等，其桩体是由散体材料组成的，没有黏聚力，单独不能成桩，只有依靠周围土体的围箍作用才能形成桩体。非散体材料桩，如水泥土搅拌桩、旋喷桩、水泥土夯实桩等水泥土类桩和 CFG 桩、素混凝土桩、树根桩等混凝土类桩，由散体

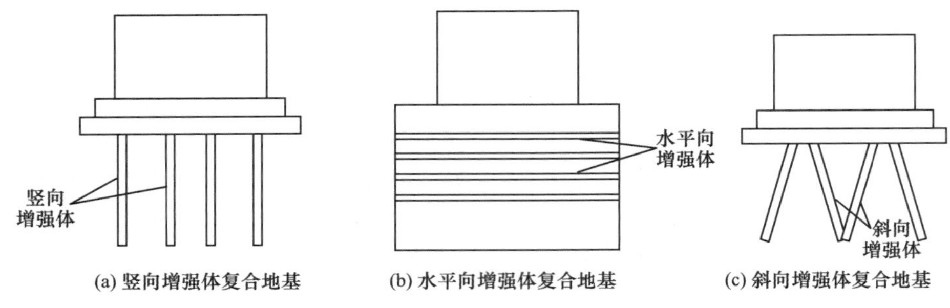

图 5-9 复合地基的形式

材料与黏结材料相结合形成桩体，有一定黏结强度，桩与土共同承载，构成复合地基。《建筑地基处理技术规范》将复合地基按增强体材料的不同分为散体材料复合地基和有黏结强度复合地基；对散体材料复合地基应进行密实度检验，对有黏结强度复合地基应进行强度及桩身完整性检验。《复合地基技术规范》则根据增强体的刚度将复合地基分为散体材料桩复合地基和非散体材料桩复合地基。将非散体材料桩又划分为柔性桩和刚性桩两种，其中，柔性桩复合地基是指以柔性桩作为竖向增强体的复合地基，如水泥土桩、灰土桩和石灰桩等；刚性桩复合地基是指以摩擦型刚性桩作为竖向增强体的复合地基，如钢筋混凝土桩、素混凝土桩、预应力管桩、大直径薄壁管桩、CFG 桩、二灰混凝土桩和钢管桩等。

复合地基按照桩的施工方法可分为深层搅拌桩复合地基、高压旋喷桩复合地基、夯实水泥土桩复合地基、灰土挤密桩复合地基、石灰桩复合地基、振冲碎石桩复合地基、沉管砂石桩复合地基、强夯置换墩复合地基、CFG 桩复合地基、柱锤冲扩桩复合地基等。

另外，复合地基按增强体形式可分为单一型（桩身材料、断面尺寸、长度相等）、复合型（如混凝土芯水泥土组合桩复合地基）、多桩型（如碎石-CFG 桩复合地基）、长短桩结合型（图 5-10）。

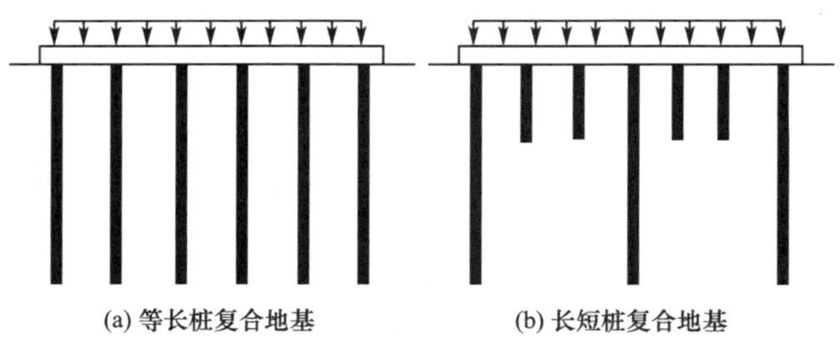

图 5-10 等长桩与长短桩复合地基

复合地基与浅基础和桩基础相比，其荷载传递机理不同，如图 5-11 所示，复合地基中桩体与基础往往不是直接相连，它们之间通过褥垫层过渡，上部结构通过基础底板和褥垫层把一部分荷载直接传递给基础底板下的地基土体，同时也通过基础底板和褥垫层把另外一部分荷载直接传递给桩体。对散体材料桩，由桩体承担的荷载通过桩体鼓胀传递给桩侧土体，也通过桩体竖向传递给深层土体；对黏结材料桩，由桩体承担的荷载则通过桩侧摩阻力和桩端端阻力传递给地基土体。

桩顶和基础之间的褥垫层具有减小应力集中、调整桩土应力比、保证桩土协调工作、共同承担荷载的作用，是形成复合地基的重要条件。根据研究，在相同条件下，垫层越薄，桩土

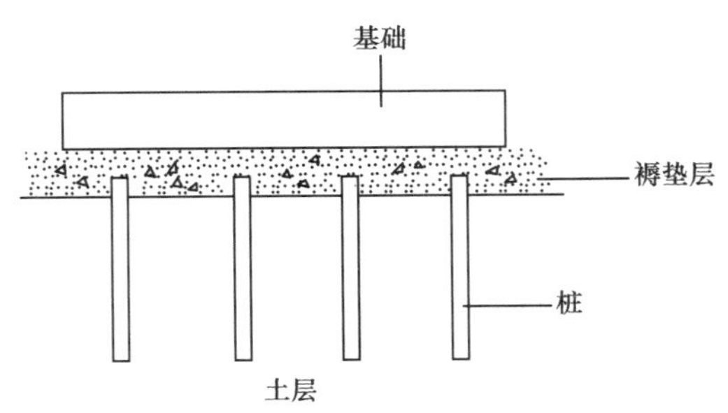

图 5-11　复合地基荷载传递

应力比越大；垫层越厚，桩土应力比越小。

复合地基形式众多，应根据上部结构对地基处理的要求、工程地质和水文地质条件、工期、地区经验和环境保护要求等，提出技术上可行的复合地基方案，经过技术和经济比较，选用合理的复合地基形式。下面依据《建筑地基处理技术规范》介绍常用的散体材料增强体复合地基、有黏结强度增强体复合地基的设计基本理论。

5.5.2　复合地基设计的基本理论

复合地基设计中应根据各类复合地基的荷载传递特性，合理设置褥垫层和桩体，保证复合地基中桩体和桩间土在荷载作用下能够共同承担荷载。复合地基设计应按上部结构、基础和复合地基共同作用进行分析，并应在设计前，在有代表性的场地上进行现场试验或试验性施工，以确定设计与施工参数和处理效果。

（一）复合地基的设计参数

在复合地基的设计和计算中，经常用到复合地基的面积置换率、桩土应力比以及复合土层的压缩模量等参数。

1. 面积置换率

竖向增强体复合地基中，竖向增强体称为桩体，桩间土体称为基体。总地基处理面积为 A，单桩的桩体横截面面积为 A_p，总桩数为 N_p，每根桩分担的处理地基面积为 A_e，如图 5-11 所示，则全部桩的横截面面积与复合地基面积之比称为复合地基面积置换率 m，即

$$m=\frac{A_pN_p}{A}=\frac{A_p}{A_e}=\frac{d^2}{d_e^2} \tag{5-18}$$

式中　d——桩身平均直径；

d_e——一根桩分担的处理地基面积的等效圆直径，等边三角形布桩 $d_e=1.05s$，正方形布桩 $d_e=1.13s$，矩形布桩 $d_e=1.13\sqrt{s_1s_2}$；

s、s_1、s_2——桩间距、纵向桩间距、横向桩间距。

2. 桩土应力比

桩土应力比是指复合地基中桩体竖向平均应力与桩间土的竖向平均应力之比。桩土应力比是复合地基的一个重要设计参数，它关系到复合地基承载力和变形的计算。如图 5-12 所示，假设在刚性基础下，桩体和桩间土的竖向应变相等，桩顶应力为 σ_p，桩间土竖向平均应力为 σ_s，则桩土应力比 n 为

$$n=\frac{\sigma_p}{\sigma_s}=\frac{E_p}{E_s} \tag{5-19}$$

式中 E_p——桩身压缩模量；

E_s——桩间土的压缩模量，一般可按天然地基考虑。

桩土应力比可以用来定性地反映复合地基的工作情况。桩土应力比的影响因素有荷载水平、桩土模量比、复合地基面积置换率、原地基土强度、桩长、固结时间和垫层情况等。在其他条件相同时，桩材料刚度越大，桩土应力比就越大；桩越长，桩土应力比就越大；面积置换率越小，桩土应力比就越大。

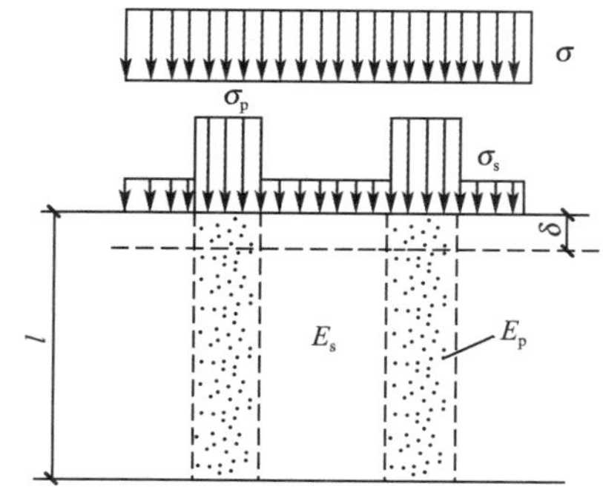

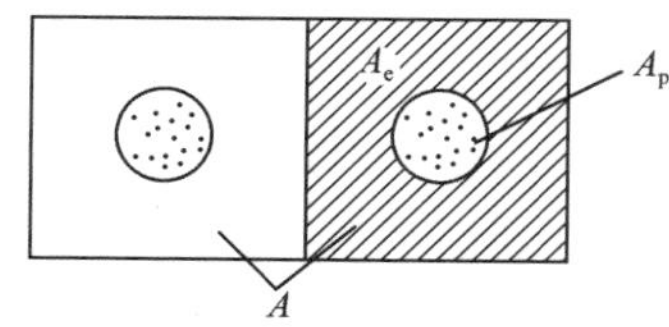

图 5-12 复合地基计算简图

3. 复合土层的压缩模量

复合地基加固区是由桩体和桩间土两部分组成的，是非均质的。在复合地基设计时，为了简化变形计算，将加固区视作均质的复合土体，用等价的假想均质复合土体代替真实的非均质复合土体。这种等价的假想均质复合土体的模量称为复合土层的压缩模量 E_{sp}。

（二）复合地基承载力计算

复合地基承载力一般通过现场复合地基静载荷试验确定。初步设计时也可按复合地基承载力理论进行承载力的估算。

复合地基承载力的计算有两类方法：一类方法是将复合地基视作一个整体，按整体剪切破坏或整体滑动破坏来计算复合地基的承载力，这类方法称为稳定分析法；另一类方法是分别确定桩体和桩间土的承载力，依据一定的原则将两者叠加得到复合地基的承载力，这类方法称为复合求和法。

目前工程上常用复合求和法，如《复合地基技术规范》和《建筑地基处理技术规范》都采用此种方法。其中前者用统一的公式计算各种复合地基的承载力；后者认为采用不同桩体形式时其荷载传递机理不同，将复合地基区分为散体材料增强体复合地基和有黏结强度增强体复合地基，在初步设计时，复合地基承载力特征值 f_{spk} 可采用不同公式进行估算，现介绍如下。

1. 散体材料增强体复合地基承载力特征值

对于振冲碎石桩、沉管砂石桩、土桩和灰土挤密桩、柱锤冲扩桩等散体材料增强体复合地基可按式(5-20)计算复合地基承载力，即

$$f_{spk}=[1+m(n-1)]f_{sk} \tag{5-20}$$

式中 f_{spk}——复合地基承载力特征值，kPa；

f_{sk}——处理后桩间土承载力特征值，kPa，可按地区经验确定；无经验时，振冲碎石桩和沉管砂石桩，一般黏性土地基可取天然地基承载力特征值，松散的砂土、粉土地基可取原天然地基承载力特征值的 1.2～1.5 倍；

n——复合地基桩土应力比，宜采用实测值或按地区经验确定；无经验时，对黏性土地基可取 2.0～4.0；对于砂土、粉土地基可取 1.5～3.0；柱锤冲扩桩可取

2～4；

m——复合地基面积置换率，柱锤冲扩桩可取 0.2～0.5。

灰土挤密桩复合地基承载力特征值，不宜大于处理前天然地基承载力特征值的 2 倍，且不宜大于 250 kPa。对土挤密桩复合地基承载力特征值，不宜大于处理前天然地基承载力特征值的 1.4 倍，且不宜大于 180 kPa。

2. 有黏结强度增强体复合地基承载力特征值

对于水泥土搅拌桩、旋喷桩、夯实水泥土桩等水泥土类桩和 CFG 桩等有黏结强度增强体复合地基可按式(5-21)计算复合地基承载力，即

$$f_{spk}=\lambda m\frac{R_a}{A_p}+\beta(1-m)f_{sk} \tag{5-21}$$

式中 λ——单桩承载力发挥系数，可按当地经验取值；

β——桩间土承载力发挥系数，可按当地经验取值；

A_p——桩的截面面积，m^2；

R_a——单桩竖向承载力特征值，kN。

对水泥土搅拌桩：处理后桩间土承载力特征值 f_{sk} 可取天然地基承载力特征值；对于淤泥、淤泥质土和流塑状软土等处理土层，β 可取 0.1～0.4，对于其他土层 β 可取 0.4～0.8；λ 可取 1.0。

对夯实水泥土桩：β 可取 0.9～1.0，λ 可取 1.0。

对 CFG 桩：处理后桩间土承载力特征值 f_{sk}，对于非挤土成桩工艺可取天然地基承载力特征值；对于挤土成桩工艺，一般黏性土可取天然地基承载力特征值，松散砂土、粉土可取天然地基承载力特征值的 1.2～1.5 倍，原土强度低的取大值。无经验时，β 可取 0.9～1.0；λ 可取 0.8～0.9。

增强体单桩竖向承载力特征值应通过现场静载荷试验确定。初步设计时也可按式(5-22)估算，即

$$R_a=u_p\sum_{i=1}^{n}q_{si}l_{pi}+\alpha_p q_p A_p \tag{5-22}$$

式中 u_p——桩的周长，m；

n——桩长范围内所划分的土层数；

q_{si}——桩周第 i 层土的侧摩阻力特征值，kPa，可按地区经验确定；

l_{pi}——桩长范围内第 i 层土的厚度，m；

α_p——桩端端阻力发挥系数，应按地区经验取值；对水泥土搅拌桩可取 0.4～0.6；对其他情况(如 CFG 桩)可取 1.0；

q_p——桩端端阻力特征值，kPa，可按地区经验确定；对于水泥搅拌桩、旋喷桩应取未经修正的桩端地基承载力特征值，并应满足式(5-23)的要求，应使由桩身强度确定的单桩承载力不小于由桩周土和桩端土的抗力所提供的单桩承载力，即

$$R_a=\eta f_{cu}A_p \tag{5-23}$$

式中 f_{cu}——与搅拌桩桩身水泥土配比相同的室内加固土试块(边长为 70.7 mm 的立方体)在标准养护条件下 90 d 龄期的立方体抗压强度平均值，kPa；

η——桩身强度折减系数，干法可取 0.20～0.25，湿法可取 0.25。

对 CFG 桩等有黏结强度增强体复合地基，增强体桩身强度应满足式(5-24)规定，即

$$f_{cu} \geqslant 4 \frac{\lambda R_a}{A_p} \tag{5-24}$$

当复合地基承载力进行基础埋深的深度修正时，增强体桩身强度应满足式(5-25)规定，即

$$f_{cu} \geqslant 4 \frac{\lambda R_a}{A_p}[1+\gamma_m(d-0.5)/f_{spa}] \tag{5-25}$$

式中　f_{cu}——桩体试块(边长 150 mm 立方体)标准养护 28 d 的立方体抗压强度平均值，kPa；

γ_m——基础底面以上土的加权平均重度，kN/m³，地下水位以下取有效重度；

d——基础埋置深度，m；

f_{spa}——深度修正后的复合地基承载力特征值，kPa。

其余符号意义同前。

(三)变形计算

目前，有关复合地基变形计算方法还不成熟，仍以经验法为主。《建筑地基处理技术规范》指出，复合地基变形计算应符合《建筑地基基础设计规范》的有关规定，可按分层总和法估算，并乘以沉降计算经验系数 ψ_s。地基变形计算深度应大于复合土层的深度，复合土层的分层与天然地基相同，复合土层的压缩模量可按式(5-26)计算，即

$$E_{sp}=\zeta E_s \tag{5-26}$$

式中

$$\zeta=\frac{f_{spk}}{f_{ak}} \tag{5-27}$$

式中　f_{ak}——基础底面下天然地基承载力特征值，kPa。

其余符号意义同前。

复合地基的变形计算经验系数 ψ_s 应根据地区沉降观测资料统计确定，无经验资料时可采用表 5-8 的数值。

表 5-8　复合地基变形计算经验系数 ψ_s

$\overline{E}_s$/MPa	4.0	7.0	15.0	30.0	45.0
ψ_s	1.0	0.7	0.4	0.25	0.15

表 5-8 中，$\overline{E}_s$ 为变形计算深度范围内压缩模量的当量值，应按式(5-28)计算，即

$$\overline{E}_s=\frac{\sum_{i=1}^{n}A_i+\sum_{j=1}^{m}A_j}{\sum_{i=1}^{n}\frac{A_i}{E_{spi}}+\sum_{j=1}^{m}\frac{A_j}{E_{sj}}} \tag{5-28}$$

式中　A_i——加固土层第 i 层土附加应力系数沿土层厚度的积分值；

A_j——加固土层下第 j 层土附加应力系数沿土层厚度的积分值。

5.5.3　散体材料增强体复合地基的设计与施工

散体材料增强体复合地基是以砂桩、砂石桩和碎石桩等散体材料作为竖向增强体的复

合地基。散体材料增强体复合地基常用于对松散砂土、粉土、粉质黏土、素填土、杂填土等地基以及可液化地基的处理。

散体材料增强体复合地基中的桩体可发挥四个方面的作用：

(1)挤密、振密周围松散土体，使桩和被挤密的桩间土共同组成基础的持力层。

(2)置换桩位处的软土，形成复合地基。

(3)排水固结作用，桩体为散体材料，为桩间土排水固结提供良好的排水通道。

(4)通过桩体对桩间土的挤密作用可消除地基液化或黄土地基的湿陷性。

散体材料增强体复合地基处理的设计内容包括确定桩位、桩距、桩长、桩径、加固范围、填砂量以及承载力和变形验算等，此外还需掌握和了解砂石料的性能和来源等情况。下面主要介绍振冲碎石桩、沉管砂石桩的设计要点。

1. 地基处理范围与桩位布置

地基处理范围根据建筑物的重要性和场地条件确定，应大于基础的面积，在基础外缘扩大 1～3 排桩。用于防止砂土液化时，每边放宽不能少于处理深度的 1/2，且不小于 5 m。

对大面积满堂基础和独立基础，桩位布置可采用正方形、矩形和三角形布桩(图 5-13)，当以消除地基土液化为主要目的时，宜用等边三角形布置；对条形基础，可沿基础轴线布桩，当单排桩不能满足设计要求时，可采用多排布桩。

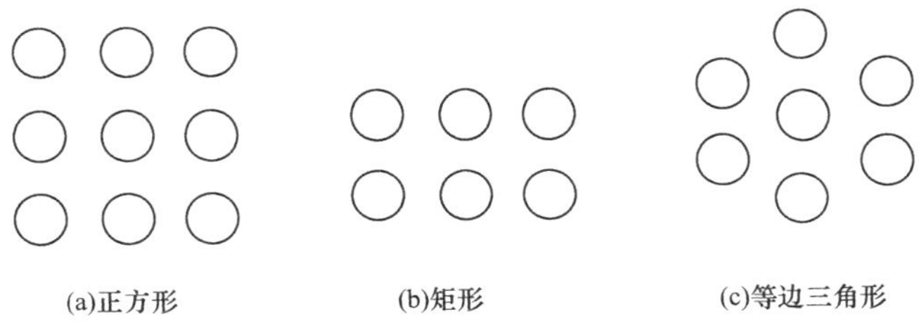

图 5-13　桩位布置

2. 桩材料、直径

桩材料的选择一般因地制宜，就地取材。振冲桩的桩材料可采用含泥量不大于 5%的碎石、卵石、矿渣或其他性能稳定的硬质材料，不宜使用风化易碎的石料。对 30 kW、55 kW、75 kW 振冲器填料粒径分别为 20～80 mm、30～100 mm、40～150 mm。沉管桩填料可用含泥量不大于 5%，最大粒径不大于 50 mm 的碎石、卵石、角砾、圆砾、砾砂、粗砂、中砂或石屑等硬质材料。

桩的直径 d 可根据地基土质情况、成桩方式和成桩设备等因素确定，桩的平均直径可按每根桩所用填料量计算。目前，国内使用的沉管砂石桩直径一般为 300～800 mm，对采用振冲法成孔的碎石桩，直径通常采用 800～1 200 mm。

3. 桩间距

桩的间距应通过现场试验确定。根据经验，桩距一般控制在 3.0～4.5 倍桩径范围内，太密打不下，太稀效果不明显。对于粉土和砂土地基，不宜大于砂石桩直径的 4.5 倍；对于黏土地基，不宜大于砂石桩直径的 3.0 倍。

(1)振冲桩的桩间距

振冲碎石桩的桩间距应根据上部结构荷载大小和场地土层情况，并结合所采用的振冲器功率大小综合考虑。30 kW、55 kW、75 kW 振冲器布桩间距可分别采用 1.3～2.0 m、1.4～2.5 m、1.5～3.0 m；不加填料振冲挤密孔距可为 2.0～3.0 m。

(2)沉管砂石桩的桩间距

沉管砂石桩的桩间距，不宜大于砂石桩直径的 4.5 倍。初步设计时，对松散粉土和砂土地基可根据挤密后要求达到的孔隙比 e_1 来确定，即

正方形布置

$$s=0.89\xi d\sqrt{\frac{1+e_0}{1+e_1}} \tag{5-29}$$

等边三角形布置、梅花形布置

$$s=0.95\xi d\sqrt{\frac{1+e_0}{1+e_1}} \tag{5-30}$$

$$e_1=e_{\max}-D_{r1}(e_{\max}-e_{\min}) \tag{5-31}$$

式中 s——砂石桩间距，m；

d——砂石桩直径，m；

ξ——修正系数，当考虑振动下沉密实作用时，可取 1.1～1.2；当不考虑振动下沉密实作用时，可取 1.0；

e_0——地基处理前的孔隙比，可按原状土样试验确定，也可根据动力或静力触探等对比试验确定；

e_1——地基挤密后要求达到的孔隙比；

$e_{\max}$、$e_{\min}$——地基土的最大、最小孔隙比，可按现行国家标准《土工试验方法标准》的有关规定确定；

D_{r1}——地基挤密后要求达到的相对密实度，可取 0.70～0.85。

4. 桩长度

桩长的确定应根据松软土层的性质、厚度或工程要求按下列原则确定，桩长不宜小于 4 m。

(1)当相对硬层埋深较浅时，应按相对硬层埋深确定。

(2)当相对硬层埋深较大时，应按建筑地基变形允许值确定。一般单独基础取 2 倍基宽；条形基础取 3 倍基宽(主要压缩层厚度)。

(3)对于按稳定性控制的工程，加固深度应不小于最危险滑动面以下 2.0 m 的深度。

(4)在可液化地基中，桩长应按抗震要求来确定。

散体材料增强体复合地基的施工

5. 垫层

散体材料增强体复合地基在桩顶和基础之间宜铺设厚度为 300～500 mm 的垫层，垫层材料宜用中砂、粗砂、级配砂石和碎石等，最大粒径不宜大于 30 mm，其夯填度(夯实后的厚度与虚铺厚度的比值)不应大于 0.9。

同属散体材料增强体的还有挤密土桩、挤密灰土桩、挤密石灰桩、爆扩桩等多种桩型，其原理和设计方法基本相同。

5.5.4 有黏结强度增强体复合地基的设计与施工

有黏结强度增强体复合地基的增强体除散体材料外添加了水泥、石灰等黏结(胶结)材

料，散体材料与黏结(胶结)材料相结合形成有一定强度(或刚度)的桩体。黏结(胶结)材料掺量的大小直接影响桩体的强度(或刚度)。当掺入量较小时，桩体的特性类似柔性桩；而当掺入量较大时，又类似于刚性桩。工程中柔性桩和刚性桩并没有严格界限，这种分类在不同场合可能含义不尽相同。

有黏结强度增强体复合地基中的桩体除挤密、置换、排水、消除地基液化或黄土地基的湿陷性等作用外，由于黏结材料的加固作用，桩体强度较散体材料增强体高，因而分担的荷载也较大。为此，选择桩端持力层时要求其承载力较大。桩顶垫层是复合地基的重要组成部分，起调整、分配基底荷载的作用。有黏结强度增强体复合地基可用于一般黏性土、粉土、素填土以及黄土、淤泥、淤泥质土等地基处理。

有黏结强度增强体包括水泥(石灰)土搅拌桩、高压喷射注浆桩、夯实水泥土桩、水泥粉煤灰桩等。下面介绍工程上常用的几种有黏结强度增强体复合地基的设计与施工。

(一)水泥土搅拌桩复合地基

利用水泥等材料作为固化剂通过特制的搅拌机械，就地将软土和固化剂(浆液或粉体)强制搅拌，使软土硬结成具有整体性、水稳性和一定强度的水泥加固土，从而提高地基土强度并增大变形模量。根据掺入固化剂的方法不同可分为水泥浆深层搅拌法(湿法)和粉体喷射法(干法)两种。这两者的加固原理、设计计算方法和质量检验方法基本一致，但施工工艺有所不同。

一般而言，水泥浆深层搅拌法适用于处理淤泥与淤泥质土、粉土、饱和黄土、素填土、黏性土以及无流动地下水的饱和松散砂土等地基。当地基土的天然含水量小于 30%(黄土含水量小于 25%)时不应采用干法。采用水泥土桩加固软土地基的十字板抗剪强度不宜小于 10 kPa。当用于处理泥炭土、有机质含量较高或 pH 小于 4 的酸性土、塑性指数大于 25 的黏土或在腐蚀性环境中以及无工程经验的地区采用水泥土搅拌桩时，必须通过现场和室内试验确定其适用性。

水泥土搅拌桩的设计内容主要包括确定搅拌桩的桩径、桩长、间距、布桩形式和范围、固化剂以及褥垫层设计等。

(1)桩径、桩长和间距

加固桩的直径、设置深度和间距应经稳定性验算确定并满足施工后沉降的要求。相邻桩的净距不应大于 4 倍桩径。水泥土搅拌桩的常用桩径为 500～700 mm。

竖向承载搅拌桩的长度应根据上部结构对承载力和变形的要求确定，应穿透软弱土层到达承载力相对较高的土层；为提高抗滑稳定性而设置的搅拌桩，其桩长应超过危险滑弧以下不小于 2 m。干法的加固深度不宜大于 15 m；湿法的加固深度不宜大于 20 m。

(2)布桩形式和范围

竖向承载搅拌桩的平面布置可根据上部结构特点及对地基承载力和变形的要求，采用柱状、块状、壁状、格栅状等布桩形式，如图 5-14 所示。柱状加固可采用正方形、等边三角形等布桩形式，每隔一定距离设置一根桩，用于在单独基础、条形基础和筏形基础下形成复合地基。块状是将多根搅拌桩纵横相互重叠搭接而成，多用于上部结构荷载大而对不均匀沉降控制严格的建筑物地基加固。壁状是沿纵向相互搭接成墙状，一般用于基坑工程的防渗帷幕。格栅状常用于基坑工程的围护挡墙。布桩范围可只在刚性基础平面范围内，独立基础下的桩数不宜少于四根。

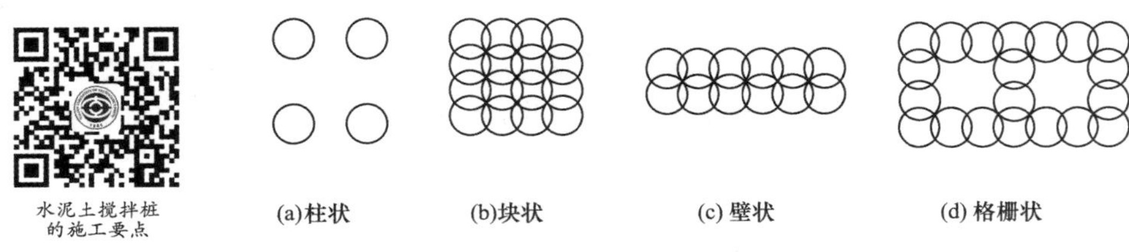

图 5-14　水泥土搅拌桩的布桩形式

(3)固化剂及外掺剂的类型和用量

固化剂宜选用强度等级不低于 42.5 级的普通硅酸盐水泥。增强体水泥掺量不应小于 12%；块状加固时水泥掺量不应小于被加固天然土质量的 7%，作为复合地基增强体时不应小于 12%。湿法的水泥浆水灰比可选用 0.5～0.6，应根据工程需要和土质条件选用具有早强、缓凝、减水以及节约水泥等作用的外掺剂；干法可掺加二级粉煤灰等材料。

竖向承载搅拌桩复合地基中的桩长超过 10 m 时，可采用变掺量设计，在全桩水泥总掺量不变的前提下，桩身上部 1/3 桩长范围内可适当增加水泥掺量及搅拌次数。

(4)褥垫层

水泥土搅拌桩复合地基应在基础和桩之间设置褥垫层，厚度可取 200～300 mm。褥垫层材料可选用中砂、粗砂、级配砂石等，最大粒径不宜大于 20 mm，褥垫层的夯填度不应大于 0.9。

(二)旋喷桩复合地基

20 世纪 60 年代后期，高压喷射注浆法开始应用于地基处理。该法首先用钻机和低压水把带有喷嘴的注浆管贯入至设计标高，然后以高压设备使浆液形成 25～70 MPa 的高压流从旋转钻杆的喷嘴中射出来，冲击破坏土体，使土颗粒剥落。一部分细颗粒随着浆液冒出地面，与此同时钻杆以一定速度渐渐向上提升，将高压浆液与余下的土粒强制搅拌混合，重新排列，浆液凝固后便形成一个加固柱体，从而使地基得到加固。该法形成的桩体强度一般高于水泥土搅拌桩，但仍属于低黏结强度的半刚性桩。

按喷射方向和形成加固体的形状不同，高压喷射可分为旋转喷射、定向喷射和摆动喷射三种，如图 5-15 所示。旋转喷射主要用于加固地基，定向喷射和摆动喷射常用于基坑防渗和边坡稳定等工程。加固形状可分为柱状、壁状、条状和块状。旋转喷射形成的增强体称为旋喷桩。

旋喷桩的施工要点

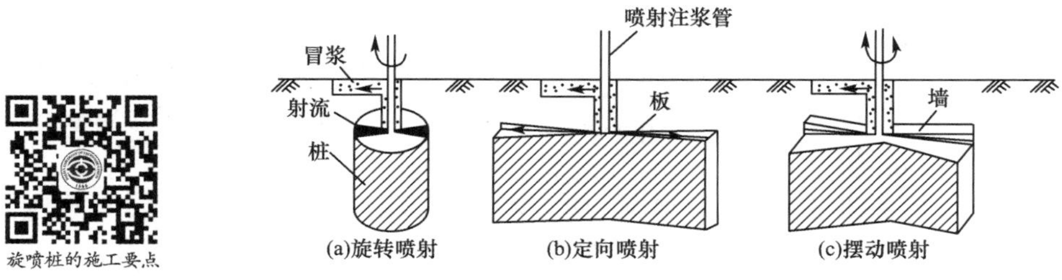

图 5-15　高压喷射注浆形式

旋喷桩复合地基适用于淤泥、淤泥质土、一般黏性土、粉土、砂土、黄土、素填土等地基，对于土中含有较多的大粒径块石、大量植物根茎或有较高含量的有机质，以及地下水流速过大和已涌水的工程，应根据现场试验结果确定其适应性。此法因加固费用较高，我国只在其他加固方法效果不理想的情况下才考虑选用。

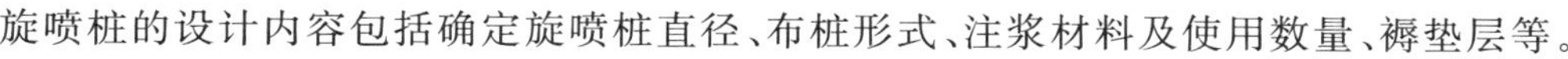

旋喷桩的设计内容包括确定旋喷桩直径、布桩形式、注浆材料及使用数量、褥垫层等。

(1)旋喷桩直径

旋喷桩直径的确定是一个复杂的问题，尤其是深部的直径，无法用准确的计算方法确定，应通过现场试验确定。当无现场试验资料时，可参照相似土质条件的工程经验进行初步设计。根据国内外的施工经验，其设计直径 D 可参考表 5-9 选用，表中 N 为标准贯入锤击数。

表 5-9　旋喷桩设计直径参考值　m

土质		单管法	二管法	三管法
黏土	$0<N<5$	0.5～0.8	0.8～1.2	1.2～1.8
	$6<N<10$	0.4～0.7	0.7～1.1	1.0～1.6
砂土	$0<N<10$	0.6～1.0	1.0～1.4	1.5～2.0
	$11<N<20$	0.5～0.9	0.9～1.3	1.2～1.8
	$21<N<30$	0.4～0.8	0.8～1.2	0.9～1.5

(2)布桩形式

布桩形式可根据上部结构和基础特点确定。独立基础下桩数不少于 4 根。

(3)注浆材料及使用数量

高压喷射注浆法喷射的浆液为水泥浆以及外掺剂或掺和料。水泥要求采用 42.5 级的普通硅酸盐水泥。水泥浆液的水灰比根据工程要求确定，可取 0.8～1.2。外掺剂或掺和料用量，应通过试验确定。

注浆材料的使用数量根据喷射孔体积和喷射水泥总量确定，取两者中的较大值作为最终喷射浆量。结合现场确定的水灰比还可以计算出水泥的用量。

(4)褥垫层

旋喷桩复合地基宜在基础和桩顶之间设置褥垫层。褥垫层厚度可取 150～300 mm，其材料可选用中砂、粗砂、级配砂石等，最大粒径不宜大于 20 mm。褥垫层的夯填度不应大于 0.9。

(三)水泥粉煤灰碎石桩复合地基

水泥粉煤灰碎石桩是在碎石桩基础上加进一些石屑、粉煤灰和适量水泥，加水拌和制成的高黏结强度的桩(简称 CFG 桩)，由桩、桩间土和褥垫层一起构成复合地基。由于桩和桩间土的承载力可以充分发挥，承载力提高幅度具有很大的可调性，还有变形小、造价低、施工方便等优势，适用范围较广。CFG 桩不仅用于承载力较低的地基，对承载力较高但变形不能满足要求的地基，也可采用 CFG 桩处理，以减少地基变形。

CFG 桩复合地基适用于处理黏性土、粉土、砂土和自重固结已完成的素填土地基，对淤泥质土应按地区经验或通过现场试验确定其适用性。

CFG 桩复合地基的设计内容包括确定桩长、桩径、桩间距、褥垫层和布桩形式等。

(1)桩长

桩长是 CFG 桩复合地基设计时首先要确定的参数，它取决于建筑物对承载力和变形的要求及土质条件和设备能力因素。设计时根据勘察报告，分析各土层分布和工程特性，确定桩端持力层和桩长。应选择承载力和模量相对较高的土层作为桩端持力层，这是 CFG 桩复合地基设计的重要原则。

(2)桩径

桩径的确定取决于所采用的施工工艺和成桩设备，长螺旋钻中心压灌、干成孔和振动沉管成桩宜取 350～600 mm；泥浆护壁钻孔灌注素混凝土成桩宜取 600～800 mm；钢筋混凝土预制桩宜取 300～600 mm。

(3)桩间距

桩间距应根据基础形式、设计要求的复合地基承载力和变形、土性及施工工艺确定。采用非挤土成桩工艺和部分挤土成桩工艺，桩间距宜为 3～5 倍桩径；采用挤土成桩工艺和墙下条形基础单排布桩宜取 3～6 倍桩径。桩长范围内有饱和粉土、粉细砂、淤泥、淤泥质土层，采用长螺旋钻中心压灌成桩施工中可能发生窜孔时宜采用较大桩距。

(4)褥垫层

桩顶和基础之间的褥垫层是 CFG 桩形成复合地基的重要条件。褥垫层厚度宜取桩径的 40%～60%，当桩径大或桩距大时褥垫层厚度宜取高值。褥垫层材料宜用中砂、粗砂、级配砂石和碎石等，最大粒径不宜大于 30 mm。

(5)布桩形式

可只在基础内布桩，应根据建筑物荷载分布、基础形式、地基土性状，合理确定布桩参数。可按等边三角形、正方形等方式布置。对框架核心筒结构形式，内筒部位宜减小桩距、增大桩长或桩径布桩；对相邻柱荷载水平相差较大的独立基础，应按变形控制确定桩长和桩距。对荷载水平不高的墙下条形基础可采用墙下单排布桩。

对筏板基础，筏板厚度与跨距之比小于 1/6 的平板式基础、梁的高跨比大于 1/6 且板的厚跨比（筏板厚度与梁的中心距之比）小于 1/6 的梁板式基础，基底压力不满足线性分布，不宜采用均匀布桩，应主要在柱（平板式筏基）和梁（梁板式筏基）边缘每边外扩 2.5 倍板厚的面积范围内布桩。

【例 5-3】 某建筑场地工程地质条件如图 5-16 所示，拟建框架结构建筑物，采用单独基础，柱基础基底尺寸为 5 m×5 m，埋深为 2.5 m，经计算得荷载效应标准组合时基底压力为 450 kPa。经分析，决定采用 CFG 桩复合地基。根据当地经验，单桩承载力发挥系数 λ、桩间土承载力发挥系数 β 都可取为 0.9。试设计此复合地基。

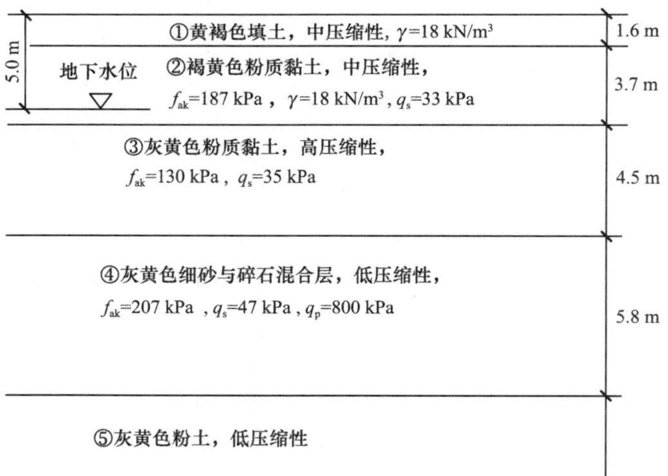

图 5-16 【例 5-3】建筑场地工程地质条件示意图

解　(1)拟定复合地基方案

CFG 桩桩端层选在第④层:灰黄色细砂与碎石混合层。桩顶褥垫层采用粒径小于 30 mm 的碎石,厚度取 300 mm。桩顶距设计地面 2.5+0.3=2.8 m。

设有效桩长为 10 m,即桩穿越②层土 2.5 m、③层土 4.5 m,进入④层土 3.0 m。

拟在柱基础下布置 16 根 CFG 桩,采用长螺旋钻压灌成桩,桩径取 420 mm,桩中心距 $s=1.4$ m,每排 4 根桩,正方形布置,边桩距基础边缘 0.4 m。

(2)复合地基承载力验算

CFG 桩单桩竖向承载力按式(5-22)计算,$\alpha_p=1.0$。

$$
\begin{aligned}
R_a &= u_p\sum_{i=1}^{n} q_{si} l_{pi} + \alpha_p A_p q_p \\
&= \pi \times 0.42 \times (33 \times 2.5 + 35 \times 4.5 + 47 \times 3.0) + 1.0 \times \frac{\pi}{4} \times 0.42^2 \times 800 \\
&= 613.3 \text{ kN}
\end{aligned}
$$

正方形布桩 $d_e=1.13s$,面积置换率为

$$m=\frac{d^2}{d_e^2}=\frac{0.42^2}{(1.13\times1.4)^2}=0.070$$

单桩承载力发挥系数 $\lambda=0.90$,桩间土承载力发挥系数 $\beta=0.90$,取垫层下 $f_{sk}=f_{ak}=$ 187 kPa,则 CFG 桩复合地基承载力特征值

$$
\begin{aligned}
f_{spk} &= \lambda m\frac{R_a}{A_p}+\beta(1-m)f_{sk}=0.90\times0.070\times\frac{613.3}{\pi\times0.42^2/4}+0.90\times(1-0.070)\times187 \\
&= 279.03+156.52=435.55 \text{ kPa}
\end{aligned}
$$

根据 4.1.4 节的规定,复合地基考虑宽度、深度修正,取 $\eta_b=0$,$\eta_d=1.0$,修正后的地基承载力特征值为

$$f_a=f_{spk}+\eta_b\gamma(b-3)+\eta_d\gamma_m(d-0.5)=435.55+1.0\times18\times(2.5-0.5)=471.55 \text{ kPa}$$

可见基底压力 $p_k<f_a$,故满足设计要求。(沉降计算略)

5.5.5　多桩型复合地基

多桩型复合地基是指由两种及两种以上不同材料增强体或由同一材料增强体而桩长不同时形成的复合地基,适用于处理不同深度存在相对硬层的正常固结土,或浅层存在欠固结土、湿陷性黄土、可液化土等特殊土,以及对地基承载力和变形要求较高的地基。

1. 多桩型复合地基的桩型选择

多桩型复合地基的桩型及施工工艺,应考虑土层情况、承载力与变形控制要求、经济性和环境要求等因素综合确定。如浅部存在有较好持力层的正常固结土,可采用长桩与短桩的组合方案;对浅部存在软土或欠固结土,宜先采用预压、压实、夯实、挤密方法或低强度桩复合地基等处理浅层地基,再采用桩身强度相对较高的长桩进行地基处理;对可液化地基,可采用碎石桩等方法处理液化土层,再采用有黏结强度桩进行地基处理。

2. 多桩型复合地基的桩长

对复合地基承载力贡献较大或用于控制复合土层变形的长桩,应选择相对较好的持力

层；对处理欠固结土的增强体，其桩长应穿越欠固结土层；对消除湿陷性土的增强体，其桩长宜穿过湿陷性土层；对处理液化土的增强体，其桩长宜穿过可液化土层。

3. 多桩型复合地基的布桩

多桩型复合地基的布桩宜采用正方形或正三角形间隔布置，刚性桩宜在基础范围内布桩，其他增强体布桩应满足液化土地基和湿陷性黄土地基对不同性质土质处理范围的要求。

4. 垫层

对刚性长、短桩复合地基宜选择砂石垫层，垫层厚度宜取对复合地基承载力贡献大的增强体直径的 1/2；对刚性桩与其他材料增强体桩组合的复合地基，垫层厚度宜取刚性桩直径的 1/2。对湿陷性的黄土地基，垫层材料应采用灰土，垫层厚度宜为 300 mm。

5. 多桩型复合地基承载力

多桩型复合地基承载力特征值，应采用多桩复合地基静载荷试验确定，初步设计时，可采用下列公式估算。

对具有黏结强度的两种桩组合形成的多桩型复合地基承载力特征值为

$$f_{spk}=m_1\frac{\lambda_1 R_{a1}}{A_{p1}}+m_2\frac{\lambda_2 R_{a2}}{A_{p2}}+\beta(1-m_1-m_2)f_{sk} \tag{5-32}$$

式中 f_{sk}——处理后桩间土承载力特征值，kPa；

m_1、m_2——桩 1、桩 2 的面积置换率；

λ_1、λ_2——桩 1、桩 2 的单桩承载力发挥系数；

A_{p1}、A_{p2}——桩 1、桩 2 的桩端截面面积，m^2；

R_{a1}、R_{a2}——桩 1、桩 2 的单桩竖向承载力特征值，kN；

β——桩间土承载力发挥系数，无经验时可取 0.9～1.0。

对具有黏结强度的桩与散体材料桩组合形成的多桩型复合地基承载力特征值为

$$f_{spk}=m_1\frac{\lambda_1 R_{a1}}{A_{p1}}+\beta[1-m_1+m_2(n-1)]f_{sk} \tag{5-33}$$

式中 β——仅由散体材料桩加固处理形成的复合地基承载力发挥系数；

n——仅由散体材料桩加固处理形成的复合地基的桩土应力比；

f_{sk}——仅由散体材料桩加固处理后的桩间土承载力特征值，kPa。

多桩型复合地基面积置换率，应根据基础面积与该面积范围内实际的布桩数量进行计算，当基础面积较大或条形基础较长时，可用单元面积置换率替代。

当按图 5-17(a)所示矩形布桩时，$m_1=\frac{A_{p1}}{2s_1s_2}$，$m_2=\frac{A_{p2}}{2s_1s_2}$；当按图 5-17(b)所示正三角形布桩且 $s_1=s_2$ 时，$m_1=\frac{A_{p1}}{2s_1^2}$，$m_2=\frac{A_{p2}}{2s_1^2}$。

6. 多桩型复合地基变形计算

多桩型复合地基变形计算可按 4.5.2 节中所述方法进行。复合土层的压缩模量可按天然土层压缩模量乘以提高系数得到。

有黏结强度增强体的长短桩复合加固区和仅长桩加固区土层压缩量提高系数分别按式(5-34)、式(5-35)计算，即

$$\zeta_1=\frac{f_{spk}}{f_{ak}} \tag{5-34}$$

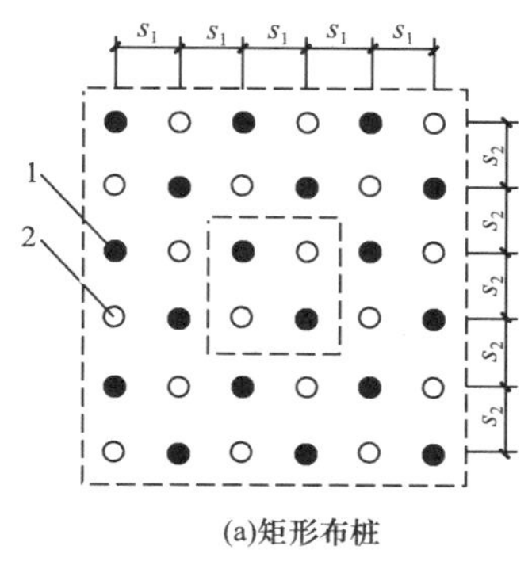

(a)矩形布桩

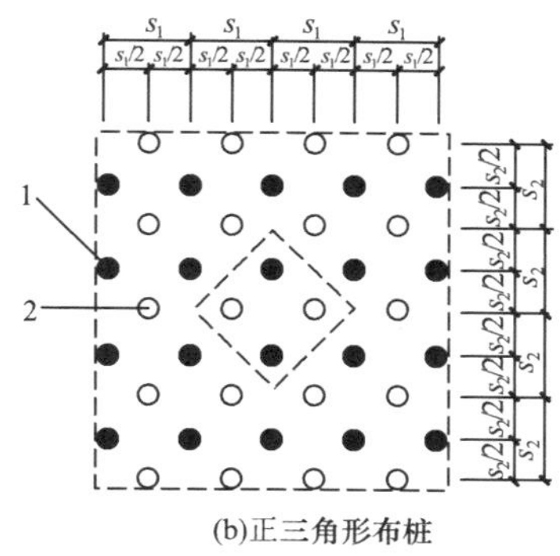

(b)正三角形布桩

图 5-17 多桩型复合地基单元面积计算模型

1—桩 1;2—桩 2

$$\zeta_2=\frac{f_{spk1}}{f_{ak}} \tag{5-35}$$

式中 f_{spk1}、f_{spk}——仅由长桩处理形成复合地基承载力特征值、长短桩复合地基承载力特征值,kPa;

ζ_1、ζ_2——长短桩复合地基加固土层压缩模量提高系数、仅由长桩处理形成复合地基加固土层压缩模量提高系数。

由有黏结强度的桩与散体材料桩组合形成的复合地基加固区土层压缩量提高系数,可按式(5-36)、式(5-37)计算,即

$$\zeta_1=\frac{f_{spk}}{f_{spk2}}[1+m(n-1)]\alpha \tag{5-36}$$

或

$$\zeta_1=\frac{f_{spk}}{f_{ak}} \tag{5-37}$$

式中 f_{spk2}——仅由散体材料加固处理形成复合地基承载力特征值,kPa;

m——散体材料桩的面积置换率;

α——处理后桩间土地基承载力的调整系数,$\alpha=\frac{f_{sk}}{f_{ak}}$。

多桩型复合地基的施工要点

5.6 注浆加固和微型桩加固

5.6.1 注浆加固

(一)基本概念

注浆加固是将水泥浆或其他化学浆液注入地基土层中,增强土颗粒间的联结,使土体强度提高、变形减少、渗透性降低的地基处理方法。注浆加固适用于建筑地基的局部加固处理,适用于砂土、粉土、黏性土和人工填土等地基加固。在工程实践中,注浆加固的实例

虽然很多,但大多数应用在坝基工程和地下开挖工程中,在建筑地基处理工程中,注浆加固主要作为一种辅助措施和既有建筑物加固措施,当其他地基处理方法难以实施时才予以考虑。对地基承载力和变形有特殊要求的建筑地基,注浆加固宜与其他地基处理方法联合使用。

注浆加固包括静压注浆加固、水泥搅拌注浆加固和高压旋喷注浆加固等。水泥搅拌注浆加固、高压旋喷注浆加固及其注浆原理可参照 4.5 节有关内容。

(二)注浆材料

注浆材料种类很多,根据加固目的不同,可分别选用水泥浆液、硅化浆液、碱液等固化剂。

水泥浆液是一种胶结性好、结石强度高的注浆材料,在地基治理、基础加固工程中常用。对软弱地基土处理,可选用以水泥为主剂的浆液及水泥和水玻璃的双液型混合浆液;对有地下水流动的软弱地基,不应采用单液水泥浆液。水泥为主剂的浆液主要包括水泥浆、水泥砂浆和水泥水玻璃浆。地层中有较大裂隙、溶洞、超浆量很大或有地下水活动时,宜采用水泥砂浆,水泥砂浆由水灰比不大于 1.0 的水泥浆掺砂配成,与水泥浆相比有稳定性好、抗渗能力强和析水率低的优点,但流动性小,对设备要求较高。水泥水玻璃浆液广泛用于地基、大坝、隧道、桥墩、矿井等建筑工程,其性能取决于水泥浆水灰比、水玻璃浓度和加入量、浆液养护条件。对人工填土地基,应采用多次注浆,间隔时间应按浆液的初凝试验结果确定,且不应大于 4 h。

硅化法适用于各类砂土、黄土及一般黏性土。砂土、黏性土宜采用压力双液硅化注浆;渗透系数为 0.1～2.0 m/d 的地下水位以上的湿陷性黄土,可采用无压或压力单液硅化注浆或碱液注浆;自重湿陷性黄土宜采用无压单液硅化注浆。

(三)注浆加固参数的确定

注浆加固应保证加固地基在平面和深度连成一体,满足土体渗透性、地基土的强度和变形的设计要求。注浆加固设计前,应进行必要的试验,确定设计参数,检验施工方法和设备,保证注浆的均匀性,满足工程设计要求。

试验包括室内浆液配比试验和现场注浆试验,现场注浆试验包括注浆方案的可行性试验、注浆孔布置方式试验和注浆工艺试验三方面。通过试验确定材料组成及配比、初终凝时间、注浆有效范围、注浆孔布置、注浆压力、注浆量、注浆速度与持续时间等参数,并寻求以较少的注浆量、最佳注浆方法和最优注浆参数,保证注浆效果。只有在经验丰富的地区可参考类似工程经验确定设计参数。

注浆加固处理后地基的承载力应进行静载荷试验检验。注浆加固后的地基变形计算应按现行《建筑地基基础设计规范》的有关规定进行。

(四)注浆加固的施工方法

水泥浆液加固施工方法可采用花管注浆或压密注浆,先钻孔或振动法将花管或金属注浆管置入土层,然后注浆。注浆应采用跳孔间隔注浆,且先外围后中间的注浆顺序;当地下水流速较大时,应从水头高的一端开始注浆。对渗透系数相同的土层,应先注浆封顶,后由下向上进行注浆,防止浆液上冒;如土层的渗透系数随深度增大,则自下而上注浆;对互层地层,应先对渗透性或孔隙率大的地层进行注浆。

硅化法灌注工艺有两种,一是压力灌浆,打入灌注管后,由加压设备通过金属灌注管注浆，效果较好，采用较多；二是溶液无压自渗，灌注孔可用钻机或洛阳铲成孔，成本较低。

碱液加固一般采用无压自渗灌注。碱液注浆的灌注孔可用洛阳铲、螺旋钻孔或用带有尖端的钢管打入土中成孔。碱液可用固体烧碱或液体烧碱配制。

5.6.2 微型桩加固

（一）基本概念

微型桩，也称迷你桩，即小直径的桩，桩体主要由压力灌注的水泥浆、水泥砂浆或细石混凝土与加筋材料组成，依据其受力要求加筋材料可为钢筋、钢棒、钢管或型钢等。《建筑桩基技术规范》把直径或边长小于 250 mm 的灌注桩、预制混凝土桩、预应力混凝土桩、钢管桩、型钢桩等称为小直径桩，《建筑地基处理技术规范》将桩身截面尺寸小于 300 mm 的压入（打入、植入）小直径桩纳入微型桩的范围。

微型桩加固适用于淤泥、淤泥质土、黏性土、粉土、砂土、人工填土等地基处理，树根桩还可用于碎石土地基处理，不仅可用于新建工程的地基处理也可用于既有建筑物的地基加固，很适于荷载小而分散的中小型工业与民用建筑，对于场地狭窄、净空低矮、大型设备不能施工的工程现场其优点尤为突出。

（二）微型桩按施工方法分类

微型桩的种类较多，且近些年发展迅速，目前我国工程界应用较多的微型桩，按桩型和施工工艺可分为树根桩、预制桩和注浆钢管桩等类型。

1. 树根桩

树根桩一般指具有钢筋笼，采用压力灌注混凝土、水泥浆或水泥砂浆形成的直径小于 300 mm 的灌注桩，也可采用投石压浆方法形成的直径小于 300 mm 的钢管混凝土灌注桩。这种小直径钻孔灌注桩可以是竖直或倾斜的，成排或交叉网状配置，由于其桩群形如树根状而得名树根桩或网状树根桩，日本简称为 RRP 工法。

树根桩施工时，先利用钻机钻孔，满足设计要求后，放入钢筋或钢筋笼，同时放入注浆管，用压力注入水泥浆或水泥砂浆而成桩，亦可放入钢筋笼后再灌入碎石，然后注入水泥浆或水泥砂浆而成桩。灌注施工时，应采用间隔施工、间歇施工或添加速凝剂等措施，以防止相邻桩孔移位和窜孔。当地下水流速较大可能导致水泥浆、砂浆或混凝土流失影响灌注质量时，应采用永久套管、护筒或其他保护措施。

压力注浆使桩的外侧与土体紧密结合，使桩具有较大的承载力，树根桩不仅可承受竖向荷载，还可承受水平向荷载。

2. 预制桩

用预制桩加固地基时，采用较多的有预制混凝土方桩、预应力混凝土管桩、钢管桩和型钢桩等。施工方法包括静压法、打入法和植入法等，也包含了传统的锚杆静压法和坑式静压法。近年来，鉴于静压桩施工质量容易保证，且经济性较好，静压微型桩复合地基加固方法得到了较快的推广应用。

3. 注浆钢管桩

所谓注浆钢管桩法，是在已施工的钢管桩周进行注浆处理，从而形成注浆钢管桩以加固地基的方法，适用于桩周软土层较厚、桩侧摩阻力较小的地基加固处理。

注浆钢管桩是在静压钢管桩技术基础上发展起来的一种新的加固方法，近年来常用于新建工程的桩基或复合地基施工质量事故的处理，具有施工灵活、质量可靠的特点。基坑工程中，注浆钢管桩大量应用于复合土钉的超前支护。

(三)微型桩的设计要点

微型桩加固后的地基，当桩与承台整体连接时，可按桩基础设计；桩与基础不整体连接时，可按复合地基设计。按桩基设计时，桩顶与基础的连接应符合《建筑桩基技术规范》的有关规定；按复合地基设计时，应符合《建筑地基处理技术规范》中复合地基的有关规定，褥垫层厚度宜为 100～150 mm。

1. 微型桩的材料和尺寸

树根桩直径为 150～300 mm，桩长不宜超过 30 m，对新建建筑宜采用直桩或斜桩网状布置。树根桩桩身材料混凝土强度不应小于 C25，主筋采用不少于 3 根的直径 12 mm 以上钢筋，通长配置。

预制桩桩体可采用边长为 150～300 mm 的预制混凝土方桩，直径 300 mm 的预应力混凝土管桩，断面尺寸为 100～300 mm 的钢管桩和型钢桩等。

微型桩应选择较好的土层作为桩端持力层，进入持力层深度不宜小于 5 倍的桩径或边长；对不排水抗剪强度小于 10 kPa 的软弱土层，应进行试验性施工。

2. 微型桩的单桩竖向承载力

微型桩的单桩竖向承载力应通过单桩静载荷试验确定。当无试验资料时，初步设计树根桩、预制桩可按增强体单桩竖向承载力特征值计算公式(5-22)估算。注浆钢管桩按现行《建筑桩基技术规范》有关规定计算。当采用水泥浆二次注浆工艺时，桩侧摩阻力可乘以大于 1 的提高系数，树根桩乘以 1.2～1.4，注浆钢管桩乘以 1.3。

3. 微型桩的防腐耐久性设计

微型桩中的型钢、钢管、钢筋及钢构件应考虑环境的腐蚀性、微型桩的类型、荷载类型(受拉或受压)、钢材的品种及要求的设计使用年限进行防腐耐久性设计。防腐设计可采用设置水泥浆、砂浆、混凝土保护层的方法，保护层最小厚度分别为水泥浆 20 mm、砂浆 35 mm、混凝土 50 mm；也可以采用增加一定腐蚀厚度的方法，考虑型钢(钢管)由于腐蚀造成的损失厚度。

本章小结

在土木工程建设中，对软弱地基或特殊土地基，往往需要进行人工处理，以提高地基土的抗剪强度、降低地基土的压缩性、改善地基土的渗透特性、动力特性及特殊土的不良工程特性。地基处理方法，按其机理不同有换填、排水预压、密实、胶结、加筋、热学等方法，本章结合最新地基处理技术规范对常用地基处理方法的加固机理、设计方法及施工要点进行了介绍。

换填垫层法是将基础底面以下的软弱土层挖除后换填砂、碎石等性能稳定的材料，并分层压实至要求的密实度形成垫层。其设计内容主要是根据软弱下卧土层的承载力确定垫层厚度并以满足基础底面应力扩散和防止垫层向两侧挤出为原则设计垫层的宽度。

预压地基法，也称排水固结法，主要由排水系统(水平排水系统和竖向排水系统)和加压

(堆载预压法、真空预压法、真空和堆载联合预压法等)两个系统组成。除了以上两个系统设计之外,预压法需要进行地基土的固结度、强度增长、稳定性和变形的计算。

密实法也是地基处理常用的一类方法,可以利用平碾、振动碾、冲击碾等将填土分层密实处理形成压实地基,也可以利用夯锤落下给地基以冲击和振动形成夯实地基。

复合地基是部分土体被增强或被置换,形成由地基土和竖向增强体共同承担荷载的人工地基。复合地基是目前应用最多、发展最快的一类地基处理方法,本章主要介绍了沉管砂石桩、振冲碎石桩等散体材料增强体复合地基,水泥土搅拌桩、旋喷桩、CFG 桩等有黏结强度增强体复合地基的设计原理、方法和施工要点,并对多桩型复合地基这一新方法进行了介绍。

最后简要介绍了水泥浆液、硅化浆液、碱液等注浆加固和树根桩、预制桩和注浆钢管桩等微型桩加固的地基处理方法。

思考题

5-1　地基处理的主要目的是什么？地基处理的对象有哪些？归纳地基处理的分类方法。

5-2　什么叫换填垫层法？适用范围如何？换土垫层的厚度和宽度是如何确定的？施工需注意什么？

5-3　试述预压法加固地基的机理和适用范围。

5-4　堆载预压法的设计内容有哪些？施工时需注意什么？

5-5　试比较压实地基和夯实地基这两种处理方法的特点。

5-6　简述复合地基的定义和分类。

5-7　什么叫复合地基的面积置换率、桩土应力比及复合土层的压缩模量？复合地基需进行哪些设计计算？

5-8　沉管砂石桩复合地基和振冲碎石桩复合地基的加固机理是什么？其设计计算包括哪些内容？

5-9　试比较水泥土搅拌法和旋喷法的特点。

5-10　什么叫水泥粉煤灰碎石桩法？适用范围如何？设计要点有哪些？

5-11　注浆加固有哪些主要方法？

5-12　微型桩有哪些常用的桩型？各有什么特点？

习　题

5-1　按荷载作用标准组合某砖石承重结构条形基础上的竖向轴心荷载 $F_k=190$ kN/m,埋深和地基土层断面如图 5-18 所示。考虑基础下用厚 1.5 m 砂垫层处理。试设计砂垫层。

5-2　地基为淤泥质黏土层,已知:水平向渗透系数 $k_h=1\times10^{-7}$ cm/s,固结系数 $C_h=C_v=1.8\times10^{-3}$ cm^2/s,受压土层厚 20 m,袋装砂井直径 $d_w=70$ mm,砂料渗透系数 $k_w=2\times10^{-2}$ cm/s,涂抹区土的水平向渗透系数 $k_s=k_h/5=0.2\times10^{-7}$ cm/s。取涂抹区直径与

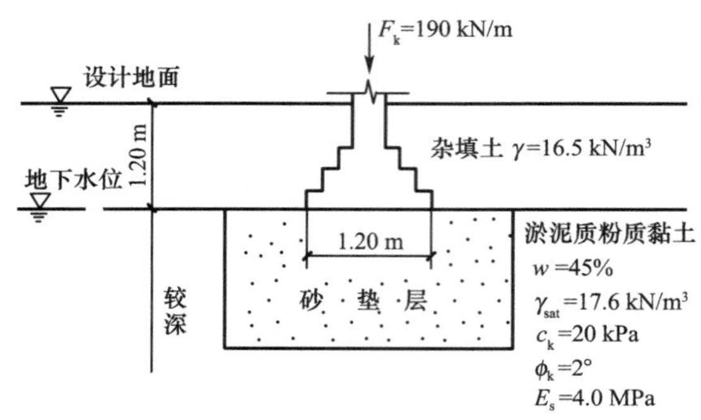

图 5-18 习题 5-1 图

竖井直径的比值 $s=2$，袋装砂井为等边三角形排列，间距 1.4 m，深度 $H=20$ m，砂井底部为不透水层，砂井打穿受压土层。预压荷载总压力 $p=100$ kPa，分两级等速加载，如图 5-7 所示。求：加荷开始 120 d 受压土层的平均固结度。

5-3 某工程采用振冲碎石桩复合地基处理。处理后桩间土的承载力特征值 f_{sk} 为 339 kPa，碎石桩的承载力特征值为 910 kPa，桩径为 2 m，桩中心距为 3.6 m，等边三角形布置。桩、土共同工作时的强度发挥系数均为 1，试求处理后复合地基的承载力特征值 f_{spk}。

5-4 地基剖面同习题 5-1，如图 5-19 所示，按荷载作用标准组合条形基础每延米竖向轴心荷载 $F_k=180$ kN/m，基础的埋深为 1.2 m，采用沉管砂石桩复合地基处理淤泥质粉质黏土。砂石桩长 6.0 m（至设计地面下 7.2 m），直径 800 mm，间距 2.0 m，等边三角形排列。试确定基础底面宽度并进行地基变形验算。

5-5 地基剖面同习题 5-1，如图 5-19 所示，按荷载作用标准组合条形基础每延米竖向轴心荷载 $F_k=250$ kN/m，鉴于荷载较大，改用 CFG 桩，桩的直径 0.5 m，桩距 1.2 m，正方形排列，试确定基础底面宽度并进行 CFG 桩复合地基变形验算（按当地经验，淤泥质粉质黏土层的桩侧摩阻力 $q_s=10$ kPa，桩端阻力 $q_p=200$ kPa）。

第6章 基坑支护

本章提要

基坑支护是指在基坑开挖时，为了保证坑壁不致坍塌以及主体地下结构的安全等，进行地下水控制和基坑周边的围挡，同时对基坑四周的建筑物、道路和地下管线等进行监测和维护等工程措施的总称。其内容包括勘察、设计、施工、环境监测和信息反馈等几个方面。其中支护结构的设计和施工是基坑支护工程的核心内容。

本章首先介绍基坑工程的设计原则、依据以及要求，然后介绍基坑支护结构的类型和特点，挡土结构上土压力与水压力的计算，重点介绍支护结构的稳定性验算，最后介绍了基坑工程的地下水控制以及基坑工程的监测。

学习目标

(1)了解常见基坑支护结构的类型及适用范围。
(2)熟练掌握基坑支护结构上土压力与水压力的计算。
(3)熟练掌握支护结构的稳定性验算。
(4)了解基坑工程的地下水控制方法。

思政小课堂

6.1 概 述

由于工程地质情况变化的多样性，基坑工程已成为高层建筑的难点和焦点。基坑支护工程包括挡土结构、支撑(或锚固)系统、土体开挖及加固、地下水控制、工程检测和环境保护等几个部分，其中支护结构的设计和施工是基坑支护工程的核心内容。基坑支护的作用就是挡土、挡水、控制边坡变形，为地下工程顺利施工创造条件。

基坑工程涉及工程地质和水文地质、工程力学与工程结构、土力学与基础工程、原位测试技术、土与结构相互作用、环境岩土工程以及工程施工与工程管理等多方面知识，几乎涉及土木工程的所有领域。近年来，基坑支护技术取得了较大的发展，各种支护方法日益成熟，各地在基坑开挖和支护技术方面积累了丰富的经验。当前基坑工程中迫切需要解决的问题有两个：一个是如何以比较低的经济代价，在比较短的时间内实现安全的基坑开挖；另一个是加快支护技术的开发，为更深的多层地下室施工提供新的技术和安全保证。

目前基坑工程方面颁布实施的规范、规程主要有：《建筑边坡工程技术规范》(GB 50330—2013)、《岩土锚杆与喷射混凝土支护技术规范》(GB 50086—2015)、《建筑基坑支护技术规程》(JGJ 120—2012)、《建筑基坑工程技术规范》(YB 9258—1997)、《基坑土钉支护技术规程》(CECS 96:97)、《土层锚杆设计与施工规范》(CECS 22:90)等。此外，各地区根据当地地基基础与施工技术等情况制定了地区性规程，如《上海市基坑工程设计规程》(DG/TJ 08-61—2010)、《深圳市深基坑支护技术规范》(SJG 05—2011)等。本章内容主要依据现行《建筑基坑支护技术规程》，具体应用时还应结合当地规程或标准。

6.1.1 支护结构的设计要求与安全等级

基坑支护是为主体结构地下部分施工而采取的临时措施。地下结构施工完成后，基坑支护也就随之完成使命，一般基坑支护的设计使用期限不应小于一年。因基坑开挖涉及基坑周边环境安全，支护结构除应满足主体结构施工安全外，还应满足基坑周边环境要求。基坑支护应满足以下两方面的功能要求：(1)保证基坑周边建(构)筑物、地下管线、道路的安全和正常使用；(2)保证主体地下结构的施工空间。

基坑支护设计时，应综合考虑基坑周边环境和地质条件的复杂程度、基坑深度等因素，按表 6-1 选择支护结构的安全等级。对同一基坑的不同部位，可采用不同的安全等级。进行支护结构及其构件的设计时，应根据不同支护结构的安全等级选用相应的重要性系数和稳定性安全系数。

表 6-1　支护结构的安全等级

安全等级	破坏后果
一级	支护结构失效、土体过大变形对基坑周边环境或主体结构施工安全的影响很严重
二级	支护结构失效、土体过大变形对基坑周边环境或主体结构施工安全的影响严重
三级	支护结构失效、土体过大变形对基坑周边环境或主体结构施工安全的影响不严重

6.1.2 基坑支护的设计原则与设计方法

基坑工程构成的要素较多，主要设计内容有支护体系的确定、支护结构的强度与变形计算、地基加固、场地内外土体稳定性验算、地下水控制与开挖、基坑工程监测等。支护结构是指基坑支护工程中采用的支护墙体(包括防渗帷幕)以及内支撑系统(或土层锚杆)等的总称，是支护工程设计的重点。地基加固是为了保证基坑底承载力达到设计要求，地基加固方法详见本书第 4 章。地下水控制是保证基坑施工在地下水位以上进行的必要措施。基坑工程监测是指在施工过程中对支护结构的变形等进行监测，可以确保基坑工程本身的安全，并对基坑周围环境进行有效的保护，同时可以检验设计所采用参数及假定的正确性，是基坑工程的一个重要环节。在软土地区，还要研究挖土的方法、过程以及支撑与挖土的配合。

（一）支护结构的设计原则

与地基基础设计类似，基坑支护结构设计也采用以分项系数表示的极限状态设计方法，但作用组合、安全系数与分项系数取值必须根据基坑工程特点参照相应规范或规程确定。

支护结构极限状态可分为承载能力极限状态和正常使用极限状态。

1. 承载能力极限状态

承载能力极限状态在基坑支护中的具体表现主要包括：

（1）支护结构构件或连接因超过材料破坏强度而破坏，或因过度变形而不适于继续承受荷载，或出现压屈、局部失稳。

（2）支护结构和土体整体滑动。

（3）坑底因隆起而丧失稳定性。

（4）对支挡式结构，挡土构件因坑底土体丧失嵌固能力而推移或倾覆。

（5）对锚拉式支挡结构或土钉墙，锚杆或土钉因土体丧失锚固能力而拔动。

（6）对重力式水泥土墙，墙体倾覆或滑移。

（7）对重力式水泥土墙、支挡式结构，其持力层因丧失承载能力而破坏。

（8）地下水渗流引起的土体渗透破坏。

2. 正常使用极限状态

正常使用极限状态在基坑支护中的具体表现主要包括：

（1）造成基坑周边建（构）筑物、地下管线、道路等损坏或影响其正常使用的支护结构位移。

（2）因地下水位下降、地下水渗流或施工因素而造成基坑周边建（构）筑物、地下管线、道路等损坏或影响其正常使用的土体变形。

（3）影响主体地下结构正常施工的支护结构位移。

（4）影响主体地下结构正常施工的地下水渗流。

（二）基坑支护设计的极限状态表达式及系数的确定

支护结构、基坑周边建筑物和地面沉降、地下水控制的计算和验算应采用下列设计表达式。

1. 承载能力极限状态

支护结构构件或连接因超过材料强度或过度变形的承载能力极限状态设计，应符合式（6-1）要求，即

$$\gamma_0 S_d \leqslant R_d \tag{6-1}$$

式中　γ_0——支护结构重要性系数，对安全等级为一级、二级、三级的支护结构，其结构重要性系数分别不应小于 1.1、1.0、0.9；

S_d——作用基本组合的效应（轴力、弯矩等）设计值；

R_d——结构构件的抗力设计值。

支护结构重要性系数与作用基本组合的效应设计值的乘积($\gamma_0 S_d$),即支护结构上受到的弯矩(M)、剪力(V)或轴力(N)设计值,可分别通过式(6-2)~式(6-4)求得,即

$$M=\gamma_0\gamma_F M_k \tag{6-2}$$

$$V=\gamma_0\gamma_F V_k \tag{6-3}$$

$$N=\gamma_0\gamma_F N_k \tag{6-4}$$

式中 M_k——按作用标准组合计算的弯矩值,kN・m;

V_k——按作用标准组合计算的剪力值,kN;

N_k——按作用标准组合计算的轴向拉力或轴向压力值,kN;

γ_F——作用基本组合的综合分项系数,不应小于1.25。

对临时性支护结构,作用基本组合的效应设计值应按式(6-5)确定,即

$$S_d=\gamma_F S_k \tag{6-5}$$

式中 S_k——作用标准组合的效应,即式(6-2)~式(6-4)中的M_k、V_k、N_k。

整体滑动、坑底隆起失稳、挡土构件嵌固端推移、锚杆与土钉拔动、支护结构倾覆与滑移、土体渗透破坏变形等稳定性计算和验算,均应符合式(6-6)要求,即

$$\frac{R_k}{S_k}\geqslant K \tag{6-6}$$

式中 R_k——抗滑力、抗滑力矩、抗倾覆力矩、锚杆和土钉的极限抗拔承载力等土的极限抗力标准值;

S_k——滑动力、滑动力矩、倾覆力矩、锚杆和土钉的拉力等作用标准值的效应;

K——稳定性安全系数。

2. 正常使用极限状态

由支护结构的位移、基坑周边建筑物和地面的沉降等控制的正常使用极限状态设计,应符合式(6-7)要求,即

$$S_d\leqslant C \tag{6-7}$$

式中 S_d——作用标准组合的效应(位移、沉降等)设计值;

C——支护结构的位移、基坑周边建筑物和地面的沉降的限值。

支护结构的水平位移是反映支护结构工作状况的直观数据,对监控基坑与基坑周边环境安全起到相当重要的作用,是进行基坑工程信息化施工的主要监测内容。应在设计文件中提出明确的水平位移控制值,作为支护结构设计的一个重要指标。由于基坑周边环境条件的多样性和复杂性,不同环境对象对基坑变形的适应能力及要求不同,所以,目前还很难定出统一的、定量的限值以适合各种情况。目前主要还是由设计人员根据工程的实际条件具体分析确定。

6.1.3 基坑工程勘察要求与环境调查

基坑工程勘察资料是进行基坑方案选择以及基坑稳定性、内力变形等计算时不可缺少的依据。应根据《岩土工程勘察规范》(GB 50021—2001)的要求查明场地土层的分布情况、

层厚及土层描述、土层物理力学性质指标、地下水的埋深与性质类别等。建筑基坑支护的岩土工程勘察通常在建筑物岩土工程勘察过程中一并进行，但基坑支护设计和施工对岩土勘察的要求有别于主体建筑的要求，勘察的重点部位是基坑外对支护结构和周边环境有影响的范围，而主体建筑的勘察孔通常只需布置在基坑范围以内。当场地土层分布较均匀时，采用基坑内的勘察孔是可以的；但当土层分布起伏大或某些软弱土层仅局部存在时，采用基坑内的勘察孔会使基坑支护设计的岩土依据与实际情况偏离而造成基坑工程的风险。因此，有条件的场地勘探点范围应根据基坑开挖深度及场地的岩土工程条件确定。基坑外宜布置勘探点，其范围不宜小于基坑深度的一倍；当需要采用锚杆时，基坑外勘探点的范围不宜小于基坑深度的两倍；当基坑外无法布置勘探点时，应通过调查取得相关勘察资料并结合场地内的勘察资料进行综合分析。勘探点布置间距和探孔深度应符合《建筑基坑支护技术规程》要求。当建筑物岩土工程勘察不能满足上述要求时应进行补充勘察。表 6-2 列出了基坑支护工程设计时常用的各项土的物理力学性质指标。

表 6-2　基坑设计中常用的土的物理力学性质指标

类别	参数及符号	设计计算应用
物理性质指标	孔隙比 e	流土、管涌分析计算
	不均匀系数 C_u	
	密度(重度)$\rho(\gamma)$	挡土结构上水、土压力计算
	含水量 w	
压缩性指标	压缩模量 E_s	挡土结构、周围土体变形随时间关系计算，坑底回弹量计算
	压缩系数 a_{1-2}	
	固结系数 C_v	
	回弹指数 C_s	
渗透性指标	渗透系数 k_v、k_h	抗渗、降水、固结计算
强度指标	固结快剪：黏聚力 c_{cq}、内摩擦角 φ_{cq}	挡土结构土压力计算，坑底土抗隆起稳定性计算，整体圆弧滑动稳定性计算，支护墙抗倾覆、抗滑移稳定性计算等
	固结不排水：黏聚力 c_{cu}、内摩擦角 φ_{cu}	
	有效指标：黏聚力 c'、内摩擦角 φ'	
	无侧限抗压强度 q_u	
	十字板剪切强度 τ_f	

基坑周边环境条件是支护结构设计的重要依据之一。基坑支护设计前，应查明基坑周边环境条件。城市内的新建建筑物周围通常存在既有建筑物、各种市政地下管线、道路等，而基坑支护的作用就是保护其周边环境不受损害。同时，基坑周边既有建筑物荷载会增加支护结构上的荷载，支护结构的施工也需要考虑周边建筑物地下室、地下管线、地下构筑物等的影响。实际工程中因对基坑周边环境因素缺乏准确了解或忽视而造成的工程事故经常发生。为了使基坑支护设计具有针对性，应查明基坑周边环境条件，并按这些环境条件进行设计，施工时应防止对其造成损坏。基坑主要周边环境情况包括：既有建筑物的结构类型、层数、位置、基础形式和尺寸、埋深、使用年限、用途等；各种既有地下管线、地下构筑物的类型、位置、尺寸、埋深、使用年限、用途等；对既有供水、污水、雨水等地下输水管线，尚应包括其使用状况及渗漏状况；道路的类型、位置、宽度、道路行驶情况、最大车辆荷载等；确定基坑

开挖与支护结构使用期内施工材料、施工设备的荷载；雨季时的场地周围地表水汇流和排泄条件，地表水的渗入对地层土的影响等状况。

6.2 基坑支护的类型和特点

当条件允许时，放坡开挖是最为经济和快捷的基坑开挖方法，包括直陡开挖和放坡开挖，适用于基坑土质较好且开挖深度不大的情况。基坑开挖是否支护以及采用何种支护结构应根据基坑周边环境、开挖深度、工程地质与水文地质条件、施工作业设备和施工季节等条件综合考虑。

6.2.1 基坑支护结构选型

经过近几十年来大量工程实践的筛选，形成了适合于不同地质条件和基坑深度的经济合理的支护结构体系。主要可以分为重力式水泥土墙、支挡式结构和土钉墙。选用时可参照表 6-3 进行。当基坑不同部位的周边环境条件、土层性状、基坑深度等不同时，可在不同部位分别采用不同的支护形式。支护结构可采用上、下部以不同结构类型组合的形式。

表 6-3　各类支护结构及其适用条件

<table>
<tr><th colspan="2" rowspan="2">结构类型</th><th colspan="3">适用条件</th></tr>
<tr><th>安全等级</th><th colspan="2">基坑深度、周边环境条件、土类和地下水条件</th></tr>
<tr><td colspan="2">放坡</td><td>三级</td><td colspan="2">(1)施工场地应满足放坡条件；(2)可与其他支护结构形式结合</td></tr>
<tr><td colspan="2">重力式水泥土墙</td><td>二级、三级</td><td colspan="2">适用于淤泥质土、淤泥基坑，且基坑深度不宜大于 7 m</td></tr>
<tr><td rowspan="5">支挡式结构</td><td>锚拉式结构</td><td rowspan="5">一级、二级、三级</td><td>适用于较深的基坑</td><td rowspan="5">(1)排桩适用于可采用降水或截水帷幕的基坑
(2)地下连续墙宜同时用作主体地下结构外墙，可同时用于截水
(3)锚杆不宜用在软土层和高水位的碎石土、砂土层中
(4)当邻近基坑有建筑物地下室、地下构筑物等，锚杆的有效锚固长度不足时，不应采用锚杆
(5)当锚杆施工会造成基坑周边建(构)筑物的损害或违反城市地下空间规划等规定时，不应采用锚杆</td></tr>
<tr><td>支撑式结构</td><td>适用于较深的基坑</td></tr>
<tr><td>悬臂式结构</td><td>适用于较浅的基坑</td></tr>
<tr><td>双排桩结构</td><td>锚拉式、支撑式和悬臂式结构不适用时采用</td></tr>
<tr><td>支护结构与主体结构结合的逆作法</td><td>适用于基坑周边环境条件复杂的深基坑</td></tr>
<tr><td rowspan="4">土钉墙</td><td>单一土钉墙</td><td rowspan="4">二级、三级</td><td>适用于地下水位以上或经降水的非软土基坑，且基坑深度不宜大于 12 m</td><td rowspan="4">当基坑潜在滑动面内有建筑物、重要地下管线时，不宜采用土钉墙</td></tr>
<tr><td>预应力锚杆复合土钉墙</td><td>适用于地下水位以上或经降水的非软土基坑，且基坑深度不宜大于 15 m</td></tr>
<tr><td>水泥土桩复合土钉墙</td><td>用于非软土基坑时，基坑深度不宜大于 12 m；用于淤泥质土基坑时，基坑深度不宜大于 6 m；不宜用在高水位的碎石土、砂土、粉土层中</td></tr>
<tr><td>微型桩复合土钉墙</td><td>适用于地下水位以上或经降水的基坑，用于非软土基坑时，基坑深度不宜大于 12 m；用于淤泥质土基坑时，基坑深度不宜大于 6 m</td></tr>
</table>

6.2.2 重力式水泥土墙

水泥土墙是在基坑外侧用深层搅拌法或高压喷射注浆法施工的一排或数排相互搭接的水泥土桩，形成的格栅式或连续式的重力式墙体，如图 6-1 所示。水泥土墙主要适用于淤泥质土、淤泥基坑，基坑深度不宜大于 7 m。在这种土质条件下，锚杆没有合适的锚固土层，不能提供足够的锚固力，内支撑又会增加主体地下结构施工的难度。当基坑深度大于 7 m 时，随基坑深度增加，墙的宽度、深度都大幅增大，施工成本和工期都不适合采用水泥土墙。特殊情况下，搅拌桩水泥土墙也可用于黏性土、粉土、砂土等土类的基坑。由于目前国内搅拌桩成桩设备的动力有限，土的密实度、强度均较低时才能钻进和搅拌。不同成桩设备的最大钻进搅拌深度不同，新生产、引进的搅拌设备的能力也在不断提高。

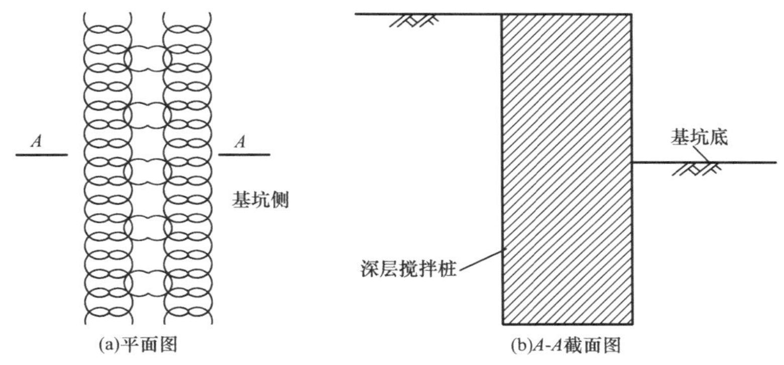

图 6-1　重力式水泥土墙

水泥土材料抗拉、抗剪强度较低。为了保持足够的稳定性，水泥土墙一般需要比较大的断面尺寸才能平衡墙后的水平荷载。一般按重力式结构设计，确定墙的嵌固深度和墙的宽度。墙的深度不足会使墙体产生位移或沉降，宽度不足会使墙体开裂甚至倾覆。重力式水泥土墙应进行下列计算：墙整体抗倾覆稳定性验算、墙整体抗滑移稳定性验算、沿墙体以外土中某一滑动面的土体整体滑动验算、坑底抗隆起稳定性验算、墙下地基承载力验算、墙身材料强度验算、地下水渗流稳定性验算等。

6.2.3 支挡式结构

当基坑开挖深度增加时，若采用水泥土墙作为支护结构，就会显得不安全，即使坑壁安全可以通过某种措施得到保证，经济代价也较高。此时可选用支挡式结构支护或土钉墙支护。支挡式结构是由挡土构件和锚杆或内支撑组成的支护结构体系的统称。其结构类型包括：锚拉式支挡结构(排桩-锚杆结构、地下连续墙-锚杆结构)、支撑式支挡结构(排桩-支撑结构、地下连续墙-支撑结构)、悬臂式排桩或地下连续墙、双排桩结构等。图 6-2、图 6-3 分别为内支撑式和锚拉式支挡结构。

支挡式结构都可用弹性支点法的计算简图进行结构分析。支挡式结构受力明确，计算方法和工程实践相对成熟，是目前应用最多也较为可靠的支护结构形式。其中排桩和地下连续墙是支挡结构里的挡土构件，形式较多，下面分别介绍。

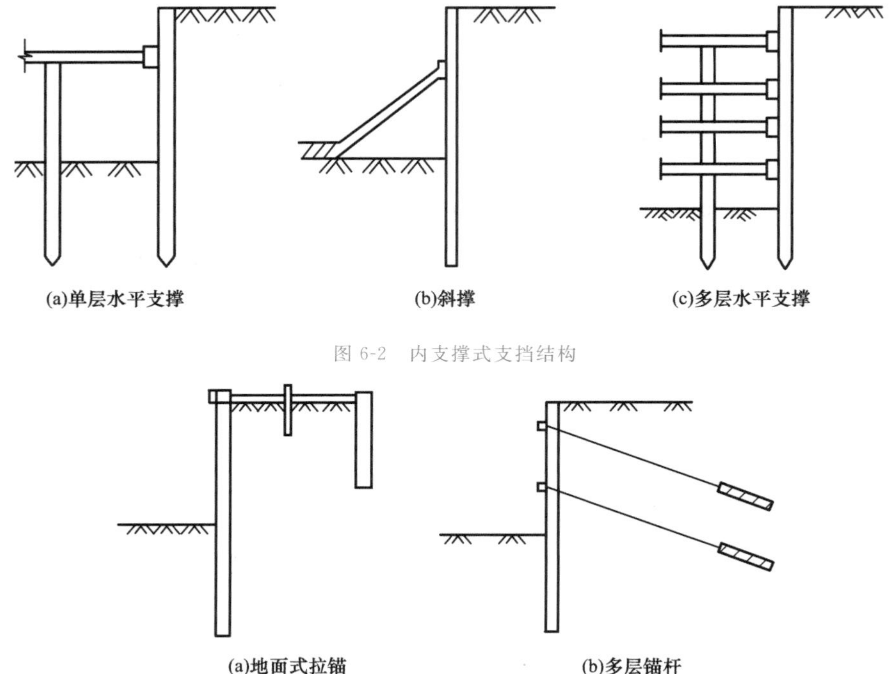

图 6-2　内支撑式支挡结构

图 6-3　锚拉式支挡结构

(一)排桩挡土结构

排桩支护是最为广泛的基坑支护形式。根据土层的性质、地下水条件及基坑周边环境要求等可选择混凝土灌注桩、钢板桩、型钢水泥土搅拌桩(SMW 工法桩)、型钢桩、钢管桩等桩型。

1. 混凝土灌注桩

国内实际基坑工程中,排桩的桩型采用混凝土灌注桩的占绝大多数,一般是钻孔灌注桩,有时也采用人工挖孔桩。采用灌注桩时,桩径不小于 400～500 mm;采用挖孔桩时,桩径不小于 800 mm,并应在地下水位以上,或采用人工降水。

施工时预先在设计的基坑外缘的地面向下浇筑钢筋混凝土桩,待桩身混凝土达到一定强度后再开挖基坑,这时排桩可以支挡土体。桩顶用钢筋混凝土圈梁(冠梁)连接以增强其整体性和防水性。排桩可以是悬臂式的,采用悬臂式排桩支护的基坑深度不宜超过 6 m。当基坑深度较大时,常常加设一道或几道土层锚杆或内支撑。在平面上,桩可以一根根紧密排列,也可以间隔布置,通常相距两倍桩径左右。一般都是单排的,也可以双排布置,如图 6-4 所示。当需要支护结构挡水时,可以在排桩后用高压喷射注浆法(摆喷)或者深层搅拌法做出连续的水泥土防渗帷幕。图 6-5 为某基坑工程悬臂式排桩支护结构示意图,水泥土桩为防渗帷幕。

2. 钢板桩

当基坑位于高含水量软土层时,常采用板桩支护。最原始的板桩是木板桩,目前大多数工程采用钢板桩和钢筋混凝土板桩。钢板桩可以是钢管、钢板、各种型钢和工厂专门制作的定型产品。

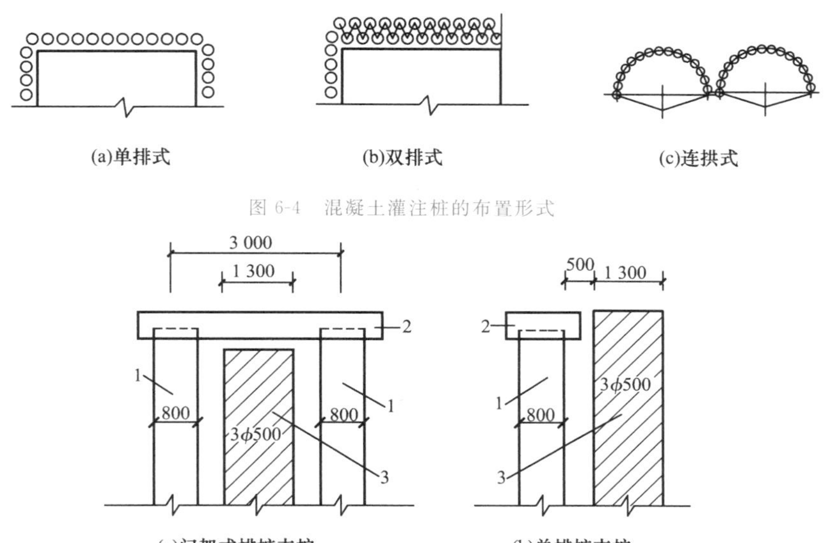

图 6-4　混凝土灌注桩的布置形式

图 6-5　悬臂式排桩支护结构

1—灌注桩；2—冠梁；3—水泥土桩

H 型钢一般配合插板使用。施工时，用锤击或预钻孔的方式将 H 型钢(工字钢)打到设计深度后开始挖土。每挖一层土，在 H 型钢间加挡土插板，直至基坑设计深度。挡土插板一般为木隔板或钢筋混凝土隔板，如图 6-6 所示。木隔板在地下建筑施工完毕后逐层拆除并回填。钢筋混凝土隔板则往往用作永久性挡土结构。H 型钢(工字钢)桩加插板适用于地下水位较低的土质，可做成悬臂式、内支撑式或锚杆式，当地下水位较高或有上层滞水时，应采取降排水措施，使水位降至坑底标高以下。

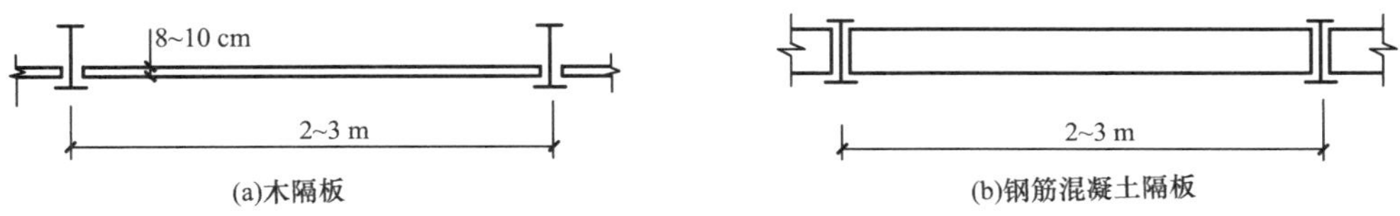

图 6-6　H 型钢加插板挡土结构

常见的钢板桩截面形式有 U 形、Z 形、直腹板式等，如图 6-7 所示。这类桩用振动或锤击方法沉桩，往往采用支撑或拉锚控制板桩位移，大多作为永久性挡土结构。其优点是材料质量可靠，防水性能较好，软土中施工速度快、简单，可重复使用，占地小，结合多道支撑，可用于较深基坑。缺点是价格较贵，施工噪声及振动大，刚度小，变形大，需注意接头防水，且拔桩时容易引起土体移动，导致周围环境发生较大沉降。钢板桩适用于软土及地下水多的地区，但必须保证良好的咬合，否则，易造成渗水、涌砂。钢管需另设咬合装置防水，否则需采取防渗措施。

钢筋混凝土板桩分为预制与现浇两种。如图 6-8 所示，预制钢筋混凝土板桩的截面有矩形榫槽结合、工字形薄壁和方形薄壁三种形式。矩形榫槽两侧设置阴、阳榫槽，打桩后采用灌浆来堵塞接头以防渗。工字形及方形薄壁现场浇成整体，同样也需要在板桩中结合处注浆来防渗。在现场现浇形成的钢筋混凝土排桩，沉桩方法与普通沉桩方法相同，但桩与桩

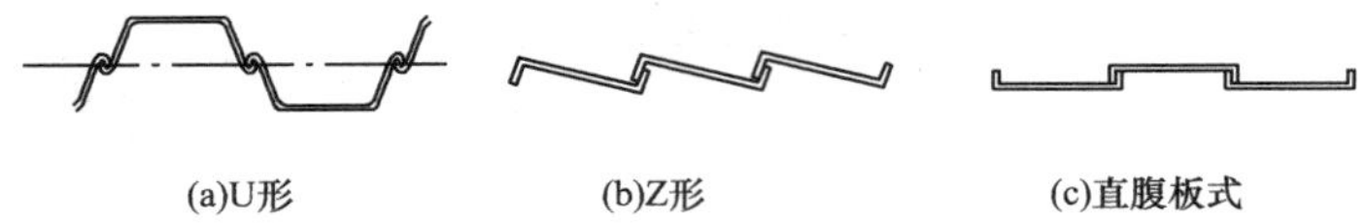

图 6-7 常见钢板桩截面形式

之间应相互连接形成整体。在布置形式上与钻孔灌注桩相似。为提高桩墙的受力能力，也可设置预应力混凝土桩。钢筋混凝土板桩的优点是比钢板桩造价低；缺点是施工不便、工期长、施工噪声和振动较大、挤土以及接头防水性能较差。钢筋混凝土板桩不宜在建筑密集的市区内使用，也不宜在硬土层中施工。

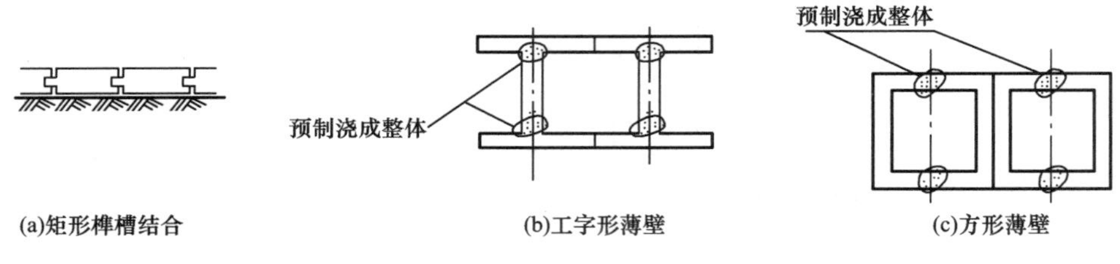

图 6-8 钢筋混凝土板桩

3. 型钢水泥土搅拌桩（SMW 工法桩）

型钢水泥土搅拌桩是在水泥土搅拌桩内插入 H 型钢或其他种类的受拉材料，形成一种同时具有受力和防渗两种功能的复合结构，日本称之为 SMW 工法桩。型钢可以回收重复使用。型钢的平面布置形式有多种，如图 6-9 所示。SMW 工法的优点是施工噪声低，对环境影响小，止水效果好，墙身强度高，型钢可回收再利用；缺点是应用经验不足，型钢回收困难且造价较高。凡适合应用水泥土搅拌桩的场合均可采用 SMW 工法，开挖深度较大，应用前景较好。

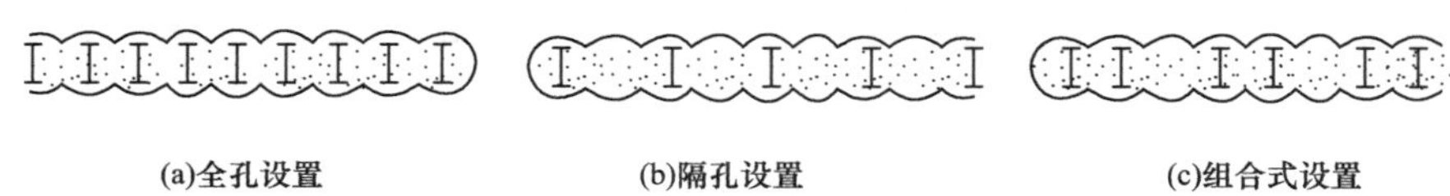

图 6-9 型钢的平面布置形式

SMW 工法连续墙应用以来，普遍认为其性能良好，造价经济。武汉、上海从日本引进 SMW 工法专用机械，并推广使用。通过研制的减磨剂，能将型钢拔出后回收重复利用，降低造价。

（二）地下连续墙

地下连续墙是用专门的挖槽设备，按一定顺序沿着基础或者地下结构的周边按要求的宽度和深度挖出一个槽型孔，然后制作墙体，形成基坑施工中的有效支挡结构。根据施工工艺不同，地下连续墙可分为桩排式、槽段式、预制拼装式以及组合式等。根据材料不同，又可分为钢筋混凝土、混凝土、黏土和其他材料的地下连续墙。其中以槽段式钢筋混凝土地下连续墙应用最为普遍。施工时，利用机械设备开挖单元槽段至预定深度，做好泥浆护壁，然后吊装钢筋笼并浇灌混凝土，之后拔出节点管并准备下一单元槽段施工，最后将一个个槽段连成一道钢筋混凝土地下连续墙。单元槽段的平面形状如图 6-10 所示。单元槽段的平面形状和成槽长度，应根据墙段的结构受力特性、槽壁稳定性、环境条件和施工条件等因素，由计算确定。地下连续墙支护结构可以挡土和防渗，根据开挖深度不同可以做成悬臂式，也可以采用土层锚杆和内支撑加固。现浇地下连续墙往往可以与基础结合在一起，作为永久性结构起到承重的作用。

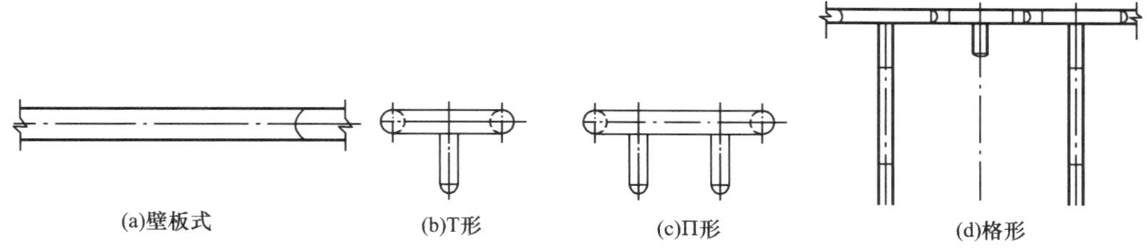

图 6-10　单元槽段的平面形状

地下连续墙壁厚通常为 60 cm、80 cm 及 100 cm，深度可达数十米。其优点是施工噪声低、振动小、整体刚度大、防渗好、占地少、强度大；缺点是施工工艺复杂，造价高，需处理泥浆。地下连续墙可适用于任何土质，特别在地下水位高和施工环境要求高时更显出其优势，常用于开挖 10 m 以上深度的基坑。

地下连续墙的优越性早已被世界公认，在大深度基坑和复杂的工程环境下非它莫属，但造价较高。为了提高经济效益，地下连续墙有时兼作地下室外墙，甚至可作为主体结构的承重墙，同时承受竖向与水平向荷载。上海金茂大厦(地上 88 层，地下 3 层)以及天津金皇大厦(地上 47 层，地下 3 层)等都是按地下连续墙兼作上部结构承重墙设计的案例。

6.2.4　土钉墙

土钉墙支护是以土钉作为主要受力构件的支护技术，它由密集的土钉群、被加固的原位土体、喷射混凝土面层和必要的防水系统组成，如图 6-11 所示。其中土钉是将一种细长的金属杆件(通常是带肋钢筋)插入预先钻成的斜孔中，钉端焊接于混凝土面层内的钢筋网上，然后全孔注浆封填而成，传统上称其为砂浆锚杆。其施工方法为边开挖基坑，边在土坡中设置土钉，在坡面上铺设钢筋网，并通过喷射混凝土形成混凝土面层，从而形成土钉墙支护结构。土钉依靠与土体之间的界面黏结力或摩擦力，在土体发生变形的条件下被动受力，并主要承受拉力作用。土钉墙支护结构的机理可理解为通过在基坑边坡中设置土钉，形成加筋土重力式挡土墙，从而起到挡土作用。土钉也可采用钢管、角钢等作为钉体，采用直接击入的方法置入土中。

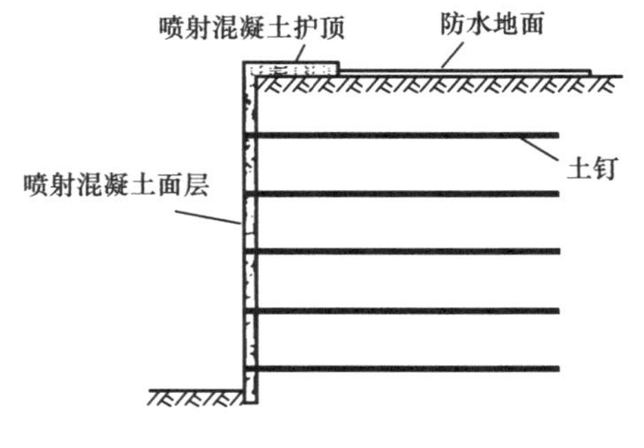

图 6-11　土钉墙支护结构

土钉墙还可以与水泥土桩、微型桩及预应力锚杆组合形成复合土钉墙，主要有下列几种形式：土钉墙＋预应力锚杆、土钉墙＋水泥土桩、土钉墙＋水泥土桩＋预应力锚杆、土钉墙＋微型桩＋预应力锚杆、土钉墙＋水泥土桩＋微型桩＋预应力锚杆。不同的组合形式作用不同，应根据实际工程需要选择。

6.3 基坑支护结构上的水平荷载

基坑支护结构上的水平荷载包括土压力和水压力两部分。基坑支护结构外侧的水压力、土压力为荷载，内侧基底以下的被动土压力和水压力为抗力。进行支护结构计算时首先要确定其水平荷载的大小。

6.3.1 支护结构上水平荷载的影响因素

对挡土墙而言，墙体位移的方向和位移量决定着所产生的土压力的性质和大小。与一般挡土墙的土压力相比，支护结构上的土压力影响因素更多、更复杂，很难准确计算。支护结构作为分析对象时，其荷载除了土体直接作用在支护结构上形成土压力之外，挡土结构本身的变形性质、土的冻胀、温度变化也会使土压力发生改变，周边建(构)筑物、施工材料、设备、车辆等荷载产生间接影响。此外，施工方法与施工次序、土的类别、地下水的赋存方式、降排水方式等均会影响土压力的大小和分布。

因为土压力影响因素的复杂性，至今还没有一种方法能精准概括上述所有影响因素。一般来说，计算作用在支护结构上的水平荷载时，应考虑下列因素：基坑内外土的自重(包括地下水)；基坑周边既有和在建的建(构)筑物荷载；基坑周边施工材料和设备荷载；基坑周边道路车辆荷载；冻胀、温度变化等产生的作用。

6.3.2 支护结构上水平荷载的计算原则

目前土压力计算大多采用朗肯土压力理论和库仑土压力理论。《建筑基坑支护技术规程》中规定按朗肯土压力理论计算支护结构上的主动、被动土压力。朗肯土压力理论不适用时，采用库仑土压力理论计算主动土压力。根据不同工况充分考虑各影响因素进行计算。

应该指出的是，考虑结构与土相互作用的土压力计算方法，理论上更科学，从长远考虑该方法应是岩土工程中支挡结构计算技术的一个发展方向。但目前该方法在工程应用中尚不成熟，只有在有经验时才能采用。

地下水位以上支挡结构上的水平荷载主要为土压力，按朗肯土压力理论或库仑土压力理论计算。地下水位以下支挡结构上的水平荷载包含土压力和水压力，根据不同情况选用水土分算原则或水土合算原则计算。

(一)水土分算原则

采用水土分算原则时，分别计算土压力和水压力，两者之和即总的侧压力。这一原则适用于渗透性较好的土层，如碎石土、砂土。按水土分算原则计算土压力时，采用土的有效重度。抗剪强度指标从理论上讲应采用有效抗剪强度指标，但当前工程地质勘查报告中极少提供。通过一些工程经验，可以近似采用三轴固结不排水或直剪固结快剪试验峰值强度指标来计算土压力。

计算水压力时应按支护结构的隔水条件和土层的渗流条件，先对地下水的渗流条件做出判断，区分地下水处于静止无渗流状态还是地下水发生绕防渗帷幕底的稳定渗流状态，不同的状态采用不同的水压力分布模式。

（二）水土合算原则

水土合算原则适用于不透水的土层，如黏性土。计算土压力时，水上采用土的天然重度，水下采用饱和重度，不单独考虑水压力。按常规水土分算得到的墙背上的主动土压力和水压力之和获得的总侧向力，尽管总侧压力比水土合算得到的主动土压力大，但进行基坑支护结构设计时尚需考虑墙前的被动土压力，工程中哪一个计算方法更偏安全就按照哪一种方法设计。当难以确定某些土层的透水性时，应该分别采用水土分算和水土合算两种方法进行设计计算，并选择偏于安全但可能保守的计算方法。水土合算方法是一种经验的方法，存在一定的片面性。当有些土层一时难以确定其透水性时，需要从安全使用和投资费用两方面综合分析确定。

6.3.3 支护结构上水平荷载的计算

作用在支护结构外侧的主动土压力强度的标准值和内侧的被动土压力强度的标准值宜按下面公式计算，如图 6-12 所示。

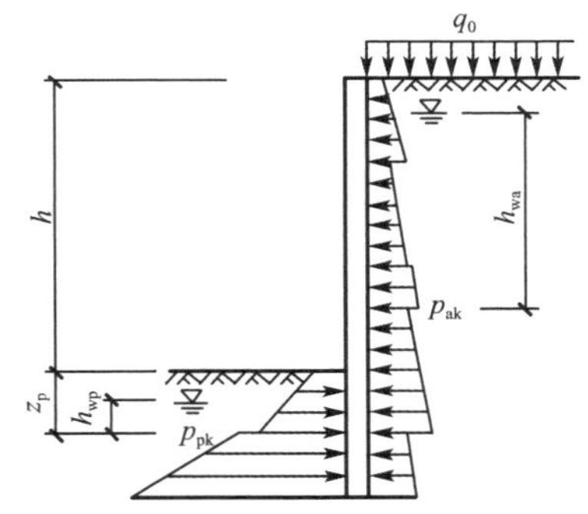

图 6-12　土压力计算

（一）对于地下水位以上或水土合算的土层

$$p_{ak}=\sigma_{ak}K_{a,i}-2c_i\sqrt{K_{a,i}} \tag{6-8}$$

$$K_{a,i}=\tan^2\left(45°-\frac{\varphi_i}{2}\right) \tag{6-9}$$

$$p_{pk}=\sigma_{pk}K_{p,i}+2c_i\sqrt{K_{p,i}} \tag{6-10}$$

$$K_{p,i}=\tan^2\left(45°+\frac{\varphi_i}{2}\right) \tag{6-11}$$

$$\sigma_{ak}=\sigma_{ac}+\sum\Delta\sigma_{k,j} \tag{6-12}$$

$$\sigma_{pk}=\sigma_{pc} \tag{6-13}$$

式中　p_{ak}、p_{pk}——支护结构外侧、内侧第 i 层土中计算点的主动土压力强度的标准值和被动土压力强度的标准值，kPa，当 $p_{ak}<0$ 时，应取 $p_{ak}=0$；

σ_{ak}、σ_{pk}——支护结构外侧、内侧计算点的土中竖向应力标准值，kPa；

$K_{a,i}$、$K_{p,i}$——第 i 层土的主动土压力系数、被动土压力系数；

c_i——第 i 层土的黏聚力，kPa；

φ_i——第 i 层土的内摩擦角,(°);

σ_{ac}、σ_{pc}——支护结构外侧、内侧计算点土的自重应力标准值,kPa;

$\Delta\sigma_{k,j}$——支护结构外侧第 j 个附加荷载(由基坑周边建筑物、施工材料、设备、车辆等引起的附加荷载)作用下计算点的土中附加竖向应力标准值,kPa。

(二)对于水土分算的土层

$$p_{ak}=(\sigma_{ak}-u_a)K_{a,i}-2c_i\sqrt{K_{a,i}} \tag{6-14}$$

$$p_{pk}=(\sigma_{pk}-u_p)K_{p,i}+2c_i\sqrt{K_{p,i}} \tag{6-15}$$

$$u_a=\gamma_w h_{wa} \tag{6-16}$$

$$u_p=\gamma_w h_{wp} \tag{6-17}$$

式中 u_a、u_p——支护结构外侧、内侧计算点的水压力,kPa;

γ_w——水的重度,kN/m³,取 $\gamma_w=10\ \text{kN/m}^3$;

h_{wa}——基坑外侧地下水位至主动土压力强度计算点的垂直距离,m;对承压水,地下水位取测压管水位;当有多个含水层时,应以计算点所在含水层的地下水位为准;

h_{wp}——基坑内侧地下水位至被动土压力强度计算点的垂直距离,m;对承压水,地下水位取测压管水位。

当采用悬挂式截水帷幕时,应考虑地下水沿支护结构向基坑面的渗流对水压力的影响。

6.4 基坑稳定性验算

基坑失事主要是因为基坑失稳。失稳的形式有局部失稳和整体失稳。导致失稳的原因可能是土的抗剪强度不足,支挡结构的强度不足或渗透破坏。基坑稳定性验算是支护结构设计计算的重要内容,主要包括基坑整体稳定性验算、软土地基基坑抗隆起稳定性验算、基坑抗渗流稳定性验算、抗倾覆稳定性验算、抗滑移稳定性验算等。本节分别介绍重力式水泥土墙、支挡式结构、土钉墙的稳定性验算。

6.4.1 重力式水泥土墙稳定性验算

(一)重力式水泥土墙稳定性验算的内容

重力式水泥土墙设计主要就是稳定性验算,通过稳定性验算确定其嵌固深度和墙宽两个主要设计参数。包括以下内容:抗滑移稳定性验算、抗倾覆稳定性验算、基坑整体稳定性验算、墙身材料强度验算、坑底抗隆起稳定性验算、抗渗流稳定性验算。

重力式水泥土墙嵌固深度和底面宽度(墙体宽度),除了满足计算要求外,还应满足如下构造要求:水泥土墙的嵌固深度对淤泥质土,不宜小于 $1.2h$(h 为基坑深度),对淤泥,不宜小于 $1.3h$;水泥土墙的底面宽度,对淤泥质土,不宜小于 $0.7h$,对淤泥,不宜小于 $0.8h$。

设计时,一般采用试算法。先根据构造要求初步确定水泥土墙的嵌固深度和墙体宽度,然后按整体稳定性验算条件确定嵌固深度，再按墙的抗倾覆条件确定墙体宽度，此时墙体宽度一般能够同时满足抗滑移条件。满足整体稳定性验算的嵌固深度一般也能满足坑底抗隆起稳定性验算要求。

水泥土墙宜采用水泥土搅拌桩相互搭接形成的格栅状结构形式，也可采用水泥土搅拌桩相互搭接成实体的结构形式。搅拌桩的施工工艺宜采用喷浆搅拌法。

(二)重力式水泥土墙稳定性验算的方法

1. 抗滑移稳定性验算

抗滑移稳定性验算在挡墙底面进行，沿挡墙纵向取 1 m 进行计算。如图 6-13(a)所示，其验算公式为

$$K_h=\frac{T}{F}=\frac{(G-u_m B)\tan\varphi+cB+E_{pk}}{E_{ak}} \tag{6-18}$$

式中　K_h——抗滑移安全系数，一般要求不小于 1.2；

G——挡墙自重，kN/m；

E_{ak}、E_{pk}——水泥土墙的主动土压力、被动土压力的合力标准值，kN/m；

u_m——水泥土墙底面上的水压力，kPa，水泥土墙底面在地下水位以下时，可取 $u_m=\gamma_w(h_{wa}+h_{wp})/2$，在地下水位以上时，取 $u_m=0$，(h_{wa} 为基坑外侧水泥土墙底面处的水头高度，m，h_{wp} 为基坑内侧水泥土墙底面处的水头高度，m)；

c——水泥土墙底面下土层的黏聚力，kPa；

φ——水泥土墙底面下土层的内摩擦角，(°)；

B——水泥土墙的底面宽度，m。

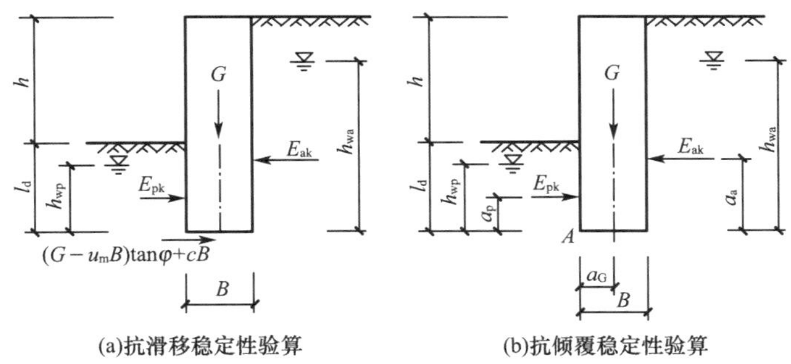

图 6-13　重力式水泥土墙稳定性验算

2. 抗倾覆稳定性验算

如图 6-13(b)所示，抗倾覆稳定性验算常以绕墙趾 A 点的转动来分析，验算公式为

$$K_q=\frac{M_2}{M_1}=\frac{(G-u_m B)a_G+E_{pk}a_p}{E_{ak}a_a} \tag{6-19}$$

式中　K_q——抗倾覆安全系数，一般要求不小于 1.3；

a_a——水泥土墙外侧主动土压力合力作用点至墙趾的竖向距离，m；

a_p——水泥土墙内侧被动土压力合力作用点至墙趾的竖向距离，m；

a_G——水泥土墙自重与墙底水压力合力作用点至墙趾的水平距离，m。

3. 基坑整体稳定性验算

基坑整体稳定性采用瑞典条分法进行验算，按圆弧滑动面考虑，并采用等代重度法考虑

渗流力的作用，土体抗剪强度指标的选用符合规范规定。参照土力学的相关公式。

当墙底以下存在软弱下卧土层时，稳定性验算的滑动面中尚应包括由圆弧与软弱土层层面组成的复合滑动面。

4. 墙身材料强度验算

由于水泥土的材料强度不高，所以尽管属于"重力式"挡土墙，仍然需要进行墙身材料强度的验算，这一点与一般的重力式挡墙要求不同。这种验算属于材料强度的范畴，应采用分项系数法进行，荷载项采用作用效应的基本组合。水泥土墙身材料强度验算截面应包括以下部位：基坑面以下主动土压力与被动土压力强度相等处、基坑底面处、水泥土墙的截面突变处。水泥土墙身应力验算如下：

压应力为

$$\sigma_1=\gamma_0\gamma_F\gamma_{cs}z+\frac{6M_i}{B^2}\leqslant f_{cs} \tag{6-20}$$

拉应力为

$$\sigma_2=\frac{6M_i}{B^2}-\gamma_{cs}z\leqslant 0.15f_{cs} \tag{6-21}$$

剪应力为

$$V=\frac{E_{ai}-\mu G_i-E_{pi}}{B}\leqslant\frac{1}{6}f_{cs} \tag{6-22}$$

式中 σ_1、σ_2、V——墙体截面上的压应力、拉应力和剪应力，kPa；

γ_{cs}——水泥土墙的平均重度，kN/m^3；

γ_0——支护结构重要性系数，见式(6-1)；

γ_F——荷载综合分项系数，见式(6-2)～式(6-5)；

z——墙顶至计算截面的深度，m；

M_i——验算截面以上土压力合力在该截面上产生的弯矩设计值，kN·m；

B——验算截面处水泥土墙的宽度，m；

f_{cs}——水泥土开挖龄期时轴心抗压强度设计值，kPa，根据现场试验或工程经验确定；

E_{ai}、E_{pi}——验算截面以上的主动土压力、被动土压力合力的标准值，kN/m；

G_i——验算截面以上的墙体自重，kN/m；

μ——墙体材料的抗剪断系数，取0.4～0.5。

5. 坑底抗隆起稳定性验算

坑底抗隆起稳定性验算是保证基坑稳定和控制基坑变形的重要手段。基坑抗隆起安全系数应考虑设定上下限值。对适用不同地质条件的现有不同抗隆起稳定性计算公式，应按工程经验规定保证基坑稳定的最低安全系数。而为了要满足不同环境条件下基坑变形控制的要求，应根据坑侧地面沉降与一定计算公式所得的抗隆起安全系数的相关性，确定出一定基坑变形控制要求下的抗隆起安全系数的上限值，与基坑挡墙水平位移的验算共同成为基坑变形控制的充分条件。

坑底抗隆起稳定性的理论验算方法很多。大部分抗隆起验算公式仅仅给出了饱和软黏土($c=0$)或无黏性土($\varphi=0$)的公式，很少同时考虑土体 c、φ 值对抗隆起验算的影响。而对于一般的黏性土，土体抗剪强度中应包括 c 和 φ 两方面的因素。在此参照 Prandtl 和 Terzaghi 计算地基极限承载力的公式，同时考虑 c、φ 的影响，并将挡墙底面的平面作为计算极限承载力的基准面，其滑动线形状如图 6-14 所示。该法未考虑墙底以上土体的抗剪强度和滑动土体体积力对抗隆起的影响，偏于安全。

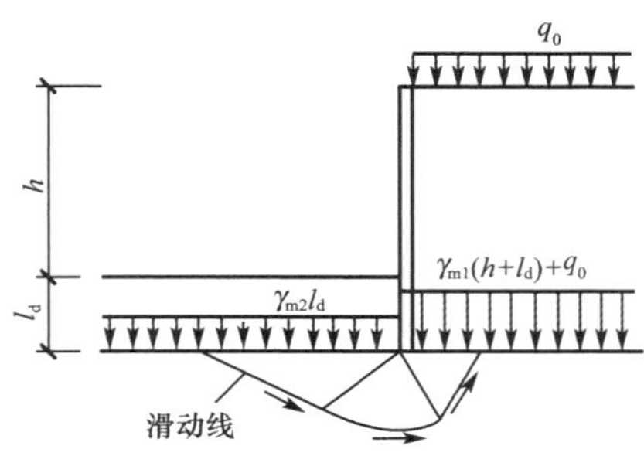

图 6-14　坑底抗隆起稳定性验算

坑底抗隆起安全系数为

$$K_b=\frac{\gamma_{m2}l_dN_q+cN_c}{\gamma_{m1}(h+l_d)+q_0} \tag{6-23}$$

式中　K_b——抗隆起稳定安全系数，安全等级为一级、二级、三级的支护结构，K_b 分别不应小于 1.8、1.6、1.4；

γ_{m1}、γ_{m2}——基坑外墙、内墙底面以上土的加权平均重度，kN/m^3；

l_d——水泥土墙的嵌固深度，m；

h——基坑深度，m；

q_0——地面均布荷载，kPa；

c、φ——挡墙底面以下土的黏聚力，kPa，内摩擦角，(°)；

N_q、N_c——挡墙底面以下土的承载力系数，按式(6-24)、式(6-25)计算，即

$$N_q=e^{\pi\tan\varphi}\tan^2\left(45+\frac{\varphi}{2}\right) \tag{6-24}$$

$$N_c=(N_q-1)/\tan\varphi \tag{6-25}$$

当水泥土墙底面以下有软弱下卧层时，墙底面土的抗隆起稳定性验算的部位尚应包括软弱下卧层，此时，式(6-23)中的 γ_{m1}、γ_{m2} 应取软弱下卧层顶面以上土的重度，l_d 应取基坑底面至软弱下卧层顶面的土层厚度。

6. 抗渗流稳定性验算

当基坑开挖深度范围内有地下水时，为保证坑内无积水，必须进行降排水处理，此时基坑内外将存在水头差。为防止发生流土破坏，当坑底为砂土或坑底为黏性土而其下有砂土透水层时，需进行坑底地基抗渗流稳定性验算。验算点为墙角渗流向上溢出处。

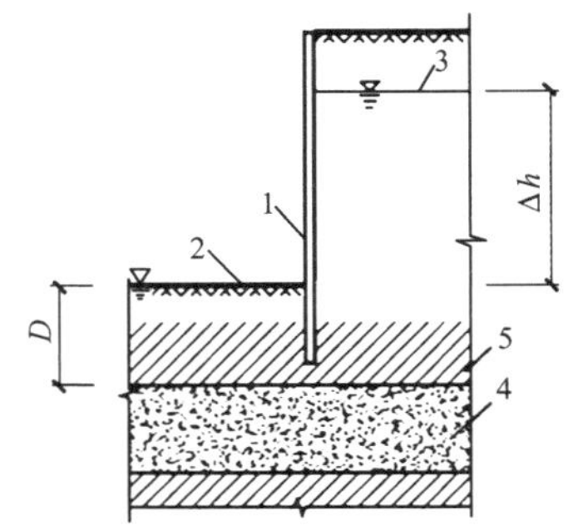

图 6-15　坑底土体的突涌稳定性验算

1—截水帷幕；2—基底；3—承压水测管水位；4—承压水含水层；5—隔水层

如图 6-15 所示，未用截水帷幕隔断其基坑内外的水力联系时，承压水作用下的坑底突涌稳定性应符合式(6-26)规定，即

$$\frac{D\gamma_m}{(D+\Delta h)\gamma_w} \geqslant K_h \tag{6-26}$$

式中 K_h——抗突涌稳定性安全系数，不应小于1.1；

D——承压水含水层顶面至坑底的土层厚度，m；

γ_m——承压水含水层顶面至坑底土层的天然重度，kN/m^3；对成层土，取按土层厚度加权的平均天然重度；

Δh——基坑内外的水头差，m；

γ_w——水的重度，kN/m^3。

悬挂式截水帷幕底端位于碎石土、砂土或粉土含水层时（图6-16），对均质含水层，地下水渗流的流土稳定性应符合式(6-27)规定，对渗透系数不同的非均质含水层，宜采用数值方法进行渗流稳定性分析。

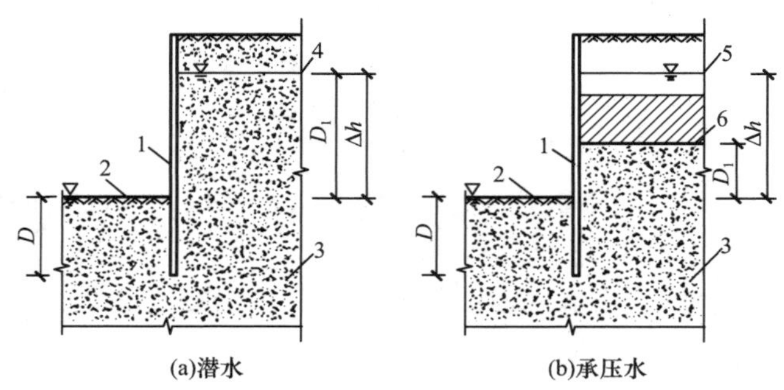

图6-16 用悬挂式帷幕截水时的流土稳定性验算

1—截水帷幕；2—基底；3—含水层；4—潜水水位；5—承压水测管水位；6—承压含水层顶面

$$\frac{(2D+0.8D_1)\gamma'}{\Delta h\gamma_w} \geqslant K_f \tag{6-27}$$

式中 K_f——流土稳定性安全系数，安全等级为一、二、三级的支护结构，K_f分别不应小于1.6、1.5、1.4；

D——截水帷幕在坑底以下的插入深度，m；

D_1——潜水水面或承压水含水层顶面至基坑底面的土层厚度，m；

γ'——土的浮重度，kN/m^3；

Δh——基坑内外的水头差，m；

γ_w——水的重度，kN/m^3。

坑底以下为级配不连续的不均匀砂土、碎石土含水层时，应进行土的管涌可能性判别。

【例6-1】 某基坑工程开挖深度5.7 m，开挖及土质情况如图6-17所示，地下水位很深。地面超载为均布荷载$q=20\ kN/m^2$，采用重力式水泥土挡墙进行支护。设计该挡墙。取支护结构安全等级为二级。

解 1.初步选定挡墙的宽度、高度

(1)挡墙宽度

挡墙宽度按基坑开挖深度的70%～80%倍取值。考虑到开挖范围下部土体较为软弱

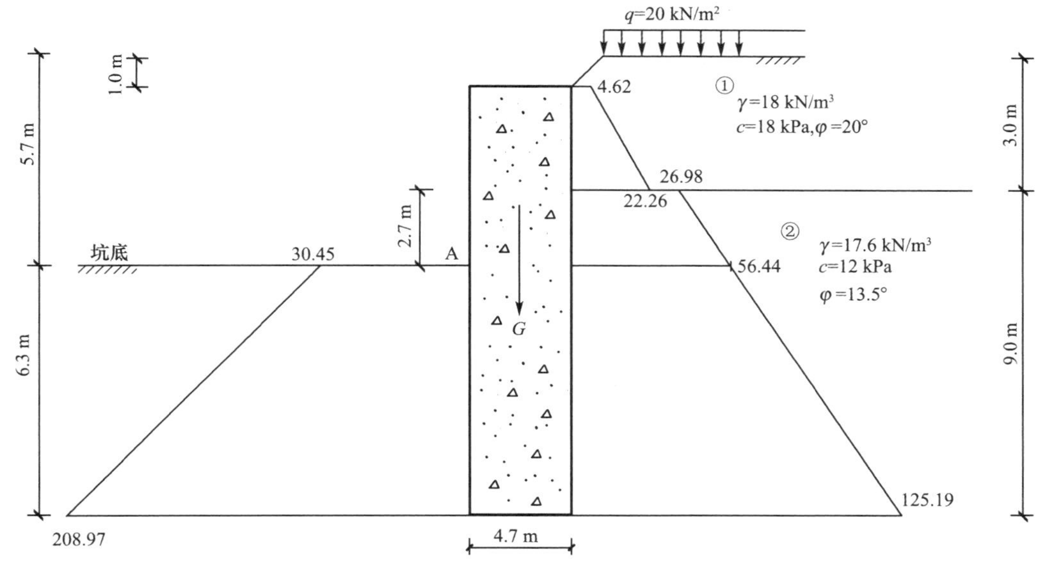

图 6-17　【例 6-1】图

(c、φ 值较小),初步取挡墙宽度为开挖深度的 80%倍,即 4.6 m,然后根据采用的水泥土桩体直径及搭接长度进行调整。若采用 9 排 ϕ700 水泥搅拌桩,桩间搭接长度 200 mm,格栅式布置,则最后确定墙宽 4.7 m。

(2)挡墙高度

挡墙入土深度按基坑开挖深度的 0.8～1.2 倍取值。初步取嵌固深度为开挖深度的 1.1 倍,即 1.1×5.7=6.3 m。如图 6-17 所示,则挡墙高度 H=4.7+6.3=11 m。

然后进行相关验算以确定上述初步拟定的挡墙宽度和嵌固深度是否满足要求。

2.计算挡墙的荷载

注意到墙后土体不含地下水,因此作用在墙上的荷载为土压力,即

$$p_a=\left(q+\sum_{i=1}^{n}\gamma_i h_i\right)K_a-2c\sqrt{K_a},\quad p_p=\left(\sum_{i=1}^{n}\gamma_i h_i\right)K_p+2c\sqrt{K_p}$$

$$K_a=\tan^2(45°-\varphi/2),\quad K_p=\tan^2(45°+\varphi/2)$$

所以

$$K_{a1}=\tan^2(45°-20°/2)=0.49,\quad K_{a2}=\tan^2(45°-13.5°/2)=0.62$$

$$K_p=\tan^2(45°+13.5°/2)=1.61$$

$$p_{a1上}=(20+18\times1)\times0.49-2\times10\times\sqrt{0.49}=4.62\ \text{kPa}$$

$$p_{a1下}=(20+18\times3)\times0.49-2\times10\times\sqrt{0.49}=22.26\ \text{kPa}$$

$$p_{a2上}=(20+18\times3)\times0.62-2\times12\times\sqrt{0.62}=26.98\ \text{kPa}$$

$$p_{a2下}=(20+18\times3+17.6\times9)\times0.62-2\times12\times\sqrt{0.62}=125.19\ \text{kPa}$$

$$p_{p上}=2\times12\times\sqrt{1.61}=30.45\ \text{kPa}$$

$$p_{p下}=17.6\times6.3\times1.61+2\times12\times\sqrt{1.61}=208.97\ \text{kPa}$$

土压力分布如图 6-17 所示。

3.抗倾覆验算

取水泥土的平均重度为 18.5 kN/m³,则挡墙自重为

$$G=11\times4.7\times18.5=956.45\ \text{kN/m}$$

倾覆力矩为

$$\begin{aligned}M_1&=4.62\times2\times(1+9)+(22.26-4.62)\times\frac{1}{2}\times2\times\left(\frac{2}{3}+9\right)+\\&\quad 26.98\times9\times4.5+(125.19-26.98)\times9\times\frac{1}{2}\times\frac{9}{3}\\&=2\ 681.50\ \text{kN}\cdot\text{m/m}\end{aligned}$$

抗倾覆力矩为

$$\begin{aligned}M_2&=30.45\times6.3\times\frac{6.3}{2}+(208.97-30.45)\times\frac{6.3}{2}\times\frac{6.3}{3}+956.45\times4.7\times\frac{1}{2}\\&=4\ 032.85\ \text{kN}\cdot\text{m/m}\end{aligned}$$

抗倾覆安全系数:$K_q=\dfrac{M_2}{M_1}=\dfrac{4\ 032.85}{2\ 681.50}=1.50>1.3$。安全。

4.抗滑移稳定性验算

滑动力为

$$F=(4.62+22.26)\times\frac{1}{2}\times2+(26.98+125.19)\times9.0\times\frac{1}{2}=711.65\ \text{kN/m}$$

抗滑力为

$$T=(30.45+208.97)\times6.3\times\frac{1}{2}+956.45\tan 13.5^\circ+4.7\times12=1\ 040.19\ \text{kN/m}$$

则抗滑移稳定安全系数 $K_h=\dfrac{T}{F}=\dfrac{1\ 040.19}{711.65}=1.46>1.3$。安全。

5.抗隆起稳定性验算

承载力系数为

$$N_q=e^{\pi\tan\varphi}\tan^2\left(45^\circ+\frac{\varphi}{2}\right)=e^{\pi\tan 13.5^\circ}\tan^2\left(45^\circ+\frac{13.5^\circ}{2}\right)=3.42$$

$$N_c=(N_q-1)/\tan\varphi=(3.42-1)/\tan 13.5^\circ=10.09$$

则抗隆起稳定系数为

$$K_b=\frac{\gamma_{m2}l_dN_q+cN_c}{\gamma_{m1}(h+l_d)+q_0}=\frac{17.6\times6.3\times3.42+12\times10.09}{18.0\times3.0+17.6\times9.0+20.0}=2.15>1.6\ \text{安全}$$

6.墙身材料强度验算(取基坑坑底部位)

本工程中取水泥土开挖龄期抗压强度设计值为 1.2 MPa。计算得基坑坑底的主动土压力强度为 56.44 kPa,坑底以上主动土压力在坑底 A 处产生的弯矩设计值,即

$$\begin{aligned}M_A&=4.62\times2\times(1+2.7)+(22.26-4.62)\times\frac{1}{2}\times2\times\left(\frac{2}{3}+2.7\right)+\\&\quad 26.98\times2.7\times\frac{2.7}{2}+(56.44-26.98)\times\frac{2.7}{2}\times\frac{2.7}{3}\\&=227.71\ \text{kN}\cdot\text{m/m}\end{aligned}$$

$$\sigma_1=\gamma_F\gamma_0\gamma_{cs}z+\frac{6M_A}{B^2}=1.25\times1.0\times18.5\times4.7+\frac{6\times227.71}{4.7^2}=170.54\ \text{kPa}\leqslant f_{cs}=1.2\ \text{MPa}$$

$$\sigma_2=\frac{6M_A}{B^2}-\gamma_{cs}z=\frac{6\times227.71}{4.7^2}-18.5\times4.7=-25.10\ \text{kPa}\leqslant0.15f_{cs}=180\ \text{kPa}$$

可见拟定挡墙宽度和高度合理。

6.4.2　支挡式结构稳定性验算

(一)支挡式结构稳定性验算内容及要求

支挡式结构是空间整体结构。在成为结构整体前,它是随着基坑开挖和支护在时间、空间上的变化而逐步形成的。荷载的发挥、结构受荷过程和变形性状,都是处在动态变化过程中的。为了便于结构分析,支挡式结构以各个典型阶段和分步为特征的工况状态,采用连续迭代、前后衔接的方法进行连续完整的设计计算。稳定性验算是支挡式结构设计计算的重要部分。保持支挡式结构在各个工况条件下的结构与地基的稳定性,是合理发挥材料特性、结构正常受荷、满足安全可靠的前提。在符合稳定条件后,进行结构与地基的变形、内力的计算与验算,是满足结构承载、环境条件以及使用要求的需要。

支挡式结构应进行以下稳定性验算:支护结构的抗倾覆稳定性验算;基坑整体稳定性验算;坑内地基土的抗隆起稳定性验算和抗渗流稳定性验算;基坑开挖面以下的地层中埋藏有承压水时,还应验算基坑承压水头的稳定性。其中抗隆起稳定性验算、抗渗流稳定性验算以及基坑承压水头稳定性验算同重力式水泥土挡墙,基坑整体稳定性验算内容由于受挡土结构形式的不同,公式表达有一定差异。抗倾覆稳定性验算主要通过嵌固深度控制。下面只介绍抗倾覆和整体稳定性验算。

(二)验算方法

1. 抗倾覆验算

(1)悬臂式支挡结构

如图 6-18 所示,悬臂式支挡结构的嵌固深度(l_d)是通过绕挡土构件底部转动的力矩平衡条件控制的,应符合下列嵌固稳定性的要求,即

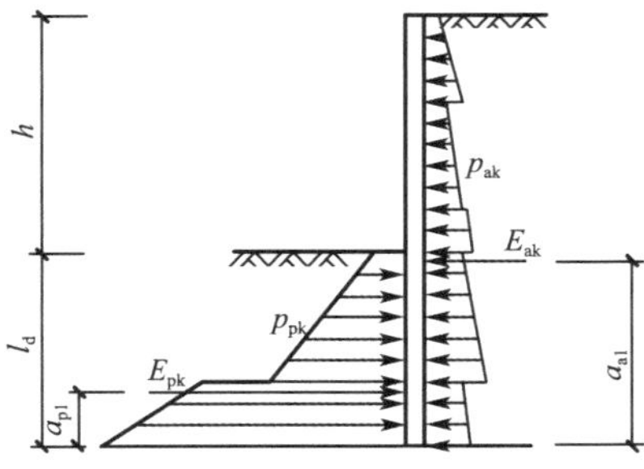

图 6-18　悬臂式支挡结构嵌固稳定性验算

$$\frac{E_{pk}a_{p1}}{E_{ak}a_{a1}}\geqslant K_e \tag{6-28}$$

式中　K_e——嵌固稳定安全系数,安全等级为一级、二级、三级的悬臂式支挡结构 K_e 分别

不应小于 1.25、1.20、1.15；

E_{ak}、E_{pk}——基坑外侧主动土压力、基坑内侧被动土压力合力的标准值，kN；

a_{a1}、a_{p1}——基坑外侧主动土压力、基坑内侧被动土压力合力作用点至挡土构件底端的距离，m。

(2)单支点支挡结构

如图 6-19 所示，单层锚杆和单层支撑的单支点支挡结构是通过绕支点转动的力矩平衡条件控制，嵌固深度应符合以下要求，即

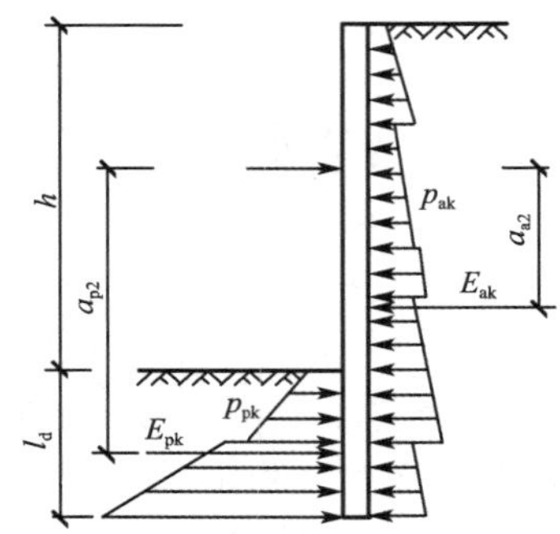

图 6-19　单支点支挡结构嵌固稳定性验算

$$\frac{E_{pk}a_{p2}}{E_{ak}a_{a2}} \geqslant K_e \tag{6-29}$$

式中　K_e——嵌固稳定安全系数，安全等级为一级、二级、三级的锚拉式支挡结构和支撑式支挡结构 K_e 分别不应小于 1.25、1.20、1.15；

a_{a2}、a_{p2}——基坑外侧主动土压力、基坑内侧被动土压力合力作用点至支点的距离，m。

挡土构件的嵌固深度除应满足式(6-28)与式(6-29)的规定外，对悬臂式支挡结构，尚不宜小于 0.8h（h 为基坑深度）；对单支点支挡结构，尚不宜小于 0.3h；对多支点支挡结构，尚不宜小于 0.2h。

2. 整体稳定性验算

与重力式水泥土挡墙类似，锚拉式、悬臂式和双排桩支挡结构的整体稳定性也可采用圆弧滑动条分法进行验算，如图 6-20 所示，即

$$K_s = \frac{\sum_{j=1}^{n}\{c_j l_j + [(q_j b_j + \gamma_j b_j h_j)\cos\theta_j - u_j l_j]\tan\varphi_j\} + \sum_{k=1}^{m} R'_{k,k}[\cos(\theta_k + \alpha_k) + \psi_v]/s_{x,k}}{\sum_{j=1}^{n}(q_j b_j + \gamma_j b_j h_j)\sin\theta_j} \tag{6-30}$$

$$R_k = \pi d \sum q_{sk,i} l_i \tag{6-31}$$

式中　K_s——圆弧滑动整体稳定安全系数，圆弧滑动体的抗滑力矩与滑动力矩的比值，最小值宜通过搜索不同圆心及半径的所有潜在滑动圆弧确定，安全等级为一级、二级、三级的锚拉式支挡结构，K_s分别不应小于 1.35、1.30、1.25；

c_j、φ_j——第 j 土条滑弧面处土的黏聚力，kPa，内摩擦角，(°)；

b_j、h_j——第 j 土条的宽度和高度，m；

γ_j——第 j 土条的天然重度，kN/m³；

θ_j——第 j 土条滑弧面中点处的法线与垂直面的夹角，(°)；

l_j——第 j 土条的滑弧段长度，m，取 $l_j = b_j / \cos\theta_j$；

q_j——作用在第 j 土条上的附加分布荷载标准值，kPa；

u_j——第 j 土条滑弧面上的水压力，kPa；基坑采用落底式截水帷幕时，对地下水位以下的砂土、碎石土、砂质粉土，在基坑外侧，可取 $u_j = \gamma_w h_{wa,j}$，在基坑内侧，可取 $u_j = \gamma_w h_{wp,j}$；在地下水位以上或对地下水位以下的黏性土，取 $u_j = 0$；

γ_w——地下水重度，kN/m³；

$h_{wa,j}$——基坑外地下水位至第 j 土条滑弧面中点的垂直距离，m；

$h_{wp,j}$——基坑内地下水位至第 j 土条滑弧面中点的垂直距离，m；

$R'_{k,k}$——第 k 层锚杆对圆弧滑动体的极限拉力值，kN；应取锚杆在滑动面以外的锚固体极限抗拔承载力标准值与锚杆杆体受拉承载力标准值（$f_{ptk}A_p$）的较小值；锚固体的极限抗拔承载力应通过抗拔试验确定，或按式(6-31)估算锚杆极限抗拔承载力标准值(R_k)，并通过抗拔试验验证；悬臂式支挡结构 $R'_{k,k} = 0$；

d——锚杆的锚固体直径，m；

l_i——锚杆的锚固段在第 i 土层中的长度，m；锚固段应取滑动面以外的长度，并符合相关规定；

$q_{sk,i}$——锚固体与第 i 土层之间的极限黏结强度标准值，kPa，应根据工程经验并结合规范相关规定取值；

θ_k——滑动面在第 k 层锚杆处的法线与垂直线的夹角，(°)；

α_k——第 k 层锚杆的倾角，(°)；

$s_{x,k}$——第 k 层锚杆的水平间距，m；

ψ_v——计算系数，可按 $\psi_v = 0.5\sin(\theta_k + \alpha_k)\tan\varphi$ 取值，此处 φ 为第 k 层锚杆与滑弧交点处土的内摩擦角，(°)。

当挡土构件底端以下存在软弱下卧层时，整体稳定性验算滑动面中尚应包括由圆弧与软弱土层层面组成的复合滑动面。

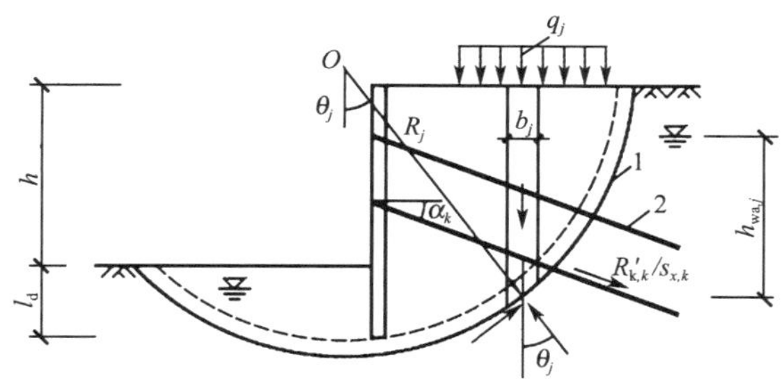

图 6-20　支挡式结构整体稳定性验算

1—任意圆弧滑动面；2—锚杆

6.4.3 土钉墙稳定性验算

土钉实际是一种土工加筋，即利用钢筋与土的模量不同，在砂浆界面产生摩阻力，从而约束土体，提高土的强度和刚度，被加固的复合土体形成一个重力式挡墙，所以土钉墙的稳定性验算与水泥土挡墙类似，也要进行抗滑移稳定性、抗倾覆稳定性、坑底抗隆起稳定性以及整体圆弧滑动稳定性验算，另外在加筋土体内部还要满足局部稳定及土钉的锚固要求。近年来土钉的布置常采用长短不同的形式，其中含锚杆的复合土钉墙的锚杆更长，因而一般不再对土钉墙的加筋土体进行整体的抗倾覆、抗滑移稳定性验算。下面介绍土钉墙的整体稳定性验算、坑底抗隆起稳定性验算以及土钉承载力验算。

(一)整体稳定性验算

土钉墙是分层开挖、分层设置土钉及面层形成的。每一开挖状况都可能是不利工况，也就需要针对每一开挖工况对土钉墙进行整体滑动稳定性验算。与支挡式结构整体稳定性验算类似，土钉墙整体稳定性验算也可采用圆弧滑动面条分法进行。如图 6-21 所示，验算公式同式(6-30)。其中 $R'_{k,k}$ 为第 k 层土钉或锚杆(复合土钉墙时采用)在滑动面以外的锚固体的极限抗拔承载力标准值与杆体受拉承载力标准值的较小值，并符合规范的其他相关规定。

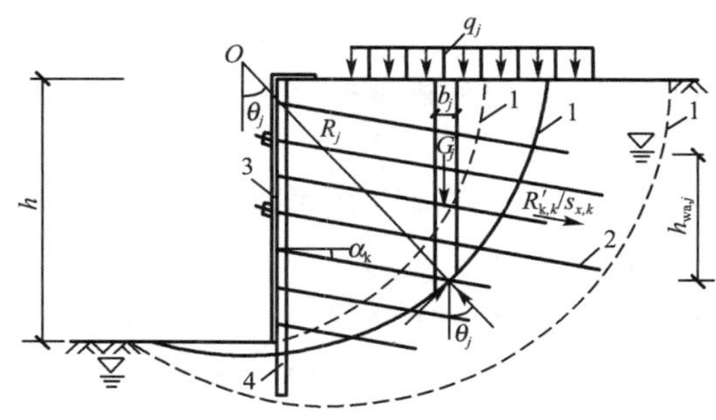

图 6-21 土钉墙整体稳定性验算

1—滑动面；2—土钉或锚杆；3—喷射混凝土面层；4—水泥土桩或微型桩

(二)坑底抗隆起稳定性验算

如图 6-22 所示，基坑底面下有软土层的土钉墙结构应进行坑底抗隆起稳定性验算，即

$$\frac{\gamma_{m2}DN_q+cN_c}{(q_1b_1+q_2b_2)/(b_1+b_2)}\geqslant K_b \tag{6-32}$$

$$N_q=\tan^2\left(45°+\frac{\varphi}{2}\right)e^{\pi\tan\varphi} \tag{6-33}$$

$$N_c=(N_q-1)/\tan\varphi \tag{6-34}$$

$$q_1=0.5\gamma_{m1}h+\gamma_{m2}D \tag{6-35}$$

$$q_2=\gamma_{m1}h+\gamma_{m2}D+q_0 \tag{6-36}$$

式中 K_b——抗隆起安全系数，安全等级为二级、三级的土钉墙，K_b 分别不应小于 1.6、1.4；

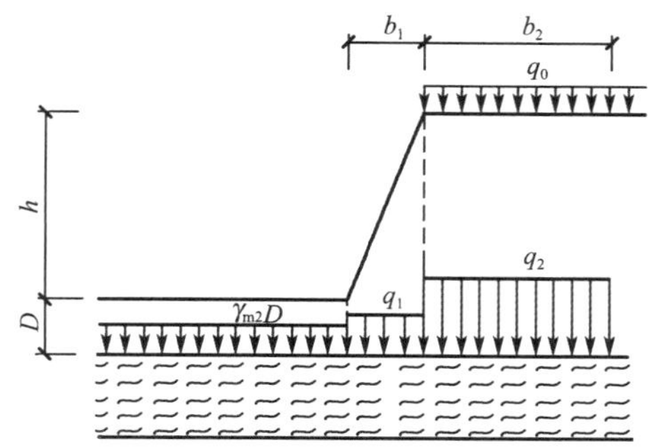

图 6-22　基坑底面下有软土层的土钉墙坑底抗隆起稳定性验算

q_0——地面均布荷载，kPa；

γ_{m1}——基坑底面以上土的重度，kN/m^3，对多层土取各层土按厚度加权的平均重度；

h——基坑深度，m；

γ_{m2}——基坑底面至抗隆起计算平面之间土层的重度，kN/m^3，对多层土取各层土按厚度加权的平均重度；

D——基坑底面至抗隆起计算平面之间土层的厚度，m，当抗隆起计算平面为基坑底平面时，取 $D=0$；

N_c、N_q——承载力系数；

c——抗隆起计算平面以下土的黏聚力，kPa；

φ——内摩擦角，(°)；

b_1——土钉墙坡面的宽度，m，当土钉墙坡面垂直时取 $b_1=0$；

b_2——地面均布荷载的计算宽度，m，可取 $b_2=h$。

土钉墙与截水帷幕结合时，应进行地下水渗透稳定性验算。

（三）土钉承载力验算

1. 土钉抗拔承载力验算

如图 6-23 所示，单根土钉的抗拔承载力应符合式(6-37)规定，即

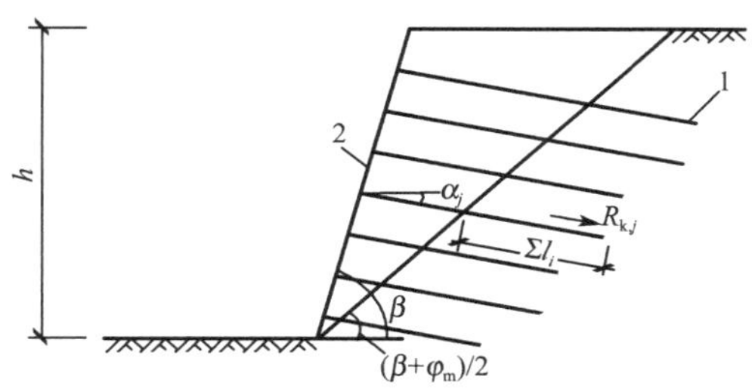

图 6-23　土钉抗拔承载力验算

1—土钉；2—喷射混凝土面层

$$\frac{R_{k,j}}{N_{k,j}} \geqslant K_t \tag{6-37}$$

$$N_{k,j}=\frac{1}{\cos\alpha_j}\zeta\eta_j p_{ak,j}s_{x,j}s_{z,j} \tag{6-38}$$

$$R_{k,j}=\pi d_j\sum q_{sk,i}l_i \tag{6-39}$$

式中　K_t——土钉抗拔安全系数，安全等级为二级、三级的土钉墙，K_t 分别不应小于 1.6、1.4；

$N_{k,j}$——第 j 层土钉的轴向拉力标准值，kN；

$R_{k,j}$——第 j 层土钉的极限抗拔承载力标准值，kN，单根土钉的极限抗拔承载力应通过抗拔试验确定，或者按式(6-39)估算并根据土钉抗拔试验进行验证，对安全等级为三级的土钉墙，可仅按该式确定；

α_j——第 j 层土钉的倾角，(°)；

ζ——坡面倾斜时的主动土压力折减系数，可按公式(6-40)计算；

η_j——第 j 层土钉轴向拉力调整系数，应符合规范相关规定；

$p_{ak,j}$——第 j 层土钉处的主动土压力强度标准值，kPa；

$s_{x,j}$——土钉的水平间距，m；

$s_{z,j}$——土钉的垂直间距，m；

d_j——第 j 层土钉的锚固体直径，m，对成孔注浆土钉，按成孔直径计算，对打入钢管土钉，按钢管直径计算；

$q_{sk,i}$——第 j 层土钉在第 i 层土的极限黏结强度标准值，kPa；应由土钉抗拔试验确定，无试验数据时，可根据工程经验并结合规范相关规定取值；

l_i——第 j 层土钉在滑动面外第 i 土层中的长度，m；计算单根土钉极限抗拔承载力时，取图 6-23 中的直线滑动面，与水平面的夹角取 $(\beta+\varphi_m)/2$，β 为土钉墙坡面与水平面的夹角，(°)，φ_m 为基坑底面以上各土层按土层厚度加权的内摩擦角平均值，(°)。

坡面倾斜时的主动土压力折减系数 ζ 可按式(6-40)计算，即

$$\zeta=\tan\frac{\beta+\varphi_m}{2}\left[\frac{1}{\tan\frac{\beta+\varphi_m}{2}}-\frac{1}{\tan\beta}\right]/\tan^2\left(45°-\frac{\varphi_m}{2}\right) \tag{6-40}$$

式中符号意义同前。

2. 土钉抗拉承载力验算

土钉杆体的受拉承载力应符合式(6-41)规定，即

$$N_j\leqslant f_yA_s \tag{6-41}$$

式中　N_j——作用基本组合第 j 层土钉的轴向拉力设计值，kN；

f_y——土钉杆体的抗拉强度设计值，kPa；

A_s——土钉杆体的截面面积，m^2。

6.5 地下水控制

在土方开挖过程中，当开挖的基坑、管沟底面低于地下水位时，由于土的含水层被切断，地下水会不断渗入坑内。如果没有采取降水措施，把流入坑内的水及时排走或把地下水位降低，不但会恶化施工条件，而且地基土被水泡软后，会造成边坡塌方和地基承载力下降。

因此，为了保证土方工程施工质量和安全，在基坑开挖前或开挖过程中，必须采取措施降低地下水位。但是单纯抽取地下水，降低水位又可能引起附近地面及邻近建筑物、管线的沉降与变形。此外，地下水作为一种资源，长期大量被抽出排走也是一种浪费，因而需要对地下水进行控制。

地下水控制方法主要有：截水、井点降水、集水明排、回灌、引渗法及其组合，如悬挂式截水帷幕＋坑内降水，基坑周边控制降深的降水＋截水帷幕，截水或降水＋回灌，部分基坑截水＋部分基坑降水等。一般情况下，降水或截水都要结合集水明排。地下水控制方法应根据工程地质和水文地质条件、基坑周边环境要求及支护结构形式选用。基坑支护设计时应首先确定地下水控制方法，然后根据选定的地下水控制方法，选择支护结构形式。当降水不会对基坑周边环境造成损害且国家和地方法规允许时，可优先考虑降水，否则应采用基坑截水。无论采用哪种方法，降水工作都要持续到基础施工完毕并回填土后才可停止。设计降水深度在基坑范围内不宜小于基坑底面以下 0.5 m。表 6-4 列出了常用地下水控制方法及其适用范围，供选择时参考。

表 6-4　　常用地下水控制方法及其适用范围

地下水控制方法		土层渗透系数/($cm \cdot s^{-1}$)	降水深度/m	基坑土质类别
截水		不限	不限	黏性土、粉土、砂土、碎石土、岩溶岩
井点降水	单层轻型井点	10^{-6}～10^{-3}	3～6	粉砂、砂质粉土、黏质粉土、含薄砂层的粉质黏土
	多层轻型井点	10^{-6}～10^{-3}	6～9（由井点层数确定）	粉砂、砂质粉土、黏质粉土、含薄砂层的粉质黏土
	喷射井点	10^{-6}～10^{-3}	8～20	粉砂、砂质粉土、黏质粉土、粉质黏土、含薄砂层的淤泥质粉质黏土
	电渗井点	$\leqslant 10^{-6}$	根据阴极井点确定	淤泥质粉质黏土、淤泥质黏土
	管井井点	$\geqslant 10^{-4}$	3～5	各种砂土、砂质粉土
	深井井点	$\geqslant 10^{-4}$	≥5 或降低深层承压水	各种砂土、砂质粉土
	真空深井井点	10^{-7}～10^{-3}	≥5	砂质粉土、黏质粉土、粉质黏土、淤泥质粉质黏土、淤泥质黏土
集水明排		$<10^{-2}$	<5	填土、粉土、黏土、砂土
回灌		10^{-3}～10^{-1}	不限	填土、粉土、砂土、碎石土

6.5.1　截　水

当降水会对基坑周边建筑物、地下管线、道路等造成危害或对环境造成长期不利影响时，应采用截水方法控制地下水。除了在基坑外围采用封堵、导流等措施以防止地表水流入或渗入基坑内，还可以采用垂直防渗措施和坑底水平防渗措施以防止地下水涌入基坑或引起地基土的渗透变形。

垂直防渗措施主要是各类防渗墙和灌浆帷幕。如水泥土搅拌桩帷幕、高压旋喷或摆喷注浆帷幕、搅拌＋喷射注浆帷幕、地下连续墙或咬合式排桩。支护结构采用排桩时，可采用高压喷射注浆与排桩相互咬合的组合帷幕。对碎石土、杂填土、泥炭质土或地下水流速较大时，宜通过试验确定高压喷射注浆帷幕的适用性。

6.5.2 井点降水

井点降水是在基坑开挖前，预先在基坑四周埋设一定数量的滤水管(井)，利用抽水设备在开挖前和开挖过程中不断抽水，使地下水位降低到坑底以下，直至基础工程施工完毕为止。使基坑挖土始终保持干燥状态，从根本上消除了流土等基坑破坏现象。同时，由于土层水分排出，还能使土密实，增加地基土的承载能力；在基坑开挖时，土方边坡也可采用较陡的坡度，从而减少挖方量；对基坑围护结构而言，可以减少所受的侧压力。若降水深度较大，土层为细砂、粉砂或软土，宜采用井点降水法进行地下水控制。

按工作原理不同，常用的井点类型有：轻型井点(分单层和多层)、喷射井点、电渗井点、管井井点及深井井点等。施工时可根据基坑土质类别、要求降低水位的深度或基坑开挖的深度、设备经济条件等确定井点类型。

(一)轻型井点

轻型井点就是沿基坑四周将许多根直径较细的井点管埋入地下含水层内，井点管的上端通过弯联管与总管相连接，用抽水设备将地下水从井点管内不断抽出，这样便可将原有地下水降至坑底以下。轻型井点系统由井点管、连接管、集水总管及抽水设备等组成。轻型井点降水如图 6-24 所示。

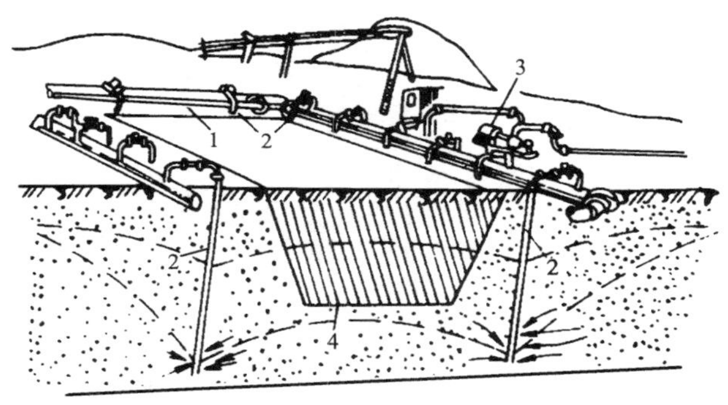

图 6-24　轻型井点降水

1—输水总管；2—井点管；3—降水主机；4—基坑

轻型井点系统的缺点是设备复杂，限于管路设备的摩擦损失和抽水设备吸程，单层单排轻型井点降低地下水位深度只能达到 5～6 m。当超过此深度时，则需将水泵全部降低或装设二层或多层井点系统。由于管路较多，在现场施工时常与其他工序互相干扰。

(二)喷射井点

喷射井点根据其工作时使用液体和气体的不同，分为喷水井点和喷气井点两种，其设备主要由喷射井点、高压水泵(或空气压缩机)和管路系统组成。喷射井点降水如图 6-25 所示。

喷射井点对渗透系数符合要求的砂土降水效果很好，降水深度可达 15 m 以上。其缺点是能量消耗大，工作效率一般只有 30%，且设计复杂，喷嘴和混合室需要经常检查和调换，尤其当反滤层质量不好时会带入细砂，磨损喷嘴。

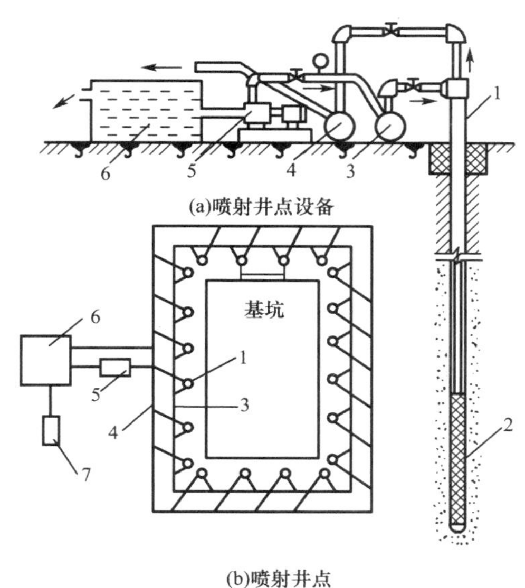

图 6-25　喷射井点降水

1—喷射井管；2—滤管；3—进水总管；4—排水总管；5—高压泵；6—集水池；7—低压离心泵

（三）电渗井点

电渗井点降水适用于渗透系数很小的饱和黏性土、淤泥和淤泥质土。如图 6-26(a)所示，电渗井点常利用轻型井点或喷射井点作阴极，沿基坑周围布置，以钢管或钢筋作阳极，埋设在井点管的内侧，并与阴极并列或交错排列。井点成孔应垂直，井点管的滤头宜设置在透水性较好的土层中，必要时可采取扩大井点滤层等措施。由于这种方法耗电较多，只有在特殊情况下采用。

电渗井点降水的一个典型案例：专家们曾试图用该法减小比萨斜塔地基黏土层顶部大部分土的体积，加上钻孔取土，促使斜塔北侧塔基下沉，以使比萨斜塔不再继续倾斜。如图 6-26(b)所示。

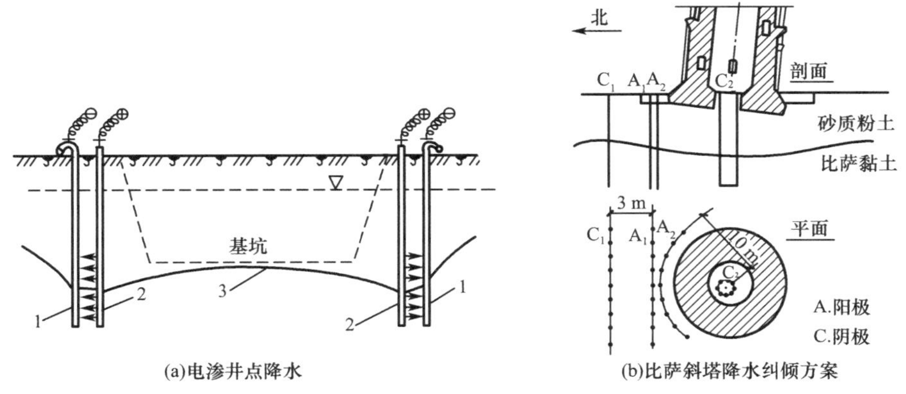

图 6-26　电渗井点降水及其应用

1—井点管；2—金属棒；3—地下水降落曲线

（四）管井井点和深井井点

管井井点和深井井点的孔径比轻型井点、喷射井点的孔径要大（一般为 400～600 mm），又称为"大口径"井点。与轻型井点等相比有以下优点：

(1)一次降水深度大（可大于 15 m），不受吸程限制。而轻型井点、电渗井点，由于其工作特点受吸程限制，每次（单层）降水深度只有 3～6 m。

(2)井距大、井点布置相对灵活，对现场平面布置及基坑挖土、边坡修理等施工工序干扰较小，且现场布置文明，便于大型土石方机械出入。

(3)采用一井一泵，设备简单、操作简便、便于管理、经济效益较好。

(4)井点一次性降水寿命长，曾有在某水利枢纽工程中连续降水 39 个月的记录。

管井井点（图 6-27）是沿基坑外围每隔一定距离设置一个井点，每眼井单独用一台水泵不断抽水使地下水位降低。管井间距为 10～50 m，其降水深度一般小于 6 m。

深井井点（图 6-28）是将水泵放在井管中，依靠水泵的扬程把深处的地下水送到地面上，降低水位可达 30～40 m 或更大。深井井点的间距为 14～18 m。深井井点使用的泵有深井泵和潜水泵两种。

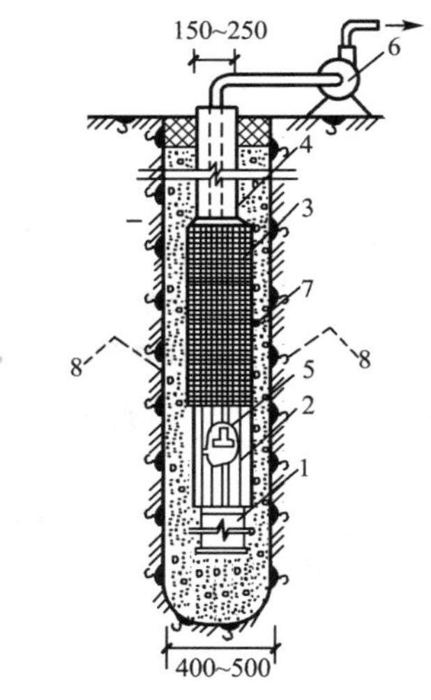

图 6-27　管井井点

1—沉砂管；2—钢筋焊接骨架；3—滤网；4—管身；5—吸水管；6—水泵；7—滤料；8—降落水位线

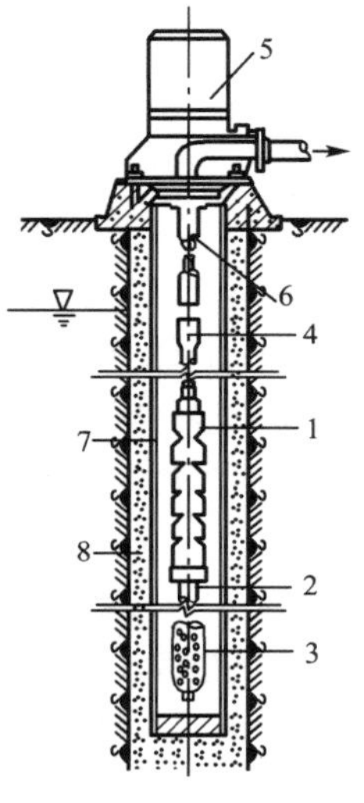

图 6-28　深井井点

1—立式多级离心泵；2—吸水管；3—滤管头；4—扬水管；5—电动机；6—传动轴；7—滤水管；8—滤井

降水过程中的观测非常重要，通常包括流量观测和地下水位观测。流量观测采用流量表或堰箱来观测，地下水位观测可用井点管作观测井。

降水处理结束后要进行井点管拔除。拔除井点管后留下的孔洞，应立即用砂土填实，对于穿过不透水层进入承压含水层的井管，拔除后应用黏土球填塞封死，以避免井管位置发生管涌。当坑底承压水头较高时，井点井管宜保留至基础底板完工后拔除。

6.5.3　集水明排

当基坑深度不大，降水深度小于 5 m，地基土为黏性土、粉土、砂土或填土，地下水为上层滞水或水量不大的潜水时，可考虑集水明排方案。首先在地表采用截水、导流措施，然后在坑底沿基坑侧壁设排水管或排水沟形成明排系统，也可设置向上斜插入基坑侧壁的排水管，以排除侧壁的土中水，减小侧壁压力。

对基底表面汇水、基坑周边地表汇水及降水井抽出的地下水，可采用明沟排水；对坑底以下渗出的地下水，可采用盲沟排水；当地下室底板与支护结构间不能设置明沟时，基坑坡脚处也可采用盲沟排水。

明沟和盲沟坡度不宜小于 0.3%。沿排水沟宜每隔 30～50 m 设置一口集水井，集水井的净截面尺寸应根据排水流量确定。集水井应采取防渗措施。采用盲沟排水时，集水井宜采用钢筋笼外填碎石滤料的构造形式。

5.5.4　回　灌

基坑降水时，在周围会形成降水漏斗，在降水漏斗范围内的地基土会因为有效应力的增加发生附加变形。当引起的变形对基坑周边环境产生不利影响时，除采用降水措施之外，还可采用回灌方法减少或避免降水的危害。

回灌可采用井点、砂井等。回灌井应布置在降水井外侧，回灌井与降水井的距离不宜小于 6 m，回灌井的间距应根据回灌水量的要求和降水井的间距确定。回灌井深度宜进入稳定水面以下 1 m，回灌用水应采用清水，水质应符合环境保护要求。回灌水量应根据水位观测孔中水位变化进行控制和调节，回灌后的地下水位不应超过降水前的水位。图 6-29 所示为某工程的回灌井点布置。

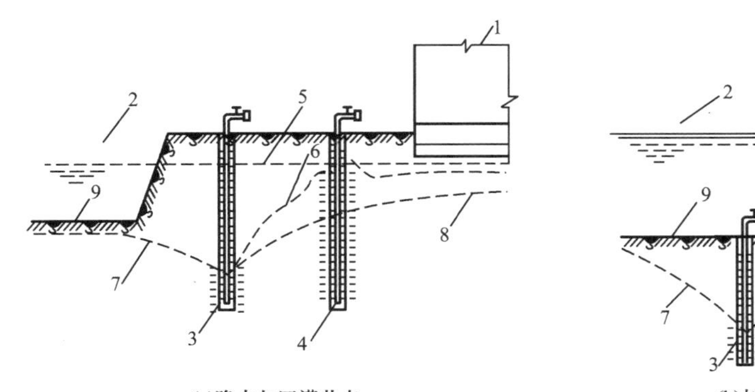

图 6-29　回灌井点布置

1—原有建筑物；2—开挖基坑；3—降水井点；4—回灌井点；5—原有地下水位线；6—降灌井点间水位线；7—降水后的水位线；8—不回灌时的水位线；9—基坑底

6.5.5 引渗法

在地下水位较低地区，在大型基坑施工中，大范围、长时间抽取地下水并且排走，不仅浪费了珍贵的水资源和电力，并且可能造成环境危害。引渗法（又称作导渗法）作为一种新的工程降水方法近年来开始得到应用。该法通过竖向排水通道——引渗井或导渗井，将基坑内的地面水、上层滞水、浅层孔隙潜水等，自行下渗至下部透水层中消纳或抽排出基坑。在地下水位较低地区，引渗后的混合水位通常低于基坑底面，引渗过程为浅层地下水自动下降过程，即“引渗自降”（或导渗自降），如图 6-30 所示；当引渗后的混合水位高于基坑底面或高于设计要求的疏干控制水位时，采用降水管井抽汲深层地下水降低引渗后的混合水位，即“引渗抽降”（图 6-31）。引渗法不需要在基坑内另设集水明沟、集水井，可加速深基坑内地下水位下降，提高疏干降水效果，为基坑开挖创造快速干的施工条件，可提高坑底地基承载力和坑内被动区抗力，并能保护地下水资源。在我国的许多大中城市，地下水利用量加大，地下水位不断下降，给深大基坑的引渗降水提供了良好的条件。

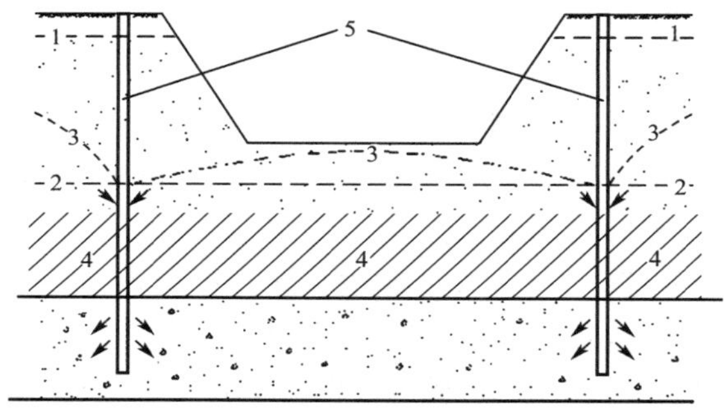

图 6-30 引渗自降

1—上部含水层初始水位；2—下部含水层初始水位；

3—引渗后的混合动水位；4—隔水层；5—引渗井

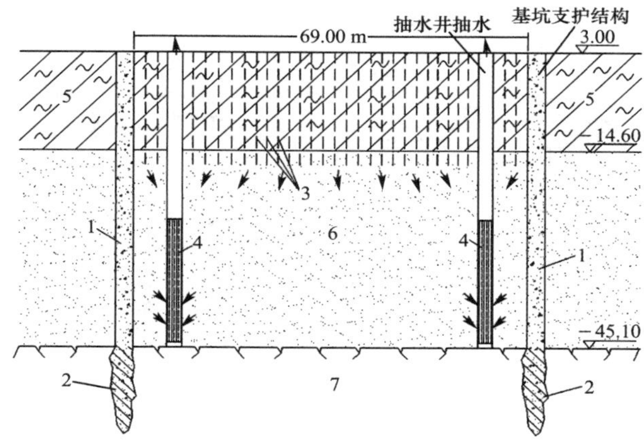

图 6-31 引渗抽降

1—厚 1.20 m 的地下连续墙；2—墙下灌浆帷幕；

3—ϕ325 mm 引渗井（内填砂，间距 1.50 m）；4—ϕ600 mm 降水管井；5—淤泥质土；

6—砂层；7—基岩（基坑开挖至该层岩面）

引渗法的适用条件如下：

(1)工程降水区内存在两层及两层以上的含水层，各含水层中地下水的水头差较大，含水层间存在着稳定的相对隔水层。

(2)引渗进入的下伏含水层的导水性要成倍大于被排水疏干的含水层的透水性，并且下伏含水层厚度应大于 3.0 m，不致造成下伏含水层中水位明显升高。上层含水层一般为低渗透性的粉质黏土、黏质粉土、砂质粉土、粉土、粉细砂等。

(3)引渗进入的下伏含水层的顶板埋深要低于基坑底 3.0～5.0 m。

(4)被排水疏干的含水层中的地下水水质满足要求，不致引起下伏含水层中地下水水质的恶化。

引渗井的类型有自渗降水和抽渗降水两种。前者可以用管井或者砂砾井，抽渗井一般为管井。具体布置有垂直引渗和水平引渗两种。垂直引渗井通过穿越不同的含水层达到降水的目的；水平引渗井往往是辐射状布置，形成控制降水区，可以在同一含水层内，也可以穿越两层含水层，然后引入下伏含水层中。由于引渗井较易淤塞，引渗法适用于排水时间不长的基坑工程降水。

6.6 基坑监测与环境监护

由于地质条件可能与设计采用的土的物理力学参数不符，且基坑支护结构在施工期和使用期可能出现土层含水量、基坑周边荷载、施工条件等自然因素和人为因素的变化，通过基坑监测可以及时掌握支护结构的受力和变形状态、基坑周边受保护对象变形状态是否在正常设计状态之内等情况。基坑监测是预防不测、保证支护结构和周边环境安全的重要手段。安全等级为一级、二级的支护结构均应对其进行监测，且监测应覆盖基坑开挖与支护结构使用期的全过程。

6.6.1 基坑监测

基坑监测是指在整个基坑开挖过程及运营阶段，对基坑岩土性质、支护结构变形和周围环境条件的变化进行的用以指导设计与施工的各种观测工作的总称。现场监测是检验设计理论的正确性和发展设计理论的重要手段，又是及时指导正确施工、避免事故发生的必要措施。

通过获取合理准确的施工监测信息，不仅可以进一步优化设计方案，指导施工，而且可以实时监测基坑的稳定状况。当边坡变形出现不稳定征兆时，可以及时采取补救措施，防止因基坑失稳而引起的损失。施工监测还有利于积累资料，为今后改进设计理论和施工技术提供依据。

(一)基坑监测的主要目的

(1)根据监测结果，发现可能发生危险的征兆，判断工程的安全性，防止工程事故和环境事故的发生，采取必要的工程措施。

(2)以工程监测的结果指导现场施工,确定和优化施工参数,进行信息化施工。

(3)检测工程勘察资料的可靠性,验证设计理论和设计参数的正确性。

(二)基坑监测内容

(1)支护结构的位移和内力(弯矩)。

(2)支撑轴力变化,立柱的水平位移、沉降或隆起。

(3)坑周土体位移及土压力变化。

(4)坑底土体隆起。

(5)地下水位及孔隙水压力变化。

(6)相邻建(构)筑物、地下管线、地下工程等保护对象的沉降、水平位移与异常现象。

各监测项目的具体对象以及方法见表 6-5。对不同等级的基坑,监测工作的布置必须根据工程特点、施工方法、可能产生的环境危害综合确定。

表 6-5　基坑监测项目的对象与方法

监测项目	对　象	方　法
变形	地面、边坡、坑底土体,支护结构(桩墙、锚杆、内支撑等),建筑物(房屋、构筑物、地下设施等)	目测巡检,对倾斜、开裂、鼓凸等迹象进行丈量、记录、绘制图形或拍摄照片等;精密水准、导线测量水平和垂直位移,经纬仪投影测量倾斜;埋设测斜管、分层沉降仪测量深层土体变形
应力应变	支护结构中的受力构件、土体	预埋应力传感器、钢筋应力计、电阻应变片等测量元件;埋设土压力盒
地下水动态	地下水位、水压、抽(排)水量、含砂量	设置地下水位观测孔;埋设孔隙水压力计;对抽水量、含砂量定期观测记录

(三)基坑监测要点

1. 开挖前应做出系统的开挖监测方案

包括监测目的、监测项目、监测报警值、监测方法及精度要求、监测点的布置、监测周期、工序管理、记录制度以及信息反馈系统等。

为制定合理有效的监测方案,事先应进行充分的现场调查,包括基坑影响范围内的地下管线、道路及建(构)筑物的位置和状况等,为确定变形等监测项目的控制标准和测点设置提供依据。特别是对地铁、隧道等大型地下构筑物,应按有关文件确定保护标准。

基坑监测项目的监测报警值应根据监测对象的有关规范及支护结构设计要求确定。监测报警是一个极其严肃的问题。监测报警值选用恰当,不仅可以化险为夷,避免损失,还可以在一定程度上减少造价。反之则留下隐患,酿成事故。有的工程虽作了报警,而有关当事人并不警觉,结果酿成"大祸",实践中不乏经验和教训。沈阳故宫附近某工程处于回填土和含水量高的黏性土地层,基坑开挖过程中意外地测得锚杆拉力(它反映土压力)随基坑暴露时间而明显增大。由于及时报警,避免了一起事故。不同安全等级基坑监测项目的选用见表 6-6。

表 6-6　　不同安全等级基坑监测项目的选用

监测项目	支护结构安全等级		
	一级	二级	三级
支护结构顶部水平位移	应测	应测	应测
基坑周边建(构)筑物、地下管线、道路沉降	应测	应测	应测
坑边地面沉降	应测	应测	宜测
支护结构深部水平位移	应测	应测	选测
锚杆拉力	应测	应测	选测
支撑轴力	应测	应测	选测
挡土构件内力	应测	宜测	选测
支撑立柱沉降	应测	宜测	选测
挡土构件、水泥土墙沉降	应测	宜测	选测
地下水位	应测	应测	选测
土压力	宜测	选测	选测
孔隙水压力	宜测	选测	选测

2. 监测点布置

监测点的布置应满足监测要求，基坑边缘以外 1～2 倍开挖深度范围内的需要保护物体均应作为监测对象。常用的基坑监测元件有水准仪、经纬仪、测斜仪、分层沉降仪、土压力盒、孔隙水压力仪、水位观测仪、钢筋应力计等。各观测元件除了灵敏度和精度满足设计要求外，必须有良好的稳定性和可靠度，一般不采用电阻应变式测头。埋设前应进行相关的校准或标定。

目前在实际工作中，以水准仪量测墙顶和地面位移，以测斜仪量测墙体和土体深层位移较为可靠，且特别重要。其他监测手段常用来进行综合分析。用钢筋应力计测支撑轴力时，尚应配以温度计埋设在支撑中，以便计算温度变化引起的应力。实测表明，由于温度变化，支撑往往产生较大的附加轴力，对于钢筋混凝土支撑，产生的附加轴力可达 15%～20%。这说明设计时温度应力不能忽视。钢支撑的温度应力更大。

3. 观测要求

监测项目以及相应观测元件确定并埋设到规定位置后就可开始进行观测。

各监测项目在基坑开挖前应测得初始值，且不应少于两次。对位移观测应设置基准点，数量不少于两个，且应设在影响范围以外。

测试数据时应采用正确的测试方法，使用正规的监测记录表格，必须有相应必要工况的描述。测试应做到及时准确。

各项监测的时间间隔可根据施工进程确定。当变形超过有关标准或监测结果变化速率较大时，应加密观测次数。当有事故征兆时，应连续监测。

4. 监测报告内容

基坑开挖监测过程中，应根据设计要求提交阶段性监测报告。

工程结束时应提交完整的监测报告，报告内容应包括：

(1)工程概况。

(2)监测项目和各测点的平面和立面布置图。

(3)采用的仪器设备和监测方法。

(4)监测数据的处理方法和监测结果过程曲线,各项测试项目的警戒值等。

(5)监测结果评价。

目前基坑工程的综合监测水平尚不够理想。尽管有了计算机和遥控等先进设备,但测试元件的质量及其标定、埋设、保护和施工配合等方面存在不少问题,有待改进。

6.6.2 环境监护

(一)基坑工程对环境的影响

基坑工程对环境的影响贯穿在基坑土方开挖、支护结构施工、基础施工(如桩基础)、地下水控制等各个环节。

基坑开挖会引起周围地基中地下水位的变化以及土体应力场的改变,导致周围地基土体和支护结构产生内力和变形,对相邻建(构)筑物及地下管线产生影响。影响严重的将危及其安全及正常使用。而且基坑开挖时大量土方的运输也可能对周围交通产生不良影响。

支护结构和工程桩若采用挤土桩或部分挤土桩,施工过程中产生的挤土效应将对邻近建(构)筑物及市政管线产生不良影响。有些施工机械和工艺还有可能对周围产生噪声污染和环境卫生污染(如泥浆处理不当等)。若设计、施工不当或其他原因造成支护体系破坏,将导致相邻建(构)筑物及市政设施破坏。

地下水控制不当会造成基坑四周地面产生不均匀沉降和水平位移,影响相邻建(构)筑物及市政管线的正常使用,甚至破坏。

在上述影响中,因施工引起的噪声污染和环境卫生污染等可通过选用合适的施工机械和施工工艺或合理安排施工顺序等措施来减小或消除。

而由基坑开挖和降水引起的支护结构变形和地面沉降及不均匀沉降,因为将对周围建(构)筑物和市政设施产生较大影响,而成为基坑工程环境效应的主要方面。如果处理不当,可能引发重大事故。在设计和施工中,除了进行合理的设计和施工组织外,还要求在施工过程中对支护结构内力和位移以及土体的应力应变进行监测,保障施工的安全性。根据监测结果,还可以对原设计中不合理的地方不断修改,使设计更加符合工程实际。即5.1节提到的动态设计。

(二)对基坑工程以及周边环境的监护

如前所述,基坑开挖后,土体与地下水的自然平衡状态会发生较大变化,不可避免地对环境造成一定影响。因此对基坑工程以及周边环境也要进行监护和调查。调查对象包括基坑周围相当于基坑开挖深度的2～3倍地上的建(构)筑物、高耸塔杆、输电线缆、古建文物、道路桥梁,以及地下管线、人防、隧道、地铁等设施和障碍物。如发现既有建筑物已有裂损倾斜等情况,应收集其详细资料,并在必要处做出标记或摄像、绘图等。然后对调查对象承受地基变形的性能做出分析鉴定,确定监护方法。

监护方法有三类:第一类是适当加强支护体系,对基坑毗邻监护对象的部位将挡墙加深或将桩加长以隔断不良影响;第二类是对监护对象采用基础托换、结构补强、地基加固等方法直接加以保护,使其免受基坑施工影响;第三类是对基坑底部和周围土体局部加固,把基坑变形控制在容许范围。这些方法应根据工程具体情况经分析比较后采用。

另外,基坑自身的稳定程度会随着暴露时间的延长而降低。因此应做好整个地下工程的计划安排,尽量缩短工期,减少暴露时间,尽早回填。

土方开挖和地下结构施工过程中,如果基坑支护状况恶化,应果断采取措施加固。加固的方法有撑、拉、压、灌、堵、减等,以增大被动区压力、减小主动区荷载为原则。

当支护结构变形过大,倾斜明显时,可在坑底与坑壁之间加设斜撑。如果基坑外缘有足够空间,可设置拉锚。拉锚不占用坑内空间,较内支撑更有利。

如发现边坡土体严重变形,坑顶有连续裂缝且变形有加速趋势,则应视为整体滑移失稳的征兆,应立即采取紧急处理措施。可用土包和其他材料反压坡脚,同时尽可能在坡顶减载或削坡,保持稳定后再做妥善处理。

当坑壁漏水流砂时,可用黏土或水泥土阻塞夯实再加混凝土封砌。情况严重时应灌注速凝浆液,阻止水土流失。

本章小结

基坑支护结构的主要作用是挡土、止水、控制边坡变形。基坑支护方式主要有:放坡开挖、重力式水泥土墙、支挡式结构、土钉墙。当条件允许时,应首先采用放坡开挖;重力式水泥土墙用于深度较小的淤泥质土或淤泥基坑;支挡式结构是由挡土构件与锚杆或内支撑组成的支护结构体系的统称;土钉墙是由土钉群、被加固的基坑周边土体、混凝土喷射面层和必要的防水系统组成。应根据实际工程需要选择不同的支护结构形式。

基坑支护结构上的水压力和土压力计算是基坑支护结构设计的重要内容。根据地下水位情况和基坑土质情况采用水土合算或水土分算原则计算。土压力采用朗肯土压力理论和库仑土压力理论计算。土压力计算受许多因素的影响,分析时应充分考虑。

稳定性分析是基坑支护结构设计的主要内容之一。重力式水泥土挡墙应进行抗倾覆稳定性、抗滑移稳定性、基坑整体稳定性、墙下地基承载力、墙身材料强度、坑底抗隆起稳定性、地下水渗流稳定性等验算。支挡式支护结构应进行支护结构的抗倾覆、基坑整体稳定、坑内地基土的抗隆起稳定性和抗渗流稳定性验算;基坑开挖面以下的地层中,埋藏有承压水时,还应验算基坑承压水头的稳定性。土钉墙与被加固土体组成类似于重力式挡墙的受力体系,也要进行抗滑移稳定、抗倾覆稳定、坑底隆起稳定以及整体圆弧滑动稳定性验算。

当开挖的基坑、管沟底面低于地下水位时,为了保证土方工程施工质量和安全,在基坑开挖前或开挖过程中,必须采取措施进行地下水控制。控制地下水的方法有:截水、井点降水、集水明排、回灌以及引渗等。应根据基坑土质类别、要求降低水位的深度或基坑开挖的深度、设备经济条件等综合确定。

基坑工程对环境的影响贯穿在基坑土方开挖、支护结构施工、基础施工(如桩基础)、地下水控制等各个环节。由基坑开挖和降水引起的支护结构变形和地面沉降及不均匀沉降,是基坑工程环境效应的主要方面,处理不当可能引发重大事故。要求在施工过程中对支护结构内力和位移以及土体的应力应变进行监测,保障施工的安全性。

思考题

6-1 简述基坑以及基坑支护的概念。

6-2 简述基坑支护结构的常见类型及适用条件。

6-3 地下水位以下，支护结构上的土压力和水压力怎么计算？

6-4 重力式水泥土挡墙应进行哪些稳定性验算？

6-5 支挡式支护结构包括哪些类型？稳定性验算内容有哪些？

6-6 简述井点降水的类型和各自适用条件。

6-7 简述基坑监测的原因、要点及主要监测项目。

习 题

6-1 按水土合算计算图 6-32 中所示的重力式水泥土挡墙是否满足抗倾覆和抗滑移稳定的要求。取水泥土重度为 18 kN/m^3。挡墙两侧水位如图 6-32 所示。

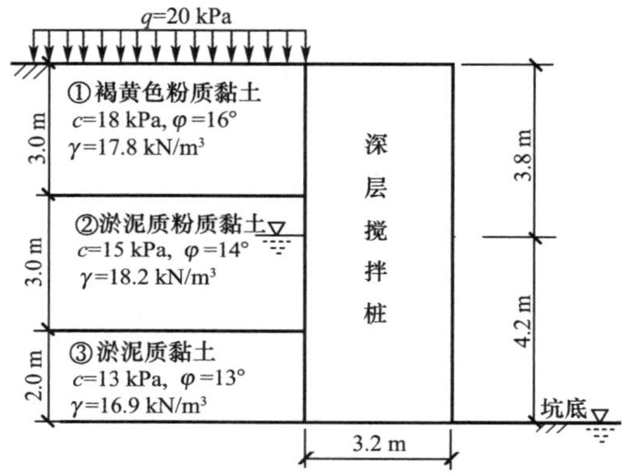

图 6-32 习题 6-1 图

第7章 特殊土地基

本章提要

我国分布着湿陷性黄土、膨胀土、红黏土及软土等特殊土，需要充分认识特殊土地基工程特性和对建筑物的不利影响，并采取必要的地基处理措施。

本章介绍了我国常见的湿陷性黄土、膨胀土及红黏土三类特殊土地基。主要介绍了湿陷性黄土、膨胀土及红黏土的工程特性及评价方法，并讨论了这三种特殊土地基的主要处理措施。

思政小课堂

学习目标

(1)熟练掌握湿陷性黄土、膨胀土及红黏土工程特性和评价方法。

(2)掌握湿陷性黄土、膨胀土及红黏土地基主要处理措施。

7.1 概述

我国地域辽阔，由于不同的地理环境、气候条件、地质成因以及次生变化等原因，形成了成分、结构和性质显著不同的沉积物，通常把这些具有特殊性质的沉积物称为特殊土。主要特殊土包括分布广泛的软土，分布于西北、华北等地区的湿陷性黄土，分散分布于各地的膨胀土、红黏土、盐渍土，以及高纬度和高海拔地区的多年冻土。特殊土往往带有地区特点，故又称为区域性土。

这些特殊土作为建筑地基时，应注意其具有的特殊性质，采取必要的处理措施，以防止发生工程事故。在第 4 章中已经介绍了软土的工程特性和处理措施，本章不再赘述，这里主要介绍湿陷性黄土、膨胀土及红黏土的工程特性和相应的处理措施。

7.2 湿陷性黄土地基

我国黄土是在第四纪地质历史时期干旱和半干旱气候条件下形成的一种堆积物，与同时期的其他沉积物明显不同。黄土的颜色主要为黄色、褐黄色，颗粒组成以粉粒（粒径 0.005～0.075 mm）为主，孔隙比一般在 0.8～1.2，自然界中有肉眼可见的大孔隙，且垂直节理发育，含有大量的碳酸盐类。

黄土在天然含水量状态下，一般强度较高、压缩性较小。黄土在一定压力作用下受水浸湿，结构迅速破坏，强度随之降低，并产生显著的附加下沉，这种性质称为黄土的湿陷性。黄土若具有较明显的湿陷性，则称为湿陷性黄土，否则称为非湿陷性黄土。

7.2.1 湿陷性黄土的特性

湿陷性黄土在我国分布较广，按工程特性和湿陷性强弱，《湿陷性黄土地区建筑规范》（GB 50025—2004）划分了 7 个分区，分别为陇西地区、陇东-陕北-晋西地区、关中地区、山西-冀北地区、河南地区、冀鲁地区和边缘地区，各分区黄土的湿陷性、厚度差别明显。

黄土最明显的特性是湿陷性，其遇水湿陷是一个复杂的地质、物理、化学过程，虽然解释黄土湿陷的原因和机理各异，但归纳起来可以分为内因和外因两个方面，内因是组成黄土的物质成分和其特殊的结构体系，外因则是水和荷载。

在组成黄土的物质成分中，所含盐的类型及其存在的状态直接影响其湿陷性强弱。若起胶结作用的难溶碳酸盐含量增加，则湿陷性减弱，而其他碳酸盐、硫酸盐和氯盐等易溶盐含量增加，则湿陷性增强。黏粒含量多少对黄土湿陷性也有一定影响，一般黏粒含量越多，湿陷性越小。我国黄土湿陷性存在着自西北向东南递减的趋势，这一趋势与西北到东南土中黏粒含量增多而砂粒含量减少趋势相一致。

黄土的特殊结构体系通常被认为是引起湿陷性的根本原因，这种结构体系中除了在堆积形成过程中形成的孔隙外，还分布着大量的架空孔隙，故黄土又称为“大孔土”，如图 7-1 所示。这种大孔隙结构体系比较疏松，接触连接点较少。颗粒间的连接强度主要包括：上覆土重传递到接触点处的有效法向应力，接触点处少量的水形成的毛细管压力，土粒间分子引力，粒间摩擦，以及少量胶结物质的固化黏结等。在浸水和竖向外荷载共同作用下，颗粒间连接强度降低，接触点破坏，进而结构体系失去稳定。天然状态的黄土孔隙比越大，湿陷性越强。黄土的特殊结构体系与其形成时代密切相关，《湿陷性黄土地区建筑规范》根据形成时代，将其分为老黄土和新黄土，见表 7-1，老黄土和新黄土的湿陷性差异显著，地质时代 Q_1 的黄土没有湿陷性，Q_2 的黄土没有湿陷性或有轻微湿陷性，而 Q_3 和 Q_4 的黄土一般均具有湿陷性，甚至强湿陷性。

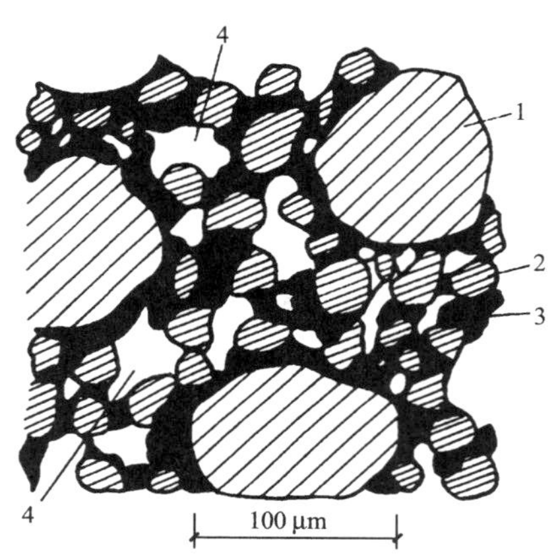

图 7-1　黄土结构示意图

1—砂粒；2—粗粉粒；3—胶结物；4—大孔隙

表 7-1　　黄土地层的划分

时　代		地层的划分	说　明
全新世(Q_4)黄土	新黄土	黄土状土	一般具有湿陷性
晚更新世(Q_3)黄土		马兰黄土	
中更新世(Q_2)黄土	老黄土	离石黄土	上部部分土层具有湿陷性
早更新世(Q_1)黄土		午城黄土	不具有湿陷性

注：全新世(Q_4)黄土包括湿陷性(Q_4^1)黄土和新近堆积(Q_4^2)黄土。

黄土天然状态下的含水量和饱和度对其湿陷性影响明显，含水量越大则湿陷性越小，随着饱和度的增加，黄土的湿陷性逐渐退化，当饱和度达到 85％时，可以称为饱和黄土，此时其湿陷性可以不予考虑。

黄土的湿陷性与外加压力大小相关，其他条件相同时，外加压力越大，黄土结构破坏越严重，湿陷下沉量也越大。

7.2.2　黄土湿陷性评价

黄土是否具有湿陷性及湿陷性强弱，需要根据定量指标进行评价，与黄土湿陷性相关的指标主要有湿陷系数、自重湿陷系数和湿陷起始压力。

（一）湿陷系数和自重湿陷系数

将现场采集的原状不扰动土样，装入室内侧限压缩仪内，逐级加载到规定压力 p，待土样压缩稳定后，测定土样的高度 h_p，然后进行土样浸水饱和，待土样附加下沉稳定后，再测出土样浸水后的高度 h'_p，如图 7-2 所示，即可按式(7-1)计算湿陷系数为

$$\delta_s=\frac{h_p-h'_p}{h_0} \tag{7-1}$$

式中 h_0——土样的原始高度，mm；

h_p——土样在压力 p 作用下，压缩稳定后的高度，mm；

h'_p——土样在浸水饱和作用下，附加下沉稳定后的高度，mm。

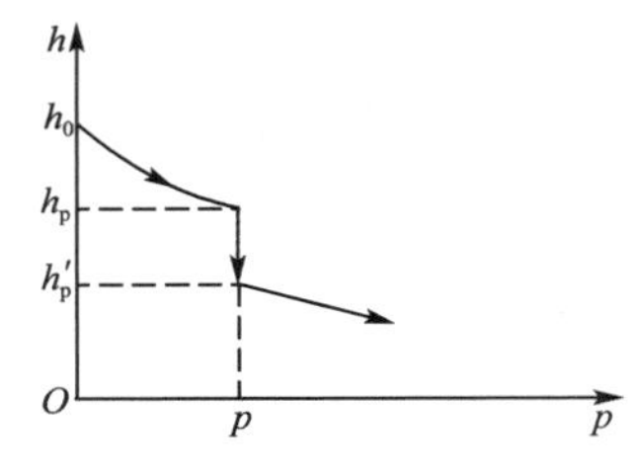

图 7-2　压力 p 作用下黄土浸水压缩曲线

工程中，主要根据湿陷系数 δ_s 定量判断黄土的湿陷性，当 $\delta_s<0.015$ 时，为非湿陷性黄土；当 $\delta_s\geqslant 0.015$ 时，为湿陷性黄土。根据湿陷系数 δ_s 的大小，湿陷性黄土的湿陷程度分为下列三种：当 $0.015\leqslant\delta_s\leqslant 0.03$ 时，湿陷性轻微；当 $0.03<\delta_s\leqslant 0.07$ 时，湿陷性中等；当 $\delta_s>0.07$ 时，湿陷性强烈。

显然湿陷系数不仅取决于土的湿陷性，而且还与浸水时的压力 p 有关。试验中，压力 p 大小应该取地层中黄土所受的实际压力，但在初勘阶段，建筑物面积、建筑物的平面位置、基础尺寸和基础埋深等尚未确定，故实际压力大小难以估计。鉴于一般工业与民用建筑基底 10 m 范围内附加应力和自重应力之和接近 200 kPa，10 m 以下主要是上覆土的自重压力，而附加应力很小。因此，《湿陷性黄土地区建筑规范》规定：自基础底面（初勘时，自地面下 1.5 m）算起，10 m 以上的土层压力 p 应取 200 kPa，10 m 以下至非湿陷性土层顶面，应取其上覆土的饱和自重压力（大于 300 kPa 时，仍取 300 kPa）。若基底压力大于 300 kPa 时，宜用土层中实际压力值判别黄土的湿陷性。对压缩性较高的新近沉积黄土，基底下 5 m 以内的土层宜取 100～150 kPa，而 5～10 m 和 10 m 以下至非湿陷性黄土层顶面应分别用 200 kPa 和上覆土的饱和自重压力。

当竖向压力 p 值取为上覆土饱和自重压力时，湿陷系数称为自重湿陷系数 δ_{zs}。

（二）湿陷起始压力

湿陷性黄土往往需要确定湿陷起始压力。湿陷起始压力是一个压力界限值，当黄土受到的压力低于这个值时，即使受到浸水作用，也不会出现湿陷现象。确定湿陷起始压力具有较大的应用意义，如设计时可以选择基础尺寸和埋深，使基底下黄土的附加应力和自重应力之和小于湿陷起始压力，从而可以避免湿陷的可能。

湿陷起始压力可以采用室内压缩试验或现场载荷试验确定。根据试验加载和浸水过程，室内压缩试验分为单线法和双线法湿陷性试验，试验步骤参照《湿陷性黄土地区建筑规范》进行。根据室内压缩试验结果，确定出土样压力 p 与湿陷系数 δ_s 的关系曲线 p-δ_s，曲线上取 $\delta_s=0.015$ 所对应的压力值即为湿陷起始压力 p_{sh}，如图 7-3 所示。与室内压缩试验类似，现场载荷试验根据试验加载和浸水过程，也分为单线法和双线法载荷试验。由现场载荷试验结果，可以得到承压板压力 p 与浸水下沉量 s_s 关系曲线 p-s_s，曲线上转折点所对应的压力为湿陷起始压力 p_{sh}，当曲线上的转折点不明显时，可取浸水下沉量 s_s 与承压板宽度或直径之比为 0.017 时所对应的压力为湿陷起始压力 p_{sh}。

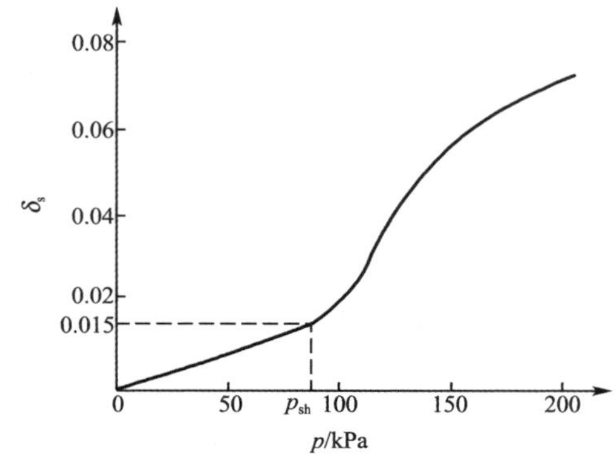

图 7-3　p-δ_s 关系曲线

（三）湿陷性黄土地基的湿陷等级评价

划分黄土地基的湿陷等级，需要先确定地基的自重湿陷量和总湿陷量。

地基的自重湿陷量按式(7-2)计算，即

$$\Delta_{zs}=\beta_0\sum_{i=1}^{n}\delta_{zsi}h_i \tag{7-2}$$

式中　δ_{zsi}——第 i 层土的自重湿陷系数；

h_i——第 i 层土的厚度，mm；

n——总计算土层数目，总计算范围应从天然地面（当挖、填方厚度及面积较大时，自设计地面算起）至其下全部湿陷性黄土层的底面为止，其中 δ_{zs} 小于 0.015 的土层不累计；

β_0——因地区土质而异的修正系数；陇西地区可取 1.5，陇东-陕北-晋西地区取 1.2，关中地区取 0.9，其他地区取 0.5。

建筑场地的湿陷类型，根据地基自重湿陷量 Δ_{zs} 进行划分：当 $\Delta_{zs}\leqslant 70$ mm 时，为非自重湿陷性场地；当 $\Delta_{zs}>70$ mm 时，为自重湿陷性场地。

湿陷性黄土地基浸水饱和至下沉稳定后，总湿陷量按式(7-3)计算，即

$$\Delta_s=\sum_{i=1}^{n}\beta\delta_{si}h_i \tag{7-3}$$

式中　δ_{si}——第 i 层土的湿陷系数；

h_i——第 i 层土的厚度，mm；

n——总计算土层内湿陷土层的数目，从基础底面（如果基础底面标高不确定时，自地面下 1.5 m）算起，在非自重湿陷性黄土场地，累计至基底下 10 m 深度；而自重湿陷性黄土场地，累计至全部非湿陷性黄土层底面，其中 δ_s（10 m 以下取 δ_{zs}）小于 0.015 的土层不累计；

β——考虑地基土受水浸湿可能性和侧向挤出等因素的修正系数，在缺乏实测资料时，可以按如下取值：基底下 0～5 m 深度内，取 1.5；基底下 5～10 m 深度内，取 1.0；基底下 10 m 至非湿陷性黄土层的顶面，对自重湿陷性黄土场地，可取工程所在地区的修正系数 β_0。

根据地基的自重湿陷量和总湿陷量，可以划分黄土地基的湿陷等级，见表 7-2。

表 7-2　湿陷性黄土地基的湿陷等级

Δ_s/mm	湿陷类型		
	非自重湿陷性场地	自重湿陷性场地	
	70 mm≤Δ_{zs}	70 mm<Δ_{zs}≤350 mm	350 mm<Δ_{zs}
$\Delta_s\leqslant 300$	Ⅰ（轻微）	Ⅱ（中等）	—
$300<\Delta_s\leqslant 700$	Ⅱ（中等）	* Ⅱ（中等） 或Ⅲ（严重）	Ⅲ（严重）
$700<\Delta_s$	Ⅱ（中等）	Ⅲ（严重）	Ⅳ（很严重）

*注：当总湿陷量的计算值 $\Delta_s>600$ mm、自重湿陷量的计算值 $\Delta_{zs}>300$ mm 时，可判为Ⅲ级，其他情况可判为Ⅱ级。

【例 7-1】　某黄土试样进行室内压缩试验，试样原始高度为 20 mm，在压力 $p=200$ kPa 作用下压缩稳定后高度为 18.92 mm，随后浸水饱和稳定后高度变为 18.50 mm，问其湿陷

系数为多少，并判断黄土的湿陷程度。

解 湿陷系数 $\delta_s=\frac{h_p-h'_p}{h_0}=\frac{18.92-18.50}{20.00}=0.021$。

$0.015<\delta_s<0.030$，湿陷程度为湿陷性轻微。

【例 7-2】 在关中地区某空旷场地，拟建一幢多层住宅楼，属丙类建筑，基础埋深为 1.5 m。勘察中某代表性探井的试验数据见表 7-3，试判断地基的湿陷等级。

表 7-3 探井黄土湿陷性试验数据

土样编号	取样深度/m	饱和度 s_r/%	自重湿陷系数 δ_{zs}	湿陷系数 δ_s	湿陷起始压力 p_{sh}/kPa
2-1	1.0	42	0.007	0.068	54
2-2	2.0	71	0.011	0.064	62
2-3	3.0	68	0.012	0.049	70
2-4	4.0	70	0.014	0.037	77
2-5	5.0	69	0.013	0.048	101
2-6	6.0	67	0.015	0.025	104
2-7	7.0	74	0.017	0.018	112
2-8	8.0	80	0.013	0.014	—
2-9	9.0	81	0.010	0.017	183
2-10	10.0	95	0.002	0.005	—

解 关中地区，$\beta_0=0.9$，按式(7-2)计算自重湿陷量，即

$$\Delta_{zs}=\beta_0\sum_{i=1}^{n}\delta_{zsi}h_i=0.9\times(0.015\times 1\,000+0.017\times 1\,000)=28.8\text{ mm}<70\text{ mm}$$

为非自重湿陷性黄土。

总湿陷量从基底下开始计算，在基底下 0～5 m，$\beta=1.5$，5～10 m，$\beta=1.0$，按式(7-3)计算总湿陷量，即

$$\begin{aligned}\Delta_s=\sum_{i=1}^{n}\beta\delta_{si}h_i&=1.5\times(0.064+0.049+0.037+0.048+0.025)\times 1\,000+\\&\quad 1.0\times(0.018+0.017)\times 1\,000\\&=369.5\text{ mm}\end{aligned}$$

根据自重湿陷量与总湿陷量计算结果，查表 7-2，地基湿陷等级可判定为Ⅱ级(中等)。

7.2.3 湿陷性黄土地基的工程措施

拟建在湿陷性黄土场地上的建筑物，应根据其重要性、地基受水浸湿可能性和在使用期间对不均匀沉降限制的严格程度，按表 7-4 可将湿泥性黄土地基上的建筑物分为甲、乙、丙、丁四类。湿陷性黄土地基上不同类型的建筑物需要采用不同的工程措施区别对待。

表 7-4　　湿陷性黄土地基上建筑物分类

建筑物分类	各类建筑物的划分
甲类	高度大于 60 m 和 14 层及 14 层以上体型复杂的建筑 高度大于 50 m 的构筑物 高度大于 100 m 的高耸结构 特别重要的建筑 地基受水浸湿可能性大的重要建筑 对不均匀沉降有严格限制的建筑
乙类	高度为 24～60 m 的建筑 高度为 30～50 m 的构筑物 高度为 50～100 m 的高耸结构 地基受水浸湿可能性较大的重要建筑 地基受水浸湿可能性大的一般建筑
丙类	除乙类以外的一般建筑和构筑物
丁类	次要建筑

防止或减小建筑物地基浸水湿陷的工程措施，可分为地基处理措施、防水措施和结构措施三种。

(一)地基处理措施

地基处理措施是防止黄土湿陷性危害的主要措施，主要通过破坏湿陷性黄土的大孔结构，从而全部或部分消除地基的湿陷性。表 7-4 所列各类建筑物的地基处理要符合以下规定：甲类建筑应消除地基的全部湿陷量或采用桩基础穿透全部湿陷性黄土层，或将基础设在非湿陷性黄土层上。乙、丙类建筑应消除地基的部分湿陷量。丁类建筑不需要进行地基处理。各类建筑物需要处理的黄土层厚度有所不同。

地基处理方法的选取应根据建筑物的类别、湿陷性黄土的特性、施工条件、材料来源和当地环境，经综合技术经济比较确定。常用的处理方法有垫层法、强夯法、挤密法、预浸水法和其他方法，见表 7-5，可选择其中一种或多种相结合的最佳处理方法。

表 7-5　　湿陷性黄土地基常用的处理方法

名称	适用范围	可处理的湿陷性黄土厚度/m
垫层法	地下水位以上，局部或整片处理	1～3
强夯法	地下水位以上，饱和度 $S_r \leqslant 60\%$ 的湿陷性黄土，局部或整片处理	3～12
挤密法	地下水位以上，饱和度 $S_r \leqslant 65\%$ 的湿陷性黄土	5～15
预浸水法	自重湿陷性黄土场地，地基湿陷等级为Ⅲ级或Ⅳ级，可消除地面下 6 m 以下湿陷性黄土层的全部湿陷性	厚度超过 6 m，尚应采用垫层或其他方法处理
其他方法	经试验研究或工程实践证明行之有效	—

垫层法包括采用土垫层和灰土垫层两种形式。当仅要求消除基底下 1～3 m 湿陷性黄土的湿陷性时，宜采用局部(或整片)土垫层进行处理。当同时要求提高垫层土的承载力及增强水稳性时，宜采用整片灰土垫层进行处理。

强夯法处理湿陷性黄土地基，应先在场地内选择有代表性的地段进行试夯或试验性施工。强夯法消除湿陷性黄土层的有效深度，当缺乏试验资料时，可根据单击夯击能大小由表 7-6 进行预估。

表 7-6　采用强夯法消除湿陷性黄土层的有效深度预估值　m

单击夯击能/(kN·m)	土的名称	
	全新世(Q_4)黄土、晚更新世(Q_3)黄土	中更新世(Q_2)黄土
1 000～2 000	3～5	—
2 000～3 000	5～6	—
3 000～4 000	6～7	—
4 000～5 000	7～8	—
5 000～6 000	8～9	7～8
7 000～8 500	9～12	8～10

注：1. 在同一栏内，单击夯击能小的取小值，夯击能大的取大值。
2. 消除湿陷性黄土层的有效深度，从起夯面算起。

采用挤密法时，对甲、乙类建筑或在缺乏建筑经验的地区，应在地基处理施工前，在现场选择有代表性的地段进行试验或试验性施工，试验结果应满足设计要求，并应取得必要的参数再进行地基处理施工。成孔挤密，可选用沉管、冲击、夯扩、爆扩等方法。孔内填料宜用素土或灰土，必要时可用强度高的填料，如水泥土等。在填料前孔底必须夯实，填料宜分层回填夯实，其压实系数不宜小于 0.97。当防(隔)水时宜填素土，而当提高承载力或减小处理宽度时，宜填灰土、水泥土等。

预浸水法宜用于处理湿陷性黄土层厚度大于 10 m，自重湿陷量的计算值不小于 500 mm 的场地。浸水处理前宜通过现场试坑浸水试验确定浸水时间、耗水量和湿陷量等。地基预浸水结束后，在基础施工前应进行补充勘察工作，重新评定地基土的湿陷性，并应采用垫层或其他方法处理上部湿陷性黄土层。

(二)防水措施

防水措施是为了消除黄土发生湿陷的外因，从而保证建筑物安全。根据《湿陷性黄土地区建筑规范》，防水措施包括基本防水措施、检漏防水措施和严格防水措施三类。基本防水措施包括在建筑物布置、场地排水、屋面排水、地面防水、散水、排水沟、管道铺设、管道材料和接口等方面，所采取的防止雨水或生产、生活用水渗漏的措施。检漏防水措施是在基本防水措施的基础上，对防护范围内的地下管道，应增设检漏管沟和检漏井。严格防水措施是在检漏防水措施的基础上，提高防水地面、排水沟、检漏管沟和检漏井等设施的材料标准，如增设可靠的防水层、采用钢筋混凝土排水沟等方法。

(三)结构措施

结构措施是地基处理措施和防水措施的补充手段，通过采取结构措施达到减小或调整建筑物的不均匀沉降，或使结构适应地基的变形。结构措施与第 2 章“减轻建筑物不均匀沉降危害措施”类似，主要包括：选择适宜的结构体系和基础形式；墙体宜选用轻质材料；加强结构的整体性与空间刚度；预留适应沉降的净空等。

7.3 膨胀土地基

根据我国《膨胀土地区建筑技术规范》(GB 50112—2013)中的定义，膨胀土是土中黏粒成分主要由亲水性矿物组成，同时具有显著的吸水膨胀和失水收缩两种变形特性的黏性土。

膨胀土在我国分布范围很广，据现有的资料，广西、云南、湖北、安徽、四川、河北、河南、山东等 20 多个省、市、自治区均有不同范围的分布。国外分布情况也很广，如美国 40 个州中分布有膨胀土，印度、澳大利亚、南美洲、非洲和中东广大地区，也都不同程度地分布着膨胀土。目前膨胀土的工程问题已成为世界性的研究课题。

7.3.1 膨胀土特性及其对建筑物的危害

1. 膨胀土特性

(1)胀缩性

膨胀土的膨胀和收缩呈明显的周期性，即遇水膨胀、失水收缩、再遇水仍会再膨胀。如果膨胀受阻时，就会产生膨胀力。胀缩量与膨胀力大小与其亲水矿物含量、初始含水量及密实程度相关，土中蒙脱石含量越多，膨胀量和膨胀力就越大；初始含水量越低，则膨胀量与膨胀力也越大；膨胀土击实后因为更密实，膨胀量和膨胀力更大。

(2)崩解性

膨胀土浸水后体积膨胀，发生崩解。膨胀性强弱影响崩解的进程，强膨胀土浸水后几分钟即完全崩解。弱膨胀土崩解过程缓慢，而且不完全。

(3)多裂隙性

膨胀土中的裂隙，主要为垂直裂隙、水平裂隙和斜交裂隙三种类型。这些裂隙将土层分割成具有一定几何形状的块体，破坏了土体的完整性，容易造成边坡的塌滑。

(4)超固结性

膨胀土天然孔隙比较小，初始结构强度较高。

(5)风化特性

膨胀土受气候影响很敏感，极容易产生风化破坏。在风化应力作用下，开挖后裸露于表面的膨胀土很快会产生碎裂、剥落，进而结构破坏、强度降低。膨胀土场地受风化作用影响深度各地不完全一样，云南、四川、广西地区在地表下 3～5 m，其他地区为 2 m 左右。

(6)强度衰减性

膨胀土往往峰值强度极高，而残余强度又极低。由于膨胀土的超固结性，初期强度极高，现场开挖很困难。然而由于胀缩效应和风化作用，强度大幅度衰减。在风化带以内，经过多次湿胀干缩循环以后，其黏聚力下降明显，而内摩擦角变化不大，一般经过循环 2～3 次后强度趋于稳定。

2. 对建筑物的危害

由于膨胀土具有显著的吸水膨胀和失水收缩的变形特性，随着季节性气候变化会产生胀缩变形，造成一些建筑物反复升降，给工程建设带来极大危害，使大量轻型房屋发生开裂、倾斜，公路路基发生破坏，堤岸、路堑产生滑坡。造成的损失比洪水、飓风和地震所造成的损失总和的 2 倍还多。对建筑物的危害通常具有如下规律：

(1)建筑开裂往往是地区性成群出现，特别是气候强烈变化之后更是如此。随着季节性气候变化，土层含水量随之改变，建筑群墙体裂缝会表现出旱时张开、雨时闭合的特征。

(2)低层民用建筑裂缝较为严重。在其他因素类似的情况下，同一地区内的建筑群受危害的程度随基底压力和基础埋深的增加而减轻。在同一建筑物中，外墙的危害一般大于内墙，而且建筑角端的开裂响应最为敏感。

(3)建筑开裂具有明显的类似特征。角端部位斜向裂缝常表现为山墙上的对称或不对称的倒八字形裂缝，宽度上宽下窄，同时伴随有一定的水平位移或转动[图 7-4(a)、图 7-4(b)]。建筑纵墙上的水平裂缝一般在窗台下和勒脚下出现较多[图 7-4(c)]，同时伴有墙体外倾、外鼓、基础外转和内外墙脱开，以及内横墙出现倒八字形裂缝或竖向裂缝。独立砖柱发生水平断裂，并伴随水平位移和转动[图 7-4(d)]。

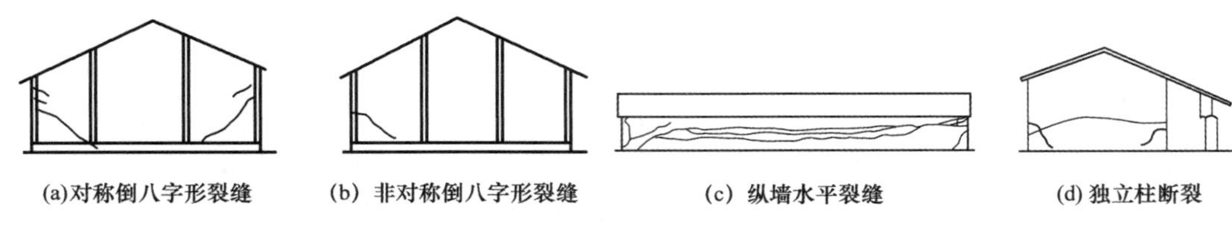

图 7-4 建筑物因膨胀土导致的裂缝特征

另外，膨胀土边坡很不稳定，非常容易产生浅层滑坡，引起邻近建筑物和构筑物开裂破坏，而边坡不同位置建筑物破坏程度差别很大。根据我国膨胀土分布地区的八个省、九个研究点的调查，建筑物破坏情况见表 7-7。可见坡地场地的损坏要比平坦场地普遍而又严重。

表 7-7 坡地上建筑物损坏情况调查统计

建筑物位置	调查统计
坡顶建筑物	调查了 324 栋建筑物，损坏的占 64.0%，其中严重损坏的占 24.8%
坡腰建筑物	调查了 291 栋建筑物，损坏的占 77.4%，其中严重损坏的占 30.6%
坡脚建筑物	调查了 36 栋建筑物，损坏的占 6.8%，其损坏程度仅为轻微或中等
阶地及盆地中部	由于地形地貌简单、场地平坦，除少量建筑物遭受破坏外，大多数完好

根据上面调查结果，《膨胀土地区建筑技术规范》将建筑场地分为平坦场地和坡地场地。若地形坡度小于 5°，或地形坡度为 5°～14°且距坡肩水平距离大于 10 m 的坡顶地带，为平坦场地；地形坡度大于或等于 5°，或地形坡度小于 5°且同一建筑物范围内局部地形高差大于 1 m 的场地，为坡地场地。

7.3.2 膨胀土的判别

膨胀土的性质指标包括自由膨胀率、膨胀率、膨胀力、线缩率和收缩系数，在介绍这些指标定义和测定方法后，再说明膨胀土的判别及膨胀土地基的胀缩等级划分。

(一)膨胀土的性质指标

1. 自由膨胀率

自由膨胀率 δ_{ef} 指人工制备的烘干松散土样在水中膨胀稳定后，其体积增加值与原体积之比。按式(7-4)计算，即

$$\delta_{ef}=\frac{V_w-V_0}{V_0}\times 100\% \tag{7-4}$$

式中　V_w——土样在水中膨胀稳定后的体积，mL；

V_0——土样原有体积，mL。

自由膨胀率 δ_{ef} 表示膨胀土在无结构力影响、无压力作用下的膨胀特性，可反映土的矿物成分及含量多少。该指标一般用于膨胀土的判别和膨胀潜势强弱的评价。

2. 膨胀率与膨胀力

膨胀率 δ_{ep} 指原状土样在侧限压缩仪中，在一定的压力下，浸水膨胀稳定后，土样增加的高度与原高度之比。按式(7-5)计算，即

$$\delta_{ep}=\frac{h_w-h_0}{h_0}\times 100\% \tag{7-5}$$

式中　h_w——土样在浸水膨胀稳定后的高度，mm；

h_0——土样原有高度，mm。

根据《膨胀土地区建筑技术规范》，采用不同压力下的膨胀率 δ_{ep}，可以计算出地基的实际膨胀变形量或胀缩变形量。采用 50 kPa 压力下的膨胀率 δ_{ep}，可以计算出地基的分级变形量，根据分级变形量大小，划分地基的胀、缩等级。

以压力 p 为横坐标、各级压力下的膨胀率 δ_{ep} 为纵坐标，绘制膨胀土 p-δ_{ep} 关系曲线，该曲线与横坐标 p 交点处的横坐标值 p_e，称为膨胀力，如图7-5所示。膨胀力表示原状土样，在体积不变时，由于浸水膨胀产生的最大内应力。在选择基础形式调整基底压力时，膨胀力是个很有用的指标，如果希望减少膨胀变形量，应使基底压力接近于膨胀力。

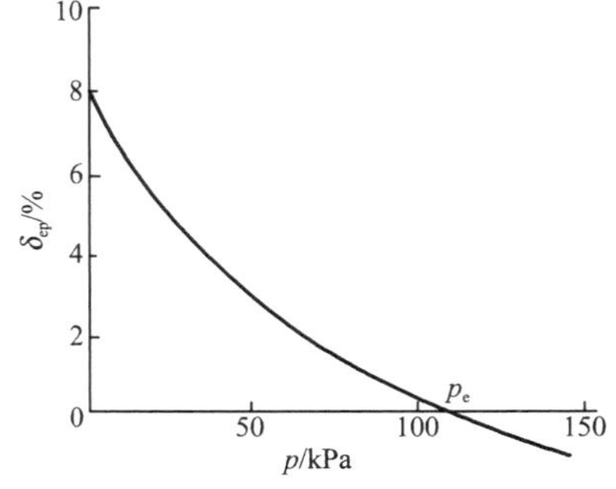

图7-5　膨胀率与压力的关系曲线

3. 线缩率与收缩系数

膨胀土的失水收缩特性，可用线缩率和收缩系数表示。线缩率 δ_{sr} 指土的竖向收缩变形量与原状土样高度之比。按式(7-6)计算，即

$$\delta_{sr}=\frac{h_0-h_i}{h_0}\times 100\% \tag{7-6}$$

式中　h_i——含水量降为 w_i 时的土样高度，mm；

h_0——土样原始高度，mm。

土样失水收缩过程中，线缩率与含水量的关系如图7-6所示。随着含水量 w 的减小，线缩率 δ_{sr} 逐渐增大，线缩率 δ_{sr} 随含水量 w 线性变化阶段称为直线收缩阶段。收缩系数 λ_s 表示原状土样在直线收缩阶段，含水量减少1%时所对应的竖向线缩率的改变值。按式(7-7)计算，即

$$\lambda_s = \frac{\Delta\delta_{sr}}{\Delta w} \tag{7-7}$$

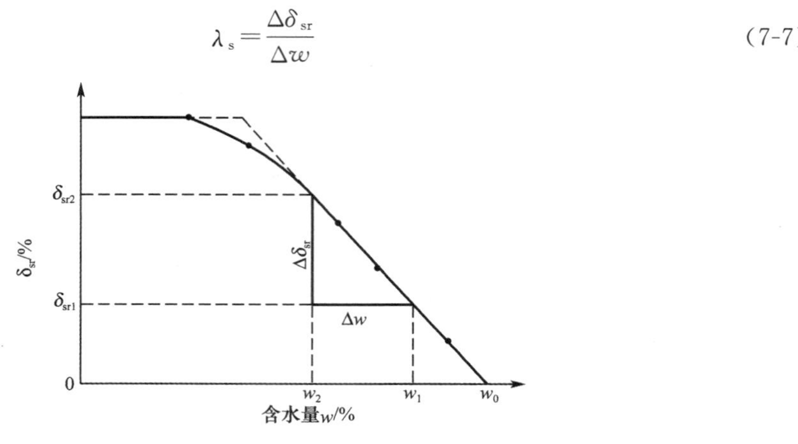

图 7-6　收缩曲线

式中　Δw——直线收缩阶段内，两点含水量之差，%；

$\Delta\delta_{sr}$——直线收缩阶段内，两点含水量之差对应的竖向线缩率之差，%。

收缩系数与膨胀率是膨胀土地基变形计算中的两项主要指标。

（二）膨胀土的判别

《膨胀土地区建筑技术规范》规定，凡场地具有下列工程地质特征及建筑物破坏形态，且自由膨胀率 $\delta_{ef} \geqslant 40\%$ 的黏性土应判定为膨胀土：

（1）土的裂隙发育，常有光滑面和擦痕，有的裂隙中充填有灰白、灰绿等杂色黏土，自然条件下呈坚硬或硬塑状态。

（2）多出露于二级或二级以上的阶地、山前和盆地边缘的丘陵地带，地形较平缓，无明显自然陡坎。

（3）常见有浅层滑坡、地裂，新开挖坑（槽）壁易发生坍塌等现象。

（4）建筑物多呈“倒八字”“X”或水平裂缝，裂缝随气候变化而张开和闭合。

确定为膨胀土后，还需要进一步确定膨胀土的膨胀潜势强弱。调查表明，自由膨胀率较小的膨胀土，膨胀潜势较弱，建筑物损坏轻微；而自由膨胀率较大的膨胀土，则具有强的膨胀潜势，较多建筑物可能遭到严重破坏。按土自由膨胀率大小划分其膨胀潜势的强弱，见表 7-8。

表 7-8　膨胀土的膨胀潜势分类

自由膨胀率 δ_{ef}/%	膨胀潜势
$40 \leqslant \delta_{ef} < 65$	弱
$65 \leqslant \delta_{ef} < 90$	中
$\delta_{ef} \geqslant 90$	强

（三）膨胀土地基的胀缩等级

膨胀土地基应根据地基胀缩变形对低层建筑的影响程度进行评价，划分为不同的胀缩等级。胀缩等级的划分需要计算地基的分级变形量大小。在介绍分级变形量计算前，首先说明膨胀土地基的变形形态选择和相应变形量计算方法。

膨胀土地基的变形形态受当地气候、地形、天然含水量、地下水运动等多种因素影响，可能仅发生膨胀变形或者收缩变形，也可能发生胀缩变形。根据工程实际情况，选择相应的地基变形形态，计算对应的变形量。若地表下 1 m 深处土的天然含水量等于或接近最小值，或地面有覆盖且无蒸发可能，以及建筑物在使用期间经常受水浸湿的地基，按膨胀变形量计算；地表下 1 m 深处地基土的天然含水量大于其塑限的 1.2 倍，或直接受高温作用的地基，应按收缩变形量计算；其他情况下应按胀缩变形量计算。

地基的膨胀变形量 s_e 按式(7-8)计算，即

$$s_e=\psi_e\sum_{i=1}^{n}\delta_{epi}h_i \tag{7-8}$$

式中　ψ_e——计算膨胀变形量的经验系数，宜根据当地经验确定，若无可依据经验时，3 层及 3 层以下建筑物，可采用 0.6；

n——自基础底面至膨胀变形计算深度 z_{en} 内所划分的土层数，如图 7-7 所示，膨胀变形计算深度 z_{en} 可取大气影响深度 d_a，有浸水可能时，可按浸水影响深度确定；

δ_{epi}——基础底面下第 i 层土在该层土的平均自重应力与平均附加应力之和作用下的膨胀率，%，由室内试验确定；

h_i——第 i 层土的计算厚度，mm。

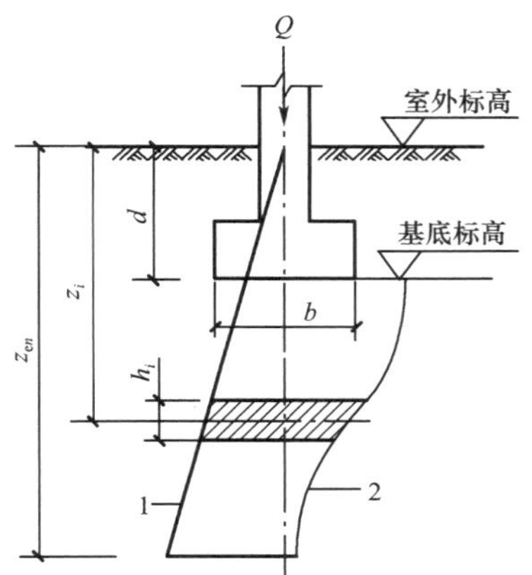

图 7-7　膨胀变形计算示意图

1—自重应力分布；2—地基附加应力分布

大气影响深度 d_a 应由各气候区土的深层变形观测或含水量观测及低温观测资料确定。当无资料时，按表 7-9 采用。其中土的湿度系数 ψ_w 为在自然气候影响下，地表下 1 m 处土层含水量可能达到的最小值与其塑限之比。

表 7-9　大气影响深度　m

土的湿度系数 ψ_w	0.6	0.7	0.8	0.9
大气影响深度 d_a	5.0	4.0	3.5	3.0

地基的收缩变形量 s_s 按式(7-9)计算，即

$$s_s=\psi_s\sum_{i=1}^{n}\lambda_{si}\Delta w_i h_i \tag{7-9}$$

式中　ψ_s——计算收缩变形量的经验系数，宜根据当地经验确定，若无可依据经验时，3 层及 3 层以下建筑物，可采用 0.8；

n——自基础底面至收缩变形计算深度 z_{sn} 内所划分的土层数，收缩变形计算深度

z_{sn} 可取大气影响深度 d_a，当有热源时，可按影响深度确定，在计算深度内有稳定地下水位时，可计算至水位以上 3 m；

Δw_i——地基土收缩过程中，第 i 层土可能发生的含水量变化的平均值（以小数表示），若地表下 4 m 深内存在不透水基岩时，可假定含水量变化值为常数，如图 7-8(a)所示，其中 w_1 和 w_p 分别为地表下 1 m 处的含水量和塑限含水量（以小数表示）；若一般情况，根据地表下 1 m 和 z_{sn} 深度的含水量变化值 Δw_1 和 Δw_n，线性插值确定任意深度处的含水量变化值，如图 7-8(b)所示；

λ_{si}——基础底面下第 i 层土的收缩系数，由室内试验确定。

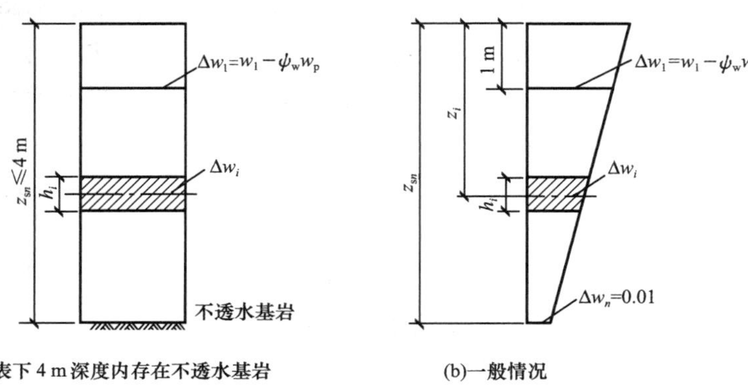

图 7-8　膨胀土地基收缩变形计算中含水量变化值计算方法

地基的胀缩变形量按式(7-10)计算，即

$$s_{es}=\psi_{es}\sum_{i=1}^{n}(\delta_{epi}+\lambda_{si}\Delta w_i)h_i \tag{7-10}$$

式中　ψ_{es}——计算胀缩变形量的经验系数，宜根据当地经验确定，若无可依据经验时，3 层及 3 层以下建筑物，可采用 0.7。

根据上面计算得到膨胀变形量、收缩变形量和胀缩变形量，可以确定膨胀土地基上建筑物的地基变形量：膨胀变形量应取基础的最大膨胀上升量；收缩变形量应取基础的最大收缩下沉量；胀缩变形量应取基础的最大胀缩变形量；变形差应取相邻两基础的地基变形量之差；局部倾斜应取砌体承重结构沿纵墙 6～10 m 内基础两点的地基变形量之差与其距离的比值。

膨胀土地基上建筑物的地基变形量不应大于地基变形允许值，地基变形允许值见表 7-10，表中未包括的建筑物，其地基变形允许值应根据上部结构对地基变形的适应能力及功能要求确定。

表 7-10　膨胀土地基上建筑物地基变形允许值

结构类型		相对变形		变形量/mm
		种类	数值	
砌体结构		局部倾斜	0.001	15
建筑长度三到四开间及四角有构造柱或配筋砌体承重结构		局部倾斜	0.001 5	30
工业与民用建筑相邻柱基	框架结构无填充墙时	变形差	0.001l	30
	框架结构有填充墙时	变形差	0.001 5l	20
	当基础不均匀升降时不产生附加应力的结构	变形差	0.003l	40

注：l 为相邻柱基的中心距，m。

确定膨胀土地基胀缩等级时，由于地基上低层结构的基底压力较小，胀缩变形量过大，容易引起结构破坏，所以《膨胀土地区建筑技术规范》规定取 50 kPa 压力下（近似相当于一层砖石结构的基底压力值）土的膨胀率，计算得到的地基变形量称为分级变形量 s_c，依据分级变形量划分膨胀土地基的胀缩等级，见表 7-11。地基分级变形量应根据膨胀土地基的变形特征确定，可分别按式(7-8)～式(7-10)进行膨胀变形量、收缩变形量和胀缩变形量计算。

表 7-11　膨胀土地基的胀缩等级

地基分级变形量 s_c/mm	等级
$15 \leqslant s_c < 35$	Ⅰ
$35 \leqslant s_c < 70$	Ⅱ
$s_c \geqslant 70$	Ⅲ

膨胀土场地上的建筑物，根据其重要性、规模、功能要求和工程地质特征以及土中水分变化可能造成建筑物破坏或影响正常使用的程度，将地基基础分为甲、乙、丙三个设计等级，按表 7-12 所列划分。

表 7-12　膨胀土场地地基基础设计等级

设计等级	建筑物和地基类型
甲级	覆盖面积大、重要的工业与民用建筑物 使用期间用水量较大的湿润车间、长期承受高温的烟囱、炉、窑，以及负温的冷库等建筑物 对地基变形要求严格或对地基往复升降变形敏感的高温、高压、易燃、易爆的建筑物 位于坡地上的重要建筑物 胀缩等级为Ⅲ级的膨胀土地基上的低层建筑物 高度大于 3 m 的挡土结构、深度大于 5 m 的深基坑工程
乙级	除甲级、丙级以外的工业与民用建筑物
丙级	次要的建筑物 场地平坦、地基条件简单且荷载均匀的胀缩等级为Ⅰ级的膨胀土地基上的建筑物

【例 7-3】　某单层建筑位于平坦场地上，基础埋深 $d=1.0$ m，按该场地的大气影响深度取胀缩变形的计算深度 $z_n=3.6$ m，计算所需的数据见表 7-13，试计算胀缩变形量 s_{es}。

表 7-13　膨胀土层勘察及试验结果

层数	分层深度 z_i/m	分层厚度 h_i/mm	膨胀率 δ_{epi}	各层含水量变化均值 Δw_i	收缩系数 λ_{si}
1	1.64	640	0.000 75	0.027 3	0.28
2	2.28	640	0.024 5	0.022 3	0.48
3	2.92	640	0.019 5	0.017 7	0.40
4	3.60	680	0.021 5	0.012 8	0.37

解　单层建筑，$\psi_{es}=0.7$，由公式(7-10)得

$$\begin{aligned} s_{es} &= \psi_{es}\sum_{i=1}^{n}(\delta_{epi}+\lambda_{si}\Delta w_i)h_i = 0.7\times[(0.000\,75+0.28\times0.027\,3)\times \\ &\quad 640+(0.024\,5+0.48\times0.022\,3)\times640+(0.019\,5+0.40\times0.017\,7)\times \\ &\quad 640+(0.021\,5+0.37\times0.012\,8)\times680] \\ &= 43.9\ \text{mm} \end{aligned}$$

7.3.3 膨胀土地基的工程措施

（一）建筑措施

在满足使用功能的前提下，建筑物的体型应力求简单，并应符合下列要求：(1)膨胀土场地上的拟建建筑物，选址宜位于膨胀土层厚度均匀、地形坡度小的地段；(2)宜避让胀缩性相差较大的土层，应避开地裂带，不宜建在地下水位升降变化大的地段。当无法避免时，应采取设置沉降缝或提高建筑结构整体抗变形能力等措施。建筑物的下列部位，宜设置沉降缝：挖方与填方交界处或地基土显著不均匀处；建筑物平面转折部位、高度或荷载有显著差异的部位；建筑结构或基础类型不同的部位。

（二）结构措施

膨胀土地区宜建造 3 层以上的多层、高层建筑，达到增加基底压力，减小或消除膨胀变形的目的。承重砌体结构可采用实心墙，不应采用空斗墙、砖拱、无砂大孔混凝土和无筋中型砌块。为增加建筑的整体刚度，基础顶部和建筑顶层宜设置圈梁，多层建筑的其他各层可隔层设置，必要时也可层层设置。框架、排架结构的围护墙体与柱应采取可靠拉接，而且宜砌置在基础梁上，基础梁下宜预留 100 mm 空隙，并应做防水处理。

考虑到地表土层往往长期受到干湿胀缩循环变形的影响，坡地上大量浅层滑坡多数发生在地表下 1 m 深度范围内，因此膨胀土地基上建筑物的基础埋置深度不应小于 1 m。对于地形坡度为 5°～14°，当基础边缘距坡肩水平距离为 5～10 m 时，如图 7-9 所示，基础埋深应按式(7-11)确定，即

$$d=0.45d_a+(10-l_p)\tan\beta+0.30 \tag{7-11}$$

式中 d——基础埋置深度，m；

d_a——大气影响深度，m；

β——斜坡坡角，(°)；

l_p——基础边缘距坡肩水平距离，m。

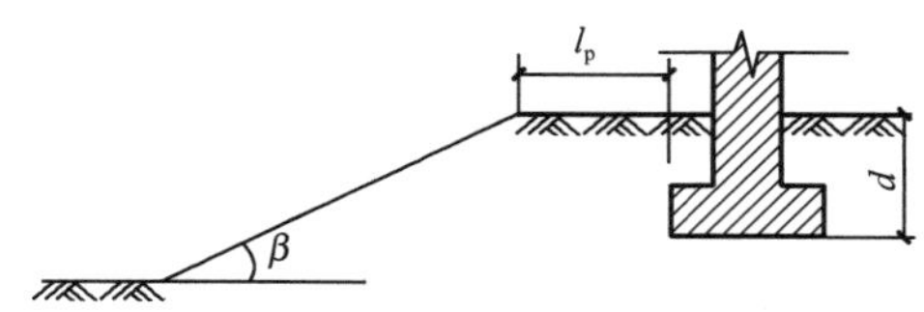

图 7-9 坡地上基础埋深示意图

膨胀土地基上建筑物基础形式的选取，应考虑地基的胀缩等级和地基基础设计等级。较均匀且胀缩等级为Ⅰ级的膨胀土地基，可采用条形基础；若基础埋深较大或基底压力较小时，宜采用墩基础。对设计等级为甲级或胀缩等级为Ⅲ级的膨胀土地基，宜采用桩基础。桩基设计除了应满足现行的《建筑地基基础设计规范》的规定外，尚应符合《膨胀土地区建筑技

术规范》的规定。

(三)地基处理措施

可采用换土法、土性改良法、砂石或灰土垫层法等处理膨胀土地基。换土法可采用非膨胀性土、灰土或改良土进行置换,换土厚度应通过变形计算确定。土性改良法采用掺和水泥、石灰等材料,掺和比例及施工工艺应通过试验确定。对于平坦场地上胀缩等级为Ⅰ级、Ⅱ级的膨胀土地基,宜采用砂、碎石垫层,垫层厚度不应小于 300 mm,垫层宽度应大于基底宽度,两侧宜采用与垫层相同的材料回填,并做好防水、隔水处理。

除了上述地基工程措施外,膨胀土地基上进行基础施工时,宜采用分段快速作业法。施工过程不得使基坑曝晒或泡水,雨季施工应采取防水措施。基础施工高出地面后,基坑应及时完成分层回填。

7.4 红黏土地基

红黏土包括原生红黏土和次生红黏土。在炎热湿润气候条件下,石灰岩、白云岩等碳酸盐岩系出露的岩石在长期的化学风化作用(红土化作用)下形成的高塑性黏土物质,一般呈褐红、棕红和黄褐色,其液限一般大于 50%,称为原生红黏土。当原生红黏土层受间歇性水流的冲蚀作用,土粒被带到低洼处堆积成新的土层,其颜色较未经搬运者浅,液限大于 45%,保持红黏土的基本特征,称为次生红黏土。

红黏土主要分布在我国长江以南(北纬 33°以南)的地区。西起云贵高原,经四川盆地南缘,鄂西、湘西、广西向东延伸到粤北、湘南、皖南、浙西等丘陵山地。

7.4.1 红黏土地基的特性

(一)胀缩性

红黏土具有以收缩为主的胀缩特性,天然状态下收缩量达 10%～20%,而膨胀量仅为 1%～3%,其膨胀能力主要表现在失水收缩后复浸水过程,有些红黏土还没有此现象。红黏土复浸水特性分为两类,见表 7-14。

表 7-14　　红黏土复浸水特性分类

类别	I_r 与 I'_r 关系	复浸水特性
Ⅰ	$I_r \geq I'_r$	收缩后复浸水膨胀,能恢复到原位
Ⅱ	$I_r < I'_r$	收缩后复浸水膨胀,不能恢复到原位

注:$I_r = w_L / w_P$, $I'_r = 1.4 + 0.0066 w_L$。

(二)裂隙性

裂隙现象普遍存在于红黏土中,裂隙使失水通道向深部延伸,加深加宽已有裂隙。裂隙深度一般可向地下延伸 3～4 m,有些可达 8 m,长度可达数千米。裂隙面往往光滑,可见擦痕。

裂隙破坏了红黏土的整体性。根据裂隙数量多少,红黏土分为偶见裂隙(<1 条/m)、较多裂隙(1～5 条/m)和富裂隙(>5 条/m),相应的结构分别为致密状、巨块状和碎块状。

(三)上硬下软特性

红黏土地基表层往往呈坚硬、硬塑状态,向下逐渐变软,呈可塑、软塑甚至流塑状态。红黏土典型地质剖面示意图,如图 7-10 所示。

红黏土湿度状态除了可采用液性指数 I_L 判定外,也可按含水比 a_w(土的含水量与其液限之比)确定,见表 7-15。

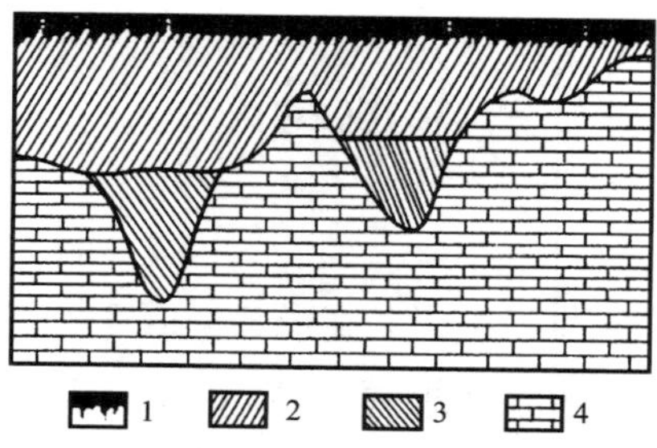

图 7-10 红黏土典型剖面示意图

1—耕土;2—硬塑红黏土;3—软塑红黏土;4—石灰岩

表 7-15 红黏土湿度状态分类标准

指标	状态				
	坚硬	硬塑	可塑	软塑	流塑
I_L	$I_L \leqslant 0$	$0 < I_L \leqslant 0.25$	$0.25 < I_L \leqslant 0.75$	$0.75 < I_L \leqslant 1.0$	$I_L > 1.0$
a_w	$a_w \leqslant 0.55$	$0.55 < a_w \leqslant 0.70$	$0.70 < a_w \leqslant 0.85$	$0.85 < a_w \leqslant 1.0$	$a_w > 1.0$

统计结果表明,当天然红黏土作为一般建筑物的地基时,基底附加压力的扩散速度往往快于湿度状态随深度变化的速度。故一般情况下,当持力层承载力验算满足时,下卧层承载力也能满足要求。

(四)岩溶和土洞发育

由于红黏土的成土母岩为碳酸盐系岩石,这些岩石在水作用下,岩溶易发育,同时上覆红黏土层在地表水和地下水作用下又常形成土洞。由于土洞与岩溶的存在,红黏土地基可能发生土洞或岩溶顶板塌落等稳定问题。

（五）厚度不均匀性

红黏土厚度在水平方向上变化很大。红黏土厚度变化与原始地形和下伏基岩面的起伏变化密切相关，如图 7-10 所示。如有的红黏土层，相距不超过 1 m，厚度相差达 5～8 m。当下伏基岩的岩溶、石芽等发育时，上覆红黏土的厚度变化更大，常出现咫尺之隔厚度相差 10 m 之多的现象。

7.4.2　红黏土地基的工程措施

根据红黏土湿度随深度变化的规律，一般基础应尽量浅埋，充分利用其表面硬层。地基中分布的细微网状裂隙，会降低土的抗剪强度，可对地基承载力进行适当折减，保证地基的稳定性。

对石芽密布地段，当不宽的溶槽中有厚度较薄的红黏土层，若厚度满足：独立基础小于 1.1 m、条形基础小于 1.2 m，可不必处理；若厚度不能满足时，可部分挖除使其厚度满足上述要求。若溶槽宽度较大，可将基底做成台阶状，以便基底下压缩土层厚度呈渐变过渡，以调整不均匀沉降，也可布设短桩，将荷载传至基岩。

对石芽零星分布地段，周围有厚度不等的红黏土，可以打掉一定厚度的石芽，铺以 300～500 mm 厚水稳定性好的褥垫材料，如中砂、细砂等。

红黏土厚度变化较大的地基，主要采用换填法减小基础不均匀沉降，换填材料可选用压缩性较低的砾石、碎石和粗砂等。

此外，红黏土失水后收缩剧烈，可能引起建筑物的损坏，所以应采取有效的保湿措施。例如，对热工构筑物、工业窑炉，在基底下应设置一定厚度的隔热层。

本章小结

本章介绍了湿陷性黄土、膨胀土及红黏土三类区域性特殊土地基。湿陷性黄土地基主要介绍了湿陷性黄土特性、评价方法及工程措施。膨胀土地基介绍了膨胀土特性及对建筑物的危害，讨论了其评价方法及工程措施。红黏土地基主要介绍了红黏土特性和工程措施。

通过本章学习，能够熟练掌握湿陷性黄土、膨胀土及红黏土特性和评价方法。掌握湿陷性黄土、膨胀土及红黏土地基处理的工程措施。

思考题

7-1　湿陷性黄土主要分布在我国哪些地区？主要工程特性是什么？

7-2　黄土的湿陷性用什么指标判定？这个指标是如何测定的？判定的标准是什么？

7-3　自重湿陷性黄土场地如何判别？计算地基自重湿陷量和总湿陷量有什么区别？

如何判别湿陷性黄土地基的湿陷等级？

7-4　湿陷性黄土地基处理有哪些方法？什么条件适用换土垫层法？强夯法适用于何类情况？

7-5　膨胀土具有什么特性？

7-6　自由膨胀率 δ_{ef} 是什么？如何测定？

7-7　膨胀率 δ_{ep}、膨胀力 p_e、线缩率 δ_{sr} 和收缩系数 λ_s 分别是什么？

7-8　膨胀土地基的胀缩变形量如何计算？此胀缩变形量与膨胀地基容许变形值之间有什么关系？

7-9　膨胀土地基的实际变形量的计算分几种情况？各种情况如何计算？

7-10　膨胀土地基分级变形量如何计算？膨胀土地基按分级变形量划分为几种等级？

7-11　红黏土是怎样形成的？具有何种特性？

7-12　红黏土地基的不均匀性如何进行处理？

习　题

7-1　陇西地区某湿陷性黄土场地的地层情况为：0～12.5 m 为湿陷性黄土，12.5 m 以下为非湿陷性土。钻井资料见表 7-16，地面水平，标高为±0.000，判别湿陷性黄土地基的湿陷等级。

表 7-16　　习题 7-1 表

取样深度/m	湿陷系数 δ_s	自重湿陷系数 δ_{zs}
1	0.076	0.011
2	0.070	0.013
3	0.065	0.016
4	0.055	0.017
5	0.050	0.018
6	0.045	0.019
7	0.043	0.020
8	0.037	0.022
9	0.011	0.010
10	0.036	0.025
11	0.018	0.027
12	0.014	0.016
13	0.006	0.010
14	0.002	0.005

7-2　某三层建筑物位于膨胀土场地上，基础为浅基础，埋深 1.2 m，基础的尺寸为 2 m×2 m，湿度系数 $\psi_w=0.6$，地表下 1 m 处的天然含水量 $w=26.4\%$，塑限含水量 $w_p=20.5\%$，各深度处膨胀土的工程特性指标见表 7-17。试计算该地基分级变形量并判定地基的胀缩等级。

表 7-17　　习题 7-2 表

土层深度	土性	重度 $\gamma/(\mathrm{kN\cdot m^{-3}})$	50 kPa 压力下的膨胀率 $\delta_{ep}/\%$	收缩系数 λ_s
0～2.5 m	膨胀土	18.0	1.5	0.12
2.5～3.5 m	膨胀土	17.8	1.3	0.11
3.5 m 以下	泥灰岩	—	—	—

7-3　已知某膨胀土土坡，坡角为 10°，坡顶上一建筑基础外边缘至坡肩的水平距离为 8 m，土的湿度系数为 0.9，试确定坡地上基础埋置深度 d。

第8章 地基基础抗震

本章提要

地震是一种严重的自然地质灾害，造成的危害十分严重。在地震荷载作用下，地基土体强度大幅度降低，丧失支承建筑物的能力，因此，地基基础必须进行抗震设计。

本章针对地震区的地基基础抗震设计进行了简要介绍。首先介绍了地震的基本概念以及工程抗震设防的基本知识，之后介绍了地震区场地类别划分及地基的震害，再之后介绍了天然地基基础和桩基的抗震设计方法，最后介绍了地基的液化评价方法及抗液化措施。

学习目标

思政小课堂

(1)了解地震的基本概念和抗震设防的基本知识。

(2)了解地震区场地类别的划分及地震震害。

(3)掌握天然地基基础和桩基的抗震验算方法。

(4)了解地基的抗液化措施，掌握地基的液化判别方法和液化等级评价方法。

8.1 概述

8.1.1 地震的成因类型

地震是地壳在内部因素或外部因素作用下产生振动的一种地质现象。发生地震的原因很多，火山爆发可能引起火山地震，地下溶洞或地下采空区的塌陷也会引起陷落地震，强的爆破、山崩、陨石坠落等也可能引起地震。但这些地震一般规模小，影响范围小，次数也不多。地震按成因可以分为如下类型：

(一)构造地震

构造地震是地壳的构造运动使岩层变形，当所产生的应力达到岩层的极限强度时，地壳发生断裂，在变形过程中积累的大量势能顷刻释放出来，并以地震波的形式传至地表。它震动强烈，而且传播范围较广。地球上此类地震发生次数最多，占 90%以上。

(二)火山地震

火山地震是由火山作用、岩浆活动、气体爆炸等引起的地震。此类地震作用范围一般较小，占地震总数的 7%左右。火山和地震都是地壳运动的产物，往往互为关联。如 1960 年 5 月 22 日智利发生 8.5 级大地震，48 小时后沉睡了 55 年之久的普惠山火山复活喷发。

(三)陷落地震

陷落地震主要是地下岩溶塌陷或滑坡等冲击作用引起的地面震动，亦称冲击地震。这类地震约占地震总数的 3%，震级较小，影响范围很少超过几平方公里。矿区陷落地震最大可达 5 级左右，我国曾发生过 4 级的陷落地震。虽然陷落地震的震源浅，但对矿井上部和下部仍会造成较严重的破坏，并威胁到矿工的生命安全，应引起注意。

(四)诱发地震

诱发地震是指在特定的地区因人类工程活动或外界因素诱发的地震，如地下核爆炸、水库蓄水、陨石坠落、油井灌水等都可能诱发地震，其中最常见的是水库地震。如广东河源新丰江水库 1959 年建库，1962 年发生了最大震级为 6.1 级的地震，水库蓄水后改变地面的应力状态，且库水渗透到已有的断层里，起到润滑和腐蚀作用，促使断层产生新的滑动。但并不是所有的水库蓄水后均会诱发地震，只有当库区存在活动断裂、岩性刚硬等条件时，才有可能诱发地震。

据统计，全世界每年大约发生几百万次地震，人们能感觉到的仅占 1%左右，7 级以上强烈破坏性的灾害性地震每年多则二十几次，少则三、五次。

8.1.2　地震的分布

千余年的地震历史资料及近代地震学研究表明，地球上的地震分布极不均匀，主要分布于新构造运动较为活跃的两条地震带上：

(1)环太平洋地震带：位于太平洋沿岸，包括日本本岛、琉球群岛、我国台湾省。这一环形区地震释放的能量占世界地震总能量的 75%～80%。

(2)地中南海亚地震带：从印尼经缅甸、我国西南地区、帕米尔高原，直至地中海。这一带地震能量占世界地震总能量的 15%～20%。

我国正处在这两大地震带的中间，属于多地震活动的国家。地震在我国的主要活动区如下：

东北地区：辽宁南部和部分山区。

华北地区：汾渭河谷、山西东北、河北平原、山东中部到渤海地区。

西北地区：甘肃河西走廊、宁夏、天山南北麓。

西南地区：云南中部和西部、四川西部、西藏东南部。

东南地区：台湾省及其附近的海域，福建、广东的沿海地区。

8.1.3 震源、震中与地震波

在地壳内部，震动的发源处称为“震源”。震源在地表的投影称为“震中”，如图 8-1 所示。震中与震源的距离称为“震源深度”，一般为数千米至数百千米。当震源深度≤60 km 时，称为浅源地震。全世界 95%以上的地震都是浅源地震。

地震所引起的振动，以波的形式从震源向各个不同方向传播，这就是地震波。地震波分为体波和面波，如图 8-1 所示。

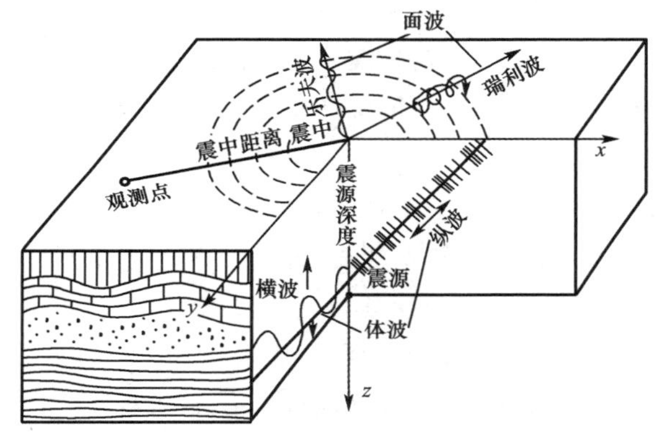

图 8-1　地震波传播

体波是在地球内部传播的地震波，具有两种形式，即纵波（P 波）和横波（S 波）。纵波在传播过程中，其介质质点的振动方向和波的传播方向一致，所以也称压缩波，纵波的周期短、振幅小、传播速度快，为 5～6 km/s。横波传播时，其介质质点的振动方向和波的传播方向垂直，所以也称剪切波。横波的周期长、振幅较大、传播速度为 3～4 km/s。

面波是体波通过地壳分层介质时被激发出来的波，只在地面附近传播，分为瑞利波（R 波）和乐夫波（L 波）两种。瑞利波在传播时，质点在波的传播方向与地面法线所组成的平面内做椭圆运动。乐夫波则在地面上呈蛇形运动形式。面波振幅大而周期长，只在地表附近传播。面波速度约为横波的 90%，面波比体波衰减慢，故能传到很远的地方。

纵波使建筑物产生上下颠簸，横波使建筑物产生水平摇动，而面波则使建筑物既产生上下颠簸又产生水平摇动，一般是在横波和面波都达到地面时建筑物振动最为剧烈。

8.1.4 地震的震级和烈度

（一）地震震级

地震震级是表示地震本身能量大小的一种量度，以 M 表示。通常由仪器的观测来确定震级的大小。每一次地震具有一个震级。

震级的原始定义是，在离震中 100 km 处采用伍德-安德森（Wood-Anderson）式标准水平地震仪（摆的自振周期为 0.8 s，阻尼系数为 0.8，最大倍率为 2 800 倍）所记录到的最大水平位移（振幅 A，以 μm 计）的常用对数值，其表达式为

$$M=\lg A \tag{8-1}$$

这个震级的定义是 1935 年里克特（Richter）给出的，故称之为里氏震级。例如，地震仪实测振幅为 10 mm，即 10 000 μm，则震级为 4 级。

实际上，距震中 100 km 处不一定有地震台，现在也不用上述地震仪，所以需要根据震中距离和使用的仪器对实测的震级进行适当的修正。

震级的大小直接与震源释放的能量有关，震级 M 与能量 E（尔格，1×10^{-7} 焦耳）之间有如下关系，即

$$\lg E=1.5M+11.8 \tag{8-2}$$

一级地震所释放的能量相当于 2×10^{13} 尔格，由此可知，每增加一级，能量则增加约 32 倍。

一般情况下，小于 2 级的地震，人们感觉不到，称为微震；2～4 级地震称为有感地震；5 级以上的地震会造成不同程度的破坏，称为破坏性地震或中等地震；7 级以上称为强烈地震或大地震；8 级以上称为特大地震。

（二）地震烈度

1. 地震烈度的含义

同样大小震级的地震，造成的破坏不一定相同；同一次地震，在不同的地方造成的破坏也不一样。为了衡量地震的破坏程度，科学家又“制作”了另一把“尺子”——地震烈度。地震烈度与震级、震源深度、震中距离以及震区的土质条件等有关。

一般情况下，一次地震发生后，震中的破坏最严重，烈度最高；这个烈度称为震中烈度。从震中向四周扩展，地震烈度逐渐减小。

一次地震只有一个震级，但它所造成的破坏，在不同的地区是不同的。也就是说，一次地震，可以划分出好几个烈度不同的地区。这与一颗炸弹爆炸后，近处与远处破坏程度不同的道理一样。炸弹的炸药量，好比是震级；炸弹对不同地点的破坏程度，好比是烈度。例如，1976 年唐山地震，震级为 7.8 级，震中烈度为 11 度；受唐山地震的影响，天津市地震烈度为 8 度，北京市地震烈度为 6 度，再远到石家庄、太原等就只有 4～5 度了。

为评定地震烈度而建立起来的标准叫地震烈度表。早期的地震烈度表是根据地震的宏观现象，如人的感觉、器物的反应、地表和各类结构物的响应及破坏程度等总结出来的宏观烈度表。如今地震观测仪器的出现，使得人们可以根据地面运动的参数，如加速度峰值、速度峰值等来定义烈度，出现了将宏观烈度与地震地面运动参数结合起来的地震烈度表。我国和世界上绝大多数国家将地震烈度划分为 12 度，《中国地震烈度表》(GB/T 17742—2020)给出了烈度的评价标准，见表 8-1。表中的平均震害指数是用于评定震害的一个数值：以房屋的“完好”为 0，“毁灭”为 1，其余介于 0 与 1 之间，按震害程度分级。表中个别、少数、多数、大多数和绝大多数的范围界定分别为占 10%以下、(10～45)%、(40～70)%、(60～90)%和 80%以上。房屋类型中 A 类为木架构和土、石、砖墙建造的旧式房屋；B 类为未经抗震设防的单层或多层砌体房屋；C 类为按照 7 度抗震设防的单层或多层砖砌体房屋。

按烈度表，6 度以下的地震对一般建筑物的影响不大；6～9 度的地震则对建筑物产生不同程度的影响，需采取相适应的抗震措施；10 度以上的地震引起的破坏是毁灭性的，难以设防。所以，《建筑抗震设计规范》(2016 年版)(GB 50011—2010)指出：该规范适用于 6～9 度地区建筑工程的抗震设计、隔震和消能减震设计。

表 8-1　中国地震烈度表

地震烈度	人的感觉	房屋震害			其他震害现象	水平向地面运动	
		类型	震害程度	平均震害指数		峰值加速度/($m\cdot s^{-2}$)	峰值速度/($m\cdot s^{-1}$)
1	无感	—	—	—	—	—	—
2	室内个别静止中人有感觉	—	—	—	—	—	—
3	室内少数静止中人有感觉	—	门、窗轻微作响	—	悬挂物微动	—	—
4	室内多数人、室外少数人有感觉，少数人梦中惊醒	—	门、窗作响	—	悬挂物明显摆动，器皿作响	—	—
5	室内绝大多数、室外多数人有感觉，多数人梦中惊醒	—	门窗、屋顶、屋架颤动作响，灰土掉落，个别房屋墙体抹灰出现细微裂缝，有檐瓦掉落，个别屋顶烟囱掉砖	—	不稳定器物摇动或翻倒	0.31 (0.22～0.44)	0.03 (0.02～0.04)
6	多数人站立不稳，少数人惊逃户外	A	少数中等破坏，多数轻微破坏和/或基本完好	0～0.10	家具和物品移动；河岸和松软土出现裂缝，饱和砂层出现喷砂冒水；个别独立砖烟囱轻度裂缝	0.63 (0.45～0.89)	0.06 (0.05～0.09)
		B	个别中等破坏，少数轻微破坏，多数基本完好				
		C	个别轻微破坏，大多数基本完好	0.00～0.08			

（续表）

<table>
<tr><th rowspan="2">地震烈度</th><th rowspan="2">人的感觉</th><th colspan="3">房屋震害</th><th rowspan="2">其他震害现象</th><th colspan="2">水平向地面运动</th></tr>
<tr><th>类型</th><th>震害程度</th><th>平均震害指数</th><th>峰值加速度/($m\cdot s^{-2}$)</th><th>峰值速度/($m\cdot s^{-1}$)</th></tr>
<tr><td rowspan="3">7</td><td rowspan="3">大多数人惊逃户外，骑自行车的人有感觉，行驶中的汽车驾乘人员有感觉</td><td>A</td><td>少数毁坏和/或严重破坏，多数中等破坏和/或轻微破坏</td><td rowspan="2">0.09～0.31</td><td rowspan="3">物品从架子上掉落；河岸出现塌方；饱和砂层常见喷砂冒水，松软土地上地裂缝较多；大多数独立砖烟囱中等破坏</td><td rowspan="3">1.25
(0.90～1.77)</td><td rowspan="3">0.13
(0.10～0.18)</td></tr>
<tr><td>B</td><td>少数中等破坏，多数轻微破坏和/或基本完好</td></tr>
<tr><td>C</td><td>少数中等和/或轻微破坏，多数基本完好</td><td>0.07～0.22</td></tr>
<tr><td rowspan="3">8</td><td rowspan="3">多数人摇晃颠簸，行走困难</td><td>A</td><td>少数毁坏，多数严重和/或中等破坏</td><td rowspan="2">0.29～0.51</td><td rowspan="3">干硬土上亦出现裂缝；饱和砂层绝大多数喷砂冒水；大多数独立砖烟囱严重破坏</td><td rowspan="3">2.50
(1.78～3.53)</td><td rowspan="3">0.25
(0.19～0.35)</td></tr>
<tr><td>B</td><td>个别毁坏，少数严重破坏，多数中等和/或轻微破坏</td></tr>
<tr><td>C</td><td>少数严重和/或中等破坏，多数轻微破坏</td><td>0.20～0.40</td></tr>
<tr><td rowspan="3">9</td><td rowspan="3">行动的人摔倒</td><td>A</td><td>多数严重和/或毁坏</td><td rowspan="2">0.49～0.71</td><td rowspan="3">干硬土上多处出现裂缝；可见基岩裂缝、错动；滑坡塌方常见；独立砖烟囱多数倒塌</td><td rowspan="3">5.00
(3.54～7.07)</td><td rowspan="3">0.50
(0.36～0.71)</td></tr>
<tr><td>B</td><td>少数毁坏，多数严重破坏和/或中等破坏</td></tr>
<tr><td>C</td><td>少数毁坏和/或严重破坏，多数中等和/或轻微破坏</td><td>0.38～0.60</td></tr>
<tr><td rowspan="3">10</td><td rowspan="3">骑自行车的人会摔倒，处不稳状态人会摔离原地，有抛起感</td><td>A</td><td>绝大多数毁坏</td><td rowspan="2">0.69～0.91</td><td rowspan="3">山崩和地震断裂出现；基岩上拱桥破坏；大多数独立砖烟囱从根部破坏或倒毁</td><td rowspan="3">10.0
(7.08～14.14)</td><td rowspan="3">1.00
(0.72～1.41)</td></tr>
<tr><td>B</td><td>大多数毁坏</td></tr>
<tr><td>C</td><td>多数毁坏和/或严重破坏</td><td>0.58～0.80</td></tr>
<tr><td rowspan="3">11</td><td rowspan="3">—</td><td>A</td><td rowspan="3">绝大多数毁坏</td><td>0.89～1.00</td><td rowspan="3">地震断裂延续很长；大量山崩滑坡</td><td rowspan="3">—</td><td rowspan="3">—</td></tr>
<tr><td>B</td><td rowspan="2">0.78～1.00</td></tr>
<tr><td>C</td></tr>
<tr><td rowspan="3">12</td><td rowspan="3">—</td><td>A</td><td rowspan="3">几乎全部毁坏</td><td rowspan="3">1.00</td><td rowspan="3">地面剧烈变化，山河改观</td><td rowspan="3">—</td><td rowspan="3">—</td></tr>
<tr><td>B</td></tr>
<tr><td>C</td></tr>
</table>

注：表中给出的“峰值加速度”和“峰值速度”是参考值，括弧内给出的是变动范围。

2. 基本烈度和设防烈度

地震是随机的动力作用，某地区的烈度与地震发生的概率密切相关。小地震常常发生，而大地震发生的概率很小。50 年内超越概率为 63％的地震(地震重现期为 50 年)称为多遇地震，相应的烈度称为众值烈度。50 年内超越概率为 10％(地震重现期为 475 年)的烈度称为基本烈度。50 年内超越概率为 2％～3％(地震重现期 1 600～2 400 年)的烈度称为罕遇烈度。由国家授权的机构批准，作为某一个地区抗震设防所依据的地震烈度称为抗震设防烈度。一般情况取 50 年内超越概率为 10％的地震烈度。

一般情况下，抗震设防烈度可采用中国地震烈度区划图的地震基本烈度，或采用与《建筑抗震规范》(2016 年度)(GB 50011—2010)设计基本地震加速度值对应的地震烈度，见 7.1.6 节。对已编制抗震设防区划的城市，也可采用批准的抗震设防烈度。各类建筑物的抗震设计应根据建筑物受地震破坏后产生后果的严重性对设防烈度适当调整。

8.1.5 抗震设防目标、类别和设防标准

抗震设防的所有建筑应按现行国家标准《建筑工程抗震设防分类标准》(GB 50223—2008)确定其抗震设防类别及其抗震设防标准。

(一)抗震设防目标

设防烈度太高或太低都不合适，太高，设防的费用很大；太低，建筑物破坏的可能性增大。工程抗震设防的目的是在一定经济条件下，最大限度地限制和减轻建筑物的地震破坏，保障人民生命财产的安全。

我国《建筑抗震设计规范》明确提出了三个水准的抗震设防要求，即“小震不坏，中震可修，大震不倒”。具体地说：当遭受低于本地区设防烈度的多遇地震影响时，建筑物一般不受损失或不需要修理仍可继续使用；当遭受相当于本地区设防烈度的地震影响时，建筑物可能受损失，但经一般修理即可恢复正常使用；当遭受高于本地区设防烈度的罕遇地震影响时，建筑物不致倒塌或发生危及生命安全的严重破坏。

(二)抗震设防类别

建筑根据其使用功能的重要性分为甲、乙、丙、丁类四个抗震设防类别。甲类建筑应属于重大建筑工程以及地震时可能发生严重次生灾害的建筑，乙类建筑应属于地震时使用功能不能中断或需尽快恢复的建筑，丙类建筑应属于除甲、乙、丁类以外的一般建筑，丁类建筑应属于抗震次要建筑。

(三)抗震设防标准

抗震设防标准是衡量抗震设防要求高低的尺度，由抗震设防烈度或设计地震动参数及建筑抗震设防类别确定。各抗震设防类别建筑的抗震设防标准，应符合下列要求：

(1)甲类建筑，地震作用应高于本地区抗震设防烈度的要求，其值应按批准的地震安全性评价结果确定；抗震措施，当抗震设防烈度为 6～8 度时，应符合本地区抗震设防烈度提高一度的要求，当为 9 度时，应符合比 9 度抗震设防更高的要求。

(2)乙类建筑，地震作用应符合本地区抗震设防烈度的要求；抗震措施，一般情况下，当抗震设防烈度为 6～8 度时，应符合本地区抗震设防烈度提高一度的要求，当为 9 度时，应符合比 9 度抗震设防更高的要求；地基基础的抗震措施，应符合有关规定。对较小的乙类建

筑，当其结构改用抗震性能较好的结构类型时，应允许仍按本地区抗震设防烈度的要求采取抗震措施。

(3)丙类建筑，地震作用和抗震措施均应符合本地区抗震设防烈度的要求。

(4)丁类建筑，一般情况下，地震作用仍应符合本地区抗震设防烈度的要求；抗震措施应允许比本地区抗震设防烈度的要求适当降低，但抗震设防烈度为 6 度时不应降低。

抗震设防烈度为 6 度时，除上述具体规定外，对乙、丙、丁类建筑可不进行地震作用计算。

8.1.6　地震影响

建筑所在地区遭受的地震影响，应采用相应于抗震设防烈度的设计基本地震加速度和特征周期表征。设计基本地震加速度是指 50 年设计基准期超越概率 10% 的地震加速度的设计取值。设计特征周期是指抗震设计用的地震影响系数曲线中，反应地震震级、震中距和场地类别等因素的下降段起始点对应的周期值，简称特征周期。地震影响的特征周期应根据建筑所在地的设计地震分组和场地类别确定。

抗震设防烈度和设计基本地震加速度取值的对应关系，应符合表 8-2 的规定。设计基本地震加速度为 $0.15g$ 和 $0.30g$ 地区的建筑，除规范另有规定外，应分别按抗震设防烈度 7 度和 8 度的要求进行抗震设计。g 为重力加速度。

表 8-2　抗震设防烈度和设计基本地震加速度取值的对应关系

抗震设防烈度	6	7	8	9
设计基本地震加速度	$0.05g$	$0.10g(0.15g)$	$0.20g(0.30g)$	$0.40g$

注：括号内数据用于规范指定的地区。

8.2　地震区场地特性及地基的震害

建筑地基的震害大小，与场地土的性质和类别有密切关系。在地震区常可发现在同一小区(如一个村)内的房屋结构类型和建筑质量基本相同，而各建筑物受到的地震灾害却有很大的差别，宏观地震烈度可能相差 1～2 度，出现“重灾区里有轻灾，轻灾区里有重灾”的烈度异常区，其主要原因在于场地条件不同。

8.2.1　地震区场地的划分与选择

场地对建筑物的抗震安全性有很大的影响，而评价场地的因素比较复杂，因为影响建筑震害和地震动参数的场地因素很多，其中包括局部地形、地质构造、地基土质等。因此，划分与选择场地是一项很重要的工作。

《建筑抗震设计规范》提出了如下多种划分标准：

(一)按地质、地形和地貌划分地段

选择建筑场地时,应根据工程需要,掌握地震活动情况、工程地质和地震地质的有关资料,对抗震有利、一般、不利和危险地段做出综合评价,见表 8-3。对抗震有利的地段,是指地震时地面无残余变形的坚硬土或开阔、平坦、密实、均匀的中硬土范围或地区;对抗震不利的地段,是指可能产生明显地基变形或失效的某一范围或地区;对抗震危险的地段,是指可能发生严重的地面残余变形的某一范围或地区。一般地段是除上述三种情况以外的地段。

表 8-3　有利、一般、不利和危险地段的划分

地段类别	地质、地形、地貌
有利地段	稳定基岩,坚硬土,开阔、平坦、密实、均匀的中硬土等
一般地段	不属于有利、不利和危险地段
不利地段	软弱土,液化土,条状突出的山嘴,高耸孤立的山丘,陡坡、陡坎,河岸和边坡的边缘,平面分布上成因、岩性、状态明显不均匀的土层(如古河道、疏松的断层破碎带、暗埋的塘浜沟谷和半填半挖地基),高含水量的可塑黄土,地表存在结构性裂缝等
危险地段	地震时可能发生滑坡、崩塌、地陷、地裂、泥石流等及发震断裂带上可能发生地表错位的部位

(二)按剪切波速评价地基土的性质

试验结果表明:剪切波在不同性质的岩土中的传播速度存在明显差异,坚硬岩土中速度快,软弱和疏松的土中速度慢。地基岩土按照剪切波的传播速度可以划分为岩石、坚硬土或软质岩石、中硬土、中软土和软弱土五类,见表 8-4。实际上,地基是由不同性质的岩土层组成的,各岩土层具有不一样的剪切波速,因此,在划分整体地基岩土的类型时,需要按照等效剪切波速确定。等效剪切波速的概念是剪切波穿越整个计算岩土层的时间等于分别穿越各个土层所用的时间之和时所对应的波速。

计算深度范围内,土层的等效剪切波速,应按下列公式计算,即

$$v_{se}=\frac{h_s}{t} \tag{8-3}$$

$$t=\sum_{i=1}^{n}\left(\frac{h_i}{v_{si}}\right) \tag{8-4}$$

式中　v_{se}——土层等效剪切波速,m/s;

h_s——计算深度,m,取覆盖层厚度和 20 m 二者的较小值;

t——剪切波速从地面至计算深度的传播时间,s;

h_i——计算深度范围内第 i 土层的厚度,m;

v_{si}——计算深度范围内第 i 土层的剪切波速,m/s;

n——计算深度范围内土层的分层数。

各土层的剪切波速应实测确定。对丁类建筑及丙类建筑中层数不超过 10 层、高度不超过 24 m 的多层建筑,当无实测剪切波速时,可根据岩土名称和性状,按表 8-4 划分土的类型,再利用当地经验在表 8-4 的剪切波速范围内估算各土层的剪切波速。表中的 f_{ak} 为由载荷试验等方法得到的地基承载力特征值。

表 8-4　土的类型划分和剪切波速范围

土的类型	岩土名称和性状	土层剪切波速 $v_s/(\mathrm{m\cdot s^{-1}})$
岩石	坚硬、较硬且完整的岩石	$v_s>800$
坚硬土或软质岩石	破碎和较破碎的岩石或软和较软的岩石、密实的碎石土	$800\geqslant v_s>500$
中硬土	中密、稍密的碎石土，密实、中密的砾，粗、中砂，$f_{ak}>150$ kPa 的黏性土和粉土，坚硬黄土	$500\geqslant v_s>250$
中软土	稍密的砾、粗、中砂，除松散外的细、粉砂，$f_{ak}\leqslant150$ kPa 的黏性土和粉土，$f_{ak}>130$ kPa 的填土，可塑新黄土	$250\geqslant v_s>150$
软弱土	淤泥和淤泥质土，松散的砂，新近沉积的黏性土和粉土，$f_{ak}\leqslant130$ kPa 的填土，流塑黄土	$v_s\leqslant150$

（三）按岩土的性质和场地覆盖层厚度划分场地类型

场地覆盖层厚度是指从地面到坚硬土层顶面的距离，其确定方法如下：

(1)一般情况下，应按地面至剪切波速大于 500 m/s 且其下卧各层岩土的剪切波速均不小于 500 m/s 的土层顶面的距离确定。

(2)当地面 5 m 以下存在剪切波速大于其上部各土层剪切波速 2.5 倍的土层，且该层及其下卧各层岩土的剪切波速均不小于 400 m/s 时，可按地面至该土层顶面的距离确定。

(3)剪切波速大于 500 m/s 的孤石、透镜体，应视为同周围土层。

(4)土层中的火山岩硬夹层，应视为刚体，其厚度应从覆盖土层中扣除。

建筑场地类别，根据土层等效剪切波速和场地覆盖层厚度按表 8-5 划分为四类，其中Ⅰ类分为 I_0、I_1 两个亚类。当有可靠的剪切波速和场地覆盖层厚度且其值处于表 8-5 所列场地类别的分界线附近时，应允许按插值方法确定地震作用计算所用的设计特征周期。

表 8-5　各类建筑场地的覆盖层厚度　m

岩石的剪切波速或土的等效剪切波速 $v_s/(\mathrm{m\cdot s^{-1}})$	场地类别				
	I_0	I_1	Ⅱ	Ⅲ	Ⅳ
$v_s>800$	0				
$800\geqslant v_s>500$		0			
$500\geqslant v_{se}>250$		<5	$\geqslant5$		
$250\geqslant v_{se}>150$		<3	3～50	>50	
$v_{se}\leqslant150$		<3	3～15	>15～80	>80

【例 8-1】　表 8-6 为某工程场地地质钻孔资料，试确定该场地类别。

表 8-6　【例 8-1】附表

土层底部深度/m	土层厚度 d_i/m	岩土名称	剪切波速 $v_{si}/(\mathrm{m\cdot s^{-1}})$
2.50	2.50	杂填土	200
4.00	1.50	粉　土	280
4.90	0.90	中　砂	310
6.10	1.20	砾　砂	500

解 因为地面下 4.90 m 以下土层剪切波速 $v_{si}=500$ m/s，所以场地计算深度 $d_0=4.90$ m。按式(8-3)计算，即

$$v_{se}=\frac{d_0}{\sum\limits_{i=1}^{n}\left(\frac{d_i}{v_{si}}\right)}=\frac{4.90}{\frac{2.50}{200}+\frac{1.50}{280}+\frac{0.90}{310}}=236\ \text{m/s}$$

由表 8-5 查得：当 250 m/s$>v_{se}=236$ m/s>150 m/s，且 3 m$<d_0=4.90$ m<50 m 时，该场地属于Ⅱ类场地。

8.2.2 场地条件对震害的影响

不同场地上建筑物的震害差异是很明显的。建筑物震害资料表明：在软弱地基上，柔性结构最容易遭到破坏，刚性结构表现较好；在坚硬地基上，柔性结构表现较好，而刚性结构表现不一，有的表现较差，有的又表现较好，常常出现矛盾现象。在坚硬地基上，建筑物的破坏通常因结构破坏而产生；在软弱地基上，则有时是由于结构破坏而有时是由于地基破坏所产生。就地面建筑物总的破坏现象来说，在软弱地基上的破坏比坚硬地基上的破坏要严重。

不同覆盖层厚度上的建筑物，其震害表现明显不同。通常，深厚覆盖土层上建筑物的震害较重，而浅覆盖土层上建筑物的震害则相对较轻。例如，1967 年委内瑞拉地震中，加拉加斯高层建筑的破坏主要集中在市内冲积层最厚的地方，具有非常明显的地区性；在覆盖层为中等厚度的一般地基上，中等高度一般房屋的破坏比高层建筑的破坏严重，而在基岩上各类房屋的破坏普遍较轻。在我国 1975 年辽宁海城地震和 1976 年唐山地震中也出现过类似的现象。

8.2.3 地基的震害

发生地震时地基多会出现不同的震害，常见的地基震害有液化、震陷、滑坡与地裂等震害形式。

(一)液化

饱和疏松的砂土和粉土受到振动后趋于密实，导致孔隙水压力骤然上升，相应地减小了土粒间的有效应力，从而降低了土体的抗剪强度。在周期性的地震荷载作用下，孔隙水压力逐渐累积，甚至可以完全抵消有效应力，使土粒处于悬浮状态，而接近液体的特性。这种现象称为液化。

地基土液化的宏观现象是：地表开裂、喷砂、冒水，从而引起滑坡和地基失效，使建筑物发生下陷、浮起、倾斜、开裂等震害现象。例如：1976 年唐山地震，8 度区内一栋办公楼因地基喷砂冒水下沉达 60 cm，不少地区发生喷砂冒水后，地面下陷使深井管冒出地面；1995 年日本阪神大地震，地基液化造成大型贮罐倾倒。应当强调指出：振动液化造成建筑物的破坏，不是仅仅一幢两幢、十幢八幢的事故，往往造成一个城市、一个地区大面积的灾害，使几

百幢甚至几千幢建筑物毁坏，危害极大，必须采取防治措施。

（二）震陷

地震时，地面的巨大沉陷称为"震陷"或"震沉"。此现象往往发生在砂性土或淤泥质土中。1960 年智利地震后，有一个岛因震陷而局部沉没。在 1976 年唐山地震后天津也广泛出现地面变形现象，导致建筑物产生差异沉降而倾斜。

震陷是一种宏观现象，原因主要如下：

(1)地震过后，松砂趋于密实产生大变形而沉陷。

(2)饱和砂土经振动液化后涌向四周洞穴中或从地表裂缝中逸出而引起地面变形。

(3)地震过后，淤泥质黏土结构受到扰动而强度显著降低，产生附加变形。

（三）滑坡与地裂

在山区和陡峭的河谷区域，强烈地震可能引起诸如山崩、滑坡、泥石流等大规模的岩土体运动，从而直接导致地基、基础和建筑物的破坏。例如，2008 年汶川发生的 8 级大地震，诱发了数以万计的滑坡灾害，导致两万人死亡。

在地震后，地表往往出现大量裂缝，称为"地裂"。地震引起的地裂主要有两种：一种是构造性地裂，由于较厚覆盖土层内部错动而产生；另一种是重力式地裂，是由斜坡滑动或上覆土层沿倾斜下卧层层面滑动而引起的地面张裂。地裂可使铁轨移位、管道扭曲，甚至可以拉裂房屋。例如，1976 年唐山地震时，地面出现一条长 10 km、水平错动 1.25 m、垂直错动 0.6 m 的大地裂，错动带宽约 2.5 m，致使在该断裂带附近的房屋、道路、地下管道等遭到极其严重的破坏，民用建筑几乎全部倒塌。

8.3 地基基础的抗震设计

8.3.1 抗震设计的基本原则

（一）选择有利的建筑场地

选择建筑场地时，应根据工程需要和地震活动情况、工程地质和地震地质的有关资料，对抗震有利、一般、不利和危险地段做出综合评价。对不利地段，应提出避开要求；当无法避开时应采取有效措施。对危险地段，严禁建造甲、乙类的建筑，不应建造丙类的建筑。

（二）正确的抗震设防

建筑场地为Ⅰ类时，甲、乙类建筑应允许仍按本地区抗震设防烈度的要求采取抗震构造措施；丙类建筑应允许按本地区抗震设防烈度降低一度的要求采取抗震构造措施，但抗震设防烈度为 6 度时仍应按本地区抗震设防烈度的要求采取抗震构造措施。

建筑场地为Ⅲ、Ⅳ类时，对设计基本地震加速度为 $0.15g$ 和 $0.30g$ 的地区，除规范另有规定外，宜分别按抗震设防烈度 8 度(0.20g)和 9 度(0.40g)时各抗震设防类别建筑的要求采取抗震构造措施。

(三)做好基础的设计

基础在整个建筑物中一般是刚度比较大的组成部分，又因处于建筑物的最低部位，周围还有土层的限制，因而振幅较小，故基础本身受到的震害总是较轻的。加强基础的抗震性能的目的主要是减轻上部结构的震害。措施如下：

1. 合理加大基础的埋置深度

加大基础埋深可以增加基础侧面土体对振动的抑制作用，从而减小建筑物的振幅。在条件允许时，可结合建造地下室以加深基础埋深。地下室内也宜设置内横墙，并应切实做好基槽的回填夯实工作。1976 年唐山地震中，凡有地下室的房屋，上部结构破坏均较轻，开滦煤矿地下车库和地下水电系统在震后仍可照常使用，在救灾工作中发挥了巨大的作用。

2. 调整基础底面积，减小基础偏心

当基础上作用的竖向荷载偏心较大时，可以增大偏心方向的基础边长以减小偏心距。

3. 加强基础的整体性和刚度

历次地震的震害经验表明：筏基、箱基等整体性好的基础对抗液化十分有利。例如，1976 年唐山地震时，天津一家医院 12.8 m 宽的筏基下有 2.3 m 厚的液化粉土，液化层距基底 3.5 m，未做抗液化处理，震后室外有喷砂冒水，但房屋基本不受影响。1995 年日本神户地震中也有许多类似的实例。桩基础的震沉小，动力反应不敏感，是一种良好的抗震基础形式。同一结构单元的基础不宜设置在性质截然不同的地基上；同一结构单元不宜部分采用天然地基部分采用桩基。当采用不同基础类型或基础埋深显著不同时，应根据地震时两部分基础的沉降差异，在基础、上部结构的相关部位采取相应措施。

(四)地基加固

地基为软弱黏性土、液化土、新近填土或严重不均匀土时，应根据地震时地基不均匀沉降和其他不利影响，采取相应的措施加固地基。

8.3.2 天然地基及基础的抗震验算

(一)可不进行抗震承载力验算的建筑

我国多次强震中遭受破坏的建筑实例表明，只有少数房屋是因为地基的原因而导致上部结构破坏的。这类地基大多数是液化地基、易产生震陷的软土地基和严重不均匀的地基，而一般地基均具有较好的抗震性能。因此，通常对于量大面广的一般地基和基础可不做抗震验算，而对于容易产生地基基础震害的液化地基、软土地基和严重不均匀地基，则采取相应的抗震措施。《建筑抗震设计规范》规定下列建筑可不进行天然地基及基础的抗震承载力验算：

(1)规范规定可不进行上部结构抗震验算的建筑。

(2)地基主要受力层范围内不存在软弱黏性土层的下列建筑(软弱黏性土层指 7 度、

8 度和 9 度时，地基承载力特征值分别小于 80 kPa、100 kPa 和 120 kPa 的土层)：

①一般的单层厂房和单层空旷房屋。

②砌体房屋。

③不超过 8 层且高度在 24 m 以下的一般民用框架和框架-抗震墙房屋。

④基础荷载与③项相当的多层框架厂房和多层混凝土抗震墙房屋。

(二)抗震验算

天然地基基础抗震验算时，应采用地震作用效应标准组合。考虑到地基土在有限次循环动力作用下，动强度一般比静强度略高；同时地震作用属于偶然荷载，作用时间短，在地震作用下允许可靠度降低。因此，除淤泥与可液化土等软弱土以外，地基抗震承载力应高于静承载力，即

$$f_{aE}=\zeta_a f_a \tag{8-5}$$

式中　f_{aE}——调整后的地基抗震承载力，kPa；

ζ_a——地基抗震承载力调整系数，应按表 8-7 采用；

f_a——深宽修正后的地基承载力特征值，kPa，应按第 2 章采用。

表 8-7　地基抗震承载力调整系数

岩土名称和性状	ζ_a
岩石，密实的碎石土，密实的砾、粗、中砂，$f_{ak}\geqslant 300$ kPa 的黏性土和粉土	1.5
中密、稍密的碎石土，中密和稍密的砾、粗、中砂，密实和中密的细、粉砂，150 kPa$\leqslant f_{ak}<$300 kPa 的黏性土和粉土，坚硬黄土	1.3
稍密的细、粉砂，100 kPa$\leqslant f_{ak}<$150 kPa 的黏性土和粉土，可塑黄土	1.1
淤泥，淤泥质土，松散的砂，杂填土，新近堆积黄土及流塑黄土	1.0

验算天然地基在地震作用下的竖向承载力时，按地震作用效应标准组合的基础底面平均压力和边缘最大压力应满足

$$p\leqslant f_{aE} \tag{8-6}$$

$$p_{max}\leqslant 1.2f_{aE} \tag{8-7}$$

式中　p——地震作用效应标准组合的基础底面平均压力，kPa；

p_{max}——地震作用效应标准组合的基础边缘的最大压力，kPa。

高宽比大于 4 的高层建筑，在地震作用下基础底面不宜出现零应力区；其他建筑，基础底面与地基土之间零应力区面积不应超过基础底面面积的 15%。

【例 8-2】　某厂房采用现浇柱下独立基础，基础埋深为 3 m，基础底面为正方形，边长为 4 m。由平板载荷试验得基底主要受力层的地基承载力特征值为 $f_{ak}=190$ kPa，地基土的其余参数如图 8-2 所示，地下水位较深。考虑地震作用效应标准组合时计算得基底形心荷载为：$N=4\ 850$ kN，$M=920$ kN·m(单向偏心)。试验算地基的抗震承载力。

解　(1)基底压力计算

基底平均压力为

$$p=\frac{N}{A}=\frac{4\ 850}{4\times 4}=303.1\ \text{kPa}$$

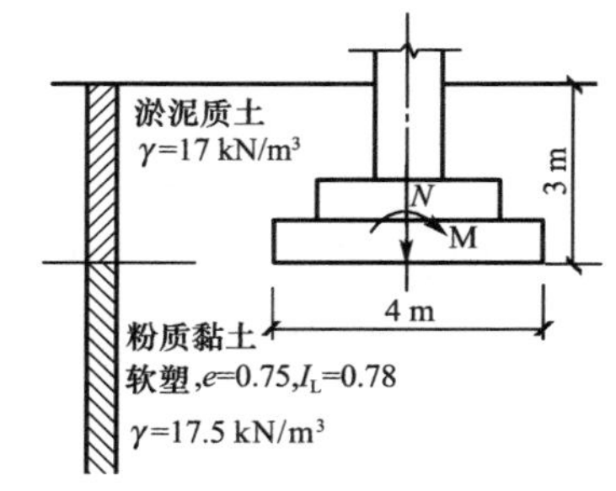

图 8-2 【例 8-2】图

基底边缘压力为

$$p_{\max}=\frac{N}{A}+\frac{M}{W}=\frac{4\,850}{4\times4}+\frac{920\times6}{4\times4^2}=389.4\ \text{kPa}$$

$$p_{\min}=\frac{N}{A}-\frac{M}{W}=\frac{4\,850}{4\times4}-\frac{920\times6}{4\times4^2}=216.8\ \text{kPa}$$

(2)地基抗震承载力

先确定 f_a,由表 2-2 查得:$\eta_b=0.3$,$\eta_d=1.6$,故有

$$f_a=f_{ak}+\eta_b\gamma(b-3)+\eta_d\gamma_m(d-0.5)=190+0.3\times17.5\times(4-3)+1.6\times17\times(3-0.5)$$
$$=263.3\ \text{kPa}$$

由表 8-7 查得地基抗震承载力调整系数 $\zeta_a=1.3$,故地基抗震承载力 f_{aE} 为

$$f_{aE}=\zeta_a f_a=1.3\times263.3=342.3\ \text{kPa}$$

(3)验算

$$p=303.1\ \text{kPa}<f_{aE}=342.3\ \text{kPa}$$

$$p_{\max}=389.4\ \text{kPa}<1.2f_{aE}=410.8\ \text{kPa}$$

$$p_{\min}=216.8\ \text{kPa}>0$$

故地基承载力满足抗震要求。

8.3.3 桩基的抗震验算

(一)可不进行承载力验算的范围

承受竖向荷载为主的低承台桩基,当地面下无液化土层,且桩承台周围无淤泥、淤泥质土和地基承载力特征值不大于 100 kPa 的填土时,下列建筑可不进行桩基抗震承载力验算:

(1)规范中规定可不进行上部结构抗震验算且采用桩基的建筑;

(2)7 度和 8 度烈度时的下列建筑:

①一般的单层厂房和单层空旷房屋。

②不超过 8 层且高度在 24 m 以下的一般民用框架房屋。

③基础荷载与②项相当的多层框架厂房和多层混凝土抗震墙房屋。

(二)非液化土中低承台桩基的抗震验算原则

非液化土中低承台桩基的抗震验算,应符合下列规定:

(1)单桩的竖向和水平向抗震承载力特征值,可均比非抗震设计时提高 25%。

(2)当承台周围的回填土夯实至干密度不小于《建筑地基基础设计规范》(GB 50007—2011)对填土的要求时,可由承台正面填土与桩共同承担水平地震作用;但不应计入承台底面与地基土间的摩擦力。

(三)存在液化土层的低承台桩基抗震验算原则

存在液化土层的低承台桩基抗震验算,应符合下列规定:

(1)承台埋深较浅时,不宜计入承台周围土的抗力或刚性地坪对水平地震作用的分担作用。

(2)当桩承台底面上、下分别有厚度不小于 1.5 m、1.0 m 的非液化土层或非软弱土层时,可按下列两种情况进行桩的抗震验算,并按不利情况设计:

①桩承受全部地震作用,桩承载力按非液化土中低承台桩基的抗震验算原则取用,液化土的桩周摩阻力及桩水平抗力均应乘以表 8-8 的折减系数。表中 d_s 为饱和土标准贯入点深度。

②地震作用按水平地震影响系数最大值的 10%采用,桩承载力仍按非液化土中低承台桩基的抗震验算(2)取用,但应扣除液化土层的全部摩阻力及桩承台下 2 m 深度范围内非液化土的桩周摩阻力。

表 8-8　土层液化影响折减系数

实际标贯锤击数/临界标贯锤击数	深度 d_s/m	折减系数
≤0.6	$d_s\leqslant 10$	0
	$10<d_s\leqslant 20$	1/3
>0.6～0.8	$d_s\leqslant 10$	1/3
	$10<d_s\leqslant 20$	2/3
>0.8～1.0	$d_s\leqslant 10$	2/3
	$10<d_s\leqslant 20$	1

(3)打入式预制桩及其他挤土桩,当平均桩距为 2.5～4 倍桩径且桩数不少于 5×5 时,可计入打桩对土的加密作用及桩身对液化土变形限制的有利影响。当打桩后桩间土的标准贯入锤击数值达到不液化的要求时,单桩承载力可不折减,但对桩尖持力层作强度校核时,桩群外侧的应力扩散角应取为零。打桩后桩间土的标准贯入锤击数宜由试验确定,也可按式(8-8)计算,即

$$N_1=N_p+100\rho(1-e^{-0.3N_p}) \tag{8-8}$$

式中　N_1——打桩后的标准贯入锤击数;

ρ——打入式预制桩的面积置换率;

N_p——打桩前的标准贯入锤击数。

处于液化土中的桩基承台周围,宜用密实干土填筑夯实,若用砂土或粉土则应使土层的标准贯入锤击数不小于式(8-12)规定的液化判别标准贯入锤击数临界值。

8.4 液化判别与抗震措施

8.4.1 地基液化判别

对于饱和砂土和饱和粉土(不含黄土)的液化判别和地基处理，6 度时，一般情况下可不进行判别和处理，但对液化沉陷敏感的乙类建筑可按 7 度的要求进行判别和处理。地基土液化判别可分两步进行。

(一)初步判别

饱和砂土和粉土(不含黄土)地基，当符合下列条件之一时，可初步判别为不液化或可不考虑液化的影响：

(1)地质年代为第四纪晚更新世(Q_3)及其以前时，7、8 度时可判为不液化。

(2)粉土的黏粒(粒径小于 0.005 mm 的颗粒)含量百分率，7 度、8 度和 9 度分别不小于 10、13 和 16 时，可判为不液化土。用于液化判别的黏粒含量系采用六偏磷酸钠作分散剂测定，采用其他方法时应按有关规定换算。

(3)浅埋天然地基的建筑，当上覆非液化土层厚度和地下水位深度符合下列条件之一时，可不考虑液化影响，即

$$d_u > d_0 + d_b - 2 \tag{8-9}$$

$$d_w > d_0 + d_b - 3 \tag{8-10}$$

$$d_u + d_w > 1.5d_0 + 2d_b - 4.5 \tag{8-11}$$

式中 d_w——地下水位深度，m，宜按设计基准期内年平均最高水位采用，也可按近期内年最高水位采用；

d_u——上覆盖非液化土层厚度，m，计算时宜将淤泥和淤泥质土层扣除；

d_b——基础埋置深度，m，不超过 2 m 时应采用 2 m；

d_0——液化土特征深度，m，可按表 8-9 采用。

表 8-9 液化土特征深度 m

饱和土类别	7 度	8 度	9 度
粉土	6	7	8
砂土	7	8	9

(二)采用标准贯入锤击数判别

当饱和砂土、粉土的初步判别认为需进一步进行液化判别时，应采用标准贯入试验判别法判别地面下 20 m 深度范围内土的液化；但对于天然地基及基础中可不进行抗震承载力验算的各类建筑，可只判别地面下 15 m 范围内土的液化。当饱和土标准贯入锤击数(未经杆长修正)小于或等于液化判别标准贯入锤击数临界值时，应判为液化土。当有成熟经验

时，尚可采用其他判别方法。

在地面下 20 m 深度范围内，液化判别标准贯入锤击数临界值可按式(8-12)计算，即

$$N_{cr}=N_0\beta[\ln(0.6d_s+1.5)-0.1d_w]\sqrt{3/\rho_c} \tag{8-12}$$

式中　N_{cr}——液化判别标准贯入锤击数临界值；

N_0——液化判别标准贯入锤击数基准值，应按表 8-10 采用；

d_s——饱和土标准贯入点深度，m；

d_w——地下水位，m；

ρ_c——黏粒含量百分率，当小于 3 或为砂土时，应采用 3；

β——调整系数，设计地震第一组取 0.80，第二组取 0.95，第三组取 1.05。

表 8-10　液化判别标准贯入锤击数基准值 N_0

设计基本地震加速度(g)	0.10	0.15	0.20	0.30	0.40
液化判别标准贯入锤击数基准值	7	10	12	16	19

【例 8-3】　某中学拟建三层教学楼，经岩土工程勘察，已知地基土为第四纪全新世的沉积层。自上而下可分为七层：第①层为素填土，中密，层厚 $h_1=2.5$ m；第②层为可塑黏土，层厚 $h_2=0.8$ m；第③层为粉质黏土，层厚 $h_3=3.1$ m；第④层为粉土，中偏软，层厚 $h_4=2.8$ m；第⑤层为粉质黏土，可塑状态，层厚 $h_5=3.5$ m；第⑥层为中密细砂，层厚 $h_6=0.75$ m；第⑦层为卵石，密实状态，层厚 $h_7=4.8$ m，未穿透。地下水位埋深 5.53 m，位于第③层粉质黏土下部。当地烈度为 8 度，判别该地基是否会产生液化。

解　初步判别：由于地质年代为第四纪全新世沉积层，晚于更新世，不能判别为不液化土。

首先考虑公式(8-9)

由勘察结果知第④层粉土为液化土，上覆第①～③层为上覆土层，厚度为 $d_u=2.5+0.8+3.1=6.4$ m；

根据烈度为 8 度，液化土为粉土，查表 8-9，液化土特征深度 $d_0=7$ m；

基础埋置深度 d_b，考虑教学大楼为三层建筑，$d_b<2$ m，取 $d_b=2$ m。

因为 $d_u=6.4\ \text{m}<d_0+d_b-2=7+2-2=7$ m，不满足公式(8-9)，须再按式(8-10)进行判别。

地下水位深度 $d_w=5.53$ m。

因为 $d_w=5.53\ \text{m}<d_0+d_b-3=7+2-3=6$ m，不满足公式(8-10)，再按式(8-11)判别

因为 $d_u+d_w=6.4+5.53=11.93\ \text{m}>1.5d_0+2d_b-4.5=10.5+4-4.5=10$ m

符合公式(8-11)要求，所以该教学楼可不考虑液化影响。

8.4.2　液化指数及液化等级

对存在液化砂土层、粉土层的地基，应探明各液化土层的深度和厚度，按式(8-13)计算每个钻孔的液化指数，并按表 8-11 综合划分地基的液化等级。

$$I_{lE}=\sum_{i=1}^{n}\left(1-\frac{N_i}{N_{cri}}\right)d_iW_i \tag{8-13}$$

式中 I_{lE}——液化指数；

n——在判别深度范围内每一个钻孔标准贯入试验点的总数；

N_i、N_{cri}——i 点标准贯入锤击数的实测值和临界值，当实测值大于临界值时应取临界值的数值；当需要判别 15 m 范围内的液化时，15 m 以下的实测值可按临界值采用；

d_i——i 点所代表的土层厚度，m，可采用与该标准贯入试验点相邻的上、下两标准贯入试验点深度差的一半，但上界不高于地下水位深度，下界不深于液化深度；

W_i——i 土层单位土层厚度的层位影响权函数值，m^{-1}，当该层中点深度不大于 5 m 时应采用 10，等于 20 m 时应采用零值，5～20 m 时应按线性内插法取值。

表 8-11 液化等级与液化指数的对应关系

液化等级	轻微	中等	严重
液化指数	$0<I_{lE}\leqslant 6$	$6<I_{lE}\leqslant 18$	$I_{lE}>18$

【例 8-4】 某工程按 8 度设防，其工程地质年代属 Q_4，钻孔资料自上而下为：砂土层至 2.1 m，砂砾层至 4.4 m，细砂层至 8.0 m，粉质黏土层至 20 m；砂土层及细砂层黏粒含量均低于 3%；地下水位深度 1.0 m；基础埋深 1.5 m；设计地震场地分组属于第一组。试验结果见表 8-12。试对该工程场地液化可能做出评价。

表 8-12 【例 8-4】试验结果

测　点	测点深度 d_{si}/m	标贯值 N_i
1	1.4	5
2	5.0	7
3	6.0	11
4	7.0	18

解 1.初步判别

由于地质年代为第四纪全新世沉积层（Q_4），不能判别为不液化土。

查表 8-9 对应 8 度时，液化土特征深度：砂土 $d_0=8$ m；基础埋深<2 m，$d_b=2$ m；$d_w=1$ m；$d_u=0$。

考虑式(8-9)～式(8-11)，有

$$d_u=0<d_0+d_b-2=8+2-2=8\ \text{m}$$

$$d_w=1<d_0+d_b-3=8+2-3=7\ \text{m}$$

$$d_w+d_u=1<1.5d_0+2d_b-4.5=1.5\times 8+2\times 2-4.5=11.5\ \text{m}$$

故均不满足不液化条件，需进一步判别。

2.根据标准贯入锤击数进行液化判别

按公式(8-12)计算 N_{cr}，式中 $N_0=12$（8 度，0.2g），$d_w=1.0$，第一组取 $\beta=0.8$，$\rho_c=3$，测点深度见表 8-12，可依次计算 N_{cr}，见表 8-13。

$$N_{cr}=N_0\beta[\ln(0.6d_s+1.5)-0.1d_w]\sqrt{3/\rho_c}$$

表 8-13　　【例 8-4】液化分析结果

测点	测点深度 d_{si}/m	标贯值 N_i	测点土厚度 d_i/m	标贯临界值 N_{cr}	d_i 的中点深度 Z_i/m	W_i/m^{-1}	I_{lE}
1	1.4	5	1.1	7.7	1.55	10	3.86
2	5.0	7	1.1	14.2	4.95	10	5.58
3	6.0	11	1.0	15.5	6.0	9.3	2.7
4	7.0	18		16.5			

可见 4 点为不液化土层。对于液化土层需要计算液化指数并确定液化等级。

3.液化指数和液化等级确定

(1)计算层位影响权函数值

第 1 点，地下水位为 1.0 m，故上界为 1.0 m，下界为 2.1 m，即

$$d_1=2.1-1.0=1.1\text{ m},Z_1=1.0+\frac{1.1}{2}=1.55\text{ m}<5\text{ m},\text{取 }W_1=10\text{ m}^{-1}$$

第 2 点，上界为不液化的砂砾层，层底深 4.4 m，即

$$d_2=\frac{1}{2}(5+6)-4.4=1.1\text{ m},Z_2=4.4+\frac{1.1}{2}=4.95\text{ m}<5\text{ m},\text{取 }W_2=10\text{ m}^{-1}$$

第 3 点，有

$$d_3=\frac{1}{2}(7+6)-\frac{1}{2}(6+5)=1.0\text{ m},Z_3=5.5+\frac{1.0}{2}=6.0\text{ m},\text{内插得 }W_3=9.3\text{ m}^{-1}$$

第 4 点为非液化点，故不必计算其所代表土层厚度。

(2)按公式(8-13)计算各层液化指数，结果见表 8-13。

$$\begin{aligned}I_{lE}&=\sum_{i=1}^{n}\left(1-\frac{N_i}{N_{cri}}\right)d_iW_i=\left(1-\frac{5}{7.7}\right)\times1.1\times10+\\&\left(1-\frac{7}{14.2}\right)\times1.1\times10+\left(1-\frac{11}{15.5}\right)\times1.0\times9.3\\&=3.86+5.58+2.70=12.14\end{aligned}$$

根据表 8-10 可确定液化等级为中等。

8.4.3　液化地基的抗震措施

对于液化地基，可以根据建筑抗震设防类别、地基液化等级大小，针对不同情况采取不同措施。当液化土层较平坦且均匀时，宜按表 8-14 选用地基抗液化措施，还可考虑上部结构重力荷载对液化危害的影响，根据液化震陷量的估计适当调整抗液化措施。不宜将未经处理的液化土层作为天然地基持力层。

表 8-14 中全部消除液化沉陷、部分消除液化沉陷进行基础和上部结构处理等措施的具体要求如下：

(1)全部消除地基液化沉陷的措施，应符合下列要求：

①采用桩基时，桩端伸入液化深度以下稳定土层中的长度(不包括桩尖部分)，应根据计算确定，且对碎石土，砾，粗、中砂，坚硬黏性土和密实粉土还不应小于 0.5 m，对其他非岩石土还不宜小于 1.5 m。

表 8-14　　抗液化措施

建筑抗震设防类别	地基的液化等级		
	轻微	中等	严重
乙类	部分消除液化沉陷，或对基础和上部结构处理	全部消除液化沉陷，或部分消除液化沉陷且对基础和上部结构处理	全部消除液化沉陷
丙类	基础和上部结构处理，亦可不采取措施	基础和上部结构处理，或更高要求的措施	全部消除液化沉陷，或部分消除液化沉陷且对基础和上部结构处理
丁类	可不采取措施	可不采取措施	基础和上部结构处理，或其他经济的措施

②采用深基础时，基础底面应埋入液化深度以下的稳定土层中，其深度不应小于 0.5 m。

③采用加密法(如振冲、振动加密、挤密碎石桩、强夯等)加固时，应处理至液化深度下界；振冲或挤密碎石桩加固后，桩间土的标准贯入锤击数不宜小于式(8-12)规定的液化判别标准贯入锤击数临界值。

④用非液化土替换全部液化土层，或增加上覆非液化土层的厚度。

⑤采用加密法或换土法处理时，在基础边缘以外的处理宽度，应超过基础底面下处理深度的 1/2 且不小于基础宽度的 1/5。

(2)部分消除地基液化沉陷的措施，应符合下列要求：

①处理深度应使处理后的地基液化指数减少，其值不宜大于 5；大面积筏基、箱基的中心区域，处理后的液化指数可比上述指数降低 1；对独立基础和条形基础，尚不应小于基础底面下液化土特征深度和基础宽度的较大值。中心区域指位于基础外边界以内沿长宽方向距外边界大于相应方向 1/4 长度的区域。

②采用振冲或挤密碎石桩加固后，桩间土的标准贯入锤击数不宜小于式(8-12)规定的液化判别标准贯入锤击数临界值。

③基础边缘以外的处理宽度，应符合全部消除地基液化沉陷措施中第⑤条要求。

④采取减小液化震陷的其他方法，如增厚上覆非液化土层的厚度和改善周边的排水条件等。

(3)减轻液化影响的基础和上部结构处理，可综合采用下列各项措施：

①选择合适的基础埋置深度。

②调整基础底面积，减少基础偏心。

③加强基础的整体性和刚度，如采用箱基、筏基或钢筋混凝土交叉条形基础，加设基础

圈梁等。

④减轻荷载，增强上部结构的整体刚度和均匀对称性，合理设置沉降缝，避免采用对不均匀沉降敏感的结构形式等。

⑤管道穿过建筑处应预留足够尺寸或采用柔性接头等。

本章小结

本章首先介绍了地震的基本概念，包括地震的成因类型和在地球中的分布情况；震源、震中和地震波的概念，震级和烈度的概念；介绍了工程抗震设防的基本知识，包括抗震设防目标、类别和设防标准，地震影响的考虑因素；之后介绍了地震区场地类别的不同划分方法及地基的震害。在此基础上介绍了地基基础的抗震设计原则，天然地基及基础的抗震验算以及桩基的抗震验算方法；最后介绍了地基的液化判别及抗震措施，包括地基的液化判别方法、液化等级评价方法、液化地基的抗震措施等。

思考题

8-1　什么是地震？地震按其成因可分为哪几类？

8-2　何谓地震震级与地震烈度？二者的物理意义有何区别和联系？

8-3　地震区建筑场地分为哪几类？它是依据什么划分的？

8-4　简述地基基础抗震设计的原则。

8-5　什么是天然地基的抗震承载力？它与天然地基的静承载力值相比有何区别和联系？

8-6　何谓地基液化？如何判断地基液化？如何确定液化等级？如何进行地基的抗液化处理？

习　题

8-1　某建筑场地位于抗震设防区，各土层的厚度及剪切波速分别为：表层土 2.5 m，200 m/s；第二层土 8 m，160 m/s；第三层土 2 m，280 m/s；第四层土 4.5 m，600 m/s。试判别该场地的类别。

8-2　某工程按 8 度设防。其工程地质年代属于 Q_4，钻孔地质资料自上而下为：杂填土层 1.0 m，砂土层至 4 m，砂砾石层至 6 m，粉土层至 9.4 m，粉质黏土层至 20 m，其他试验结果见表 8-15。该工程场地地下水位深 1.0 m，结构基础埋深 2 m，设计地震分组属于第一组。试对该工程场地进行液化评价。

表 8-15　工程场地的标贯试验结果

测点	测点深度/m	标贯值 N_i	黏粒含量百分率/%
1	2.0	5	4
2	3.0	7	5
3	7.0	11	8
4	8.0	14	9

参考文献

[1] 中华人民共和国国家标准.建筑地基基础设计规范(GB 50007—2011).北京：中国建筑工业出版社,2012.

[2] 中华人民共和国国家标准.岩土工程勘察规范(GB 50021—2001).北京：中国建筑工业出版社,2002.

[3] 中华人民共和国行业标准.建筑桩基技术规范(JGJ 94—2008).北京：中国建筑工业出版社,2008.

[4] 中华人民共和国行业标准.建筑地基处理技术规范(JGJ 79—2012).北京：中国建筑工业出版社,2012.

[5] 中华人民共和国国家标准.复合地基技术规范(GB/T 50783—2012).北京：中国计划出版社,2012.

[6] 中华人民共和国行业标准.建筑基坑支护技术规程(JGJ 120—2012).北京：中国建筑工业出版社,2012.

[7] 中华人民共和国国家标准.建筑边坡工程技术规范(GB 50330—2013).北京：中国建筑工业出版社,2013.

[8] 中华人民共和国国家标准.膨胀土地区建筑技术规范(GB 50112—2013),北京：中国建筑工业出版社,2013.

[9] 中华人民共和国国家标准.湿陷性黄土地区建筑规范(GB 50025—2004),北京：中国建筑工业出版社,2004.

[10] 中华人民共和国国家标准.建筑抗震设计规范(GB 50011—2010).北京：中国建筑工业出版社,2010

[11] 中华人民共和国国家标准.中国地震烈度表(GB/T 17742—2008).北京：中国建筑.工业出版社,2008.

[12] 中华人民共和国行业标准.建筑基桩检测技术规范(JGJ 106—2014).北京：中国建筑工业出版社,2014.

[13] 周景星,李广信,张建红,等.基础工程.3版.北京：清华大学出版社,2015.

[14] 袁聚云，楼晓明，姚笑青，等. 基础工程设计原理. 北京：人民交通出版社，2011.

[15] 谢定义，林本海，邵生俊. 岩土工程学. 北京：高等教育出版社，2008.

[16] 王成华. 基础工程学. 天津：天津大学出版社，2002.

[17] 黄绍铭，高大钊. 软土地基与地下工程. 2 版. 北京：中国建筑工业出版社，2004.

[18] 代国忠，顾欢达. 土力学与基础工程. 重庆：重庆大学出版社，2011.

[19] 任文杰. 基础工程. 北京：中国建材工业出版社，2007.

[20] 郭莹. 土力学与地基基础工程. 大连：大连理工大学出版社，2010.

[21] 刘国彬，王卫东. 基坑工程手册. 2 版. 北京：中国建筑工业出版社，2009.

[22] 黄绍铭，高大钊. 软土地基与地下工程. 2 版. 北京：中国建筑工业出版社，2005.

[23] 工程地质手册编委会. 工程地质手册. 4 版. 北京：中国建筑工业出版社，2007.

[24] 高大钊. 土力学与基础工程. 北京：中国建筑工业出版社. 1999.

[25] 莫海鸿，杨小平. 基础工程. 3 版. 北京：中国建筑工业出版社，2014.

[26] 陈希哲，叶菁. 土力学地基基础. 5 版. 北京：清华大学出版社，2013.

[27] 葛忻声. 区域性特殊土的地基处理技术(崔京浩主编. 简明土木工程系列专辑). 北京：中国水利水电出版社，2011.

[28] 龚晓南. 地基处理手册. 3 版. 北京：中国建筑工业出版社，2008.

[29] 赵明华. 基础工程. 2 版. 北京：高等教育出版社，2010.

[30] 叶洪东，刘熙媛. 基础工程. 北京：机械工业出版社，2013.

[31] 华南理工大学，浙江大学，湖南大学. 基础工程. 2 版. 北京：中国建筑工业出版社，2008.

[32] 陈小川，刘华强，张玲玲. 基础工程. 北京：机械工业出版社，2014.

[33] 赵明华. 土力学与基础工程. 3 版. 武汉：武汉理工大学出版社，2009.

[34] 袁聚云. 基础工程设计原理[M]. 北京：人民交通出版社，2011.

[35] 张威. 基础工程[M]. 合肥：合肥工业大学出版社，2007.

[36] 何春保，金仁和. 基础工程[M]. 北京：中国水利水电出版社，2018.